人力资源和社会保障部职业能力建设司推荐
冶金行业职业教育培训规划教材

干熄焦生产操作与设备维护

罗时政　乔继军　张丙林　主编

北　京
冶金工业出版社
2023

内 容 提 要

本书采用理论与实践结合的方式，系统介绍了干熄焦生产工艺、技术经济指标、工程设计依据，详细介绍了与之配套的干熄焦设备、锅炉设备、发电设备、电气传动与控制设备、自动化控制系统、环境保护设备等的选型、工艺操作、应急操作和安全知识等内容，以及生产中常见故障的预防手段与处理方法。

本书可供炼焦企业，特别是干熄焦生产方面的生产技术人员、现场操作人员、设备维护人员和工程管理人员使用，也可供干熄焦工程设计人员和大专院校有关专业的师生参考。

图书在版编目（CIP）数据

干熄焦生产操作与设备维护/罗时政，乔继军，张丙林主编 . —北京：冶金工业出版社，2009.9（2023.11 重印）

冶金行业职业教育培训规划教材

ISBN 978-7-5024-5015-1

Ⅰ . 干… Ⅱ .①罗… ②乔… ③张… Ⅲ .①干熄焦—生产工艺—技术培训—教材 ②干熄焦装置—维修—技术培训—教材 Ⅳ . TQ52

中国版本图书馆 CIP 数据核字（2009）第 141606 号

干熄焦生产操作与设备维护

出版发行 冶金工业出版社		**电　话** （010）64027926	
地　址 北京市东城区嵩祝院北巷 39 号		**邮　编** 100009	
网　址 www.mip1953.com		**电子信箱** service@ mip1953.com	

责任编辑　高　娜　宋　良　美术编辑　彭子赫　版式设计　孙跃红
责任校对　王贺兰　责任印制　窦　唯
北京虎彩文化传播有限公司印刷
2009 年 9 月第 1 版，2023 年 11 月第 4 次印刷
787mm×1092mm　1/16；29.5 印张；785 千字；449 页
定价 90.00 元

投稿电话　（010）64027932　投稿信箱　tougao@cnmip.com.cn
营销中心电话　（010）64044283
冶金工业出版社天猫旗舰店　yjgycbs.tmall.com
（本书如有印装质量问题，本社营销中心负责退换）

冶金行业职业教育培训规划教材
编辑委员会

《干熄焦生产操作与设备维护》
编辑委员会

序

吴溪淳

　　改革开放以来，我国经济和社会发展取得了辉煌成就，冶金工业实现了持续、快速、健康发展，钢产量已连续数年位居世界首位。这其间凝结着冶金行业广大职工的智慧和心血，包含着千千万万产业工人的汗水和辛劳。实践证明，人才是兴国之本、富民之基和发展之源，是科技创新、经济发展和社会进步的探索者、实践者和推动者。冶金行业中的高技能人才是推动技术创新、实现科技成果转化不可缺少的重要力量，其数量能否迅速增长、素质能否不断提高，关系到冶金行业核心竞争力的强弱。同时，冶金行业作为国家基础产业，拥有数百万从业人员，其综合素质关系到我国产业工人队伍整体素质，关系到工人阶级自身先进性在新的历史条件下的巩固和发展，直接关系到我国综合国力能否不断增强。

　　强化职业技能培训工作，提高企业核心竞争力，是国民经济可持续发展的重要保障，党中央和国务院给予了高度重视，明确提出人才立国的发展战略。结合《职业教育法》的颁布实施，职业教育工作已出现长期稳定发展的新局面。作为行业职业教育的基础，教材建设工作也应认真贯彻落实科学发展观，坚持职业教育面向人人、面向社会的发展方向和以服务为宗旨、以就业为导向的发展方针，适时扩大编者队伍，优化配置教材选题，不断提高编写质量，为冶金行业的现代化建设打下坚实的基础。

　　为了搞好冶金行业的职业技能培训工作，冶金工业出版社在人力资源和社会保障部职业能力建设司和中国钢铁工业协会组织人事部的指导下，同河北工业职业技术学院、昆明冶金高等专科学校、吉林电子信息职业技术学院、山西工程职业技术学院、山东工业职业学院、安徽工业职业技术学院、武汉钢铁集团公司、山钢集团济钢公司、云南文山铝业有限公司、中国职工教育和职业培训协会冶金分会、中国钢协职业培训中心、中国钢协人力资源与劳动保障工作委员会教育培训研究会等单位密切协作，联合有关冶金企业、高职院校和本科院校，编写了这套冶金行业职业教育培训规划教材，并经人力资源和社会保障部职业培训教材工作委员会组织专家评审通过，由人力资源和社会保障部职业能力建设司给予推荐，有关学校、企业的编写人员在时间紧、任务重的情况下，克服困难，辛勤工作，在相关科研院所的工程技术人员的积极参与和大力支持下，出色地完成了前期工作，为冶金行业的职业技能培训工作的顺利进行，打下了坚实的基础。相信这套教材的出版，将为冶金企业生产一线人员理论水平、操作水平和管理水平的进一步提高，企业核心竞争力的不断增强，起到积极的推进作用。

随着近年来冶金行业的高速发展，职业技能培训工作也取得了令人瞩目的成绩，绝大多数企业建立了完善的职工教育培训体系，职工素质不断提高，为我国冶金行业的发展提供了强大的人力资源支持。今后培训工作的重点，应继续注重职业技能培训工作者队伍的建设，丰富教材品种，加强对高技能人才的培养，进一步强化岗前培训，深化企业间、国际间的合作，开辟冶金行业职业培训工作的新局面。

展望未来，任重而道远。希望各冶金企业与相关院校、出版部门进一步开拓思路，加强合作，全面提升从业人员的素质，要在冶金企业的职工队伍中培养一批刻苦学习、岗位成才的带头人，培养一批推动技术创新、实现科技成果转化的带头人，培养一批提高生产效率、提升产品质量的带头人；不断创新，不断发展，力争使我国冶金行业职业技能培训工作跨上一个新台阶，为冶金行业持续、稳定、健康发展，做出新的贡献！

序二

　　能源是一个国家经济和发展的重要物质基础。我国以煤炭为主的能源结构，决定了煤炭利用具有无可替代的位置。而焦化是工艺技术最成熟、资源利用最为高效合理的煤炭利用方式。但由于历史上种种原因的影响，传统的焦化行业长期存在着高耗能、高污染的问题。为了解决上述问题，广大焦化工作者开发、引进了大量的节能环保工艺技术，其中最具代表性的当属干熄焦。干熄焦技术具有节能、环保和提高焦炭质量的三重效益，并因此被列入国家《钢铁产业政策》的重点推广技术之一。可以说，推广应用干熄焦技术，是焦化行业贯彻落实科学发展观、实现"十一五"规划提出的节能降耗和污染减排目标、为构建社会主义和谐社会做出贡献的重要手段，对于焦化行业乃至钢铁联合企业的可持续发展，具有极其重要而深远的意义。

　　干熄焦技术起源于瑞士，最早的干熄焦装置是 1917 年瑞士舒尔查公司应用的。20 世纪 30 年代起，国外许多国家相继研究应用了构造各异的干熄焦装置。我国干熄焦技术的应用，始于上海宝钢。1985 年，宝钢一期工程引进日本干熄焦装置并正式投产运行，这是我国最早引进投产的干熄焦装置。20 世纪 90 年代，我国开始了干熄焦装置的国产化研发创新工作，并于 1999 年在济钢成功投产了 $2 \times 70t/h$ 干熄焦装置，设备国产化率达 90% 以上。进入 21 世纪，我国干熄焦技术的研究与应用日臻成熟，鞍山华泰干熄焦技术有限公司、北京中日联节能环保工程技术有限公司和济钢集团国际工程技术有限公司都具备了设计、制作、开工服务的资质和能力。2006 年，济钢投产的 150t/h 干熄焦，是国内第一套采用了高温高压自然循环技术的大型干熄焦装置；现在我国可以设计建设 $50 \sim 200t/h$ 各种规模的干熄焦装置。最近几年，大中型钢铁企业从节能、环保、改善焦炭质量和扩大炼焦煤源、降低生产成本的角度出发，纷纷兴建干熄焦装置。一些大型独立焦化厂从节能环保、减排二氧化碳的角度出发，也相继采用干熄焦技术，使干熄焦技术得到了迅速发展。截至 2009 年 1 月份，国内已有 68 套干熄焦装置投入运行，其中实现全部干熄的焦化厂已达

11 家，在建干熄焦装置 59 套。这样，我国就具备了年产干熄焦炭约 1.2 亿吨的能力，位居世界第一位。

随着干熄焦技术的普及，干熄焦的生产操作与设备维护成为制约干熄焦装置稳定运行的难题。目前，国内尚无介绍干熄焦操作与维护方面实践性强的书籍，《干熄焦生产操作与设备维护》一书的出版，填补了这一空白。本书以济钢 70t/h、100t/h 和 150t/h 干熄焦装置的日常操作维护为基础，结合济钢干熄焦十多年稳定运行积累的丰富实践经验，重点介绍了干熄焦烘炉、开工、运行、操作与维护、故障判断与处理等内容，对从事干熄焦技术的工作者和一线操作人员有较高的参考价值，对推动我国焦化行业的发展将起到一定的作用。

济南钢铁集团总公司
董事长

前　言

　　干熄焦技术起源于 20 世纪上半叶的瑞士。60 年代初期，前苏联对干熄焦技术进行了早期系统的研究与应用。之后，德国、日本、芬兰、瑞士等国家对其进行了更加深入的研究和改进，使之日趋成熟和完善。由于干熄焦在改善焦炭质量和节能环保方面的巨大优势，越来越多的国家在炼焦行业应用了这项新技术。

　　我国应用干熄焦技术起步较晚，直到 1985 年，上海宝钢在一期工程建设中，率先引进了日本新日铁公司的干熄焦技术并取得了可观的经济效益和社会效益，因此在二期和三期工程中也全部采用了干熄焦技术。20 世纪 90 年代末期，上海浦东煤气厂、济钢、首钢等企业先后应用了干熄焦技术，建成干熄焦装置。其中，作为国家节能环保示范项目的济钢一期干熄焦是通过消化吸收国外技术，联合国内设备厂家共同制造完成的，首次实现了干熄焦装置的国产化。1999 年 9 月，该项目通过了国家经贸委验收，并被评为国家科技进步二等奖。2006 年 10 月和 2007 年 12 月，济钢相继建成投产了 150t/h 和 100t/h 两套干熄焦装置，成为国内第一家在老厂改造基础上实现焦炭全干熄的冶金企业。虽然我国干熄焦技术研究应用起步较晚，但发展较快。截至 2009 年 1 月，我国已建成投产 68 套干熄焦装置，实现全干熄的企业达到 9 家。其中，2009 年 5 月，首钢京唐投产的 260t/h 的干熄焦装置，是目前国内最大的干熄焦装置。

　　本书结合我国近几年干熄焦装置逐步向大型化、经济化、系列化方向发展的特点，主要对干熄焦设计、施工、试车、烘炉、开工、运行、操作与维护、故障判断与处理等内容进行了阐述，并总结了近十年来干熄焦技术在我国的发展使用情况，系统分析了干熄焦工程造价和运行的经济性，客观评价了干熄焦工程设计和主要设备国产化的特点，有助于同行借鉴和参考。参加编写的人员绝大部分已从事干熄焦专业技术管理达十年之久，具有较高的理论水平和丰富的实践经验，使本书内容兼具了理论性和实践性强的特点。

　　本书可作为焦化企业培训教材或高等院校专业教材，也可供同行在工程设计或生产管理中参考。

　　在编写过程中，得到了济南钢铁集团总公司各级领导和兄弟单位的大力支持，得到了同行业技术人员和生产一线人员的大力协助，在此一并表示衷心的感谢。

　　由于本书涉及专业较多，在编写的深度和广度等层面上知识水平所限，书中不妥之处，诚请读者给予批评指正。

编　者
2009 年 6 月

目　录

1 干熄焦工艺

1.1 干熄焦发展

1.1.1 干熄焦的发展过程

干熄焦（COKE DRY QUENCHING，CDQ），是相对于湿熄焦而言，采用惰性气体熄灭赤热焦炭的一种熄焦方法。干熄焦能回收利用红焦的显热，改善焦炭质量，减轻熄焦操作对环境的污染。干熄焦回收红焦显热产生蒸汽，并可用于发电，避免了生产等量蒸汽使用燃煤而对大气的污染（5~6t 蒸汽需要 1t 动力煤）。对规模为 100 万 t/a 焦化厂而言，采用干熄焦技术，每年可以减少 8~10 万 t 动力煤燃烧对大气的污染。相当于少向大气排放 144~180t 烟尘、1280~1600t 二氧化硫，尤其是每年可以减排 10~17.5 万 t 二氧化碳，减少温室效应，保护生态环境。采用干熄焦平均每吨焦炭降低炼焦能耗 50~60kg 标煤，节水 0.440t 以上。

干熄焦起源于瑞士，最早的干熄焦装置是 1917 年瑞士舒尔查公司在丘里赫市炼焦制气厂采用的。20 世纪 30 年代起，苏联、德国、日本、法国、比利时等许多国家也相继采用了构造各异的干熄焦装置。干熄焦装置经历了罐室式、多室式、地下槽式、地上槽式的发展过程，由于处理能力都比较小，发生蒸汽不稳定，投资大等因素，这一技术长期未得到发展。到了 20 世纪 60 年代，苏联在干熄焦技术工业化方面取得了突破性进展，在切列波维茨钢铁厂建造了带预存室的地上槽式干熄焦装置，处理能力达到 52~56t/h。这种带预存室地上槽式干熄焦工业装置解决了过去干熄焦装置发生蒸汽不稳定等问题，实现了连续稳定的热交换操作。20 世纪 70 年代，全球范围内的能源危机进一步推动了干熄焦技术的发展。在能源短缺、节能呼声高涨的背景下，日本从苏联引进干熄焦技术和专利实施许可，经过消化移植，在大型化、自动化和环境保护措施等方面有所发展。20 世纪 80 年代，德国又发明了水冷壁式干熄焦装置，使气体循环系统更加优化，并降低了运行成本。德国 TSOA 公司成功地将水冷栅和水冷壁置入干熄炉，并将干熄炉断面由圆形改为方形，同时在排焦和干熄炉供气方式上进行了较大改进，干熄炉内焦炭下降及气流上升，实现了均匀分布，大大提高了换热效率，降低了风料比，进一步降低了干熄焦装置的运行费用。该技术在德国得到了推广，同时输出到韩国和中国的台北。到了 20 世纪 90 年代，日本建成投产了单槽处理能力为 56~200t/h 的多种规模的干熄焦装置 39 套，干熄焦率约占日本高炉焦用量的 80%，是干熄焦装置应用最多的国家之一。

日本新日铁、NKK，德国 TSOA 公司在干熄焦技术上处于领先水平。这些公司在扩大干熄焦装置能力、改善冷却室特性、热平衡、物料平衡、自动化、环保等方面实现了最佳化设计，其处理能力和装置的先进性远远超过前苏联，并形成了各自的特点，见表 1-1。

除乌克兰、日本、德国等国家拥有干熄焦装置外，印度、韩国、波兰、罗马尼亚、巴西、土耳其、尼日利亚和我国都相继建成了干熄焦装置。

表 1-1 乌克兰、日本、德国干熄焦技术对比表

项　目	乌克兰	日　本	德　国
处理能力/t·h^{-1}	50、70	56～250	75～170
控制方式	三型仪表	三电一体化	三电一体化
风料比/m^3·t^{-1}	1500～1750	1200	1000
干熄焦槽形状	圆　形	圆　形	方形、带水冷栅和水冷壁
一次除尘器	有	有	无
装料料钟	无	有	无
吨焦能耗/kW·h	22	17	13
开发时间（20世纪）	60年代	70年代	80年代

1.1.2　国外干熄焦工艺的最新技术及发展趋势

随着干熄焦技术的推广应用，干熄焦设备的高效化、大型化成为20世纪80年代中期以来的发展趋势。建设大型干熄焦装置，具有占地面积小、降低投资和降低运行费用、生产操作与维修简便、自动控制水平高、劳动生产率高等优点。日本相继开发设计并建成了单槽处理能力分别为110t/h、150t/h、180t/h、200t/h的大型干熄焦，德国凯萨斯图尔焦化厂250t/h干熄焦装置1993年投入运行。干熄焦单槽处理能力按焦炉炉组生产规模确定，不配置备用干熄焦装置，当干熄焦装置检修时，启用湿法熄焦。

干熄焦大型化带来了工艺技术和装备的一系列改进，使干熄焦技术发展到一个新的水平。主要的改进措施如下所述。

1.1.2.1　装入装置的改进

提高干熄焦处理能力，不是单纯加高干熄炉高度，而是采取加大直径来增大干熄炉容积，选择合理的高径比H/D，使投资更经济一些，结构更紧凑一些。但随着干熄炉直径的加大，槽内布料偏析现象加重，冷却气体在槽内的分布也由于焦炭粒度偏析而更加不均匀。针对这个问题，在装入装置溜槽的底口设置一个布料钟，不仅解决了装料偏析，而且由于布料均匀使冷却气体气流分布均匀、通过焦层阻力减小，使焦炭冷却速度也较为一致，因此可使冷却气体循环量下降200～300m^3/t，从而降低了循环系统的动力消耗。

1.1.2.2　实现连续排焦

苏联和日本早期的设计，都是采用间歇排焦，即用多道闸门交替开闭或振动给料器与多道闸门组合方式，这种排焦装置的结构和程序控制不仅复杂，而且还造成干熄焦槽内温度压力频繁波动。

日本新日铁对此进行了改进，采用电磁振动给料器和旋转密封阀组合成连续排焦装置，实现了不间断排焦，克服了间歇排焦的不足。这种装置结构紧凑，降低了排焦设备的高度。

德国TOSA公司采用的是方形干熄炉，冷却室下部设计为多格溜槽，每格装有摆动式排焦装置，通过摆动阀按顺序连续排焦，也解决了间歇排焦温度压力不稳定问题。

1.1.2.3　采用旋转接焦方式

采用旋转接焦方式是防止接焦装焦偏析的措施，克服了过去采用矩形焦罐接焦形成的焦粒偏析和装焦布料不均匀的缺陷。除此之外，还有以下优点：

一是圆形焦罐与矩形焦罐相比，在相同有效容积下，重量减轻，圆形焦罐的有效容积比大，为88%，矩形为65%；二是由于重量减轻，提升机能力可降低，节省投资和运行费用；三是圆形焦罐受热均匀，使用寿命相对延长；四是圆形焦罐接焦均匀，提升机导轨受力平衡，避免了矩形焦罐载荷不均对一边提升导轨的过度磨损。

1.1.2.4 节能措施

新日铁采取在循环风机后，即入炉前增设给水预热器，降低入炉气体温度。德国 TOSA 在干熄炉冷却室安装水冷壁、水冷栅，都是提高冷却效率的节能措施，并使吨焦循环气体量下降。采用水冷壁、水冷栅方式，气料比降至每吨焦约 $1000m^3$，吨焦电耗约 $13kW \cdot h$，仅为前苏联干熄焦吨焦能耗的60%。

1.1.2.5 锅炉设备

防止干熄焦废热锅炉炉管磨损，是一个关键问题。近年来，采取了许多耐磨耐蚀技术措施，使锅炉故障率大大降低，保证了干熄焦装置的安全稳定运行。

日本电价昂贵，为增加发电量提高效益，日本的干熄焦吨焦产汽量高达 $600 \sim 700kg$，蒸汽压力达 10MPa 以上。

1.1.2.6 提高设备的可靠性

采用无备用干熄焦方式，对设备可靠性、作业率要求更高。日本干熄焦设备一般达到1.5年检修一次，作业率达98%。干熄焦控制全部采用三电一体化方式，实现了全自动操作。

1.1.3 国内干熄焦工艺应用情况

1.1.3.1 基本概况

我国干熄焦技术的应用，始于上海宝钢。1985年，上海宝钢一期工程引进日本 $4 \times 75t/h$ 干熄焦装置并正式投产运行，这是我国最早引进投产的干熄焦装置。同年，上海浦东煤气厂引进苏联 $2 \times 70t/h$ 干熄焦装置，并于1994年投产。1991年和1997年宝钢二期、三期采用日本技术的两组 $4 \times 75t/h$ 干熄焦及1999年济钢采用乌克兰技术的 $2 \times 70t/h$ 干熄焦相继投产。进入21世纪，干熄焦技术在国内得到了迅速发展，首钢、马钢、武钢、鞍钢、昆钢、通钢、沙钢等钢铁企业也都进行了干熄焦工程的建设。2008年7月，河北唐钢投产的 180t/h 干熄焦是目前国内最大的干熄焦装置。截至2009年1月份，国内已有68套干熄焦装置投入运行，其中实现全部干熄的焦化厂已达11家，在建干熄焦装置59套。这样，我国就具备了12112万t的能力，位居世界第一位。

1.1.3.2 国内干熄焦发展趋势

钢铁工业是国民经济中的能耗大户，随着国家能源价格的调整，能源消耗已占钢铁生产成本的30%左右。由于我国钢铁工业能耗较高，严重影响钢铁工业的竞争力，随着钢铁、能源价格与国际接轨，成为制约钢铁工业参与国际竞争的主要问题之一。在钢铁联合企业中，炼铁系统（铁、烧、焦）占总能耗的50%以上，污染也是最严重的。因此，炼铁系统节能一直是冶金企业节能和环保的重点。而在炼铁系统中，最大的节能和环保技术措施当属干熄焦。干熄焦具有节能、环保、提高质量的三重效益。

我国是产焦大国，焦炉多，且炉组生产能力不一。干熄焦装置应同炉组生产能力匹配，才能充分发挥资源和技术优势。起初我国引进的干熄焦装置以 70t/h 和 75t/h 两种规模为主，不能合理地与炉组生产能力匹配，从而增加了不必要的建设投资，影响干熄焦经济效益。因此，我国干熄焦装置必须根据生产能力形成系列，向大型化发展，开发 100t/h 以上处理能力的干熄焦装置。从国外干熄焦大型化进程来看，只有干熄焦装置大型化、高效化，才能降低投资成本，提高投资效益，干熄焦水平才能上一个新台阶。

20 世纪 90 年代，我国开始了干熄焦装置的国产化研发创新工作，并于 1999 年在济钢成功投产了 2×70t/h 干熄焦装置，设备国产化率达 90% 以上。进入 21 世纪，我国开始了干熄焦技术的研究与应用，鞍山华泰干熄焦技术有限公司、北京中日联节能环保工程技术有限公司、济钢设计院具备了设计、制作、开工服务的资质和能力。

2006 年，济钢投产的 150t/h 干熄焦，是国内第一套采用了高温高压自然循环技术的大型干熄焦装置；2008 年 7 月，河北唐钢投产的 180t/h 的干熄焦是目前国内最大的干熄焦装置。现在我国可以设计建设 50～200t/h 各种规模的干熄焦装置。最近几年，大中型钢铁企业从节能、环保、改善焦炭质量和多用弱黏结性煤的角度出发，纷纷兴建干熄焦装置。一些大型独立焦化厂从节能环保、减排二氧化碳的角度出发，也在认可和采用干熄焦技术。

1.1.3.3　国内部分干熄焦设备运行情况

A　宝钢干熄焦

宝钢是我国使用干熄焦技术最早的企业，一期工程于 1985 年 5 月 23 日顺利投产，随后又建成投产了二、三期干熄焦，现共有 12 座处理能力为 75t/h 的干熄焦装置，年处理焦炭 510 万 t。

一期干熄焦装置是从日本全套引进的；二期干熄焦装置是在消化吸收一期的基础上，主要由我国自己设计建成的，设备国产化率占设备总重的 80%，部分关键部件从日本引进；三期除极少数关键部件从日本引进外，绝大部分设备已国产化，国产化率达 90% 以上。宝钢只有干熄焦，不用湿熄焦作备用，采用“三开一备”的生产方式。

在二十几年的生产实践中，宝钢干熄焦装置进一步改进和完善，体现出如下特点：

a　只建干熄焦，没有湿熄焦

宝钢只建干熄焦，不建湿熄焦，就必须保证它百分之百的成功，并要持续安全运行，否则由于干熄焦的故障就会影响整个企业的正常生产。国外一些工厂多是在保留原有湿熄焦装置的条件下建设干熄焦的。把原有湿熄焦作为备用，以确保干熄焦在故障时仍能使焦炉正常生产，即干、湿两套装置并存。

b　干熄焦设计投产由全盘引进到立足于国内

宝钢干熄焦装置一期工程全部由日本新日铁公司引进，二、三期采取“立足于国内”的方针，装备中除了装焦、排焦、大吊车、循环风机以及电控和部分仪表由新日铁引进外，其他均由国内供货。

B　浦东煤气厂干熄焦

浦东煤气厂为配合年产 56 万 t 焦炭的焦炉熄焦，1984 年从苏联全套引进 2×70t/h 规模的干熄焦装置，由苏联国立焦化设计院负责全套干熄焦装置核心设计，鞍山焦耐院和上海化工研究院参与了干熄焦的配套设计，并由鞍山焦耐院负责干熄焦工程的设计总承包。工程于 1991 年 12 月开工建设，于 1994 年 12 月建成投产。该套干熄焦装置设备全套从俄罗斯引进，并保留了湿法熄焦作为备用。

C　济钢干熄焦

a　4.3m 焦炉配套干熄焦

济钢是国内第一家在老厂改造的基础上实现焦炭全部干熄的企业，现在有 4 套干熄焦装置。为配合 4×42 孔和 1×65 孔（4.3m）焦炉，共建了 2×70t/h 和 1×100t/h 规模的干熄焦装置，年处理焦炭 155 万 t，共分两期建设。一期 2×70t/h 干熄焦装置于 1994 年从乌克兰引进，由乌克兰国家焦耐设计院与济钢设计院共同设计。在设备方面采取部分引进、部分合作制造的方式，工程于 1996 年开工，1999 年 3 月建成投产。该装置与浦东煤气厂的干熄焦装置一样，自动化水平不高。二期 1×100t/h 干熄焦装置于 2007 年 5 月 1 日开工建设，2007 年 12 月 12 日建成投产，创造了 7 个月 12 天的最快施工纪录。该项目是济钢自主设计、自己制造的拥有自主知识产权的干熄焦装置，填补了国内中型干熄焦设计的空白，除循环风机等极少数设备从国外引进外，绝大部分设备为国产化。2×70t/h 干熄焦和 1×100t/h 干熄焦装置均保留了湿法熄焦作为备用。

b　6m 焦炉配套干熄焦

为配合焦化厂 2005 年 3 月 29 日建成投产的 2×60 孔（6.0m）焦炉，2005 年 5 月开始动工建设 150t/h 干熄焦，于 2006 年 10 月 25 日竣工投产，年产干熄焦炭 120.28 万 t。该干熄焦装置额定处理能力 150t/h，实际处理能力 137.3t/h，配套 25MW 的纯凝式汽轮发电机组一套。150t/h 干熄焦工程是实施清洁生产、走发展循环经济之路的典型代表工程，是当时国内生产能力最大的干熄焦装置。其主要技术特点有：

（1）干熄炉（冷却段）采用矮胖型。干熄炉（冷却段）高度的降低，可减小干熄炉内循环气体的阻力，降低循环气体量，使设备费、运营费及生产成本降低，又可使相应配套的提升机钢桁架和一、二次除尘器钢结构的高度降低，节省工程一次投资。

（2）在炉顶设置料钟式布料器（转化为国产设备），克服由于装入焦炭粒径偏析以及装入焦炭的料位高差，使干熄炉内的循环气体流速不均匀等弊端，起到减少循环气体量的目的。干熄炉设有两个料位计，超高料位采用电容式料位计，上料位采用伽马射线料位计。在装入装置漏斗后部设有尾焦收集装置。

（3）在冷却段与循环风机之间设置给水预热器，使干熄炉入口处的循环气体温度由约170℃降至不高于 130℃，在同等处理能力的前提下减少循环气体量（本项目循环冷却气体量设计值为 1200m³/t 焦以下，排焦温度低于 200℃）。

（4）采用连续排料的电磁振动给料器与旋转密封阀组合的排出装置。设备外形小，维护量小；又可稳定炉内压力，使焦炭下落均匀。炉顶水封增设压缩空气吹扫管，防止水封槽中焦粉堆积。

（5）电机车采用 APS 强制对位装置，使焦罐车在提升塔下的对位修正范围控制在±100mm，对位精度达±10mm。采用旋转焦罐，既可保证焦罐内焦炭分布均匀，又减少了焦罐本身的重量及维护工作量。提升机使用 PLC 控制，增强了控制效果。

（6）余热锅炉采用膜式水冷壁，使热效率明显提高。采用高温高压自然循环锅炉，节省强制循环泵的能耗，系统较为简单，减少了循环泵的故障点。比中温中压发电量提高约 10%。高压发电是新日铁的第三代 CDQ 技术。

（7）根据焦炭粒度的实际情况，对干熄炉斜烟道、环形烟道等关键部位进行优化设计，确保干熄焦装置的稳定运行。

（8）根据干熄炉各部位的操作温度和工作特点及新日铁的实践经验，采用性能不同的耐火材料。

根据干熄焦工艺特点，干熄炉和一次除尘器工作层因部位不同，其内衬要求也不同。

对于干熄炉装焦口和斜道区，由于焦炭冲击磨损大，温度波动范围大，气流（含焦粉）冲刷严重的特点，而选用抗热震性能、耐磨性能好，抗折强度大的莫来石碳化硅砖，同时针对装焦口和斜道区的工况特点，对斜道区的用砖的配料也进行了调整。

对于预存室直段、一次除尘器拱顶，由于其焦炭冲击磨损（预存室）和气流（含焦粉）冲刷（一次除尘器）的工况特点，选用耐磨性能和抗热震性能都较好的莫来石（A）砖。

对于冷却室，其工况特点是磨损严重、温度变化也较大，选用强度性能、耐磨性能和抗热震性能都较好的莫来石（B）砖。

另外，针对不同区域的形状特点，对非工作层用衬砖和隔热层用砖进行了优化。

（9）1DC采用重力沉降方式。由于采用重力沉降方式，没有隔墙，故架构紧凑，而且不需要维修。

150t/h干熄焦也保留了湿熄焦作为备用。

经过10多年的生产实践，无论在设备运行和自动控制方面，还是在节能和技术进步方面，济钢干熄焦技术都取得了很大的发展，积累了丰富的生产经验，拥有了较强的技术力量。

作为国内首家拥有大、中、小型干熄焦装置的济钢，在干熄焦设计、制作、安装调试、烘炉开工、生产操作与设备维修等方面已积累了丰富的经验，承担了柳钢、八钢、新疆伊犁、印度、黑龙江黑化集团有限公司以及印度某厂等多家干熄焦的设计，并成功指导了柳钢、石横特钢等多家干熄焦的烘炉、开工及达产达效。

D　首钢干熄焦

首钢一期 $1 \times 65t/h$ 规模的干熄焦装置，是利用日本政府的绿色援助计划建成的一套干熄焦装置，其主体设备由日本供给，辅助设备由首钢自行采购。该装置设计工作由新日铁与首钢设计院共同完成，工程于1999年动工，2001年1月投产。首钢干熄焦装置投产后运行可靠，而且自动化控制水平和环保效果都比较理想。首钢也保留了湿法熄焦作备用。

E　武钢干熄焦

武钢7号、8号焦炉为 2×55 孔6m焦炉，其干熄焦装置设计能力为 $1 \times 140t/h$，该装置由日本新日铁和首钢设计院成立的中日联公司做初步设计，鞍山焦耐院做施工设计，该项目成为国家发改委的消化吸收项目，其关键设备从日本引进，部分设备由日方设计和监制，国内厂家制造，干熄焦的自动化控制部分由武钢自行设计。该工程于2002年10月动工，2003年12月建成投产，2004年6月该装置已全面达产。武钢7号、8号焦炉干熄焦仍保留了湿法熄焦作备用。

近几年来，武钢又建成了二期140t/h干熄焦，三期140t/h干熄焦也已经动工。

F　马钢干熄焦

马钢5号、6号焦炉为 2×50 孔6m焦炉，所配置的干熄焦装置能力为 $1 \times 125t/h$，该工程由鞍山焦耐院总承包，部分关键设备从日本、德国、美国引进，其他设备由国内制造，于2004年4月建成投产，同时也保留湿法熄焦备用。

随着国家环保法规的不断完善和全民环保意识的提高，发展干熄焦技术势在必行，各钢厂筹建大型焦炉都要建设与之配套的干熄焦装置。

1.2 干熄焦工艺原理

1.2.1 传统湿熄焦工艺及特点

目前的焦炉还有很大一部分采用传统的喷淋式湿熄焦方式，但是湿熄焦有明显的不可避免的缺点，不仅浪费大量热能，而且焦炭质量低，水分波动较大，不利于高炉炼铁生产。同时，湿熄焦产生的蒸汽夹带残留在焦炭中的酚、氰、硫化物等腐蚀性介质，造成严重的大气污染。

为解决湿熄焦存在的问题，各国焦化工作者进行了不懈的努力，改进的湿熄焦工艺主要有以下两种：

A 低水分熄焦

在低水分熄焦过程中，通过专门设计的喷头以及不同的水压向定位熄焦车内喷水，使红焦熄灭。当高压水流经过焦炭层时，短期内产生大量的蒸汽，瞬间充满了整个焦炭层的上部和下部，使焦炭窒息。水流经过焦炭固体层后，再经过专门设计的凹槽或孔流出，足够大的水压使水流迅速通过焦炭层达到熄焦车的底板，并迅速流出熄焦车。

B 压力蒸汽熄焦

在压力蒸汽熄焦过程中，红焦由炭化室推入下部具有栅板的熄焦槽内，装满红焦的熄焦槽盖好后移至熄焦站，然后有控制地通入熄焦水，水从熄焦槽上部的盖子处流入，水压和水量由一台小型 PLC 控制。水与红焦接触产生的蒸汽强制向下流动而穿过焦炭层，使焦炭进一步冷却，同时所夹带的水滴进一步汽化。采用压力蒸汽熄焦可得到压力为 0.05MPa 的水蒸气和一定数量的水煤气，该气体由熄焦槽下部引出，经旋风分离器除去所夹带的焦粉后，可送至余热锅炉回收热量并分离出水煤气。

上述两种改进后的湿熄焦工艺，虽然在某些方面缓解了传统湿熄焦的不足，但还不能从根本上解决浪费能源、污染环境以及降低焦炭质量等方面的问题。

1.2.2 干熄焦工艺原理与流程

1.2.2.1 干熄焦工艺原理

干熄焦是相对湿熄焦而言，其基本原理为：利用冷的惰性气体在干熄炉内与红焦换热从而冷却红焦，吸收了红焦热量的惰性气体将热量传递给干熄焦锅炉产生蒸汽，被冷却的惰性气体经除尘后再由循环风机鼓入干熄炉冷却红焦。

干熄焦能提高焦炭强度和降低焦炭反应性，与湿法熄焦相比，干熄焦焦炭抗碎强度提高了 3%~5%，耐磨强度降低了 0.3%~0.8%，对高炉操作十分有利。干熄焦除了可以免除对周围设备及建筑的腐蚀和对大气造成污染外，还吸收利用红焦 80% 以上的显热，产生的蒸汽可用于发电或外送，大大降低了炼焦能耗。

1.2.2.2 干熄焦的工艺流程

干熄焦装置由熄焦系统、循环系统、锅炉发电系统、除尘系统组成，主要设备包括干熄炉、装入装置、排焦装置、提升机、电机车及焦罐台车、焦罐、一次除尘器、二次除尘器、余热锅炉、循环风机、除尘地面站、水处理装置、自动化控制及汽轮发电机组等。

干熄焦主要工艺过程如下所述。

A　焦炭运行过程

推焦机从炭化室推出红焦，经过拦焦车直接落入焦罐车上的焦罐里，焦罐车由电机车牵引到提升井处，由提升机将焦罐提升到提升井顶部，再横移到干熄炉顶部装焦漏斗上，通过装焦漏斗将红焦装入到干熄炉内，1000℃左右的红焦在炉内与惰性气体进行热交换，使焦炭温度降至200℃以下，进入干熄炉底部由排焦装置排出。

惰性气体运行过程：由循环风机把经过给水预热器后115~130℃的惰性气体送到干熄炉底部，通过鼓风装置，惰性气体均匀上升，穿过红焦层，逆向流动进行热交换，惰性气体升温到900~960℃成为高温烟气，烟气经过炉内环形通道进入沉降室一次除尘，分离粗颗粒焦粉后进入余热锅炉进行热交换后，温度降至160~180℃的惰性气体再进入二次除尘，进一步分离细颗粒焦粉后，由循环风机送入给水预热器冷却至约115~130℃，再进入循环风机，进行下一次循环。余热锅炉产生的高温高压蒸汽供汽轮发电机组发电。

B　水汽流程

经除盐、除氧后约104℃的锅炉用水由锅炉给水泵送往干熄焦锅炉，经过锅炉省煤器进入锅筒，并在锅炉省煤器部位与循环气体进行热交换，吸收循环气体中的热量；锅筒出来的饱和水经下降管送至蒸发器、水冷壁底部联箱，吸收烟气余热后，汽水混合物经上升管回到锅筒，在锅筒内，汽水混合物经汽水分离，饱和水再次循环，饱和汽经过热器进一步加热提高蒸汽的温度、干度，产生过热蒸汽外送。

C　除尘系统

从干熄炉出来的烟气经一次除尘器后，分离出的粗颗粒焦粉进入底部的水冷套管冷却，水冷套管上部设有料位计，焦粉到达该料位后水冷套管下部的格式排灰阀启动将焦粉排出至灰斗，灰斗上部设有料位计，焦粉到达该料位后灰斗下的格式排灰阀启动向刮板机排出焦粉。

从一次除尘出来的循环气体含尘量约为10~12g/m³，经锅炉换热后，进入二次除尘器进一步除去细颗粒的焦粉。

二次除尘器为多管旋风式除尘器，由进口变径管、内套管、外套管、旋风器、灰斗、壳体、出口变径管、防爆装置等组成。灰斗设有上下两个料位计，焦粉料位达到上限时，灰斗出口格式排灰阀向料斗下面的刮板机排出焦粉，焦粉料位达到下限时，停止焦粉排出，以防止从负压排灰口吸入空气，影响循环气体系统压力平衡。从二次除尘器出来的循环气体含尘量不大于1g/m³。

一次除尘器及二次除尘器从循环气体中分离出来的焦粉，通过链式刮板机及斗式提升机收集在焦粉仓内，由汽车外运。

1.2.2.3　干熄焦的焦炭冷却机理

在干熄炉冷却段，焦炭向下流动，惰性循环气体向上流动，焦炭通过与循环气体进行热交换而冷却。由于焦炭的块度大，在断面上形成较大的孔隙，而有利于气体逆流，在同一层面焦炭与循环气体温差不大，因而焦炭冷却的时间主要取决于气流与焦炭的对流传热和焦块内部的热传导，而冷却速度主要取决于循环气体的温度和流速，以及焦块的温度和外形表面积等。

从锅炉出来的约160℃的循环气体，经循环风机加压后，再经过给水预热器进一步降温至约130℃，进入干熄炉与焦炭逆流换热，升温至800℃以上，由干熄炉斜道进入环形烟道汇集流出干熄炉。焦炭由1000℃冷却至200℃以下排出。

在干熄炉冷却段，循环气体与焦炭的热交换，以对流传热为主。传热效果取决于气体流速。

1.3 干熄焦的优点

1.3.1 焦炭质量的对比

干熄焦能使焦炭强度提高，焦炭反应性降低，有利于高炉操作，对大型高炉作用更加明显。干熄焦不腐蚀周围设备，不污染大气。采用焦罐定位接焦，焦炉出炉时的粉尘通过拦焦除尘及时回收，现场生产环境得到了很大的改善。同时，干熄焦吸收利用红焦80%以上的显热，产生的蒸汽进行发电或外送。

1.3.1.1 焦炭质量明显提高

从炭化室推出的1000℃左右的焦炭，湿熄焦时红焦因为喷水急剧冷却，焦炭内部结构中产生很大的热应力，网状裂纹较多，气孔率很高，因此其转鼓强度较低，且容易破碎成小块；干熄焦过程中焦炭缓慢冷却，降低了内部热应力，减少了网状裂纹，因而提高了机械强度，干熄焦过程中，因料层相对运动，增加了焦块之间的相互摩擦与碰撞，起到了焦炭的整粒作用，提高了焦块的均匀性。焦炭在预存室保温相当于在焦炉中的焖炉，进一步提高了焦块成熟度，使其结构致密化，也有利于降低反应性，提高强度。因此干熄焦与湿法熄焦相比焦块质量有明显提高，见表1-2。

表 1-2　两种熄焦方法焦炭质量对比

质量指标	米库姆转鼓		筛分组成(mm)/%					平均块度 /mm	反应性(1050℃) /mg·(g·s)$^{-1}$	真密度 /g·cm^{-3}	DI$_{15}^{150}$ /%
	M_{40}	M_{10}	>80	80~60	60~40	40~25	<25				
湿法熄焦	73.6	7.6	11.8	36	41.1	8.7	2.4	53.4	0.629	1.897	83
干熄焦	79.3	7.3	8.5	34.9	44.8	9.5	2.3	52.8	0.541	1.908	85

从表1-2中可以看出，焦炭块度在80mm以上的大块焦减少，而25~80mm的中块焦相应增多，焦炭块度的均匀性提高，这对于高炉也是有利的。干熄焦比湿熄焦焦炭M_{40}提高5%左右，M_{10}降低0.3%左右，反应性有一定程度的降低，全焦筛分总组成区别不大。

干熄焦改善了焦炭质量，扩大了弱黏结性煤的用量，扩大炼焦煤源，降低了炼焦成本。

1.3.1.2 充分利用红焦显热，节约能源

湿熄焦时对红焦喷水冷却，产生的蒸汽直接排放到大气中，红焦的显热也随蒸汽的排放而浪费掉；而干熄焦时红焦的显热则是以蒸汽的形式进行回收利用，因此可以节约大量的能源。

同湿熄焦相比，干熄焦可回收利用红焦约80%的显热，每干熄1t焦炭回收的热量约为1.35GJ。而湿熄焦没有任何能源回收利用。

1.3.2 主要技术指标

以150t/h干熄焦为例，干熄焦主要技术指标见表1-3。

表 1-3　干熄焦项目主要技术指标

序　号	指标名称	单　位	指　标	备　注
一	装置能力			
1	干熄焦正常处理能力	t/h	137.3	
2	干熄焦额定处理能力	t/h	150	
二	产品产量			
1	干熄焦焦炭	万 t/a	112.667	345 天
2	焦　粉	万 t/a	2.274	345 天（2%）
3	蒸　汽	万 t/a	65.4	9.5MPa，540℃时 345 天
4	发　电	10^6kW·h	176.78	
三	原材料消耗			
	焦炭烧损	万 t/a	1.023	烧损 0.9%（345 天）
四	动力消耗			
1	给　水			
(1)	生产循环水给水量	m^3/h	70	压力 0.40MPa
(2)	正常生活用水量	m^3/h	1	压力 0.3MPa
(3)	除盐水用量（最大）	m^3/h	5（110）	压力 0.30MPa
(4)	发电站循环水量	m^3/h	6560	压力 0.3MPa
(5)	消防用水量（最大）	m^3/h	126	压力 0.35MPa
2	排　水			
(1)	生活污水	m^3/h	1	
(2)	正常生产排水	m^3/h	1	水封排水
(3)	循环水回水	m^3/h	6436	接入循环水管网
3	电			
(1)	有功功率	kW	2658	
(2)	无功功率	kW	872	
(3)	视在功率	kV·A	2797	
(4)	年耗电量	10^6kW·h	14.62	
4	低压蒸汽	t/h	8.8	压力 0.4~1.0MPa
5	99.9% 氮气（常用）	m^3/h	173	压力 0.35~0.6MPa
6	仪表用压缩空气	m^3/min	6.5	压力 0.4~0.6MPa
7	普通压缩空气	m^3/min	13.8	压力 0.4~0.6MPa
8	焦炉煤气（烘炉用）	m^3/h	150~2000	17590kJ/m^3
五	定　员			
	生产定员	人	44	
六	总图运输			
1	工程用地面积	m^2	8300	
2	建筑物用地面积	m^2	5025	
3	道路工程	m^2	2200	道路长度180m
4	平整场地	m^2	8300	三通一平
5	绿化面积	m^2	1660	
6	绿化用地率	%	20	

1.3.3 环保指标分析

1.3.3.1 干熄焦对环境的污染

干熄焦对环境的污染，主要有以下四个方面：

（1）大气污染。干熄焦对大气污染以粉尘为主，粉尘主要来源于干熄炉顶装入装置处（装焦时）、红焦运输途中、干熄炉排焦装置（连续排焦）、皮带输送机落料点及转运点、放散管出口（气体放散时）、循环气体管道卸压点（事故状态卸压时）、除尘灰装运点（装车时）等。

（2）水污染。干熄焦用水主要是干熄炉顶水封水，干熄炉各层平台用水，紧急放散管水封水，循环风机、除尘风机等设备的间接冷却水及汽轮发电机、机械过滤器用水。

（3）噪声污染。干熄焦的噪声主要产生于循环风机、除尘风机等设备和锅炉蒸汽放散过程。

（4）固体废弃物。干熄焦产生的固体废弃物主要是干熄焦地面除尘站以及一次除尘器、二次除尘器收集下来的焦粉。

1.3.3.2 污染控制措施

A 大气污染控制

a 干熄焦除尘系统

为了防止干熄炉装焦时烟尘外逸，首先在工艺上控制炉顶压力及缩短敞炉时间；其次，在炉顶装焦孔设置水封，进行装焦漏斗的密封；并设相应的抽尘管将烟气导入干熄焦地面除尘站，经除尘净化后排放。

红焦运输途中，从提升塔到装焦口焦罐加盖；排焦装置采用全封闭的电磁振动给料机加旋转密封阀的方式，并在焦炭排出口及胶带受料点设抽尘点，将烟气导入地面除尘站，经除尘净化后排放。

干熄炉放散管及循环气体常用放散管的放散气体通过与除尘管道相连的风帽引入环境除尘系统，除尘后排放；系统紧急放散管及循环气体卸压点为系统事故状态时使用。此部分放散气体量很小，直接排入大气。

除尘灰采用加湿后装运的措施，焦粉水分高于10%，装车时基本无扬尘。

干熄焦系统设一套除尘设施，除尘设备选用离线低压脉冲布袋除尘器。

b 除尘系统流程

除尘系统流程如下：

干熄炉各除尘点→除尘管道→百叶蓄热式冷却器→脉冲布袋除尘器→除尘风机→消声器→排大气。

除尘器进口含尘量（标态）约8g/m³，外排废气中的粉尘量（标态）不高于50mg/m³，通过烟囱排入大气。排放废气满足《大气污染物排放标准》中二级标准的要求。除尘器捕集下来的粉尘采用刮板输送机送入储灰仓内储存，并定期用汽车运出。为了防止储灰仓向汽车卸灰时产生二次扬尘，在储灰仓卸灰口处设加湿装置对粉尘进行加湿处理。

B 水污染控制

设备的间接冷却水几乎不含污染物，少量外排水汇总后排入排水管网。

干熄炉水封水、紧急放散管水封水，水中含有少量悬浮物，汇总后排入焦炉粉焦沉淀池。

生活污水经化粪池处理后，排入下水管。

C　噪声污染控制

为控制噪声，采取以下措施：在满足工艺设计的前提下，尽可能选用小功率、低噪声的设备；在气动性噪声设备上如锅炉放散管、除尘风机等处设置相应的消声装置；将噪声较大的机械设备尽可能置于室内，防止噪声扩散与传播；对排焦装置、循环风机等设备加设隔声措施；在建筑设计中根据需要采用相应的吸声材料；振动较大的设备与管道连接时拟采用柔性方式；有些设备在基础上采取相应的减振措施，减轻由于振动导致的噪声。此外，在总图布置时考虑地形、声源方向性和车间噪声强弱、绿化等因素，进行合理布局，以起到降噪声的作用。通过采取以上措施，基本上不对厂界噪声造成影响，厂界噪声值满足《工业企业厂界噪声标准》中Ⅲ类标准的要求，即昼间低于65dB(A)，夜间低于55dB(A)。

D　固体废弃物的回收及综合利用

一次、二次除尘器、干熄焦除尘系统除尘器捕集下来的粉尘采用刮板输送机、斗式提升机送入储灰仓加湿后送用户。

1.3.3.3　干熄焦对环境的改善

干熄焦的建设将突出体现在环境效益上。

首先，废气中粉尘及苯并(a)芘等有害气体的排放量较湿法熄焦将有显著减少，对改善大气环境起到重要作用，直接的环境效益比较明显。

其次，由于干熄焦在治理污染的同时，将焦炭中的热量回收下来以蒸汽的形式被加以利用，节约了能源。避免了燃煤或燃气生产相同数量的蒸汽所带来的烟尘、SO_2、N_xO等大气污染，间接地起到了保护环境的作用。

总之，干熄焦的社会效益极为明显。干熄焦的建成投产，将熄焦过程中产生的污染物的排放量进一步降低，对改善地区的环境质量起到了很好的作用，而且为更广泛地开展环境治理工作做出了突出的贡献。

1.3.4　干熄焦经济效益分析

干熄焦项目具有可观的经济效益，不仅能够提高焦炭质量，而且能从红焦中回收热能产生蒸汽并发电获得直接的经济效益。

从节能效益看，干熄焦装置能够从红焦中回收热能产生蒸汽，以150t/h干熄焦装置为例，每年可回收能源12万~13万t动力煤，节能效益良好。

从环境保护看，建设干熄焦生产装置，可以减少湿法熄焦排放到大气中的水蒸气所夹带的酚、氰等有害物质及粉尘等对环境的污染，干熄焦生产装置环境效益显著。

干熄焦的质量要优于湿熄焦，它的很大一部分延伸效益体现在高炉炼铁上，可以降低焦比，提高高炉生产能力。特别是对于大型高炉，采用干熄焦的焦炭可使其焦比降低2%~5%，同时高炉生产能力提高约1%，这一部分延伸效益是非常可观的。因此，对干熄焦的经济效益，除了要计算其回收红焦的显热产生蒸汽加以利用的直接经济效益外，还要计算其在高炉炼铁方面的延伸效益。

以年产焦炭120万t的焦炉为例，每熄1t红焦可回收0.54t蒸汽，回收的蒸汽量为120×0.54=64.8万t/a，蒸汽的价格按140元/t计算，年收入为9072万元。

配套25MW凝汽式汽轮发电机组，按345天即8280h计算，年可发电21350×8280=1.768×10^5MW·h，按照每度电0.6元计算，可创经济效益1.768×10^8×0.6=1.061亿元。

按回收率2%计算，年可回收焦粉2.40万t，按450元/t计，年收入1080万元。

发电效益与焦粉效益合计为：10610 + 1080 = 11690万元，即1.169亿元。

投入：

（1）干熄焦主要原料消耗

焦炭烧损按0.9%计算，每年烧损1.023万t，1.023 × 600 = 613.8万元；

（2）主要动力消耗

吨焦消耗电力为26kW·h，120 × 26 × 0.6 = 1872万元；吨焦消耗氮气为3m³，120 × 3 × 0.35 = 126万元；由于采用纯凝式汽轮发电机组，除盐水吨焦消耗为0.05m³，120 × 0.05 × 24 = 144万元；吨焦消耗低压蒸汽0.04t，120 × 0.04 × 120 = 576万元，以上几项合计2718万元。（1）+（2）= 3331.8万元。若考虑人工、维修等费用后，总计成本为4650万元。

投入产出差为：7040万元。干熄焦项目经济效益明显。

1.4 干熄焦基本工艺选择

1.4.1 工艺方案的选择

1.4.1.1 干熄焦工艺

以处理量为150t/h的干熄焦为例，干熄焦工程配套焦炉基本技术参数和焦炉操作时间见表1-4和表1-5。

表1-4 干熄焦工程配套焦炉基本技术参数

干熄焦计划对象焦炉	焦 炉			备 注	
焦炉形式	JN60-6				
孔 数	60 × 2				
炭化室尺寸	6m 焦炉				
平均宽度 × 全高 × 全长/mm	450 × 6000 × 15980				
有效容积/m³	38.5				
焦炭产量/t·孔⁻¹	设计21.74				
结焦时间/h	设计19				
生产能力/万 t·a⁻¹	设计120				
四大车情况	推焦机2台 拦焦机2台 熄焦车2台 装煤车2台			1用1备	
操作周期/min （从推焦到推焦）	7.72（计算结果）			每天推焦约152孔	
焦炭温度/℃	1000 ± 50			按常规估计	
炉壁温度/℃	1000 ± 50			按常规估计	
干熄焦对象焦炉	共用1套系统				
蒸 汽	用于发电				
焦炭粒度/mm	<25	25 ~ 40	40 ~ 60	60 ~ 80	>80
焦炭粒度/%	9.0	8.3	43	31	8.7
焦炭平均粒度/mm	55				
焦炭残余挥发分/%	1.25				

表 1-5　焦炉操作时间

装煤　推焦		检修	装煤　推焦		检修	装煤　推焦		检修
A 时间		B 时间	C 时间		D 时间	E 时间		F 时间
甲班（早班）			乙班（中班）			丙班（晚班）		

A = 6.5h 　　　　　　　　 C = 6.5h 　　　　　　　　 E = 6.5h

B = 1.5h 　　　　　　　　 D = 1.5h 　　　　　　　　 F = 1.5h

(B, D, F ≤ 1.5h)

全部焦炭年产量计算：

$$120 × (24 ÷ 19) × 21.74/孔 × 365d = 1202794t/a ≈ 120.28 万 t/a(正常)$$

$$120.28 万 t/a × 1.07 ≈ 128.70 万 t/a(最大)$$

干熄焦焦炭年产量计算：

$$120.28 × (345d ÷ 365d) ≈ 113.69 万 t/a$$

（正常情况下,干熄焦装置的工作天数为 345 天 /a,年修 20 天）

干熄焦装置小时处理焦炭计算：

正常要求处理焦炭量：

$$113.69 ÷ 345 天 ÷ 24h ≈ 137.3t/h$$

最大要求处理焦炭量：

$$137.3 × 1.07 ≈ 146.91t/h$$

湿熄焦焦炭年产量计算：

$$120.28 - 113.69 = 6.59 万 t/a$$

（正常情况下,干熄焦装置年修 20 天期间,采用湿熄焦）

1.4.1.2　工艺流程

装满红焦的焦罐台车由电机车牵引至焦罐提升井架底部,由焦罐提升机将焦罐提升并送到干熄炉顶,通过炉顶装入装置将焦炭装入干熄炉。在干熄炉中焦炭与惰性气体进行热交换,红焦冷却至200℃以下,经排焦装置卸至胶带机上,送到筛焦系统。

冷却焦炭的惰性气体由循环风机通过干熄炉底部的鼓风装置鼓入干熄炉,与红焦进行换热,由干熄炉出来的热惰性气体温度约为800℃以上,该温度随着入炉焦炭温度的不同而变化,如果入炉焦炭温度稳定在1050℃,该温度约为980℃。热的惰性气体经一次除尘器除尘后进入余热锅炉换热,温度降至约170℃。惰性气体由锅炉出来,再经二次除尘后由循环风机加压经给水预热器冷却至约130℃以下后进入干熄炉循环使用。

除尘器分离出的焦粉,由专门的输送设备将其收集在储槽内以备外运。

干熄焦的装入、排焦、预存室放散等处的含尘气体均进入干熄焦地面除尘站进行除尘后排放。

1.4.1.3 干熄焦装置的处理能力

两座 6m 焦炉年产干全焦 120.28 万 t（按实际产量计算），每小时焦炭产量 137.3t，考虑焦炉的强化操作，焦炉小时焦炭产量为 $137.3 \times 1.07 = 146.91t$，所以，建设 1 套额定处理能力为 150t/h 的干熄焦装置，湿熄焦系统作为备用。

A 工艺布置

干熄焦装置布置在新建焦炉一侧，焦罐车可直接驶至提升井架下，干熄炉和余热锅炉的中心线垂直于熄焦车轨道布置。

B 干熄焦主要工艺参数

干熄焦主要工艺参数见表 1-6。

表 1-6 干熄焦主要工艺参数

项目名称		主要工艺参数	项目名称		主要工艺参数
焦炉配置		120 孔、6m 焦炉	系统循环气体流量/m³·h⁻¹		约 214000
每孔炭化室出焦量/t		21.74	循环气体温度/℃	进干熄炉	≤130
焦炉循环检修时间（每班）/h		1.5		出干熄炉	约 980
每孔焦炉操作时间/min		7.72	干熄焦吨焦产汽率/t		0.575
紧张操作系数		1.07	干熄炉日操作制度		24h 连续
每小时焦炭产量/t·h⁻¹		137.3	干熄炉年工作天数/d		345
干熄站配置/t·h⁻¹		1×150	干熄站年工作制度	工作	345d 连续
焦炭温度/℃	干熄前	950~1050		检修	20d
	干熄后	<200			

1.4.2 设备的选择

1.4.2.1 红焦运输设备

(1) 焦罐台车：低底板型 4 轴台车，带旋转装置

装载负荷： 约 57t（焦炭 21.74t + 焦罐 35t）

设备自重： 约 36.4t

(2) 焦罐：旋转式

有效容积： 约 47.6m³

设备自重： 约 35t（不含焦炭重量）

(3) 电机车

牵引重量 约 210t

走行速度（高、中、低、微）：约 180m/min、60m/min、25m/min、10m/min

1 台电机车拖带 2 台焦罐车（焦罐台车及焦罐）。电机车的走行速度除满足走行和接焦要求外，尚要满足移动对位在 ±100mm 范围内的要求。

1.4.2.2 焦罐提升机

焦罐提升机将装满红焦的焦罐提升并移至干熄炉顶，待装完红焦后再将空罐放回到焦罐台

车上。

提升能力为 79.3t，额定荷载 64.3t。对位准确度要求达到 ±20mm。

A　提升机构造

提升机是将旋转焦罐从焦罐台车上吊起，并走行到干熄炉中心位置，将焦罐中的红焦投入干熄炉内的设备。该设备包括提升装置、走行装置。在本体框架下部有防止走行时焦罐振动的焦罐导轨，在吊件上有防止焦罐内焦粉飞扬的焦罐盖。

B　设备的特征

设备特征如下：

（1）提升机设备是运送红焦的重要设备，需按照国家起重机械设计标准进行设计，以确保其强度和性能。

（2）为了防患于未然以及便于事故发生时的处理，提升上设有过荷载、偏荷载检测器、钢丝绳切断检测器等安全设备，走行装置上设有过走行检测器。另外，提升、走行装置分别设置有主电机和紧急用电动机，当主电机故障时切换到紧急用电动机。

（3）根据焦炭处理量来设定满足提升机循环周期的提升速度曲线和走行速度曲线。按照设定后的速度曲线，用 EI 系统自动控制提升机作业。

（4）提升装置利用变频器来控制提升速度。

（5）走行装置利用变频器进行速度控制，并采用电磁制动器制动，以实现停止精度在 ±20mm 以内。

（6）焦罐用吊钩的开闭、焦罐底部闸板的开闭全部由提升机的升降动作通过机械联锁来完成。

1.4.2.3　干熄炉装置

干熄炉为圆形截面筒仓式结构，内衬高强黏土砖、莫来石砖、莫来石碳化硅砖及断热砖，干熄炉上部为预存室，中间是斜道区，下部为冷却室。预存室外有环形气道，环形气道与斜道连通。干熄炉预存室有上、下料位检测装置，预存室的有效容积按 1.5h 的装焦量设计，能满足储存焦炉有计划地中断供焦时间内的焦炭量。干熄炉冷却室有效容积的设计要满足排焦温度在 200℃ 以下的要求。干熄炉底部设鼓风装置。鼓风装置由中央风帽、供气道及周边风环组成。要求鼓风装置鼓入的气流在炉内均匀分布。

（1）构造。干熄炉是利用循环气体冷却焦炭的装置，由上往下分为预存室和冷却室。另外，还包括使循环气体通往炉外的斜烟道和环形烟道。

（2）设备的特点

1）干熄炉的形状：CDQ 的核心技术是如何将干熄炉中的焦炭进行有效地、均匀地冷却。因此，干熄炉的形状（尺寸，直径，高度等）必须慎重确定。因为焦炭粒径、残余挥发分和入炉焦炭温度有所不同，需要建立数学模型，对冷却能力（干熄炉各部位构造、尺寸、物料平衡，热平衡）进行计算，以选定相应的干熄炉。

2）循环气体从干熄炉下部供给，沿冷却室上升的过程中与红焦进行热交换，成为高温的循环气体通过斜烟道流进环形烟道后，进入一次除尘器。

3）干熄炉的内侧和外侧分别由耐火材料和钢板构成。耐火材料的支撑方法是在高度方向上分割为三部分，在考虑了耐火材料的热膨胀的最佳位置进行支撑。

4）即使在焦炉作业的间歇时间内，为保证 CDQ 的连续运转，预存室要确保至少有 1.5h 的容量。决定此容量的关键是，要确保有一定的必要的空间，抑制干熄炉内的压力变动，其空间不包含在干熄炉的容量内。CDQ 在确保稳定操作所必需的空间的基础上，通过决定预存室的有效容积，可以实现稳定的连续运转。

5）冷却室必须确保冷却焦炭所需要的容积。因为冷却室容量（以下称 C/C 容量）与冷却风量关联变化，所以，以焦炭投入温度、焦炭粒径等参数为前提条件，决定冷却风量和 C/C 容量。

6）斜烟道要求具有使干熄炉的循环气体稳定通过的能力。斜烟道的构造是干熄炉中最复杂的部分，是决定干熄炉的循环气体供给量的临界点的重要的部位。

即使决定了冷却 150t/h 的焦炭所必需的循环气体量，如果全部气体量不能通过斜烟道，干熄炉内也无法流过所需要的循环气体量（有可能焦炭堵住斜烟道，使冷却气体无法流动，造成 CDQ 不得不停产）。因为是利用斜烟道的气体通过面积决定极限气体量，所以，斜烟道的形状及数量必须按照焦炭处理量进行最佳设计。

此外，需要利用斜烟道区域的立墙耐火砖支撑预存室的耐火砖，必须充分确保结构的机械强度。此外，在斜烟道中流通的是温度最高的气体，还需要有高温强度。但是，确保机械强度和确保斜烟道的气体通道面积是相矛盾的。因此，关键是要综合这些参数进行优化设计。

（3）干熄炉钢外壳要求在工厂进行制作，以避免砌体产生不均匀的热应力，降低干熄炉的使用寿命。

1.4.2.4　装入装置

装入装置安装在干熄炉顶，它包括干熄炉水封盖和移动台车。装入装置由带变频器的电动缸驱动，装焦时自动打开干熄炉水封盖，同时移动装焦漏斗至干熄炉口，配合提升机将红焦装入干熄炉。装入装置与集尘管连通，装焦时无粉尘外逸。装入装置设有料钟，使布料均匀。

（1）构造。装入装置是由料斗、炉盖、驱动台车及驱动臂和电动推杆、水封槽等构成的。

（2）设备的特点：

1）料斗是将红焦投入干熄炉内用的溜槽，料斗内设有装入料钟。设置此料钟可使干熄炉内的焦炭粒径均匀分布，改善干熄炉的热交换效率。装入料钟的形状与干熄炉的形状相关，需要选定最佳的装入料钟的形状。

2）考虑焦炭造成的磨损，料斗内设有衬板。首钢、马钢、武钢用的衬板材质为 QT600，投产后均表现出寿命短的问题，建议选用耐热铸钢。

3）料斗与除尘管道连接，通过收集投入焦炭中的焦粉，防止粉尘飞散。另外，料斗上部设有防尘闸板，以防止焦罐吊离漏斗瞬间焦粉的飞散。

4）驱动装置采用一个电动推杆驱动炉盖和料斗的连杆机构。

1.4.2.5　排焦装置

排焦装置安装于干熄炉底部，将冷却后的焦炭排到胶带输送机上，要求该装置自动、连续、均匀地排料，排焦时无循环气体和粉尘外逸。

A　构造

排焦装置由振动给料器、旋转密封阀及排出溜槽构成。另外，维修排出装置时，为封住干熄炉，设置了滑动插板阀。

B　设备的特征

（1）振动给料器和旋转密封阀组合能够连续排出焦炭，排焦量的控制简单安全，且焦炭排出时干熄炉内的气体不会泄漏。

（2）因为排出焦炭的磨损性较高，所以要考虑振动给料器和旋转密封阀的耐磨损设计。在不同的部位采用不同材质的衬板。旋转密封阀为旋转式，以恒定的转速将焦炭排出。另外，采用旋转密封阀可以保证系统的气密性。为便于旋转密封阀的维修，采用移动台车将其拉出来进行维修。

（3）振动给料器的振动噪声很高，在外壳内设置隔声材料（封闭式）。

　　焦炭排焦量：　　　150t/h，最大 165t/h

　　内衬：　　　　　　高铬铸铁

（4）插板阀

插板阀在调试及检修时使用。

　　阀板的材质：　　　采用不锈钢

　　驱动：　　　　　　采用蜗轮蜗杆

1.4.2.6　循环风机

循环风机风量（标态）约 214000m³/h

总压头为 12.5kPa

风机耐温 250℃，耐磨性好。

功率：约 1650kW，电压 10kV，采用直接启动。

1.4.2.7　干熄焦余热锅炉系统

A　干熄焦工艺设计基本参数

干熄焦工艺设计基本参数见表 1-7。

表 1-7　干熄焦工艺设计基本参数

序　号	项目名称	单　位	工艺参数	备　注
1	干熄焦装置	套	1	
2	干熄焦装置的处理能力	t/h	150	
3	烟气温度	℃	980	
4	吨焦产汽率	kg	575	
5	干熄焦装置工作天数	天	345	年修 20 天

关于蒸汽产率的说明

干熄焦蒸汽产率是在入炉焦炭温度、焦炭烧损率、焦炭残余挥发分、排焦温度、蒸汽参数基本确定的情况下，通过对同级别已投产的干熄焦装置热工测定的结果，建立相关热平衡计算所需要的数据库和数学模型，通过热平衡计算得出的设计值。

设计值基于以下确定的参数：

入炉焦炭温度：　　　1000±50℃

焦炭烧损率：　　　　≤0.9%

焦炭残余挥发分：　　1.25%

排焦温度：　　　　　≤200℃

如果在上述参数不变的情况下提高蒸汽产率，势必会造成焦炭烧损率提高。在目前国内冶金焦和蒸汽（电）的现行价格情况下，是不经济的。

B　余热锅炉容量的确定

依据干熄焦工艺设计基本参数，为干熄焦工程配套蒸发量为 86.3t/h 的余热锅炉 1 台，根据汽轮机的进汽参数和输送管道的压力计算，并考虑尽可能多发电，确定锅炉出口主蒸汽调节阀后的蒸汽压力为 9.5MPa。

余热锅炉参数：

蒸发量	$Q = 86.3t/h$（额定），79t/h（正常）
蒸汽压力（锅炉出口主蒸汽调节阀后）	$p = 9.5 \pm 0.2MPa$
蒸汽温度	$t = 540 \pm 10℃$
锅筒最大工作压力	11.2MPa
过热器出口蒸汽压力	约 9.81MPa
锅炉入口烟气量（标态）	约 214km³/h
锅炉入口烟气温度（标态）	最高 980℃
锅炉出口烟气温度（标态）	<170℃
锅炉排污率	2%

锅炉热工监测、自动控制、联锁保护、记录等满足锅炉规程和安全生产的要求。

C　余热锅炉辅机室

辅机室内布置除氧器给水泵、锅炉给水泵、除氧器循环泵、加药装置。辅机室房顶布置除氧器。辅机室设手动葫芦一台。在辅机室外布置 1 台除盐水箱。

1.4.2.8　运焦系统

运焦系统为单皮带运行，按照焦炭运输顺序，依次经过胶带机 GX-1、GX-2 到料仓。

胶带机采用联锁控制，控制点引入干熄焦主控室。当干熄焦运焦系统工作时，投入干熄焦皮带系统的联锁控制；当湿熄焦运焦系统工作时，该皮带机须参与湿熄焦系统的联锁控制。

胶带机 GX-1、GX-2 为连续运转，当胶带机出现故障需要检修时，需启用备用的湿熄焦系统。干熄焦系统停产，进行胶带机检修。

胶带机 GX-1 上设有电子皮带秤，对焦炭进行连续计量。此外，上还设有温度检测探头及洒水降温装置，当排出的焦炭温度过高时，启动洒水装置，自动喷水降温。

干熄焦运焦系统胶带机的头尾部均设有抽尘点，运焦系统与干熄焦主体部分使用同一个除尘地面站进行除尘。两条胶带机的中间段均设置彩板密封罩。

（1）主要设备技术规格

胶带机：GX-1 ~ GX-2

带宽	$B = 1200mm$
带速	$v = 1.6m/s$
能力	$Q = 180t/h$

（2）安全防护措施。干熄炉排出焦炭的设计温度低于 200℃，为防止事故发生，排出焦炭温度过热引起火灾，采取的防护措施是：采用耐热胶带和设置自动监测喷洒装置，当排出的焦炭温度超过规定值，喷洒系统自动启动，喷水降低焦炭温度。

当干熄焦事故或检修时，湿熄焦炭仍由焦台按原路运至筛焦系统。

（3）机车的检修及停放。

电机车、熄焦车、焦罐车的检修及换车在焦炉的端部完成，在焦炉端部设置牵车台及焦罐检修站。

干熄焦生产时，牵车台处停放1台电机车、1台湿熄焦车厢和1台焦罐台车。

1.4.2.9　热电站

根据干熄焦余热锅炉所产生的蒸汽量确定配25MW凝汽式汽轮发电机组一套。

A　发电机组的运行制度和设备选型

汽轮发电机组作为干熄焦的配套设施，首先必须保证干熄焦及余热锅炉生产的稳定性和安全性；同时发电站的运行制度要与干熄焦的工作制度进行有机地衔接。

根据工艺要求，干熄焦年运行时间为345天，每年有20天停炉检修，由此决定余热锅炉和汽轮发电机组的年运行和检修与干熄焦同步进行。

为尽可能地利用余热多发电，并满足生产的供热要求多创造效益，选用1台25MW凝汽式汽轮发电机组，在干熄焦装置正常生产时，可发电21350kW·h。考虑到发电机组发生事故或检修，设置1套减温减压装置作为备用手段，可将高温高压蒸汽减温减压后并入低压蒸汽管网。

B　汽轮发电机组的主要配置及技术参数

(1) 凝汽式汽轮机　　　　　1台

　　型　　号　　　　　　　N25-8.83

　　额定功率　　　　　　　25MW

　　额定转速　　　　　　　3000r/min

　　进汽压力　　　　　　　8.83MPa

　　进汽温度　　　　　　　535℃

　　额定进汽量　　　　　　92.5t/h

　　给水温度　　　　　　　104℃（暂定）

(2) 发电机　　　　　　　　1台

　　型　　号　　　　　　　QFW-25-2A

　　有功功率　　　　　　　25MW

　　定子电压　　　　　　　10.5kV

　　额定转速　　　　　　　3000r/min

　　频　　率　　　　　　　50Hz

　　功率因数　　　　　　　0.8

　　相　　数　　　　　　　3

　　绝缘等级　　　　　　　F

　　冷却方式　　　　　　　空气冷却

(3) 交流无刷励磁机　　　　1台

　　型　　号　　　　　　　TFLW118-3000A

　　功　　率　　　　　　　118W

　　电　　压　　　　　　　134V

(4) 空气冷却器　　　　　　1台

　　冷却能力　　　　　　　650kW

　　冷却空气量　　　　　　18m³/s

(5) 汽轮机调整系统采用505E控制，轴振动、轴位移、转速采用Bently3500检测仪器。

C　热电站主要辅机设备

热电站主要辅机设备见表1-8。

表 1-8　热电站主要辅机设备

序　号	设 备 名 称	单　位	数　量	重量/t	
				单　重	总　重
1	冷凝器 N-2000	台	1		65
2	油站	套	1		
3	汽封加热器 36m²	台	1		2
4	电液调节系统 505E	套	1		
5	射水抽气器 CS-25-2	个	2	0.4	0.8
6	射水箱 20m³	台	1		
7	射水泵	台	2	0.5	1
8	疏水扩容器	台	1		6
9	胶球清洗装置	台	1		2
10	事故油箱容积 $V=10m^3$	台	1		1.2
11	凝结水泵 6N6	台	2	3	6
12	减温减压装置 $G=90t/h$ 一次汽参数：9.5MPa，540℃ 二次汽参数：0.98MPa，300℃	台	1		2.5
13	电动双梁桥式起重机 $G=50t/10t$，跨距 19.5m	台	1		41.2
14	真空式滤油机 滤油能力：50L/min	台	1		

D　主要热力系统

凝结水系统机组设两台 100% 容量的凝结水泵，凝结水经汽封抽气器加热后进入除盐水罐，由除氧水泵送至除氧器；

汽轮机凝汽器、油冷却器、发电机空气冷却器及各辅机的轴封冷却水由循环冷却水系统提供；

在凝汽器循环系统中设置胶球清洗装置；

为保证电站安全，在发电站室外设有地下事故排油箱。

E　工艺流程

干熄焦装置余热锅炉及热电站工艺热流程如图 1-1 所示。

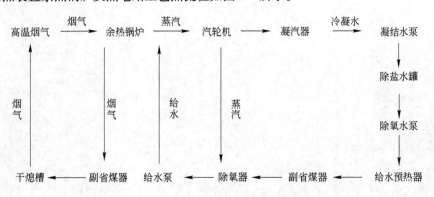

图 1-1　余热锅炉及热电站工艺热流程

1.4.2.10　热电站厂房布置

汽轮发电机组采用岛式横向布置，以利于采光、通风及维护检修方便。汽机间跨度 21m，柱距 6m，操作层标高 8.0m，底层布置汽轮机辅助设备，有凝结水泵、汽轮机润滑油系统设备、轴封加热器、低压疏水泵、汽机本体疏水扩容器、胶球清洗装置。

汽机间设有电动双梁桥式起重机（50t/10t，跨距 19.5m，轻级工作制）1 台，供运行检修用，吊车轨顶标高 18.4m，并在扩建端设有检修场地。

发电站辅助间 0.30m 层设配电室和减温减压装置等。电站控制室布置在固定端。

2 干熄焦主体设备

干熄焦主体设备主要包括：红焦装入设备、干熄焦本体设备、冷焦排出设备、气体循环设备、锅炉供水设备、余热锅炉、蒸汽发电设备、环境除尘及输灰设备等八部分，其设备运行流程如图2-1所示。

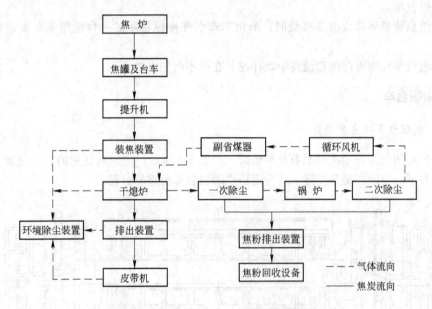

图 2-1 干熄焦主体设备运行流程图

各个部分设备的主要任务如下：

（1）红焦装入设备的任务：将红焦安全稳定地装入干熄炉中；

（2）干熄焦本体设备的任务：将红焦熄灭，焦炭温度由1000℃左右降至200℃以下，循环气体温度由130℃左右提升至800℃以上；

（3）冷焦排出设备的任务：将冷却后的焦炭连续地排出干熄炉，同时保证循环气体不泄漏；

（4）气体循环设备是干熄焦的核心设备，其任务：使冷却后的循环气体源源不断地输入干熄炉，吸收红焦显热；

（5）锅炉供水设备的任务：向余热锅炉连续供水，保持锅筒的水位，确保余热锅炉的安全稳定运行；

（6）余热锅炉的任务：将锅炉给水泵送来的除盐水与循环气体进行充分换热，转化成所需压力和温度的蒸汽用来发电；

（7）蒸汽发电设备的任务：利用来自干熄焦余热锅炉的合格蒸汽作为动力，通过汽轮机和发电机转化为电能；

（8）环境除尘及输灰设备的任务：保证焦炭运送的各个环节的密封，收集产生的烟尘，并将收集的焦粉集中外送。

以下干熄焦设备的介绍,以一组 6m 焦炉 JN60-6 年产 120 万 t 焦炭配套 150t/h 干熄焦为例。

2.1 装焦设备

装焦设备将炭化室中推出的红焦运送至干熄炉顶,通过和装入装置的配合作用,将红焦装入干熄炉内。

装焦设备主要包括:电机车、焦罐台车、旋转焦罐(方形焦罐)、APS 对位装置、提升机、装入装置。

电机车牵引焦罐台车采用定点接焦的方式接焦,为缩短电机车的操作周期,一台电机车拖带两台焦罐台车。

当干熄焦装置年修或出现事故时,电机车牵引和操纵备用的一台湿熄焦车去熄焦塔湿法熄焦。

由于电机车在原有湿熄焦设备中就存在,在此不再加以赘述。

2.1.1 焦罐台车

2.1.1.1 焦罐台车的主要功能

焦罐台车的主要作用就是承载旋转焦罐,如图 2-2 所示,完成从红焦的装入焦罐、运送焦罐到提升井下、空罐自提升井落下后再运送空罐去装焦的重复过程。

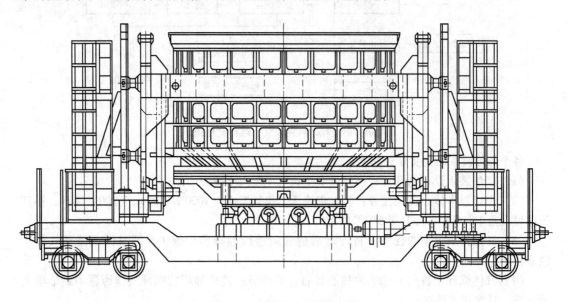

图 2-2   焦罐台车及旋转焦罐

2.1.1.2 焦罐台车的主要结构

焦罐台车主要由台车框架、焦罐旋转装置及焦罐提升导向轨道等组成。

主要技术规格为:

形　式:　　　鞍形构架(带焦罐旋转装置)

结　构:　　　型钢与钢板焊接结构

荷　　重：　　　　　约57t（满罐时）

旋转荷重：　　　　　约48t

旋转速度：　　　　　最大9r/min

旋转速度的控制方式：VVVF

旋转用电动机：　　　18.5kW

运载车重量：　　　　约46t

移动方式：　　　　　由电机车牵引

制动方式：　　　　　气闸制动

2.1.1.3 焦罐台车的日常点检与维护

A 设备润滑明细

设备润滑明细见表2-1。

表 2-1　焦罐台车润滑明细

序 号	润滑部位	油脂品种牌号	补 充		换 油		负责人	备 注
			周期	油脂量	周期	油脂量		
1	车轮轴承	2号锂基脂	1周	4kg	12月	16kg	操作工 钳 工	
2	升降滑道	2号锂基脂	1周	2kg	—	—	操作工	
3	各部销轴	2号锂基脂	1周	2kg	—	—	操作工	

B 设备定期清扫的规定

（1）交接班前要对设备及工作场地全面清扫一遍，做到车体结构框架上无撒落焦炭。

（2）设备上无积尘、油污、见本色、车轮、销轴等活动部位一定要保持清洁，润滑良好。

（3）焦罐车轨道道眼要干净无余焦。

（4）配电室电气设备每周要吹扫一次。

C 设备使用过程中的检查

（1）巡检路线：

牵引部件→走行台车→中间车轮→中间旋转装置→车体结构→罐车轨道→APS对位装置→各部销轴

（2）日常巡检内容见表2-2。

表 2-2　焦罐台车日常巡检内容明细

序 号	检查部位	检查内容	标 准 要 求	检查周期	检查人
1	牵引部件	1. 结构 2. 连接	1. 零部件齐全，无开焊、变形； 2. 连接牢固可靠	2次/班	操作工
2	走行车轮及轨道	1. 磨损 2. 轴承 3. 轨道	1. 车轮磨损不超标，无裂纹等损伤； 2. 润滑良好，无杂音，装配紧密无松动； 3. 轨道无下沉无变形，紧固螺栓无松动，车轮无啃道现象	2次/班	操作工
3	旋转装置	1. 联接 2. 润滑 3. 轨道	1. 结构无损，连接紧密无松动； 2. 润滑良好，转动灵活； 3. 轨道无弯曲变形，紧固螺栓无松动	2次/班	操作工

序号	检查部位	检查内容	标 准 要 求	检查周期	检查人
4	APS 对位装置	1. 结构 2. 行程	1. 结构完整，连接牢固无松动； 2. 运行平稳，行程到位准确	2次/班	操作工
5	车体结构及各部销轴	1. 结构 2. 销轴	1. 无变形，无开裂，结构牢固； 2. 各部销轴连接牢固可靠，活动灵敏，磨损量不超标	2次/班	操作工

D　运行中常见故障及排除方法

运行中常见故障及排除方法见表2-3。

表 2-3　焦罐台车常见故障及排除方法

序号	故障名称	原因分析	排除方法	处理人
1	车轮轴承过热	1. 轴承损坏； 2. 轴承缺油，润滑不好； 3. 轴承装配不正，螺母松动，轴承窜动	1. 更换轴承； 2. 检查加油； 3. 重新装配，调整间隙	钳　工 操作工 钳　工
2	行走轮啃道、行车声音大	1. 轮距装配误差过大； 2. 轨道弯曲变形； 3. 车轮踏面磨损超标	1. 调整轮距； 2. 调整更换轨道，紧固道板螺栓； 3. 修整更换车轮	钳　工 钳　工 钳　工
3	焦罐车横移对位不到位	1. 各部连接销轴磨损过大； 2. APS对位装置行程不到位； 3. 极限开关失灵	1. 更换调整销轴； 2. 检修调整； 3. 更换调整极限	钳　工 钳　工 钳　工
4	焦罐提升回落不到位	1. 连接销轴磨损过量； 2. 升降滑道变形	1. 更换销轴； 2. 调整滑道	钳　工 钳　工
5	焦罐底门开关不严漏焦	1. 门子销轴磨损变形框量过大； 2. 挂钩吊杆不到位，运动不灵活	1. 更换销轴； 2. 调整变形，加油润滑	钳　工 钳　工

E　主要易损件报废标准

主要易损件报废标准见表2-4。

表 2-4　主要易损件报废标准

序号	名　称	报 废 标 准
1	车　轮	轮缘踏面磨损大于15%或车轮出现裂纹或是严重缺损
2	各部销轴	磨损量超过原直径10%或出现断裂等严重缺陷

F　维护中的安全注意事项

(1) 焦罐车在行车时维护人员严禁入轨道禁区。

(2) 罐车运行时不准进行清扫和加油等工作。

(3) 设备检修时必须严格执行"三保险"预防制，做好联络互保工作。

(4) 检修后试车要与有关人员联系确认无误后再开车。

(5) 电气设备清扫必须断电后再工作。

2.1.2 旋转焦罐

2.1.2.1 旋转焦罐的主要功能

旋转焦罐的主要作用就是承载红焦。通过不断重复接焦、运焦、装焦的过程，完成红焦装入干熄炉的任务。

2.1.2.2 旋转焦罐的主要结构

旋转焦罐主要由罐体、内衬板、可摆动的底闸门及带导向辊轮与底闸门联动的吊杆等组成。

旋转焦罐的主要技术规格为：

焦罐形式：对开底闸门与吊杆联动式

形状：圆形

结构：型钢与钢板焊接结构

焦罐有效容积：42.8m³（约21.4t焦炭）

焦罐重量：约35t

主要材质：

    焦罐本体：16Mn

    内衬板：耐热球墨铸铁及耐热铸钢

    隔热材料：陶瓷纤维垫

    底闸门：不锈钢

2.1.2.3 旋转焦罐与方形焦罐的对比

旋转焦罐一般适用于6m以上焦炉配套干熄焦设备。

在4.3m焦炉配套干熄焦设备中，焦罐的形状一般为方形。这不仅是焦罐的最早形式，也与熄焦车道与焦炉间距离有关。因4.3m焦炉熄焦车道与焦炉的距离较短，拦焦车轨道与熄焦车轨道的标高太小，若采用旋转焦罐，则罐体容积不能满足一个炭化室焦炭的需要。

方形焦罐存在着致命的弱点：接焦不均匀，焦罐容积不能有效利用。

旋转焦罐很好地解决了这一问题，通过接焦过程中的焦罐旋转，使焦炭均匀地分布到焦罐的整个平面上，最大限度地利用了焦罐的容积。方形焦罐与旋转焦罐焦炭堆积比较如图2-3所示。

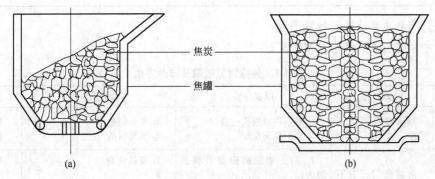

图2-3 旋转焦罐与方形焦罐焦炭堆积示意图
(a) 方形焦罐；(b) 旋转焦罐

2.1.2.4　旋转焦罐的日常点检与维护

A　设备润滑明细

设备润滑明细见表 2-5。

表 2-5　旋转焦罐润滑内容明细

序号	润滑部位	油脂品种牌号	补　充		更　换		负责人	备注
			周期	油脂量	周期	油脂量		
1	各导向轮	2 号锂基脂	1 月	4kg	12 月	16kg	钳工	
2	各部销轴	2 号锂基脂	1 月	2kg	—	—	钳工	

B　设备定期清扫的规定

(1) 交接班前要对设备及工作场地全面清扫一遍，做到车体结构框架上无散落焦炭。

(2) 设备上无积尘、油污、见本色、车轮、销轴等活动部位一定要保持清洁，润滑良好。

(3) 焦罐车轨道道眼要干净无余焦。

C　旋转焦罐使用过程中的检查

(1) 巡检路线：

中间旋转装置→底闸门对位情况→底闸门销轴→焦罐开门装置→焦罐内衬板→焦罐导向轮→焦罐提升滑道→焦罐挂钩装置

(2) 巡检内容见表 2-6。

表 2-6　焦罐巡检内容

序号	检查部位	检查内容	标准要求	检查周期	检查人
1	焦罐提升滑道	1. 结构 2. 润滑	1. 坚固无变形、无裂纹及开焊； 2. 润滑良好，磨损不超标，挡轮框量小于 10mm	2 次/班	操作工
2	焦罐挂钩装置	结构	结构牢固	2 次/班	操作工
3	焦罐开门装置	1. 结构 2. 运行	1. 结构牢固，无变形，无开焊； 2. 开关灵活，行程到位	2 次/班	操作工
4	焦罐内衬板	1. 结构 2. 磨损	1. 齐全无缺少，连接螺栓紧固无松动； 2. 磨损量小于 20%	2 次/班	操作工

D　运行中常见故障及排除方法

运行中常见故障及排除方法见表 2-7。

表 2-7　焦罐常见故障及排除方法

序号	故障名称	原因分析	排除方法	处理人
1	焦罐提升回落不到位	1. 连接销轴磨损过量； 2. 升降滑道变形	1. 更换销轴； 2. 调整滑道	钳工 钳工
2	焦罐底门开关不严，漏炭	1. 门子销轴磨损变形框量过大； 2. 挂钩吊杆不到位，运动不灵活	1. 更换销轴； 2. 调整变形，加油润滑	钳工 钳工

E 主要易损件报废标准

主要易损件报废标准见表2-8。

表 2-8 焦罐主要易损件报废标准

序 号	名 称	报 废 标 准
1	衬 板	烧损、磨损量大于50%、变形挠曲度大于40mm
2	各部销轴	磨损量超过原直径10%或出现断裂等严重缺陷

2.1.2.5 焦罐专业点检标准

焦罐专业点检标准见表2-9。

表 2-9 焦罐专业点检标准

序 号	点检部位	点检项目	点 检 标 准	处理方法
1	焦罐提升滑道	结 构	坚固无变形，无裂纹及开焊	焊接牢固
		润 滑	润滑良好，磨损量小于厚度的20%，挡轮间隙量小于10mm	润滑更换
		异 声	运行无异声	检查检修
2	挂钩装置	结 构	结构牢固、无开裂	焊接加固
		销轴磨损	直径磨损量小于10%	更 换
3	焦罐开门装置	结 构	结构牢固，无变形，无开焊	调 整
		运 行	开关灵活，行程到位	调 整
4	焦罐内衬板	完好程度	衬板齐全无缺少，无坏损	更 换
		磨 损	磨损量小于20%	更 换
		螺 栓	连接螺栓紧固无松动	紧 固
5	焦罐钢结构及各部销轴	结 构	无变形，无开裂，结构牢固	检 修
		销轴磨损	各部销轴连接牢固可靠，活动灵敏，磨损量均小于直径的10%	润滑或更换

2.1.3 APS 对位装置

为确保焦罐车在提升井下的准确对位及操作安全，在提升井下的熄焦车轨道外侧设置了一套液压强制驱动的对位装置。

2.1.3.1 APS 对位装置的主要功能

它的主要作用是：焦罐台车在提升井下送焦罐或接焦罐时，首先通过 APS 液压驱动，将设置在焦罐台车上的定位板牢牢夹住，防止台车移动，以实现精确对位。

2.1.3.2 APS 对位装置的主要结构

APS 对位装置主要由液压站及液压缸组成，其结构动作示意图如图 2-4 所示。主要技术规格为：

对位精度 ±10mm（锁紧后）

液压缸 2 个，$\phi100 \times 250$mm

压 力 约 14MPa

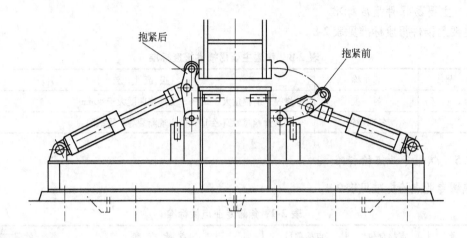

图 2-4　APS 结构动作示意图

2.1.3.3　APS 对位装置的日常点检与维护

A　设备润滑明细

设备润滑明细见表 2-10。

表 2-10　APS 润滑明细

序　号	润滑部位	油脂品种牌号	补　充		更　换		检查人
			周期	油脂量	周期	油脂量	
1	液压站	水-乙二醇	随时	适量	6 月	300L	操作工
2	杠杆机构销轴	2 号复合铝基脂	1 月	2g	12 月	4g	操作工

B　设备定期清扫的规定

(1) 交接前应对设备及工作场地进行全面清扫。

(2) 设备无杂物、油污,做到机光电机亮、设备见本色。

(3) 电气系统干净,无积尘,地面无杂物。

(4) 操作室保持干净,工具齐全,油具油料清洁。

C　设备使用过程中的检查

(1) 检查的有关规定:

1) 检查设备要全面、仔细,发现问题要及时汇报并做好记录;

2) 重点部位和有问题的部位应加强检查随时掌握动态;

3) 岗位操作者每班巡检二次,维修人员每周检查一次。

(2) 巡检路线:

液压站 (电机油泵过滤器油冷器) →阀块→油缸→定位机构→电气操作盘

(3) 巡检内容见表 2-11。

表 2-11　APS 日常巡检内容

序　号	检查部位	检查内容	标 准 要 求	检查周期	检查人
1	操作盘	1. 仪表 2. 扭矩	1. 灵敏可靠、读数准确 2. 灵敏、可靠	2 次/班	巡检工
2	油泵	1. 结构 2. 运行 3. 温度	1. 结构完整无损，密封无泄漏 2. 平稳、无杂音 3. 温度不超标	2 次/班	巡检工
3	油冷器	1. 冷却效果 2. 密封	1. 冷却液畅通，温度达到要求 2. 密封良好，无泄漏	2 次/班	巡检工
4	管　路	连接点	液流畅通，无泄漏	2 次/班	巡检工
5	油　缸	运行	1. 运行平稳，行程达到要求 2. 密封良好无泄漏	2 次/班	巡检工
6	定位机构	结构	1. 完整无损 2. 运行灵活、到位，锁紧装置可靠	2 次/班	巡检工
7	电动机	1. 结构 2. 运行 3. 电流、电压	1. 完整无损 2. 平稳、无振动、无杂音 3. 电流、电压稳定，不超标	2 次/班	巡检工

D　运行中出现故障的排除方法

运行中出现故障的排除方法见表 2-12。

表 2-12　APS 常见故障及排除方法

序　号	故障名称	原因分析	排除方法	处理人
1	油泵不启动或不上油	1. 电动机故障 2. 油位偏低 3. 管路泄漏	1. 检修 2. 加油 3. 检修	电　工 操作工 钳　工
2	油泵有杂音、振动、电流过大	1. 吸入空气 2. 吸油管堵塞 3. 泵零件损坏 4. 地脚螺栓松动，联轴器不正	1. 加油处理 2. 漏气 3. 清除 4. 检修	操作工 钳　工 钳　工 钳　工
3	压力过大或无压力	1. 泄漏 2. 压力控制阀损坏	1. 检修 2. 更换	钳　工 钳　工

E　主要易损件报废标准

主要易损件报废标准见表 2-13。

表 2-13　APS 主要易损件报废标准

序　号	名　称	报 废 标 准
1	油　缸	活塞缸筒磨损超过原尺寸的 2%，活塞缸筒有弯曲剥离
2	液压阀	内漏严重、磨损
3	密封件	变形、泄漏

F　维护中的安全注意事项

（1）检修时严格执行交换牌及"三保险"预防制。

（2）检修中要做好互联互保工作。

（3）试车时要联系好，无误后方可试车。

（4）设备在运转时严禁清扫和检修转动部位。

（5）电气设备清扫检修必须断电后再工作。

（6）不准带压处理设备故障或检修。

2.1.4　提升机

2.1.4.1　提升机的主要功能

提升机运行于提升井架及干熄炉构架上，将装满红焦的焦罐提升并横移至干熄炉炉顶，与装入装置相配合，将红焦装入干熄炉内，装完红焦后又将空焦罐放回到运载车上。提升机的特点是运行速度快、自动控制水平高。提升机本身设单独的PLC控制系统（双CPU热备），正常生产时与其他设备联动，在主控室操作，特殊情况下可采用机旁手动。提升机的电控系统置于地面的电气室内。

2.1.4.2　提升机的主要结构

提升机本体主要由车架、提升机构、行走机构、吊具、检修用电动葫芦、机械室内检修用手动葫芦、机械室、操作室等组成。提升机构安装在车架上部，通过钢丝绳与吊具相连，带动焦罐进行上升或下降运动。行走机构安装在车架下部，通过车轮的转动，带动提升机进行横向移动。

提升机的主要技术规格如下：

形　式	桥式专用吊车；
额定荷重（未含吊具及焦罐盖）	约60t；
提升荷重	约66t；
提升高度	约37.15m；
最大提升高度	约37.6m；
提升速度	35m/min，12m/min，5m/min；
走行速度	60m/min，4.0m/min；
提升及走行的速度控制	VVVF；
走行距离	12600mm；
走行轨道	QU100；
轨　距	12100mm；
走行对位精度	±20mm；
提升停止精度	±45mm；
提升用电动机	400kW；
走行用电动机	75kW；
提升机总重	约200t。

A　车架

车架由主梁、端梁、减速器梁、卷筒梁及平台、梯子栏杆等组成，车架下部还装有焦罐导向架。主要受力梁均采用箱形结构，保证有足够的强度和刚度。

车架、车轮支撑及各机构底座均为焊后整体加工，以保证机构的安装精度，更换备件时，也无需过多调整。

车架主要结构件材料下料前先进行喷砂、抛丸预处理，精度达到 Sa2.5 级。

车架拼接处均采用高度强螺栓连接，定位销定位，安装时用测力扳手拧紧，安全可靠。主要结构件材料为 Q345-A。

B 提升机构

a 机构组成

提升机构布置图见图 2-5，包括正常提升机构和紧急提升机构两部分：正常提升机构由一台单出轴的变频电动机，两个电液制动器，一台齿轮减速机带两套卷筒装置，两个带有负荷传感器的平衡臂等组成。为适应提升机不同区段的提升要求，提升机构采用变频调速。

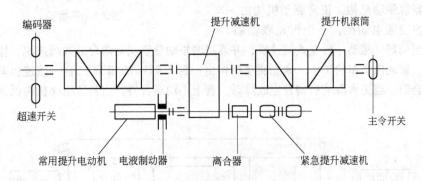

图 2-5 提升机构布置图

紧急提升机构是在正常提升电动机、制动器发生故障时备用的。它主要由手动离合器、联轴器、减速机、电动机等组成，其外形图如图 2-6 所示。

提升机构设有测速、超速开关装置，行程监测装置，提升高度检测编码器，钢丝绳过张力检测装置，偏荷载检测，荷载检测，断绳检测，手动离合器检测等（各检测元件由买方供货）。

b 卷筒

卷筒是采用钢板焊接筒体短轴式结构，如图 2-7 所示。筒体用钢板材料为 Q345A，在下料

图 2-6 提升机紧急提升机构外形图

图 2-7 卷筒

前对其进行超声波检验，以保证钢板的内部
无缺陷。筒体焊接后对其主要受力焊缝进行
射线或超声波检验。

卷筒采用短轴式，短轴材料为 35 钢，
装焊前对轴全长进行超声波探伤，以保证轴
材质内部无缺陷。

c　平衡臂

平衡臂结构如图 2-8 所示，其主要结构
件材料为 Q345A。

C　行走机构

行走机构如图 2-9 所示，采用 2/2 驱动，
两套驱动机构组成。一套为正常驱动机构，
另一套为紧急驱动机构。正常驱动机构由一
台 75kW 的变频电动机，一个齿轮联轴器，

图 2-8　平衡臂

一台电液制动器，驱动一台立式减速机，并通过两根轴分别驱动两台卧式减速机，输出轴带四
根连接轴，带动四个车轮工作。紧急驱动机构由一台 7.5kW 的 SEW 二合一减速机驱动，并设
有手动离合器。当正常驱动机构发生故障时，合上手动离合器，由紧急驱动机构低速完成工作
循环。

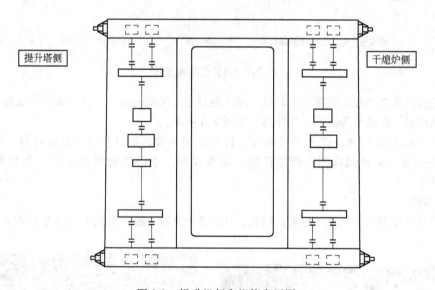

图 2-9　提升机行走机构布置图

D　吊具

吊具是提升机吊取焦罐的专用装置，如图 2-10 所示，该装置由自动开闭式吊钩和
焦罐盖组成，设有两个板式吊钩，两个下滑轮组。其中滑轮采用轧制滑轮，板钩材料
为 Q345A。

板式吊钩带防重物脱出的防脱板，其工作原理如同一把剪刀，焦罐下放到底时，下横梁运
动受阻，上横梁继续下降时，吊钩与防脱板如同剪刀打开；起吊焦罐时，提升机构提升上横梁
向上运动，吊钩与防脱板合拢，挂住焦罐的吊耳轴。

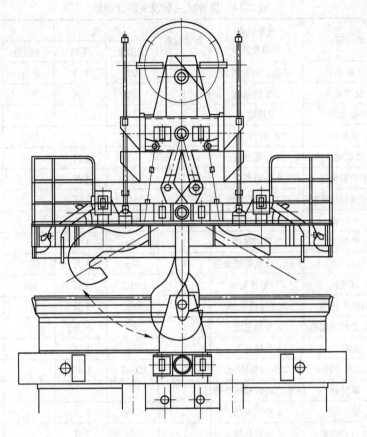

图 2-10 吊具动作示意图

　　焦罐盖的功能是防止罐内红焦高温对提升机的不良影响，防止粉尘飞扬。焦罐盖框架通过导向滑杆与吊具的上框架相连，保持与上框架同心。焦罐盖的隔热层采用厚度为150mm耐热1400℃的锆质耐热模块（使用寿命大于1年），在焦罐盖结构上布置散热孔，以消除温度变化造成的结构变形。

　　在焦罐盖结构上设置4个安全阀，用以释放罐内可燃烧物质爆炸造成的冲击。

　　E　提升机润滑系统

　　钢丝绳由设置在卷筒处的钢丝绳涂油器实现润滑。

　　提升机提升机构、行走机构、采用电动泵双线集中润滑。电动润滑泵，放在车上的机械室内，用于提升机构、行走机构的润滑；吊具（含导向滑轮），采用电动泵，用于吊具的润滑。

　　F　安全保护装置

　　行走机构设有行程限位开关和防风锚固装置。提升机设有风速仪，在风速超过最大工作风速时，向中控室发出警报。

2.1.4.3　提升机的日常点检与维护

　　A　设备润滑

　　设备润滑见表2-14。

表 2-14　提升机主要设备润滑明细

装置名称	润滑部位	润滑油脂名称及牌号	润滑点数	补充		更换		备注
				油脂量	周期	油脂量	周期	
提升驱动部	主电动机	二硫化钼锂基脂	2	100g	3月			
	变频风扇	2号锂基脂	1	50g	3月			
制动部	推动器	变压器油	1			2L	2年	2台
传动部	减速机	220号齿轮油	4	据油位		170L	2年	
	应急端轴承座	2号锂基脂	1	100g	3月			2个
	滚筒轴承座	2号锂基脂	2	200g	3月			2个
	钢丝绳润滑装置	220号齿轮油		5L	2周			4套
	平衡臂	2号锂基脂	4	50g	3月			2个
	联轴器	2号锂基脂	1	50g	3月			5个
横移驱动部	主电动机	2号二硫化钼锂基脂	1	50g	3月			
传动部	减速机	220号齿轮油	1	20L	3月	80L	1年	2台
	分配齿轮箱	220号齿轮油	1	20L	3月	80L	1年	4台
	应急走行联轴器	2号锂基脂	1	50g	3月			
	走行轮	2号锂基脂	3	50g	1周			4个
	侧轨润滑装置	220号齿轮油	2	500mL	1月			2套
	联轴器	3号二硫化钼锂基脂	1					12个
电缆拖链	轨道	2号锂基脂	2	500g	3月			
	走行轴通盖	2号锂基脂	1	50g	3月			12个
润滑泵	油箱	2号锂基脂	1	10kg	1周			
吊具	润滑泵	2号锂基脂	1	1000g	3月			
	导向轮	2号锂基脂	1	50g	3月			14个
	双联滑轮	2号锂基脂	2	200g	3月			2个

B　设备定期清扫的规定

（1）交班前应对所属设备及工作场所进行全面清扫。

（2）设备无杂物、油污，做到设备见本色。

（3）操作室保持清洁，工具齐全，油具油料清洁。

（4）配电室电气设备一周清扫一次。

（5）每月定期对走行减速机油过滤器进行清洗。

C　设备使用过程中的检查

（1）检查的有关规定。

1）检查设备要全面仔细，发现问题及时汇报并做好记录。

2）重点部位和有问题的部位应加强检查随时掌握动态。

3）岗位操作每班巡查两次，维修人员每周检查一次。

（2）巡检路线。

一层：位置速度极限开关→行车轮→行车装置减速机电动机→润滑油泵→轴承座齿轮接手→行车轮→司机室电器→行车轮→行车装置减速机电动机→行车侧→集中给脂装置。

机械室：卷上减速机→卷上电动机→卷上滚筒→定滑轮→测力装置→钢丝绳→集中给脂装置。

吊具：导向导轨→大钩→连接链条→导向杆→滑动轮→焦罐盖→集中加脂装置。

（3）设备检查内容及标准见表2-15。

表 2-15　提升机设备日常检查内容及标准

序 号	检查部位	检查内容	标 准 要 求	检查周期	检查人
1	减速机	润滑油 结 构 运行情况 密 封	不变质，油量在油标刻度范围内，油泵供油正常； 零部件齐全，各部螺栓无松动； 平稳、无振动、无杂音，轴承温度不超过65℃； 严密、无漏油现象	2次/班	操作工
2	车轮	结 构 轮 面 轮 缘	完整牢固； 不允许有剥落及裂纹； 不允许啃道倾斜	2次/班	操作工
3	联轴器	连接情况 螺 栓	无松动，同轴度及间隙符合要求； 联轴器螺栓完整齐全无松动，齿型联轴器润滑良好	2次/班	操作工
4	轴承及 轴承套	结 构 润 滑 运 转	连接牢固无松动； 不缺油，不漏油； 平稳，无杂音，温度不超过65℃	2次/班	操作工
5	滑轮： 动滑轮	运 转 轮面，轮缘	平稳，轴向窜动在允许范围之内； 滑轮沟槽磨损不得超过钢丝绳直径的15%，轮缘磨损超过厚度的20%	2次/班	操作工
6	钢丝绳	润 滑 钢丝绳	良好，不缺油； 钢丝绳磨损情况，无断股，无磨损； 钢丝绳的直径磨损，不得超过原直径的7%，每一捻距内断丝不超过10%	2次/班	操作工
7	润滑油泵	工作状况	无异常音，无异常升温，出油量正常	2次/班	操作工
8	卷 筒	结 构 运 行	无较大裂纹，开焊，完整牢固； 无脱槽，无松弛	2次/班	操作工
9	结 构		结构完整，连接牢固，无开焊断裂，无弯曲，无严重变形，无腐蚀	2次/班	操作工
10	集中给脂装置	运 行 结 构	各点给油良好，油压正常； 无损坏，各分配器分配油良好，无漏油	2次/班	操作工
11	轨 道		压钩及螺栓齐全紧固，接头夹板螺栓齐全，轨道基础稳固	2次/班	操作工
12	电动机	结 构 运 转	零部件齐全无损坏，地脚螺栓及联结器螺栓紧固齐全，接线盒完好，接线可靠； 不过热，轴承温度不超过65℃，电流外壳温度小于70℃，电流不超过额定电流，无振动及杂声	2次/班	操作工
13	位置速度极限	结 构 运 行	完整，坚固，无损坏； 灵敏可靠	2次/班	操作工

D　运行中出现故障的排除方法

运行中出现故障的排除方法见表2-16。

表 2-16　提升机常见故障及排除方法

序号	故障名称	原因分析	排除方法	处理人
1	钢缆过张力 检测器动作，突然停机	1. 升降范围内有障碍物； 2. 限位装置不良； 3. 缆线滑移卷线不良； 4. 极限开关不良； 5. 电源故障	1. 除去障碍物； 2. 调整停止位置； 3. 使缆线正常卷绕； 4. 修理或更换极限开关； 5. 检查电流电路	操作工 电 工 钳 工 电 工 电 工
2	提升设备启动时发生异常声响，电流过大	1. 卷扬齿轮损坏； 2. 轴承损坏； 3. 滚筒损坏； 4. 缆绳轮损坏； 5. 润滑不良； 6. 吊架或框架摩擦	1. 更换； 2. 更换； 3. 焊好； 4. 更换； 5. 换新油、加油； 6. 调整	钳 工 钳 工 钳 工 钳 工 钳 工 钳 工
3	运行中发生异常声音	1. 运行驱动润滑不良； 2. 轴承损坏； 3. 齿轮损坏； 4. 缆绳问题不良； 5. 车轮损坏； 6. 啃道	1. 换加新油； 2. 更换； 3. 更换； 4. 修正到规定的尺寸； 5. 更换； 6. 调整	钳 工 钳 工 钳 工 钳 工 钳 工 钳 工
4	钩环不能开合	1. 钩环部润滑不良； 2. 旋转部转动部损坏； 3. 轴承损坏	1. 加油； 2. 修理； 3. 更换	操作工 钳 工 钳 工

E　主要易损件报废标准

主要易损件报废标准见表2-17。

表 2-17　提升机主要易损件报废标准

序 号	零件名称	报 废 标 准
1	钢丝绳	钢丝绳直径磨损超过原直径的7%，每捻线断超过10%
2	齿轮	卷上齿面磨损超过原齿厚3%，其他齿面磨损超过原齿厚的5%，或齿根有裂痕
3	滑轮	滑轮沟槽磨损超过钢丝绳直径的15%，轮缘磨损超过原厚度的20%
4	吊钩	局部损耗超过尺寸的10%，开口超过15%，有裂纹等损伤
5	滚筒	绳沟槽磨损超过钢丝绳直径的15%
6	齿接手	齿面磨损超过原齿厚的5%
7	轴承	内外环有损伤，裂纹或严重点蚀，工作油隙超过原始游隙的2倍
8	车轮	车轮踏面磨损超过轮径3%，轮缘磨损超过厚度10%，两轮轮径，驱动轮大于0.2%，从动轮大于0.5%
9	闸瓦	磨损超过20%

F　维护中的安全注意事项

（1）检修时严格执行交换牌及"三保险"确认制。

（2）检修中做好联环互保工作。

（3）试车时要联系好，无误后方可试车。

（4）设备在运转时，严禁清扫转动部位。

（5）电气设备清扫检修必须断电后再工作。

2.1.4.4 提升机专业点检标准

提升机专业点检标准见表2-18。

表 2-18 提升机专业点检标准

序号	点检部位	点检项目	点检标准	处理方法
1	减速机	润滑油	不变质，油量在油标刻度范围内，油泵供油正常	换油或加油
		结构	零部件齐全，各部螺栓无松动	补充紧固
		运行情况	平稳、无振动、无杂音，轴承温度不超过65℃	检查检修
		密封	严密、无漏油现象	检修
2	车轮	结构	完整牢固	焊补加固
		轮面	不允许有剥落及裂纹	更换
		轮缘	不允许啃道和倾斜	调整
3	联轴器	连接情况	无松动，同轴度及间隙符合要求	检修
		螺栓	联轴器螺栓完整齐全无松动	补充紧固
		润滑	润滑良好	润滑
4	轴承及轴承套	结构	连接牢固无松动	焊补紧固
		润滑	不缺油，不漏油	检修处理
		运转	平稳，无杂音，温度不超过65℃	检查修理
5	滑轮：动滑轮	运转	平稳，轴向窜动在允许范围之内	检修处理
		轮面，轮缘	滑轮沟槽磨损不得超过钢丝绳直径的15%，轮缘磨损不得超过厚度的20%	更换
6	钢丝绳	润滑	良好，不缺油	润滑
		钢丝绳	钢丝绳磨损情况，无断股，无磨损；钢丝绳的直径磨损，不得超过原直径的7%，每一捻距内断丝不超过10%	更换
7	润滑油泵	工作状况	无异常音，无异常升温，出油量正常	检查更换
8	卷筒	结构	无较大裂纹，开焊，完整牢固	焊补加固
		运行	无脱槽，无松弛	调整
		卷筒面	绳沟槽磨损不超过绳槽深度的10%	检修处理
9	结构		结构完整，连接牢固，无开焊断裂，无弯曲，无严重变形，无腐蚀	焊补加固
10	集中给脂装置	运行	各点给油良好，油压正常	检查检修
		结构	无损坏，各分配器分配油良好，无漏油	检修处理

序　号	点检部位	点检项目	点　检　标　准	处理方法
11	轨　道		压钩及螺栓齐全紧固，接头夹板螺栓齐全，轨道基础稳固	检修处理
12	电动机	结　构	零部件齐全无损坏，地脚螺栓及联结器螺栓紧固齐全，接线盒完好，接线可靠	检查紧固
		运　转	轴承温度不超过65℃，电动机外壳温度小于70℃，电流不超过额定电流，无振动及杂音	检查处理
13	位置速度极限	结　构	完整、坚固、无损坏	焊补加固
		运　行	灵敏可靠	调整处理

2.1.4.5　提升机检修标准

A　提升机检修周期

提升机检修周期见表2-19。

表 2-19　提升机检修周期

检修类别	检修周期	主要检修内容	备　注
小　修	1~2 月	按照点检发现的实际缺陷，进行检修，主要包括钢丝绳的调整与紧固、制动器的调整与紧固、润滑油脂的检查及补充、泄漏治理、吊具的润滑、车架焊缝的检查、连接螺栓的检查等	报厂周计划
中　修	1~2 年	除正常计划检修外，还包括如下内容： 1. 钢丝绳的更换； 2. 制动器闸皮更换； 3. 吊具绳轮轴承解体检查或更换； 4. 提升高速轴联轴器解体检查或更换； 5. 横移高速轴联轴器解体检查或更换； 6. 减速机油脂更换； 7. 吊具及卷筒探伤	
大　修	4~8 年	除正常计划检修外，还包括如下内容： 1. 部分传动机构更换； 2. 制动器更换； 3. 减速机解体检查或更换； 4. 提升和横移电动机解体检查或更换； 5. 走行轮解体检查或更换； 6. 焦罐罩更换； 7. 吊具绳轮更换； 8. 部分钢结构更换及防腐	

B　提升机检修质量技术标准

（1）金属结构所有连接螺栓不应有任何松动。

（2）主要受力部位的焊缝或板材出现裂纹时，提升机必须停止使用。根据检查结果，确定产生裂纹的原因，制定修理方法，结构修理后要经过负荷试验方可使用。

（3）吊具发现下列情况之一应更新：

用 10~20 倍放大镜或磁粉探伤，必要时用射线或超声波探伤检查板钩、滑轮轴、横梁等表面有裂纹。板钩上用铣子所作的三点标记之间相对尺寸有变化。

钩子的危险断面的磨损超过该断面高度的 10%。

心轴磨损了名义直径的 3%~5%。

（4）钢丝绳更换检修标准

安装钢丝绳夹子时，应将夹箍装在短绳端，夹托装在长绳端，紧固时，应将两根钢丝绳直径压缩到 1.67d。

钢丝绳端部的固定连接应定期检查，检查钢丝绳端部的损坏情况和连接件的紧固情况。

严禁两根钢丝绳接起来使用。

如一个起升机构有两根以上的钢丝绳，如果一根钢丝绳出现故障报废，原则上其余钢丝绳也同样一起更换。

（5）卷筒壁的磨损不得超过壁厚的 10%。

（6）传动齿轮轴工作表面的情况，齿轮不允许有裂纹、断齿，齿面点蚀达啮合面的 30%，深度达原齿的 10% 时，该齿轮则应报废。

（7）减速器换油时，必须将减速器内全部零件及箱体用煤油（或柴油）仔细清洗干净。

（8）制动轮、盘不允许有裂纹，其轮缘的磨损量达到原厚度的百分数：起升机构不大于 15%，其他机构不大于 30%。

（9）制动轮工作的凹凸不平度不大于 1.5mm。

（10）制动器的闸带厚度磨损量不大于原厚度的 50%，若磨损不均匀，则中间部分的厚度不应小于原厚度的 1/2，两端不应小于原厚度的 1/3，超过该数值应更换闸带。

（11）制动器的各销轴及轴孔直径的磨损不应达到原直径的 5%。

（12）提升机安装后车轮应同时与轨面接触，不允许有任何一个车轮不着轨的现象。

（13）大小车轮滚动面的对称垂直平面与轨道侧面的间隙值，两面之差不允许大于 4mm。

（14）车轮断面的垂直偏斜不大于车轮直径的 1/400，且必须是下边偏向轨道的内侧。

（15）卷筒轴承座、卷筒轴中心线与减速器低速轴中心线之间的径向位移，在卷筒轴的每米长度上不超过 1mm。

（16）制动器闸带与制动盘工作表面的平行度在 100mm 上不得大于 0.1mm，实际接触面不得小于闸带工作面的 70%，两闸带与制动盘的间隙应保持一致，其间隙不得超样本规定值。

（17）联轴器的对中要求值应符合表 2-20 要求。

表 2-20　联轴器对中要求

联轴器形式	径向允差/mm	端面允差/mm
刚　性	0.06	0.04
弹性圈柱销式	0.08	0.06
齿　式		
叠片式	0.15	0.08

（18）联轴器对中检查时，调整垫片每组不得超过 4 块。

（19）滚动轴承的拆装要求：

1）承受轴向和径向载荷的滚动轴承与轴配合为 H7/js6；

2）仅承受径向载荷的滚动轴承与轴配合为 H7/k6；

3）滚动轴承外圈与轴承箱内壁配合为 Js7/h6；

4）凡轴向止推采用滚动轴承的泵，其滚动轴承外圈的轴向间隙应留有 0.02 ~ 0.06mm；

5）滚动轴承拆装时，采用热装的温度不超过120℃，严禁直接用火焰加热，推荐采用高频感应加热器；

6）滚动轴承的滚动体与滚道表面应无腐蚀、坑疤与斑点，接触平滑无杂音，保持架完好。

2.1.4.6　提升机典型事故案例

A　案例1：提升机横移联轴器的事故

a　事故现象

干熄焦红焦罐在横移时，走行电动机不动作，检查发现横移走行电动机护罩内联轴器螺栓断，更换完螺栓，恢复生产，期间用应急电动机装焦。

b　事故原因

事故发生的直接原因是：横移走行电动机护罩内联轴器螺栓断。

事故发生的根本原因是：点检不到位。因为前一个月对横移联轴器加油时将连接螺栓紧固并增加了备帽，因此对联轴器很放心，没有及时拆下护罩检查螺栓情况，导致事故的发生。同时联轴器护罩为封闭式，也增加了点检的难度。

c　整改措施

（1）改进联轴器护罩结构，以利于日常的点检和维护；

（2）对联轴器定期进行检查维护，及时发现并消除隐患，防止类似事故的发生。

B　案例2：提升机红焦撒落事故

a　事故现象

提升时焦罐罩上方横梁导向轮卡在大车侧轨上方定位槽钢上。先将定位槽钢割掉，经过几次提升后仍无效，遂决定将红焦罐回落到牵引，在牵引处将导向轮割掉。在焦罐从井上下降到固定轨道处时，焦罐下方导向轮发生倾斜卡住。手动将大车北移100mm左右，使焦罐南侧躲开南固定导轨，手动下降至14m处，焦罐底闸门突然打开，红焦撒落。经过焦炭清理、换罐试车后，恢复正常生产。事故状态见图2-11。

(a)　　　　　　　　　　　　　　　(b)

图 2-11　事故焦罐现场
（a）倾斜的焦罐及敞开的底闸门；（b）焦罐底部导向轮被卡掉

b　事故原因

（1）焦罐在下降过程中，因焦罐倾斜、导向轮变形，焦罐被卡住，导致焦罐吊耳失去了对底闸门的提升作用，底闸门突然打开，是造成此次事故的直接原因。

（2）设备故障处理不当是造成此次事故的主要原因。当出现故障时，因采用带红焦下降的不当方法，导致了此次事故。

（3）另外，刚换的焦罐热态尺寸在变化，加上横移基础开焊导致运动准确性低，导致焦罐红焦未能一次装入炉内，也是导致此次事故的一个原因。

（4）如何处理焦罐卡住问题，没有可执行的预案预控措施，问题发生后缺乏有效的指挥和控制。

c　整改措施

（1）对横移基础进行彻底更换，对其他横移基础进行检查加固。

（2）制定、完善提升红焦装不进去时的处理预案，统一组织协调，杜绝类似事故的发生。

（3）细化对焦罐的点检、维修标准并严格执行。

（4）更换焦罐时，必须空罐运行一个周期，且没有任何卡阻现象，方能装红焦生产。

C　案例3：焦罐倾斜撞大钩事故

a　事故现象

干熄焦2号焦罐在下降到焦罐台车上时发生倾斜，电机车向南行走时，西侧向上倾斜的焦罐将提升机南侧大钩撞变形，同时将焦罐缘板撞掉一块，无法继续装焦。通过调整变形大钩，使提升机能够正常动作，将1号焦罐内的红焦装入炉内，然后继续处理2号焦罐。其间用1号焦罐装红焦维持干熄焦发电。同时采取各种办法将焦罐挂入钩内重新走一个行程，其间对台车上的焦罐定位销进行了调整处理，焦罐复位后基本能够复位。于3h后恢复正常装焦。

b　事故原因

事故发生的直接原因是：焦罐西侧底闸门被定位销顶住，没有落到位。导致焦罐倾斜所致。

事故发生的根本原因：

（1）由于焦罐地盘有微小错位，导致西侧底闸门被定位销顶住。

（2）由于上次设置的防止底闸门关不到位的措施没有发挥作用，导致事故的扩大。

（3）底闸门本身存在问题，此可能性较小。

c　整改措施

（1）尽快完善防止底闸门关不到位的措施，使该信号与走行联锁；

（2）进一步调整焦罐底盘控制限位，确保底盘无错位。

（3）利用合适的时间将提升大钩更换，在更换之前，要强化日常点检和专业点检的力度，及时调整大钩与吊耳的间隙。

2.1.5　装入装置

2.1.5.1　装入装置的主要功能

由焦炉出炉的红焦被装入焦罐，再由提升机设备运送至干熄炉上部。装入装置被设置在干熄炉上部，在将焦罐内的红焦装入干熄炉时起到溜槽的作用。

装入装置由料斗、炉盖、集尘管等构成，被安装在台车上。台车由电动缸驱动行走在轨道上。

这些设备由杠杆、连杆机构组成，依据装入时及待机时不同，担负下列功能：

A　装入时

（1）焦罐由承受台支撑；

（2）焦罐的下部闸门投放炽热焦炭时，可防止粉尘、火焰逸出；

（3）把热焦均匀地装入干熄炉内；

（4）收集焦炭的粉尘。

B　待机时

以装入装置的炉盖水封封住干熄炉的装入口。

2.1.5.2　装入装置的主要结构

装入装置如图 2-12 所示，安装在干熄炉炉顶的操作平台上，主要由炉盖台车和带布料器的装入料斗台车组成，两个台车连在一起，由一台电动缸驱动。装焦时能自动打开干熄炉水封盖，同时移动带布料器的装入料斗至干熄炉口，配合提升机将红焦装入干熄炉内，装完焦后复位。在装入料斗的底口设置了一个布料器，以解决干熄炉内焦炭的偏析问题。装入装置上设有带配重的防尘门及集尘管，装焦时防粉尘外逸。

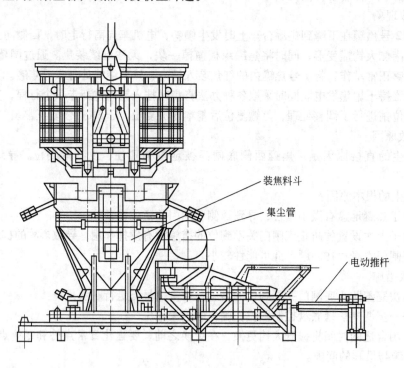

装焦料斗

集尘管

电动推杆

图 2-12　装入装置结构示意图

装入装置设有现场单独和中央控制室 PLC 联动两种操作方式。

装入装置的主要技术规格为：

形　式　　　　　　　　　　炉盖台车与带布料器的料斗台车联动式；

干熄炉炉口直径　　　　　　ϕ3100mm；

开闭炉盖所需时间（单程）　约 20s；

装入台车轨距　　　　　　　4350mm；

装入台车行程　　　　　　　3550mm；

传动方式　　　　　　　　　电动缸；

控制方式　　　　　　　　　VVVF；

　　电动缸行程　　　　　　　　约 1600mm；

　　功　　率　　　　　　　　　7.5kW。

主要部件材质：

　　水封槽　　　　　　　　　　RuT340；

　　炉　盖　　　　　　　　　　Q235-A 及不锈钢；

　　炉盖内衬　　　　　　　　　特殊耐热浇注料；

　　料斗内衬　　　　　　　　　耐热铸钢；

　　装入布料器　　　　　　　　铸钢。

　A　料斗

　　料斗本体由上部料斗和下部料斗，料钟以及滑动台构成，被安装在料斗台车上。

　　上部料斗及下部料斗系钢板焊接构造，在上部料斗的倾斜部分用螺栓安装有特殊材质的衬板，螺栓头部进行了切槽加工，可使用旋具。上部料斗的长度方向设有开口，用于连接焦炭投入时吸收粉尘的集尘管。此开口部分安装有 SUS 材质的圆棒，防止焦炭进入集尘管内部。上部料斗和下部料斗的连接部的开口设计为八角形，以使焦炭可以均一地分布开。

　　料钟为 ZG30Mn 材质，本体可以分解成上下两部分，悬挂在上部料斗内的梁上。提升横梁以 WEL-TEN80C-321 材质的盖子覆盖，以防止磨损。料钟的角度大约为 50°，为达到焦炭装入均一的目的，漏斗上部设有 4 根整流板。

　　下部料斗考虑到受热影响，将法兰安装在托架上，本体内壁装有隔热材料。下部料斗本体和法兰之间的空隙用密封材料加以堵塞。

　　滑动台系钢板焊接构造，上部料斗两端用拉伸弹簧吊起，起到将焦罐的载荷传递到料罐承受座上的作用。

　B　驱动装置

　　驱动装置通过连接结构的各个杠杆使料斗台车及炉盖台车行走，同时，它也是炉盖开关的结构，以电动缸驱动。

　　曲柄摇杆系钢板焊接构造，借助连杆与炉盖搬运车上的杠杆轴连接。杠杆轴为钢管和钢板的焊接构造，使用环链吊下炉盖，并安装易于开关炉盖的平衡锤。曲柄摇杆的两侧固定在轴承上，两个轴端设有导辊，用以限制炉盖的运行。

　　导辊行走于设置在导轨基座两边外侧的角钢、钢板焊接成的滑动台的导轨上。

　　电动缸以支架固定于地板面上，用销子和以钢板焊接构造的曲柄摇杆相连接。

　C　台车、导轨及导轨基座

　　台车由支承料斗的料斗台车和吊着炉盖的炉盖台车组成，为使两节搬运车可以分开，以销子相连接。台车本体系形钢、钢板焊接构造，每侧车轮各 4 个，共计有 8 个车轮构成。

　　导轨使用 30kg/m 的轨道，其构造是用轨道压板和螺栓固定于导轨基座上。导轨基座系形钢、钢板焊接构造，设置于地板上的 8 处台架之上。

　D　炉盖

　　炉盖系钢板焊接构造，装入焦炭后，利用设置在干熄炉的入口处的水封罩，防止炉内气体、火焰、粉尘喷出。

　　炉盖的支撑，是用连杆将形钢、钢板焊接构造的吊梁（吊架）和炉盖本体连接在一起，由连杆轴处使用链子将吊梁（吊架）两端吊起固定。

　　炉盖的运作由行走于导向台内的导辊限制，接近装入口时开始缓慢下降，在干熄槽中心位置处炉盖下侧伸入水封槽内并水封。

炉盖的下面附设有耐火浇注料，以使其经受住炽热焦炭（约1050℃）的热辐射。

E　滑动罩

滑动罩系钢板焊接构造，由罩本体、罩吊挂结构组成，如图2-13所示。在导轨基座两个外侧安装有凸轮座，导辊则架设在其上，通过其上、下移动来动作，如图2-14所示。

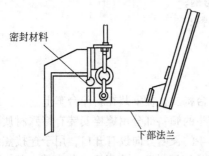

图2-13　罩本体、罩吊挂结构

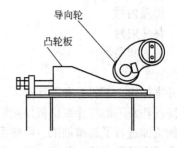

图2-14　滑动凸轮挡板

罩本体为4分割的螺栓安装构造，使用连接链吊悬于料斗台车上。罩本体伸入水封槽内进行水密闭时，为防止从水封槽和下部料斗法兰的间隙中喷射出炉内气体、火焰及粉末，设置有使用超级玻璃布的密封结构。

罩结构由轴、轴承、杠杆构成，通常以平衡锤悬吊，接近炉口驶上凸轮座时，根据凸轮板的曲线降下，装入时起着水封密闭的作用。

罩本体的4个部位有导管，安装在台车上的导向板内，进行升降，防止罩本体的摆动。

F　水封槽

水封槽由承受台座、水封槽本体及排水沟构成，其作用是装入焦炭时，用滑动罩进行水封闭，待机时以炉盖水封封闭炉口。

承受台座为用螺栓安装于干熄炉外壳钢板上的整体构造，它与干熄炉外壳钢板表面的间隙用隔热材料充填。水封槽本体为RuT340材质，其内部因保持水循环而有一定的水位。排水沟系SUS304钢板焊接构造，为使水封槽流出的水容易流动，设有一定的坡度。

滑动罩通过料斗的排水沟上部，为防止焦炭块落入设有排水沟的盖子。

水封槽的高度尺寸，根据干熄炉内压力发生变化时也能保证水封的要求进行设计。

G　滑动式集尘管

滑动式集尘管由滑动管本体及固定管组成，仅在装入焦炭时进行集尘。

管子系钢板焊接构造，安装在上部料斗的一侧，设有检查盖，以便在维护时检查粉尘的堆积状况。

滑动管本体用钢板焊接构造，呈圆桶状，用螺栓与料斗部分的管子相连接。另外，滑动管下部设有导辊，使其动作平滑。

固定管子用钢板焊接构造，呈圆桶状，用螺栓安装固定在设置于地板上的台架上，与滑动管之间用硅橡胶填充，以减少空隙，保证密封效果。固定管子的下部安装有钢管制造的小溜槽，用来防止粉尘堆积。

2.1.5.3　装入装置的日常点检与维护

A　设备润滑

设备润滑见表2-21。

表 2-21 装入装置主要设备润滑明细

润滑部位	润滑油脂名称及牌号	补充标准		更换标准		备 注
		油量	周期	油量	周期	
电动推杆	DAPHNE EPONEX SR No.1	200mL	1 年			
走行轮	2 号锂基脂	50g	1 天			
除尘管轴承座	2 号锂基脂	50g	1 月			
配重销轴	2 号锂基脂	50g	1 天			
密封罩轴承座	2 号锂基脂	50g	1 天			
连杆销轴	2 号锂基脂	50g	1 天			
导 轮	2 号锂基脂	50g	1 天			

B 设备定期清扫的规定

(1) 交班前必须对设备擦拭清扫一次,达到地面干净无杂物。

(2) 设备无积灰,无油污,做到机光电机亮,设备见本色。

(3) 配电室系统盘面无积尘,地面无杂物。

(4) 操作室保持干净,工具齐全,油具、油料清洁。

C 设备使用过程中的检查

(1) 巡检的有关规定:

1) 检查设备要全面、仔细,发现问题及时汇报并做好记录;

2) 重点部位重点检查,认真“看、听、嗅、摸、敲”掌握运行动态;

3) 注意检查各螺栓、压板及挡块等是否固定可靠;

4) 各机构的润滑状况是否良好,密封处有无漏油;

5) 各机构的电气设备工作是否良好,限位开关和安全连锁装置是否灵敏可靠;

6) 岗位操作者每班巡检两次,维修人员一个月检查一次。

(2) 巡检路线:

驱动装置→台车、轨道、轨道基础→炉盖→滑动遮板→水封槽→移动式集尘管道→润滑及其配管→装焦料斗

(3) 巡检内容见表 2-22。

表 2-22 传动装置巡检内容明细

序 号	检查部位	检查内容	标准要求	检查周期	检查人
1	电动推杆	1. 工作情况; 2. 制动时间及制动位置的变化; 3. 各部位螺钉、螺栓松紧情况; 4. 电磁铁的行程情况	1. 无杂音,运转平稳; 2. 达到限位; 3. 紧固无松动; 4. 电磁铁的行程在 0.5mm 以上,1.3~1.4mm 范围内	2 次/班	巡检工 巡检工 巡检工 电 工
2	传动结构	1. 结构; 2. 各部销轴; 3. 运转极限	1. 完整无断裂、损伤; 2. 无磨损,转动灵活; 3. 行程到位,开停准确	2 次/班	巡检工 巡检工 巡检工

D　运行中出现故障及排除方法

运行中常见故障及排除方法见表2-23。

表 2-23　装入装置常见故障及排除方法

序　号	故障名称	原因分析	排除方法	处理人
1	减速机振动声音异常	1. 减速机地脚螺栓松动； 2. 齿轮啮合不良； 3. 联轴器不同心； 4. 减速机缺油	1. 紧固地脚螺栓； 2. 检查调整； 3. 调整同心度； 4. 检查加油	巡检工 钳　工 钳　工 巡检工
2	走行声音异常或电流大	1. 抱闸线圈损坏； 2. 走行轴承损坏或缺油； 3. 车轮有砂眼或其他缺陷； 4. 联轴器螺栓松动或内部损坏； 5. 减速机内有杂物	1. 更换线圈； 2. 检修更换轴承及加油； 3. 更换车轮； 4. 紧固联轴器螺栓或更换； 5. 检查清洗，更换加油	电　工 钳　工 钳　工 电　工 钳　工
3	电动机不动，温升高，冒烟	1. 单相运转； 2. 三相电源不平衡； 3. 热继电器未复位； 4. 机械传动卡阻	1. 消除单相； 2. 检查清除单相断路； 3. 手动复位； 4. 消除机械故障	电　工 电　工 巡检工 钳　工
4	电动机声音不正常，振动	1. 电动机地脚松动； 2. 联轴器不同心； 3. 电动机轴承损坏； 4. 电动机单相运行； 5. 电动机发热	1. 紧固地脚螺栓； 2. 找正联轴器； 3. 检修更换轴承； 4. 消除单相； 5. 检修或更换	巡检工 钳　工 钳　工 电　工 电　工
5	行程不到位	1. 行程开关移位； 2. 扭转轴弯曲	1. 按规定调整行程开关； 2. 检查或更换	电　工 钳　工

E　主要易损件的报废标准

主要易损件的报废标准见表2-24。

表 2-24　装入装置主要易损件报废标准

序　号	零件名称	报　废　标　准
1	车　轮	车轮踏面磨损量超过轮径3%，轮缘磨损超过原厚度的10%，两轮轮径相差0.5%
2	轴　承	内部环有损伤、裂纹、严重点蚀，工作游隙超过原游隙的2倍
3	耐热板	出现裂纹或螺栓挂不住，磨损大于30%
4	销　轴	磨损超过原直径的5%

F　维护中的安全注意事项

（1）检修时要执行"三保险"预防制；

（2）检修中做好联保互保，制订好安全措施；

（3）检修后试车时要联系好，无误后方可试车；

（4）检修后要做到活完地净；

（5）检修时更换的零件要通知巡检工，做好记录；

（6）检查各部位密封材料的损伤状况；

1）滑动罩至下部料斗法兰之间；

2）下部料斗本体至下部料斗法兰之间；

3）固定管子至滑动管连接部分；

（7）检查料斗衬里的磨损状况，特别是对于焦炭直接撞击的表面要严格检查，超过磨损允许量及时更换；

（8）料钟本体磨损量的检查：如图 2-15 所示，用测量用夹具检测。

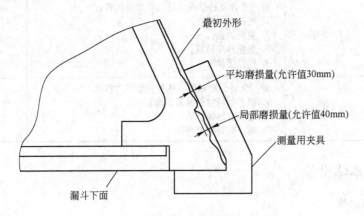

图 2-15　料钟本体磨损检测示意图

2.1.5.4　装入装置专业点检标准

装入装置专业点检标准见表 2-25。

表 2-25　装入装置专业点检标准

序　号	点检部位	点检项目	点 检 标 准	处理方法
1	电动推杆	工作情况	无杂音，运转平稳	调整处理
		制动时间及制动位置的变化	达到限位	调整处理
		各部位螺钉、螺栓松紧情况	紧固无松动	检查紧固
		电磁铁的行程情况	电磁铁的行程在 0.5mm 以上，1.3～1.4mm 范围内	检查处理
2	传动结构	结　构	完整无断裂、损伤	焊补加固
		各部销轴	无磨损，转动灵活	检查更换
		运转极限	行程到位，开停准确	调　整
3	水封槽	钢结构	无变形、无损坏、无开裂	焊补加固
		水量情况	保持正常水位	调整处理
		有无积灰	无积灰，鼓泡装置工作正常	清理检修
4	炉　盖	钢结构	无变形、无损坏、无开裂	焊补加固
		各部位螺栓松动情况	紧固良好、无松动	检查紧固
5	集中润滑装置	运　行	各点给油良好，油压正常	检查处理
		结　构	无损坏，各分配器分配油良好，无漏油	检查处理
		油　量	保持正常油位以上	加　油

2.1.5.5　装入装置检修周期

装入装置检修周期见表 2-26。

表 2-26　装入装置检修周期

检修类别	检修周期	主要检修内容	备　注
小　修	1~2月	按照点检发现的实际缺陷进行检修	报厂周计划
中　修	1~2年	除正常计划检修外，还包括如下内容： 1. 更换水封槽； 2. 更换炉盖； 3. 更换料斗衬板； 4. 料盅更换	
大　修	4~8年	除正常计划检修外，还包括如下内容： 1. 部分钢结构更换及防腐； 2. 电动缸解体检修； 3. 润滑装置全部更换	

2.2　干熄焦本体设备

2.2.1　干熄炉本体

2.2.1.1　干熄炉本体的主要功能

干熄炉本体的主要功能包括以下几个方面：

1）作为红焦的存储设备，可预存部分红焦；

2）作为红焦熄灭的设备，通过安装在干熄炉炉底的鼓风装置，将焦炭温度降低到 200℃以下。

2.2.1.2　干熄炉本体的主要结构

干熄室砌体属于竖窑式结构，是正压状态的圆桶形直立砌体。炉体自上而下可分为预存段、斜风道和冷却段。

预存段的上部是锥顶区，因装焦前后温度有波动，采用热稳定性好的耐火砖。中部是实心区，下部有多个观察孔。预存段下部是环形烟道，是内墙及环形烟道外墙二重圆环砌体。

斜风道的砖逐层悬挑，承托上部砌体的荷重，并且是逐层改变气道深度砖的砌体。温度频繁波动，冷却气流和焦炭尘粒激烈冲刷，砖体损坏后极难更换。因此，对内层结构的强度及砖的抗热震性、抗磨损和抗折强度要求都很高。

冷却段虽结构简单，是一个圆桶形，但它的内壁要承受焦炭激烈的磨损，是最易受损害的部位。

干熄炉本体主要结构如图 2-16 所示。

根据干熄炉各部位不同的操作环境特点，需要选择使用不同的耐火砖。

由于干熄炉炉口焦炭磨损程度大，温度变化大；斜道区要承载上部砌体的荷重并能在温度频繁波动的条件下抵抗气流的冲刷和焦炭粉尘的磨损，又不易翻修，因此，选用了耐冲刷、耐磨、抗热震性极好，抗折强度极大的莫来石碳化硅砖砌筑。

预存室直段要承受热膨胀和装入焦炭的冲击力及摩擦，一次除尘器拱顶内侧和上拱墙要承

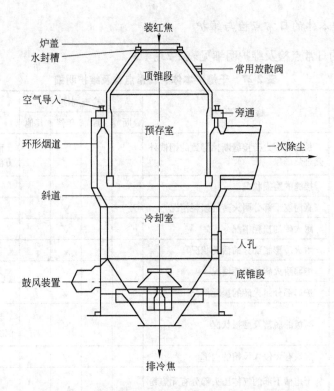

图 2-16 干熄炉本体结构及各部分的名称和作用

受气流的冲刷和粉尘的磨损,因此选用耐冲刷、耐磨,抗热震性好的 A 型莫来石砖。

冷却室磨损最大,温度变化也较为频繁,因此选用高强耐磨、抗热震性好的 B 型莫来石砖。

水封槽位于干熄炉顶部,保证装焦间隔时的炉顶密封。其安装示意图如图 2-17 所示。

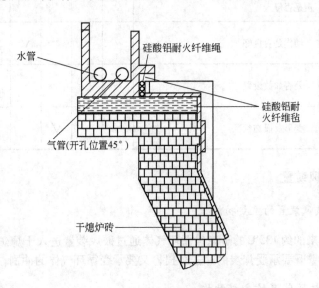

图 2-17 干熄炉水封槽安装示意图

2.2.1.3　干熄炉本体的日常点检与维护

干熄炉本体的日常点检及维护明细见表2-27。

表 2-27　干熄炉本体的日常点检及维护明细

检查部位	检查事项	检查周期				处理方法
		周	月	年修	其他	
干熄炉钢外壳	是否有耐火砖接缝断掉导致的钢铁外壳过热现象		√			耐火砖周围比其他地方温度高，不属于异常
干熄炉耐火材料	接缝的磨损状况			√		检　修
	直筒躯干部分耐火砖的损耗情况			√		检　修
	耐火砖的损耗情况			√		检　修
	耐火砖膨胀部分的活动状况			√		检　修
	锥部耐火砖的损耗情况			√		检　修
	炉口部分耐火砖的损耗情况			√		检　修
鼓风装置	衬板的脱落及磨损状况			√		每次年修时对相同部位实施磨损量的管理
	焦炭有无侵入风帽的内部			√		清　除
	干熄槽下部的气体压头部分有无焦粉堆积			√		清　除
	上部漏斗的密封部分的状况			√		避免毛线绳等脱落
炉顶放散管	钢铁外壳的异常过热现象	√				检　修
	可铸耐火料的损耗状况			√		检　修
	管道内部有无焦粉等堆积，另外，焦炭是否侵入			√		清　除
	动作是否良好				√	每次都确认它的工作状况
调整金属件	是否如数设置			√		发生移动时，调整位置
	变形及损伤状况			√		变形及损伤严重时更换

2.2.2　干熄炉鼓风装置

2.2.2.1　干熄炉鼓风装置的主要功能

从副省煤器出来的约135℃的干熄焦循环气体通过鼓风装置进入干熄炉，和红焦进行热量交换。鼓风装置内壁既要承受焦炭的冲击磨损，又要承受循环气体的冲刷。

2.2.2.2　干熄炉鼓风装置的主要结构

鼓风装置结构如图2-18所示，主要由十字风道、调节棒、环形风道、锥斗和双层风帽组成。

主要部件材质：

上锥体内衬	HT250 铸铁；
下锥体内衬	高铬铸铁；
鼓风头内衬	HT250 铸铁（仅指与焦炭接触部分）；
分流片内衬	HT250 铸铁；
调节棒（圆杆形）	Q235-A。

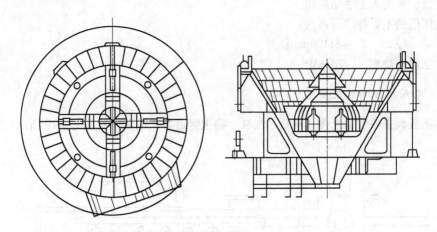

图 2-18　鼓风装置俯视图及立面图

2.2.2.3　干熄炉鼓风装置的日常点检与维护

因干熄炉鼓风装置位于干熄炉内部，因此，日常的点检与维护无法进行。

在日常的生产内运行中，通过干熄炉各项操作技术参数来判断鼓风装置的运行状况。

一般在年修时，对鼓风装置进行详细的检查和测试。主要检查项目见表2-28。

表 2-28　鼓风装置主要检查项目

序　号	检查项目	检查标准	检修措施	备　注
1	衬板的磨损程度	衬板厚度磨损不超过30%	更换衬板	
2	各出气通道的尺寸变形误差检查	变形误差不超过10%	校正或更换	
3	各通气孔的堵塞情况	无堵塞	清理干净	

2.3　排焦装置

排焦装置位于干熄炉的底部，将干熄炉冷却段200℃以下的焦炭连续密闭地排出。它是由平板闸门、电磁振动给料器、旋转密封阀和排焦溜槽等设备组成。

冷却后的焦炭由电磁振动给料器定量排出，送入旋转密封阀，通过旋转密封阀再封住干熄炉内循环气体，在不向炉外泄漏的情况下，将焦炭连续地排出。连续定量排出的焦炭通过排焦溜槽送到皮带机上输出。

2.3.1　电动闸板阀

2.3.1.1　电动闸板阀的主要功能

电动闸板阀安装在干熄炉的底部出口。正常生产时，平板闸门完全打开；在年修或排焦装置需要检修时，关闭平板闸门切断干熄炉底部的焦炭流。平板闸门的闸板采用不锈钢制作，其电动头带有行程限位和过力矩保护装置，停电时将平板闸门电动头的转换扳手由电动位置转换到手动位置，采用人工手动操作。

平板闸门的主要技术规格为：

　　　口　径　　　　ϕ1100mm；
　　　电动头功率　　7.5kW。

2.3.1.2　电动闸板阀的主要结构

电动闸板阀主要包括壳体、闸板、丝杠、除尘管道等。主要结构如图 2-19 所示。

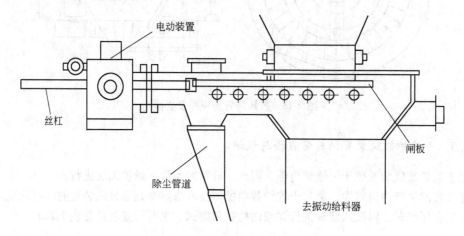

图 2-19　电动闸板阀结构示意图

2.3.1.3　电动闸板阀的日常点检与维护

电动闸板阀在正常的生产中基本处于开到位状态。因此，日常的维护工作比较重要，在日常的点检维护中，主要注意以下几个方面：

（1）电动闸板阀丝杆经常涂油润滑；

（2）操作箱定期清灰；

（3）设备卫生定期清理。

2.3.2　振动给料器

2.3.2.1　振动给料器的主要功能

电磁振动给料器是焦炭定量排焦装置，通过改变励磁电流的大小可改变焦炭的排出量。电磁振动体内设有振幅和温度检测器。运行过程中，需要吹扫风机对振动线圈进行降温。

电磁振动给料器的主要技术规格为：

类　型	电磁型；
处理能力	30~165t/h；
功　率	17.8kW；

主要尺寸：

槽　长	约2100mm；
槽　宽	约1220mm；
内衬材质	不锈钢及高铬铸铁。

2.3.2.2　振动给料器的主要结构

振动给料器如图2-20所示，主要包括筛体及电磁振动头两部分。

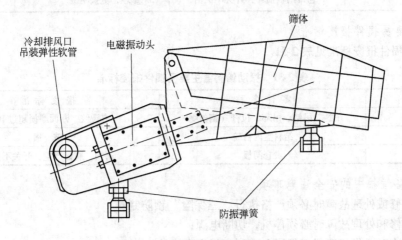

图2-20　电磁振动给料器示意图

2.3.2.3　振动给料器的日常点检与维护

A　点检内容

点检内容见表2-29。

表2-29　振动给料器的日常点检及维护明细

序　号	检查部位	检查内容	标准要求	检查周期	检查人
1	电磁振动给料器	振幅电流	接通输入信号，测定槽振幅及电流符号	每周一次	操作工
2	吹扫风机	1. 电流值； 2. 声音； 3. 振动情况； 4. 轴承表面温度； 5. V形带； 6. 出口压力	1. 在额定电流值以下； 2. 没有杂音； 3. 没有异音； 4. 表面温度正常； 5. V形带松紧适当，无划伤； 6. 出口压力符合要求	每班一次	操作工

B　设备运行中出现故障的排除方法

设备运行中常见故障的排除方法见表2-30。

表 2-30　振动给料器运行中常见故障及排除方法

序　号	故障名称	原因分析	排除方法	处理人
1	通电后 机器不振	1. 保险熔断； 2. 电源线断或接触不良； 3. 电磁振动器损坏	1. 更换保险； 2. 检查线路，接通线； 3. 更换电磁振动器	操作工 电　工 电　工
2	振动力小	1. 电磁振动器地脚螺栓松动； 2. 电磁振动器损坏	1. 紧固地脚螺栓； 2. 更换电磁振动器	操作工 电　工
3	给料机盘 内衬砖脱落	1. 紧固衬砖螺栓松动； 2. 衬砖破碎	1. 更换或紧固螺栓； 2. 更换衬砖	操作工 操作工
4	焦炭仓口 下料不畅	1. 仓口有异物卡阻； 2. 仓口内衬砖脱落； 3. 仓口闸板损坏，开关不灵活	1. 停机，清理异物； 2. 停机，更换衬砖； 3. 修理，更换闸板	操作工 操作工 操作工

C　主要易损件报废标准

主要易损件报废标准见表 2-31。

表 2-31　振动给料器主要易损件报废标准

序　号	零 件 名 称	报 废 标 准
1	吊挂、吊钩、吊环、拉杆（钢丝绳）	有裂纹，断面磨损超过 10%
2	给料盘内衬砖	破　损
3	炭仓闸板	磨损，腐蚀严重，开关不灵活

D　设备维护中的安全注意事项

（1）检修或处理故障时必须严格执行"三保险"预防制；

（2）检修和处理故障时必须停机，切断电源；

（3）检修时要做好联保互保工作，制定好安全措施；

（4）检修后试车时，要联系，确认好再开机；

（5）检修后更换的零部件有何特殊操作要求，要与操作工说清楚，并做好记录。

2.3.2.4　振动给料器专业点检标准

振动给料器专业点检标准见表 2-32。

表 2-32　振动给料器专业点检标准

序　号	点检项目	点 检 标 准	处理方法
1	结　构	结构完整，不磨损开裂，衬砖无脱落	检修处理
2	吊挂装置	吊挂拉杆连接牢固无严重腐蚀，弹簧无断裂	检查更换
3	连接软管	无损伤	检查更换
4	吹扫风机	没有杂音	检查处理
		表面温度正常	检查处理
		V 形带松紧适当，无划伤	调整更换

2.3.3　旋转密封阀

2.3.3.1　旋转密封阀的主要功能

旋转密封阀主要作用是：把振动给料器定量排出的焦炭在密闭状态下连续地排出。旋转密封阀的气密性好，内部转子衬板的耐磨性好，使用寿命长。其外壳体内需通入空气密闭，各润滑点由给脂泵定期自动加注润滑脂。旋转密封阀固定在一台可移动的台车上，检修时沿地面铺设的轨道推出至检修平台。此外，为方便安装、检修，在旋转密封阀的上、下端还设置了补偿器。

旋转密封阀正常生产时为正向旋转，但在处理卡料事故时，现场操作盘上设有反向旋转功能（点动操作）。

与之配套的自动给脂泵定期、定量地向旋转密封阀的轴承和密封环提供润滑脂。自动给脂的时间间隔由人工设定，该装置设有油位低下检测器及换向检测器等。

旋转密封阀的主要技术规格为：

形　式	多斗格式密封排料；
排出量	正常 137t/h，最大 165t/h；
转筒尺寸（直径×宽）	ϕ2000mm×1340mm；
叶片数量	12 个；
转　速	约 2～5r/min；
传动装置	与电动机直接相连驱动；
电动机功率	3.7kW；

主要部件材质：

外壳内衬	钢板；
转子叶轮	高铬铸铁、20CrMnMo；
主要附件	移动式支撑结构等；

自动给脂泵的主要技术规格为：

流　量	约 37mL/min；
压　力	约 20MPa；
油箱容积	约 6L；
电动机功率	0.2kW。

2.3.3.2　旋转密封阀的主要结构

旋转密封阀的外形结构如图 2-21 所示。主要包括：驱动机构、转子、壳体、走行台车、自动润滑装置、吹扫风机等。

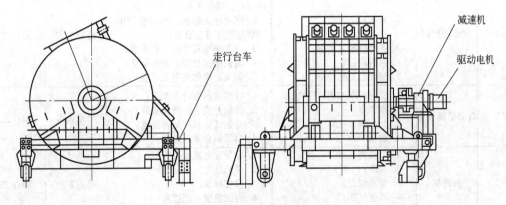

图 2-21　旋转密封阀外形示意图

2.3.3.3 旋转密封阀的日常点检与维护

A 设备润滑

设备润滑见表2-33。

表 2-33 旋转密封阀润滑明细

序 号	系统或设备名称	供油部位	润滑油脂种类	初期充填量	补充量	补充周期
1	旋转密封阀主体	侧面密封部位	2号铝基脂		50g/d	40min
		旋转轴承部位	2号铝基脂		500g/d	40min
		台车车轮	2号铝基脂		20g	1年
2	旋转密封阀附件	旋转减速	46号齿轮油（进口）	4L	适量	适时
3	自动给脂装置	减速机	2号铝基脂	0.3L	适量	适时

B 定期清扫设备的规定

(1) 交班前必须对设备擦拭清扫一次，达到地面干净无杂物；

(2) 设备无积尘、无油污，做到机光电机亮，设备见本色；

(3) 配电系统盘面干净，无积灰，地面无杂物；

(4) 操作室保持干净，工具齐全，油具、油料清洁。

C 设备使用过程中的检查

(1) 检查的有关规定：

1) 检查设备要全面、仔细，发现问题要及时汇报并做好记录；

2) 重点部位要重点检查，认真"听、摸、看、敲"，掌握运行状态；

3) 岗位操作者每班巡检两次，维修人员每周检查一次。

(2) 巡检路线：

清扫风机→现场操作盘→自动给脂泵→滑动闸门→电磁振动给料器→旋转密封阀→切换溜槽。

(3) 巡检内容见表2-34。

表 2-34 旋转密封阀巡检内容

序号	检查部位	检查内容	标 准 要 求	检查周期	检查人
1	旋转密封阀	1. 转子端部金属层； 2. 密封环； 3. 各部位衬套磨损； 4. 曲柄磨损； 5. 侧面、底部排塞	1. 端头磨损符合标准端部金属块固定，螺栓无松动、脱落； 2. 密封环无磨损，侧面密封压，特别是正压符合要求； 3. 衬套磨损及变形符合要求； 4. 曲柄磨损及变形符合要求； 5. 侧面、底部旋塞无堵塞	每班2次	操作工
2	自动给脂设备	1. 供脂时间和出口压力； 2. 供脂泵； 3. 分配阀； 4. 油槽	1. 时间和压力符合要求； 2. 齿轮开关运转情况良好； 3. 分配阀指示杆运转正常； 4. 润滑油余量充足	每班2次	操作工
3	减速机	1. 电流值； 2. 噪声； 3. 振动情况； 4. 减速机部； 5. 联轴器	1. 在额定电流值以下； 2. 没有杂音； 3. 没有异音； 4. 表面温度不能过高； 5. 无异常	每班2次	操作工

D 设备运行中的故障与排除

设备运行中的故障及排除见表2-35。

表 2-35 旋转密封阀运行中常出现故障及排除方法

序号	故障名称	原因分析	排除方法	处理人
1	旋转密封阀内绞进异物而停止	1. 个别焦炭块大; 2. 焦罐内衬板脱落	1. 将循环风机设置在最小; 2. 启动振动中断; 3. 通过操作面板将旋转密封阀正逆点动2~3次; 4. 取不出异物时,全关插板阀; 5. 全开检修集尘阀门; 6. 旋转密封阀的检修闸门打开; 7. 取出异物; 8. 将旋转密封阀,振动给料器内的余焦全部排出; 9. 旋转阀检修闸门关好,修复衬板; 10. 关闭集尘阀门; 11. 全开插板阀; 12. 从中央自启动; 13. 循环风机复位	操作工 操作工 操作工 操作工 操作工 操作工 操作工 操作工 钳 工 操作工 操作工 操作工 操作工
2	旋转密封阀上流侧的堵塞	1. 有异物; 2. 大块焦炭	1. 排出装置停止; 2. 将循环风机量设置最小; 3. 全关插板阀; 4. 全开集尘球阀; 5. 旋转密封阀检查闸门打开; 6. 取出异物; 7. 将旋转密封阀电磁振动给料器内余焦排出; 8. 将电磁振动给料器的检查口打开,如在漏斗内有块状焦炭时取出,盖上盖; 9. 旋转密封阀检查闸门关闭; 10. 关闭集尘球阀; 11. 全开插板阀; 12. 从中央自动启动; 13. 循环风机复位	操作工 操作工 操作工 操作工 操作工 操作工 操作工 操作工 操作工 操作工 操作工 操作工 操作工
3	电磁振动给料器冷却空气入侧挠性软管损伤	1. 给料器出口线圈温度上升; 2. 泄漏空气进入箱内,焦炭有着火可能	1. 排出装置停止; 2. 将循环风机停止,待停止后,冷却空气停止; 3. 全关插板阀; 4. 打开检修用法兰; 5. 振动给料器法兰打开; 6. 更换挠性软管; 7. 振动给料器检查口关闭; 8. 关闭集尘阀门; 9. 全开插板阀; 10. 冷却空气复位; 11. 循环风机复位; 12. 通过中央排出装置启动	操作工 操作工 操作工 钳 工 钳 工 钳 工 钳 工 操作工 操作工 操作工 操作工 操作工

续表 2-35

序　号	故障名称	原因分析	排　除　方　法	处理人
4	电磁振动给料器冷却空气出侧挠性软管损伤	泄漏空气进入箱内，焦炭有着火可能	1. 排出装置停止； 2. 循环风机停止，待停止后，冷却空气停止； 3. 全关插板阀； 4. 打开检修用法兰； 5. 振动给料器法兰盖打开； 6. 振动给料器电磁石罩开口； 7. 取下电源线和测量温度、振幅的导线； 8. 更换挠性软管； 9. 各种配线的沿线； 10. 振动给料器的电磁铁关闭； 11. 振动给料器搬出用检查口关闭； 12. 振动给料器箱的集尘停止； 13. 全开插板阀； 14. 冷却空气复位； 15. 循环风机启动； 16. 从中央排出装置自动启动	操作工 操作工 操作工 操作工 操作工 操作工 操作工 操作工 钳 工 操作工 操作工 操作工 操作工 操作工 操作工 操作工
5	振动给料器停止	1. 振动给料器出口线圈温度上升； 2. 螺旋密封阀侧面压力低下	1. 排出装置停止； 2. 装循环风机转速调整下限； 3. 在现场切换到预备厂内氮气系统； 4. 由中央自动启动； 5. 循环风机复原	操作工 操作工 操作工 操作工 操作工

E　主要易损件的报废标准

主要易损件的报废标准见表 2-36。

表 2-36　主要易损件报废标准

序　号	零件名称	报废标准
1	密封阀	密封圈磨损严重
2	各部衬垫	各部衬垫磨损严重
3	振动吸收器	振动吸收器磨损严重

F　维护中的安全注意事项

（1）检修设备时应严格执行交换操作牌；

（2）检修时要执行"三保险"预防制；

（3）检修中要做好联保、互保工作；

（4）检修后试车要互相联系好，无误后方可试车；

（5）检修方更换零件部位，应通知操作方做好记录；

（6）检修做到人走场地净。

2.3.3.4　旋转密封阀专业点检标准

旋转密封阀专业点检标准见表 2-37。

表 2-37　旋转密封阀专业点检标准

序 号	点检部位	点检项目	点 检 标 准	处理方法
1	旋转密封阀	转子端部金属层	端头磨损后，间隙允许范围为 2.0 ± 0.5mm，端部金属块固定螺栓无松动、脱落	更　换
		密封环	密封环无磨损，侧面密封压，特别是正压符合要求	更换密封环
		各部位衬套磨损	衬套磨损及变形符合要求	更换衬板
		曲柄磨损	曲柄磨损及变形符合要求	更换曲柄
		侧面、底部堵塞	侧面、底部旋塞无堵塞	检查清理
2	电闸箱	接 线	正确、牢固、无虚接	检查加固
		开 关	开关、按钮灵敏可靠	更　换
		电源电压	电压、电流符合标准要求	检查处理
		外 观	整洁干净，内无杂物	清 理
3	自动给脂设备	供油时间出口压力	时间和压力符合要求	调 整
		分配阀	分配阀指示杆运转正常	调整检修
		油 槽	润滑油余量充足	加 油
4	减速机	噪 声	没有杂音	检查处理
		振动情况	振动无异常	检查处理
		减速机部	表面温度不能过高	检查处理
		联轴器	无异常	检查处理
5	吹扫风机	声 音	没有杂音	检查处理
		轴承表面温度	表面温度正常	检查处理
		V 形带	V 形带松紧适当，无划伤	调整更换

2.3.3.5　旋转密封阀的检修标准

A　旋转密封阀的检修周期

旋转密封阀的检修周期及内容见表 2-38。

表 2-38　旋转密封阀的检修周期及内容

检修类别	检 修 周 期	检 修 内 容
小 修	利用日检修时间进行检修，按照周计划进行	按点检发现设备的实际缺陷进行检修
中 修	1~2 年	更换衬板、调整间隙、旋转密封阀轴承检查检修等
大 修	2~4 年	旋转密封阀替换大修等

B　旋转密封阀检修技术要求

(1) 转子前段金属材质仍采用原装进口材质，安装螺栓要紧固牢固，安装断面平齐；

(2) 前端金属与壳体间隙设定为 $2^{+0.5}$ mm，用定距规测量和调整；

（3）端面密封弹簧环每组的压接力设定为约85N，可通过调整用螺母调整托架间的尺寸来进行调整；

（4）各密封环安装结束后，进行气压试验，对泄漏严重的地方应进一步检修，达到6000Pa气压下稳定5min；

（5）联轴器的对中要求值应符合表2-39要求；

表 2-39　联轴器对中要求

联轴器形式	径向允差/mm	端面允差/mm
刚　性	0.06	0.04
弹性圈柱销式	0.08	0.06
齿　式		
叠片式	0.15	0.08

（6）联轴器对中检查时，调整垫片每组不得超过4块；

（7）滚动轴承的拆装要求：

承受轴向和径向载荷的滚动轴承与轴配合为H7/js6；

仅承受径向载荷的滚动轴承与轴配合为H7/k6；

滚动轴承外圈与轴承箱内壁配合为Js7/h6；

凡轴向止推采用滚动轴承的泵，其滚动轴承外圈的轴向间隙应留有0.02~0.06mm；

滚动轴承拆装时，采用热装的温度不超过120℃，严禁直接用火焰加热，推荐采用高频感应加热器；

滚动轴承的滚动体与滚道表面应无腐蚀、坑疤与斑点，接触平滑无杂音，保持架完好。

2.3.4　皮带机

2.3.4.1　皮带机的主要功能和结构

通过皮带机及各转运溜槽将干熄焦装置处理后的焦炭运至现有的筛储焦系统。

皮带机主要由驱动机构（减速机传动滚筒形式或电动滚筒）、机架、托辊架、皮带、改向滚筒及各类安全附件组成。

2.3.4.2　皮带机的日常点检与维护

A　皮带机润滑表

皮带机润滑表见表2-40。

表 2-40　皮带机润滑明细表

序号	润滑部位	油脂品牌	补充标准		更换标准		负责人	备注
			周期/m	油脂量/kg	周期/m	油脂量/kg		
1	电动机	2号锂基脂	1	0.5	12	2	电工	
2	减速机	N68齿轮油	1	油标	18	油标	操作工钳工	
3	传动滚筒	2号锂基脂	1	0.5	12	2	操作工钳工	

续表2-40

序 号	润滑部位	油脂品牌	补充标准		更换标准		负责人	备 注
			周期/m	油脂量/kg	周期/m	油脂量/kg		
4	改向滚筒	2号锂基脂	1	0.5	12	2	操作工 钳 工	
5	增面轮	2号锂基脂	1	0.5	12	2	操作工 钳 工	
6	拉紧丝杆	N68齿轮油	1	0.5			操作工 钳 工	

B 定期清扫设备的规定

(1) 交班前必须对设备擦拭清扫一遍,达到地面干净无杂物;

(2) 设备无积尘和油污,达到机光电机亮,设备见本色;

(3) 配电系统盘面要干净,无积尘,地面无杂物;

(4) 操作室要保持干净,工具齐全,油具、油料清洁。

C 设备使用中的检查

(1) 巡检的有关规定:

1) 检查设备要全面仔细,发现问题及时汇报,并做好记录。

2) 重点部位要重点检查,认真"听、摸、看、敲"掌握运行动态。

3) 岗位操作人员每班巡检两次,维修人员每周检查一次。

(2) 巡检路线:

皮带机头溜槽→电动机→联轴器→减速机→传动滚轮→前增面轮→清扫器→皮带→上、下托辊组→后增面轮→尾部滚筒→拉紧装置。

(3) 皮带机日常巡检内容见表2-41。

表2-41 皮带机日常巡检内容明细

序 号	检查部位	检查内容	标 准 要 求	检查周期	检查人
1	电动机	1. 轴承; 2. 机体; 3. 联轴器; 4. 接线盒	1. 温度低于65℃,无杂音; 2. 机身无裂纹,机架无开焊,地脚螺栓无松动,机壳温度低于70℃; 3. 零部件齐全完好,螺栓无松动; 4. 引入线紧固,绝缘可靠,零部件齐全	2次/班	操作工
2	减速机	1. 润滑; 2. 结构; 3. 运行; 4. 密封	1. 保持油位,不缺油,不变质; 2. 零部件齐全无损坏,地脚螺栓无松动; 3. 运行平稳无振动及杂音; 4. 轴头、端盖、机盖平口密封良好无渗漏	2次/班	操作工
3	滚 筒	1. 轴承; 2. 运行; 3. 筒皮	1. 零部件齐全完好无损坏,螺栓紧固无松动,润滑良好,温度低于65℃; 2. 运行平稳无杂音; 3. 包胶完好无撕裂,无黏结物,无开焊,无窜动	2次/班	操作工
4	联轴器	1. 运行; 2. 结构; 3. 配合	1. 运行平稳无跳动,无磨损; 2. 螺栓、弹簧垫圈等零部件齐全,紧固无松动; 3. 两半联轴器、同心度及端面间隙在规定范围内	2次/班	操作工

序号	检查部位	检查内容	标 准 要 求	检查周期	检查人
5	皮 带	1. 接口； 2. 皮带表面	1. 接口完好无开胶，卡扣完好无损坏； 2. 胶面完好，无撕裂，划伤，磨损低于25%，无严重跑偏现象	2次/班	操作工
6	上、下托辊组	1. 运转； 2. 磨损； 3. 装配	1. 转动灵活无杂音； 2. 无断裂，无磨损； 3. 零件齐全无松动	2次/班	操作工
7	机 架	结构	1. 机架无变形，无开焊，无断裂； 2. 防腐良好，无严重锈蚀	2次/班	操作工
8	张紧装置	1. 结构； 2. 装配	1. 结构牢固，部件齐全，坠砣钢丝绳无腐蚀，无断丝； 2. 滑道、滑轮，润滑良好，传动灵活，调节性能良好	2次/班	操作工
9	清扫器	1. 结构； 2. 装配	1. 结构完整齐全，紧固无松动，无开焊； 2. 动作灵活可靠，无卡阻现象	2次/班	操作工

D　运行中的故障排除方法

运行中的常见故障及排除方法见表 2-42。

表 2-42　皮带机运行中常见故障及排除方法

序号	故障名称	原 因 分 析	排 除 方 法	处理人
1	皮带跑偏	1. 皮带纵向中心线与机架中心线偏差大； 2. 前后滚筒中心线不平行	1. 找正皮带机与机架中心线； 2. 调整前后滚筒； 3. 调整托辊； 4. 调整增面轮； 5. 调整炭流落点； 6. 调整皮带拉紧装置	操作工 维修工 操作工 操作工 操作工 操作工
2	轴承温度过高	1. 润滑不良； 2. 轴承损坏； 3. 轴承安装不正，或轴向间隙过小	1. 检查油量，加油； 2. 更换轴承； 3. 找正调整轴向间隙	操作工 钳 工 钳 工
3	重车、皮带电流过大	1. 超负荷运转； 2. 皮带阻力大	1. 调整减少料量； 2. 检查有无卡阻，调紧皮带，防止跑偏	操作工 操作工
4	减速机振动大，声音不正常	1. 减速机地脚螺栓松动； 2. 齿轮啮合不良有损坏； 3. 减速机联轴器不同心； 4. 减速机缺油	1. 紧固地脚螺栓； 2. 检查齿轮排除异物，齿轮如损坏应更换； 3. 调整找正同心度； 4. 检查油位，加油	操作工 钳 工 钳 工 操作工
5	联轴器振动大	1. 联轴器与轴连接松动； 2. 不同心； 3. 联轴器损坏，或磨损严重	1. 紧固螺栓或更换联轴器，重新装配； 2. 找正联轴器，保证同心度； 3. 更换	钳 工 钳 工 钳 工

序 号	故障名称	原 因 分 析	排 除 方 法	处理人
6	电动机振动	1. 电动机地脚螺栓松动； 2. 联轴器不同心，接手螺栓胶圈损坏； 3. 电动机轴承损坏	1. 紧固地脚螺栓； 2. 找正同心，更换螺栓胶圈； 3. 更换轴承	操作工 电 工 电 工
7	电动机不转	1. 电源线路问题，单相； 2. 定子回路断线； 3. 机械传动部分卡住	1. 查明原因，恢复电源，消除单相； 2. 找出断线，修好； 3. 查明消除卡阻点	电 工 电 工 操作工
8	电动机外壳过热	1. 负载超过额定值； 2. 电压过低下工作； 3. 电动机风扇损坏	1. 减少负荷； 2. 提高电压； 3. 更换风扇	操作工 电 工 电 工

E　主要易损件的报废标准

主要易损件的报废标准见表 2-43。

表 2-43　皮带机主要易损件报废标准

序 号	零 件 名 称	报 废 标 准
1	滚 筒	1. 严重磨损，筒皮有穿孔； 2. 焊缝开焊，无法修复； 3. 滚键窜轴
2	上下托辊	1. 磨损严重，筒皮有穿孔； 2. 转动不灵活，轴承损坏，声音异常
3	皮 带	1. 皮带老化，表面磨损 >25%； 2. 局部撕裂，操作严重

F　维护中的安全注意事项

（1）检修设备时必须交换操作牌；

（2）检修时要严格执行"三保险"预防制；

（3）检修中应做好联保、互保工作；

（4）检修完后试车时要互相联系好，无误后方可开机试车；

（5）检修后更换的零部件要通知操作工并做好记录；

（6）检修完后要做到活完地净，场地清。

2.3.4.3　皮带机专业点检标准

皮带机专业点检标准见表 2-44。

表 2-44　皮带机专业点检标准

序 号	点检部位	点检项目	点 检 标 准	处理方法
1	电动机	电动机	无异声、温升低于40℃，振动小于50μm	调整、更换
2	减速机	减速机	无异声、温升低于40℃，振动小于50μm	调整、更换
3	柱销联轴器	异 声	无异声	调整、润滑
4	电动滚筒	润 滑	油位在半径1/3处	加润滑油
		异 声	声音无异常	检修更换
		泄 漏	无泄漏	检修更换
		运转情况	运转无异常	更 换
5	传动滚筒	磨 损	胶皮无破损	更换检修
		异 声	轴承无异声	检查更换
		润 滑	润滑良好	加润滑脂
6	十字滑块联轴器	磨 损	半联轴器连接处磨损量不超过连接块厚度的10%	更 换
		轴向间隙	轴向间隙不超过4mm	调整检修
7	改向滚筒	磨 损	筒体表面无破损	更 换
		异 声	轴承无异声	更 换
		润 滑	润滑良好	加润滑脂
8	上下托辊	磨 损	辊体无破损	更 换
		运转情况	轴承无坏损、无异声	更 换
9	托辊架	腐 蚀	无腐蚀	刷漆保护
		开 裂	无裂纹	焊 补
10	皮 带	磨 损	表面无破损，磨损量小于厚度的1/3	更 换
		胶结头	无开裂	重新胶结
11	皮带架	腐 蚀	无腐蚀	刷漆保护
		变 形	无变形	调整更换
		开 裂	无开裂	焊 补
12	清扫器	磨 损	磨损量不超过清扫器总高度的1/3	更 换
		运转状况	保证清扫彻底	调整更换
13	转运溜槽	腐 蚀	无腐蚀	刷漆保护
		磨 损	本体无破损，磨损量小于砖厚的1/3	焊补，换砖

2.3.4.4　皮带机检修作业标准

A　皮带机检修周期及内容

皮带机检修周期及内容见表 2-45。

表 2-45　皮带机检修周期及内容

检修类别	检修周期	检修内容
小 修	利用日检修时间进行检修，按照周计划进行	按点检发现设备的实际缺陷进行检修
中 修	2～4 年	除小修工作内容外，还包括如下内容： 1. 更换滚筒包皮及轴承解体检查； 2. 减速机解体检查或更换高速轴、联轴器等； 3. 更换皮带
大 修	4～8 年	除中小修工作内容外，还包括如下内容： 1. 更换减速机； 2. 更换部分钢结构支架； 3. 更换传动滚筒

B　皮带机主要部件检修作业标准

（1）皮带机硫化作业标准见表 2-46。

表 2-46　皮带机硫化作业标准

设备名称	皮带机		作业名称		皮带热硫化			
使用工器具	硫化机、胡桃钳等	作业条件	定 修	保护器具	防护用具	作业人员	5～6 人	
						作业时间	6～8h	
						总工时	60h	
网络图	皮带扒头→涂胶→合口→上硫化机→打压→升温→硫化→降温→拆硫化机							

作业要素	作业内容	作业时间/min	技术及安全要点
扒 头	1. 根据硫化机的宽度，扒头长度定为 630mm； 2. 在扒头面的前面留出 30mm，仅除去面胶，其余长度按照布层数均匀分布（分段数＝布层数−1）； 3. 由最上段开始，将布层逐层剥去，直至最下段剩下一层； 4. 在反面的最后面留出 30mm 除去面胶； 5. 打毛：使用钢丝刷将所扒头轻轻打一遍，使各布层的表面略微起毛即可，目的主要是清洁； 6. 打毛完毕，用毛刷清洁布层表面	60～90	1. 扒头时，应下斜刀，用力不要太大，以防止划的过深； 2. 打毛时，在布层与面胶的结合部，在 30mm 内的面胶上也应轻轻打一下； 3. 打毛不能过分，残余胶对焦结头无影响 不能用汽油清洁
涂 胶	1. 准备好糨糊胶（配方，芯胶与 120 号汽油比例为 1∶4）； 2. 在扒头表面均匀地涂一遍胶； 3. 凉胶至不粘手； 4. 涂第二遍胶； 5. 凉胶至不粘手	40～60	1. 糨糊胶成品保质期为 4 个月； 2. 涂胶不能太厚； 3. 晾胶时防止灰尘落入
合 口	1. 准备好芯胶、面胶； 2. 先在各台阶处靠近上一布层铺一段 2cm 宽的芯胶，再在整个表面覆盖一整张芯胶； 3. 合头； 4. 在两胶结头处铺设芯胶，再铺设面胶； 5. 皮带两侧边沿各加两层芯胶	30	1. 芯胶保质期一般为三个月，使用时，应检验是否发生自硫化； 2. 不能偏斜，防止落灰； 3. 面胶不能太宽，以防重皮；也不能太窄，造成胶结头不满

作业要素	作 业 内 容	作业时间/min	技术及安全要点
上硫化机	1. 在皮带表面铺一层报纸； 2. 将上层加热板、水压板等一一就位； 3. 安装螺栓； 4. 根据硫化机两侧情况，各割一定宽度的皮带将两侧芯胶挡住	30	便于拆卸硫化机
打　压	1. 先将压力加到 0.8 ~ 1.0MPa； 2. 当硫化机温度升至 80 ~ 100℃时再将压力加到 ≥1.2MPa	20	压力越大越好，但应满足硫化机的使用要求，防止水压板漏水
升　温	1. 升温时速度越快越好，一般升温时间为 30min 左右； 2. 升温至 145℃时，升温阶段结束	约 30	
硫　化	1. 保持 145℃左右的温度； 2. 保持压力 ≥1.2MPa 不变； 3. 保证硫化时间：时间过短，硫化不好；时间过长，则易造成橡胶老化	约 30	温度越接近 145℃越好 硫化时间公式：$T = 14 + 0.7 \times P + 1.6 \times (上 + 下)$，其中：$T$ 为硫化时间，min；P 为布层数目，上为上面胶厚度，mm；下为下面胶厚度，mm
降　温	1. 硫化过程完毕后，关闭电源，使其自然冷却； 2. 为防止皮带表面起泡，当温度降至 100℃以下时，方可拆除硫化机	90	
拆硫化机	1. 拆除硫化机，对皮带进行修边； 2. 继续降温，至常温后方可运转皮带试车	30	

（2）后尾轮更换作业标准见表 2-47。

表 2-47　后尾轮更换作业标准

设备名称	皮带机		作业名称		更换后尾轮	
使用工器具	倒链、绳扣、扳手、气焊、皮带卡子等	作业条件	定　修	保护器具	电焊面罩眼镜等	作业人员　5 人 作业时间　4h 总工时　20
网络图	准备→拆除旧后尾轮→安装新后尾轮→试车→清理现场					
作业要素	作　业　内　容		作业时间		技术及安全要点	
准　备	后尾轮准备到位，危害辨识及预控措施制定好，停电挂牌		0.5h		危害辨识确认齐全并做好预控措施皮带更换现场要加强确认	
拆除旧后尾轮	将后尾轮上下皮带各用皮带卡子打住； 拆除后尾轮轴承座固定螺栓； 设置好绳扣及倒链，将旧后尾轮抽出，放到指定位置		1h			

作业要素	作业内容	作业时间	技术及安全要点
安装新后尾轮	将新滚筒吊至尾轮处，用绳扣和倒链将新后尾轮穿过皮带，吊装到位； 调整好位置，安装并紧固好螺栓； 将上下皮带卡子拆除	1.5h	后尾轮要调正，保证后尾轮中心线与皮带运行方向垂直
皮带试车	确认无其他检修任务后，摘牌送电，由操作工按照开车程序进行试车，对皮带的运转情况进行调整。运转正常约半小时后，进行带负荷试车，对皮带做进一步的调整。带负荷试车半小时无异常后，试车完毕，恢复正常生产	0.5~1h	空负荷试车要保证半小时以上，带负荷试车也要保证半小时以上。试车时，检修人员和操作工要加强对皮带的观察，发现问题及时停车处理
清理现场	将现场工器具等收拾干净，方可撤离	0.5h	

（3）皮带减速机更换作业标准见表 2-48。

表 2-48 皮带减速机更换作业标准

设备名称	皮带机		作业名称		更换减速机		
使用工器具	2t 倒链、绳扣、扳手、撬棍、气焊等	作业条件	定 修	保护器具	电焊面罩眼镜等	作业人员	5 人
						作业时间	4h
						总工时	20h
网络图	准备—拆除旧减速机—安装新减速机—试车—清理现场						

作业要素	作业内容	作业时间/h	技术及安全要点
准 备	减速机准备到位，联轴器等安装好，与现场实际情况落实好，危害辨识及预控措施制定好，停电挂牌，调整尾轮至最前端	0.5	危害辨识确认齐全并做好预控措施；皮带更换现场要加强确认
拆除旧减速机	1. 将高低速轴联轴器保护罩拆除； 2. 将电动机和减速机地脚螺栓拆除； 3. 将电动机吊至指定位置； 4. 再将旧减速机吊至指定位置	1	1. 电动机解线时要做好标记，保证再接线时的正确。 2. 吊装旧减速机时，要将低速轴联轴器减速机端的接口朝上，以保证起吊的稳定
安装新减速机	1. 将新减速机吊装到位，注意调整减速机的位置，保证低速轴联轴器的安装精度； 2. 紧固减速机地脚螺栓； 3. 将电动机吊装到位，调整电动机位置，保证高速轴联轴器的安装精度； 4. 紧固电动机地脚螺栓； 5. 电动机接线； 6. 将高低速轴联轴器保护罩安装到位； 7. 减速机箱内添加润滑脂	1.5	1. 减速机吊到位前，应提前将半联轴器上的接口与传动滚筒上的十字头接口方向一致，均向上，以保证吊装的顺利； 2. 高低速轴联轴器安装精度：同轴度小于 0.1mm，平行度小于 0.1mm
皮带试车	确认无其他检修任务后，摘牌送电，由操作工按照开车程序进行试车。运转正常约 0.5h 后，进行带负荷试车。带负荷试车 0.5h 无异常后，试车完毕，恢复正常生产	0.5~1	空负荷试车要保证 0.5h 以上，带负荷试车也要保证 0.5h 以上，试车时，检修人员和操作工要加强对传动系统的观察，发现问题及时停车处理
清理现场	将现场工器具等收拾干净，方可撤离	0.5h	

（4）皮带机传动滚筒更换作业标准见表2-49。

表 2-49　皮带机传动滚筒更换作业标准

设备名称	皮带机		作业名称			更换传动滚筒		
使用工器具	倒链、绳扣、扳手、气焊、皮带卡子等	作业条件	定　修	保护器具	电焊面罩眼镜等		作业人员	5人
							作业时间	4h
							总工时	24h
网络图	准备→拆除旧传动滚筒→安装新传动滚筒→试车→清理现场							

作业要素	作业内容	作业时间/h	技术及安全要点
准　备	新传动滚筒提前准备到位，半联轴器安装到位危害辨识及预控措施制定好，停电挂牌	0.5	危害辨识确认齐全并做好预控措施更换现场要加强确认
拆除旧传动滚筒	将传动滚筒上下皮带各用皮带卡子打住；拆除传动滚筒轴承座固定螺栓；设置好绳扣及倒链，将传动滚筒抽出，放到指定位置	1	皮带卡子要打牢固
安装新传动滚筒	将新滚筒调至首轮处，用绳扣和倒链将传动滚筒穿过皮带，吊装到位；调整好位置，安装并紧固好螺栓；将上下皮带卡子拆除	1.5	要保证联轴器的安装精度（同轴度小于0.1mm，平行度小于0.1mm）
皮带试车	确认无其他检修任务后，摘牌送电，由操作工按照开车程序进行试车，对皮带的运转情况进行调整；运转正常约0.5h后，进行带负荷试车，对皮带进行进一步的调整；带负荷试车0.5h无异常后，试车完毕，恢复正常生产	0.5~1	空负荷试车要保证0.5h以上，带负荷试车也要保证0.5h以上，试车时，检修人员和操作工要加强对皮带的观察，发现问题及时停车处理
清理现场	将现场工器具等收拾干净，方可撤离	0.5	

2.3.4.5　皮带机典型故障案例

案例1：减速机高速轴断裂

故障现象：

干熄焦皮带机运转中突然停止，现场检查发现，减速机高速轴断裂，电动机与减速机间的液力耦合器飞出，无法向大高炉输送焦炭。于是，迅速组织人员进行抢修，更换减速机及液力耦合器，恢复正常运行。

故障原因：

减速机轴断是导致事故发生的直接原因。

在轴断面上可以看出，轴心部存有缺陷，这是导致此次事故的主要原因。

液力耦合器安装方式不合理，导致减速机高速轴承受的径向力较大，是导致此次事故的又一原因。

整改措施：

（1）联系减速机厂家加工制作损坏的减速机高速轴和在用的减速机高速轴，以作备用；

（2）联系制作液力偶合器（内圈旋转），及时更换液力耦合器，减少减速机高速轴的受力。

（3）举一反三，其他单机设备的重要备件一定要备到现场，防止因备件不到位而导致的事故状态的扩大。

案例2：皮带挤入滚筒

故障现象：

后续皮带断流后，上道皮带却没有断流，立即停皮带紧急处理，约1.5h后达到开车条件。皮带启动后，发现异常及时停车，经检查发现首轮处皮带重叠卷入滚筒。

故障原因：

皮带堵煤后，皮带打滑、电动机及滚筒空转，造成滚筒及皮带过热，皮带停止一段时间后，皮带被过热的滚筒粘住，再次启车将皮带卷入滚筒挤死。

整改措施：

恢复皮带间的联锁控制，增加解除联锁开关。

案例3：电动机烧损

故障现象：

皮带在运行过程中突然停车，经检查是电动机烧毁。

事故原因：

通常造成电动机烧毁的主要原因有：过负荷；频繁启动，尤其是频繁带负荷启动；电源单相且过热继电器保护失灵。

根据该皮带目前的工作状况分析，造成此次电动机烧毁的可能原因是：由于皮带跑偏和压焦停车现象非常频繁，频繁的带负荷启动使电动机不堪重负而烧毁。

整改措施：

调整皮带使之不跑偏。

优化、控制工艺操作，使皮带上焦炭均匀，减少压焦现象。

案例4：皮带坠砣架拉坏

事故经过：

皮带计划更换检修时间为12h。在上新皮带时，因皮带阻力过大，将旧皮带拉断，同时将皮带坠砣架子拉坏，被迫先加固皮带架子再上新皮带，导致更换皮带时间延长。

事故原因：

（1）首轮传动滚筒与基础间隙过小，更换皮带前没有进行确认，导致新旧叠加的皮带通不过；

（2）坠砣架子腐蚀严重，未及时进行确认加固。

整改措施：

（1）加强检修的组织协调，事前各项准备工作要考虑周全；

（2）加强皮带坠砣架等的点检和维护。

2.4 气体循环设备

从干熄炉出来的800℃以上的循环气体经一次除尘器进入余热锅炉换热，温度降至160~180℃，经二次除尘器进入循环风机送入干熄炉内循环使用。在循环风机与干熄炉间设置副省煤器，由副省煤器将进入干熄炉的循环气体温度降至130℃左右。

在干熄炉与一次除尘器之间、一次除尘器与干熄焦余热锅炉之间设有高温补偿器，并内衬耐火材料；在循环气体管道的直管段上也设有多个补偿器。风机后的循环气体管道上还设有压力测量及流量调节装置；风机前的循环气体管道上设有温度、压力、流量测量及补充氮气装置；还设有循环气体自动分析仪。

　　此外，气体循环系统还设有相应的空气导入系统，空气放散系统及粉焦排除系统。

　　气体循环系统的主要设备有一次除尘器、二次除尘器、循环风机及副省煤器等。

2.4.1　循环风机

2.4.1.1　循环风机的主要功能

　　安装在二次除尘器与副省煤器间的循环风机把闭路循环的气体加压后源源不断地送入干熄炉内。主要技术规格为：

形　式	双吸式离心风机；
循环风量（标态）	约 214000m³/h；
风机全压	约 12kPa；
入口压头	约 −4400Pa；
出口压头	约 +7600Pa；
风机入口气体温度	150～170℃（风机耐热温度250℃）；
循环气体密度	约 1.32kg/m³；
循环气体含尘量	1g/m³ 以下；
风机旋转方向	逆时针（从电动机侧看）；
传动方式	电动机 + 风机；
风机用电动机功率	约 1600kW（10kV）；
噪声（使用隔音材料后）	85dB（A）以下（机旁1m处）；
操作方式	机旁、集中控制室手动操作。

2.4.1.2　循环风机的主要结构

　　循环风机结构如图 2-22 所示。

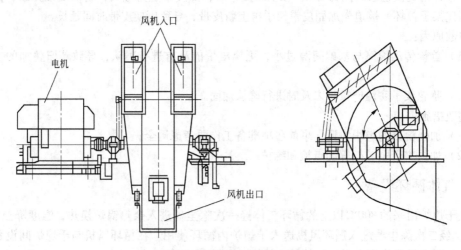

图 2-22　循环风机结构示意图

2.4.1.3　循环风机的日常点检与维护

　　A　设备润滑

　　设备润滑见表 2-50。

表 2-50　循环风机主要润滑明细

序 号	装置名称	润滑部位	润滑油脂 名称及牌号	补充标准		更换标准		备 注
				油脂量	周期	油脂量	周期	
1	供油站	油 箱	46 号防锈汽轮机油	循环	据油位	340L	2 年	
2	电动机	轴 端	2 号二硫化钼锂基脂	100g	3 月			
3	风 机	轴承座	46 号防锈汽轮机油	循环				2 个
4	角行程电动执行器	减速机	2 号二硫化钼锂基脂	200g	6 月			

B　设备定期清扫的规定

（1）交班前必须对设备擦拭清扫一次，达到地面干净，无杂物。

（2）设备无杂物和油污，要达到机光电机亮，设备见本色。

（3）配电系统盘面干净，地面无积灰、杂物。

（4）操作室保持干净，工具齐全，油具、油料清洁。

C　设备使用过程中的检查

（1）巡检的有关规定；

1）检查设备要全面仔细，发现问题及时汇报并做好记录；

2）重点部位要重点检查，认真"听、摸、看、敲"掌握运行动态；

3）岗位操作人员每班按规定周期进行巡检，维修人员每周检查一次。

（2）巡检路线

操作室→仪表盘→风机外轴承→连轴轴承→冷却水氮气管→主电动机→齿形联轴器→风机进口调节器→轴承润滑油冷却系统。

（3）巡检内容见表 2-51。

表 2-51　循环风机日常巡检内容

序 号	检查部位	检查内容	标准要求	检查周期	检查人
1	操作盘	1. 电流表仪表； 2. 各开关	1. 动作灵敏，读数准确； 2. 自动、手动灵活可靠	每班 2 次	操作工
2	电动机	1. 结构； 2. 运行； 3. 润滑； 4. 接线	1. 零部件齐全，无损坏，螺栓无松动； 2. 运行中平稳，无杂音，无振动，振动小于 0.05mm； 3. 润滑良好，轴承温度低于 65℃，不变质； 4. 接线牢固，无过热现象	每班 2 次	操作工
3	轴 承	1. 轴承体； 2. 运行； 3. 润滑	1. 外观完整，无损坏，螺栓无松动； 2. 运行平稳，轴承无噪声； 3. 润滑良好，轴承温度低于 65℃	每班 2 次	操作工
4	联轴器	1. 装配； 2. 运行	1. 零部件齐全，无损坏，连接无松动； 2. 同轴度在规定范围内，运行平稳	每班 2 次	操作工
5	风 机	1. 机壳； 2. 运行； 3. 轴承； 4. 叶轮	1. 零部件齐全无变形，螺栓无松动； 2. 运行平稳，无振动； 3. 供油良好，无杂音，温度低于 65℃； 4. 叶轮无损坏，无冲刷壳体声	每班 2 次	操作工
6	油泵系统	1. 油温； 2. 水温； 3. 运行； 4. 液位	1. 入口温度低于 50℃，出口温度低于 40℃； 2. 入口温度低于 30℃，出口温度低于 32.5℃； 3. 运转正常，无异音； 4. 保持 H 位（550L）	每班 2 次	操作工

D　运行中常见故障及排除方法

运行中常见故障及排除方法见表 2-52。

表 2-52　循环风机运行中常见故障及排除方法

序　号	故障名称	原因分析	排除方法	处理人
1	轴承温度过高	1. 油量过度或不足; 2. 轴承间隙过小; 3. 轴承损坏; 4. 油冷却水不畅	1. 调整油量; 2. 调整轴承间隙; 3. 更换轴承; 4. 检查冷却水量	操作工 钳　工 钳　工 操作工
2	风机或电动机振动过大	1. 底脚螺栓松动; 2. 联轴器不同心; 3. 轴承间隙过大或轴承损坏; 4. 轴承润滑不良; 5. 风机转子不平衡	1. 紧固地脚螺栓; 2. 找正联轴器; 3. 调整或更换轴承; 4. 检查加油; 5. 转子找平衡	操作工 钳　工 钳　工 钳　工 操作工
3	电动机过热	1. 负载超过额定值; 2. 电压过低; 3. 散热不良; 4. 线路接触不良	1. 检查, 降低负荷; 2. 调整电压; 3. 检查电动机风扇; 4. 检查线路接实	操作工 电　工 电　工 操作工
4	运转杂音大	1. 机内有杂物; 2. 轴承损坏; 3. 各部连接螺栓松动	1. 检查清除; 2. 更换轴承; 3. 检查紧固各部螺栓	操作工 钳　工 操作工

E　主要易损件的报废标准

主要易损件的报废标准见表 2-53。

表 2-53　循环风机主要易损件报废标准

序　号	零件名称	报废标准
1	叶　轮	结构件裂纹或开焊, 局部冲刷严重, 影响强度
2	齿型联轴器	齿面磨损大于 5% 及有断齿

F　维护中的安全注意事项

（1）检修时要执行"三保险"预防制;

（2）检修前做好联保、互保工作, 并制定好安全措施;

（3）检修后试车时要互相联系好, 无误后方可试车;

（4）检修后要做到人走场地净;

（5）检修后更换的零部件要做好记录。

2.4.1.4　循环风机专业点检标准

循环风机专业点检标准见表 2-54。

表 2-54 循环风机专业点检标准

序 号	点检部位	点检项目	点 检 标 准	处理方法
1	风机轴承	检查振动	振动位移不大于 90μm，振动速度不大于 5.0mm/s	检查处理、动平衡试验
		检查温度	环境温度低于 40℃	检查处理
		检查异声	无异声	检查处理
		轴承铜衬、剥金	在允许范围内	调整、更换
		轴承铜衬间隙	根据安装要领书检查	调整、更换
		油 封	无异常的磨损、变形	更 换
		轴承座外环变形	无变形	更 换
		轴承座的倾斜	应在 0.04mm 以下	定位修正
		轴承密封套与主轴间隙	周围分布要匀称	定位修正
2	润滑站	漏油、漏水检查	无泄漏	修 理
		检查润滑油量	根据油位表检查	润滑油补给
		检查冷却水	无异常	检查修理
		油脂补给	无异常	检查修理
		润滑油	化验无异常	更 换
3	叶 轮	磨损状况	局部的厚度减少量应在 30% 以下，衬垫的局部厚度减少量也应在 30% 以下	焊接修复或更换衬垫、叶轮更换、区域平衡
		腐蚀状况	无破损及异常腐蚀	修复、更换、区域平衡
		灰尘附着状况	无灰尘附着	用压缩空气等将灰尘清除
		材料及焊接部位破损检查	无破损	轻微的修复、加强或更换
		有无变形之外的损伤	无损伤	加强或更换
4	主 轴	轴承部有无损伤	无损伤	轻微的手工修正
		轴密封部磨损及腐蚀检查	无破损及异常腐蚀	轻微的手工修正
		弯曲度检查	轴的弯曲度应在 0.05mm 以内	调正、更换
		有无龟裂	无龟裂	更 换
		磨损及腐蚀检查	无异常磨损及异常腐蚀	检修更换
		灰尘附着状况	无灰尘附着	清 理
		轴螺母的松缓度	无松动	调 整

序　号	点检部位	点检项目	点 检 标 准	处理方法
5	外　壳	检查振动、异声	无异常振动、异常声	检查处理
		检查与叶轮之间的间隙	无接触	重新定位调整
		磨损状况	无异常磨损	焊接修复、更换
		腐蚀状况	无破损、异常腐蚀	更　换
		变形及破损	无异常变形、破损	调整、焊接修复
		灰尘附着状况	无灰尘附着	去除灰尘
		气体泄漏状况	无异常气体泄漏	衬垫检查更换
6	轴密封	气体泄漏状况	无异常气体泄漏	轴密封调整检修
		磨　损	无异常磨损	更　换
		与主轴之间的间隙	无接触	调整更换
7	联轴器	找　正	根据安装要领书检查	修　正
		螺栓用橡胶垫磨损	无磨损	更　换
		齿轮齿面磨损	等级差别在 0.6mm 以内	更　换
		O 形圈	拆卸时更换	更　换
		润滑油脂	无变质、无异味	更　换
8	入口软连接及入口调节阀	磨损及腐蚀	无磨损、腐蚀	修复更换
		铰链运行状况	润滑良好、动作良好	去锈、更换
		轴承座润滑	不缺油	补　充
9	调节阀驱动器	润滑油	无异味、无变质	更　换
		工作状况	无异常	检查处理
10	循环风机整体	振动及异音	无异常振动、无异音	检查处理
		各部螺栓螺母	无松动	修　正
		涂抹装饰	无脱落锈蚀	涂抹装饰修复
		有无损伤	无损伤	修　复
		轴的水平度	与安装时比较，无变化	安装水平仪调整
11	电动机	确认电流值	额定值以下	检查处理
		检查振动	振动无异常	检查处理
		检查温度	温度无异常	检查处理

2.4.1.5　循环风机检修标准

A　循环风机检修周期和内容

循环风机检修周期和内容见表 2-55。

表 2-55 循环风机检修周期和内容

检修类别	检修周期	主要检修内容	备 注
小 修	1~2 月	按照点检发现的实际缺陷，进行检修	报厂周计划
中 修	1~2 年	除正常计划检修外，还包括如下内容： 更换轴承润滑油； 检查叶轮磨损情况	根据状态检测结果及设备运行状况可适当调整检修周期
大 修	4~8 年	除正常计划检修外，还包括如下内容： 1. 检查入口调节风门； 2. 检查各零部件磨损情况； 3. 检查测量主轴、转子各部配合尺寸和跳动； 4. 叶轮找静平衡，必要时进行动平衡实验； 5. 检查地脚螺栓； 6. 联轴器或皮带轮找正； 7. 清扫检查冷却水系统及润滑系统	根据状态检测结果及设备运行状况可适当调整检修周期

B 循环风机检修步骤

（1）拆卸前的准备：

1）掌握风机的运行情况，备齐必要的图纸资料；

2）备齐检修工具、量具、起重机具、配件及材料；

3）切断电源水，关闭风机出入口挡板，符合安全检修条件。

（2）拆卸与检查：

1）拆卸联轴器护罩，检查对中；

2）拆卸联轴器或带轮及附属管线；

3）拆卸轴承箱压盖，检查转子窜量；

4）拆卸机壳，测量气封间隙；

5）清扫检查转子；

6）清扫检查机壳；

7）拆卸检查轴承及清洗轴承箱。

C 循环风机检修质量技术要求及标准

a 联轴器

（1）联轴器与轴配合为 H7/js6；

（2）联轴器螺栓与弹性圈配合应无间隙，并有一定紧力，弹性圈外径与孔配合应有 0.5~1.0mm 间隙，螺栓应有弹簧垫或止退垫片锁紧；

（3）机组的对中应符合表 2-56；

表 2-56 机组对中允许值

联轴器形式	外圆径向/mm	端面/mm
弹性柱销式	0.08	0.06
刚 性	0.06	0.046
膜 片	0.10	0.08

（4）弹性柱销联轴器两端面间隙为 2~6mm；

（5）对中检查时，调整垫片每组不得超过 4 块；

（6）膜片联轴器：

安装半联轴器时，将半联轴预热到120℃，安装后需保证轴端比半联轴器端面低；

联轴器短片及两个膜片组长度尺寸之和，与两个半联轴器端面距离进行比较，差值在0～0.4mm，同时应考虑轴热伸长的影响，膜片安装后无扭曲现象；

膜片传扭矩螺栓需采用扭矩扳手拧紧至生产厂家资料规定的力矩；

用表面着色探伤的方法检测膜片连接螺栓，发现缺陷时及时更换。

b　叶轮

（1）叶轮应进行着色检查无裂纹、变形等缺陷；

（2）转速低于2950r/min时，叶轮允许的最大静不平衡应符合表2-57；

表 2-57　叶轮允许的最大静不平衡量

叶轮外径/mm	401～500	501～600	601～700	701～800	801～1000	1001～1500
不平衡重/g	10	12	15	17	20	25

（3）叶轮的叶片转盘不应有明显减薄。

c　主轴

（1）主轴颈轴承处的圆柱度公差值应符合表2-58；

表 2-58　主轴颈轴承处圆柱度公差　　　　　　　（mm）

轴颈直径	≤150	>150～175	>175～200	>200～225
圆柱度公差	0.02	0.025	0.03	0.04

（2）主轴直线度应符合表2-59；

表 2-59　主轴直线度公差　　　　　　　（mm）

风机转速/r·min^{-1}	直线度公差值	风机转速/r·min^{-1}	直线度公差值
≤500	0.10	>1500～3000	0.05
>500～1500	0.07		

（3）主轴应进行着色检查，其表面光滑、无裂纹、锈蚀及麻点，其他处不应有机械损伤及缺陷；

（4）轴颈表面粗糙度为$R_a0.8$。

d　轴承

（1）滚动轴承：

1）滚动轴承的滚动体与滚道表面应无腐蚀、斑痕，保持架应无变形、裂纹等缺陷；

2）轴同时承受轴向和径向载荷的滚动轴承配合为H7/js6，轴与仅承受径向载荷的滚动轴承配合为H7/k6，轴承外圈与轴承箱内孔配合为Js7/h6；

3）采用轴向止推滚动轴承的风机，其滚动轴承外圈和压盖轴向间隙为0.02～0.10mm；

4）滚动轴承热装时，加热温度不超过100℃，严禁直接用火焰加热；

5）自由端轴承外圈和压盖的轴向间隙应大于轴的热态伸长量，热伸长量值应符合表2-60。

表 2-60　轴的热态伸长量

温度/℃	0～100	>100～200	>200～300
每米轴长的伸长量/mm	1.20	2.51	3.92

（2）滑动轴承衬：

1）轴承衬表面应无裂纹、砂眼、夹层或脱壳等缺陷；

2）轴承衬与轴径接触应均匀，接触角在60°～90°，在接触角内接触点不小于2～3点/cm；

3）轴承衬背与轴承座孔应均匀贴合，接触面积：上轴承体与上盖不少于40%，下轴承体与下座不少于50%。轴承衬背过盈量为 -0.02～0.03mm；

4）轴承顶间隙符合表2-61，轴承侧向间隙为1/2顶间隙；

表 2-61　轴承顶间隙

轴径/mm	50～80	>80～120	>120～180	>180～250
轴承顶间隙	0.10～0.18	0.15～0.25	0.23～0.34	0.34～0.40

5）轴承推力间隙一般为0.20～0.30mm，推力轴承面与推力盘接触面积应不少于70%。

e　转子的各部圆跳动、全跳动允许值应符合表2-62。

表 2-62　转子各部跳动允许值

测量部位	跳动类别	允许值	测量部位	跳动类别	允许值
叶轮外圆	圆跳动	$0.07D$	叶轮外圆两侧	全跳动	$0.01D$
主轴的轴承颈	圆跳动	$0.02D$	联轴器外缘	全跳动	$0.05D$
联轴器外圆	圆跳动	$0.05D$	推力盘的推面	全跳动	$0.02D$

注：D 为叶轮外圆直径。

f　密封

（1）离心鼓风机叶轮前盖板与壳体密封环径向半径间隙为0.35～0.50mm；离心通风机叶轮进口圈与壳体的端面和径向间隙不得超过12mm；

（2）轴封采用毡封时只允许一个接头，接头的位置应放在顶部；

（3）机壳密封盖与轴的每侧间隙一般不超过1～2mm；

（4）轴封采用胀圈式或迷宫式，其密封间隙应符合表2-63。

表 2-63　轴封间隙极限值

密封间隙	安装值/mm	极限值/mm
滑动轴承箱内的密封	0.15～0.25	0.35
机壳内的密封	0.20～0.40	0.50

g　壳体与轴承箱

（1）机壳应无裂纹、气孔；焊接机壳应焊接良好；

（2）整体安装的轴承箱，以轴承座中分面为基准，检查其纵、横水平偏差值为0.1mm/m；

（3）分开式轴承箱的纵、横向安装水平；

每个轴承箱中分面的纵向安装水平偏差不应大于0.04mm/m；

每个轴承箱中分面的横向安装水平偏差不应大于0.08mm/m；

主轴轴颈处的安装水平偏差不应大于0.04mm/m。

D　循环风机检修后试车与验收

a　试车前的准备

（1）检查检修记录，确认检修数据正确；

（2）轴承箱清洗并检查合格，按规定加注润滑油（脂）；润滑、冷却水系统正常；

（3）盘车灵活，不得有偏重，卡涩现象；

（4）安全防护装置齐全牢固；

（5）进气调节风门开度0°～5°，出口全开；

（6）电动机单机试运转，并确定旋转方向正确。

b　试车

（1）按操作规程启动电动机，各部位无异常现象和摩擦声响，方可继续运转，风机在小负荷下运行时间不应小于20min，小负荷运转正常后，逐渐开大进气风门，直至规定的负荷为止；

（2）检查轴承温度、振动，出口风压、风量、电流等，连续运行4h，并做好记录；

（3）检查轴承温升，滚动轴承温度不得超过环境温度40℃，其最高温度不得超过80℃；滑动轴承温度不得超过65℃；

（4）检查风机振动，振动标准见SHS 01003—2004《石油化工旋转机械振动标准》。

c　验收

（1）经过连续负荷运行4h后，各项技术指标均达到设计要求或能满足生产需要；

（2）设备达到完好标准；

（3）检修记录齐全、准确。

2.4.1.6　循环风机典型事故案例

案例：循环风机轴承损坏故障

【故障现象】

2007年某焦化厂干熄焦循环风机噪声突然加大，经现场查看，风机固定端轴承座喷油冒烟。于是立即通知车间相关人员组织抢修。经过风机进行解体检查发现，循环风机固定端轴承已经损坏，轴承端盖挡环也已损坏。因风机轴承座无法拆卸，导致轴承座更换比较困难，重新加工原轴承端盖和制定替代方案，导致事故处理的时间较长。

【故障原因】

该风机是与风机整套进口的日本产品，润滑采用强制润滑，运行良好。原来存在振动偏大问题，日本专家进行了检查和处理，但在实际的运行中收效不大。

事故原因如下：

（1）循环风机端盖未顶紧是此次故障的直接原因。端盖未顶紧，轴承存在轴向移动的可能，导致轴承滚柱磨损严重脱落；

（2）点检检测方法未及时跟上，是导致此次事故的主要原因。采用传统点检方式，依靠经验无法准确分析轴承的状态，导致了事故的出现。

【整改措施】

（1）配置必要的振动、温度检测仪器，加强点检的次数；

（2）对点检数据进行劣化趋势分析，提高事故的预见性；

（3）增加设备在线检测装置，实现设备的检测分析；

（4）风机轴承每5年进行一次更换；

（5）提高设备管理级别，加强维护。

2.4.2 副省煤器

2.4.2.1 副省煤器的主要功能

副省煤器安装在循环风机至干熄炉入口间的循环气体管路上,用水-水换热器后的锅炉给水降低进入干熄炉的循环气体的温度,以改善干熄炉的换热效果,同时用从循环气体中回收的热量加热锅炉给水,节约除氧器的蒸汽用量,从而节约能量。

2.4.2.2 副省煤器的主要结构

给水热交换器的主要技术规格为:

形 式	蛇管间壁式(管内:水;管间:循环气体);
外 形	方形;
循环气量(标况)	216000m³/h;
入口循环气体温度	160~180℃;
出口循环气体温度	约130℃;
循环气体含尘质量浓度	≤1g/m³(0.25mm以下占95%);
阻 力	≤800Pa。

另外,还包括给水热交换器(板式)、安全阀等附件。

副省煤器外形图如图2-23所示。

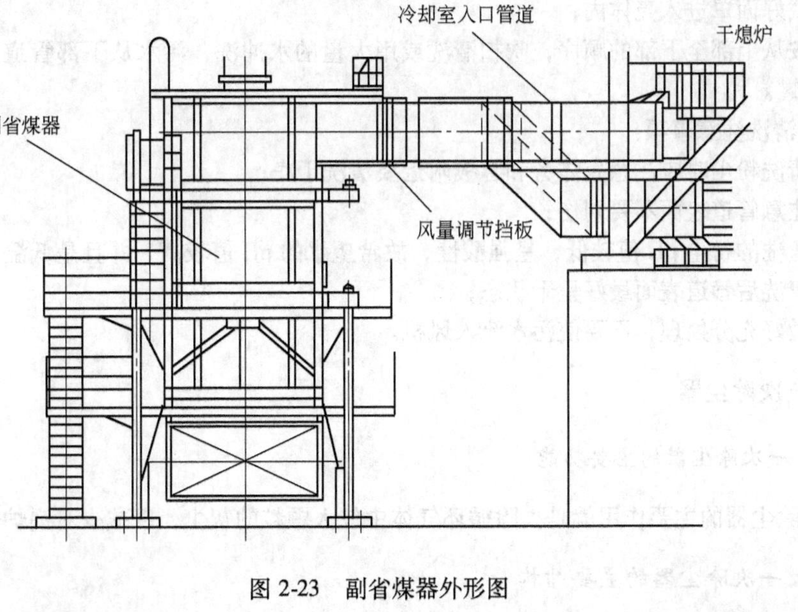

图2-23 副省煤器外形图

2.4.2.3 副省煤器的日常点检与维护

A 日常运行中注意事项

(1) 绝对不要让副省煤器入口给水温度长时间在60℃以下运行;

(2) 经常监视、记录副省煤器的入口,出口气体压力以及出口气体温度;如果因粉尘的附着而使副省煤器的气体压力损失变大的话,就不能达到额定的循环气体量,还会使出口气体温度上升，如果发生这种情况，在年修时要用高压水冲洗；

（3）本系统是用副省煤器和给水热交换器组合起来的，可以得到很多方面的平衡，如果用各旁通阀调整开度，会使平衡发生变化。因此，要充分地掌握副省煤器以及给水热交换器周围各阀的形式、特性等；

（4）定期冲洗：管子内附着的联氨等与传热性能的降低或给水压损的增加有关，给运行带来障碍，所以要实施定期冲洗；

（5）每隔一段时间要取样化验水质。如果其水质达到要求，就按常规的方法进行加药处理。如果不能满足要求，请改变加药方法。特别是副省煤器，是通过注入联氨来调整 pH 值和含氧量。因为考虑到管内的防腐问题，所以要特别认真调查 pH 值。

B　清扫

这里所说的清扫是指去掉传热管外面的附着的粉尘。

（1）清扫频度：

副省煤器的清扫频度推定为每年 1～2 次。气体侧压力损失及副省煤器的传热性能可作为判断粉尘附着情况的指标。因此，应经常对运行数据进行监视、记录，并可用它来确定清扫时间。另外，粉尘附着引起的气体侧压力损失的上升值约为 30～40kPa。

（2）清扫方法：

1）在下流侧、上流侧的管道连接处插有盲板，目的是防止污水流入风机和加快空气置换；

2）人孔全部打开，壳体内充分进行空气置换；

3）在下部管道人孔或排污口附近准备一个排水罐；

4）戴好面罩进入壳体内；

5）按从上部至下部的顺序，吹扫清洗或用大量的水冲洗，污水从下部管道人孔或排污口排到排水罐。

（3）清洗注意事项：

1）清洗粉尘时应注意壳体旁和管板附近要清洗干净；

2）注意管道表面不要划伤；

3）清洗的粉尘 pH 值较低，呈强酸性，故希望水的 pH 值较高，并且是低温水；

4）清洗后管道表面最好呈干状态；

5）做好充分处理，不要使污水流入风机。

2.4.3　一次除尘器

2.4.3.1　一次除尘器的主要功能

一次除尘器的主要作用就是去除循环气体中较大颗粒的灰尘，以减少对锅炉炉管的冲刷。

2.4.3.2　一次除尘器的主要结构

一次除尘器采用重力沉降方式，其优点是气流阻力损耗少，缺点是槽体体积庞大。槽顶部采用耐火砖拱顶结构，结构简单强度大。

一次除尘器如图 2-24 所示，主要由壳体、金属支架及砌体构成，工作在负压状态。外壳用钢板焊制，内衬耐磨耐火砖。为提高一次除尘器的除尘效率，在除尘器中设有挡墙。一次除尘器的底锥部出口分隔成漏斗状，下面连接两岔溜槽以将焦粉导入冷却套管。一次除尘器上设有人孔，还设有温度测量装置、压力测量装置等，顶部设有紧急放散口，如图 2-25 所示。

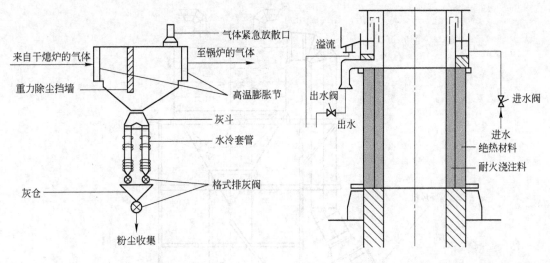

图 2-24 一次除尘器结构示意图   图 2-25 一次除尘器顶部紧急放散口示意图

一次除尘器的主要技术规格为：

类型：   （带挡墙的）重力沉降式；
循环气体温度： $800 \sim 980℃$；
循环风量（标况）：   约 $214000m^3/h$；
尺寸（内侧，宽度×高度）：   约 $5.3m \times 3.7m$；
一次除尘器支架结构：   桁架或框架钢结构；
主要部件材质：
　　外壳及支架：   Q235-A；
　　托砖板：   不锈钢。

2.4.3.3 一次除尘器的日常点检与维护

因一次除尘处于循环气体系统中，在正常的生产过程中，无法对其内部进行点检，但通过检测外表面的温度可初步判定炉墙损坏的部位和程度。通过调节运行参数来加强维护。利用年修进行全面的检查和维修。

2.4.4 二次除尘器

2.4.4.1 二次除尘器的主要功能

二次除尘器是将循环气体中的细小灰尘进一步分离出来，减少对循环风机叶轮的磨损。

2.4.4.2 二次除尘器的主要结构

二次除尘器采用了陶瓷多管除尘器，以将循环气体中的细粒焦粉进一步分离出来，使进入循环风机的气体中粉尘质量浓度小于 $1g/m^3$，且小于 0.25mm 的粉尘占 95%以上，以降低焦粉对循环风机叶片的磨损，从而延长循环风机的使用寿命（见图 2-26）。

陶瓷多管除尘器主要由单体的陶瓷旋风因子、旋风因子固定部分、外壳、下部灰斗、进口变径管及出口变径管等构成。此外，二次除尘器上还设有人孔、防爆装置、料位计、掏灰孔和

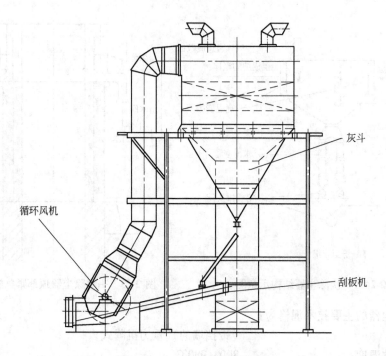

图 2-26   二次除尘器主要结构

检修爬梯等。

　　陶瓷多管除尘器的主要技术规格为：

结构形式：	陶瓷多管旋风除尘；
单体旋风器的数量：	约 480 个；
循环气体温度：	160 ~ 180℃；
循环风量（标况）：	约 216000m³/h；
入口含尘质量浓度：	10 ~ 12g/m³；
出口含尘质量浓度：	1g/m³ 以下；
阻力：	约 1200Pa。

2.4.4.3   二次除尘器的日常点检与维护

　　陶瓷多管除尘器基本免维护。日常的检查中，主要检测各部分温度，及除尘器外壳壁厚。年修时检查各旋风因子的磨损情况。

2.5   锅炉供水设备

　　为保证干熄焦锅炉安全可靠、连续稳定地运行，在干熄焦区域设有与锅炉配套的辅机室，主要设备包括除盐水箱、除氧器给水泵、除氧器、锅炉给水泵及加药装置等。

2.5.1   除盐水箱

2.5.1.1   除盐水箱的主要功能

　　除盐水箱的主要作用就是作为锅炉给水泵的供水源。水箱上设有低水位报警，当除盐水箱内部的水位低于最低水位时报警,以便及时采取工艺调整措施,保证锅炉供水的安全。

除盐水箱的规格:

有效容积:300m³;

$D = 6200$mm;

$H = 7200$mm。

2.5.1.2 除盐水箱的主要结构

除盐水箱的形状为圆筒状,顶部封闭,设放散管、人孔等辅助设施。为了延长使用寿命,在内部表面,涂漆4~6遍,衬玻璃钢2~3层。

2.5.1.3 除盐水箱的日常点检与维护

在日常的使用过程中,要经常观察除盐水箱的水位及内部衬里的情况,保证各辅助设施的齐全有效。

一般情况下可实现免维护。

2.5.2 除氧器

2.5.2.1 除氧器的主要功能

除氧器的主要作用是:利用蒸汽加热,除盐水被加热至105℃左右,溶解于其中的氧被析出,以降低炉水的含氧量,减少对炉管的腐蚀。

除氧器的主要技术规格为:

除氧器型号　　　　YQ130;

额定处理量　　　　130t/h;

工作压力　　　　　0.02MPa;

配水箱　　　　　　$V = 50$m³。

2.5.2.2 除氧器的主要结构

如图2-27所示,除氧器主要由除氧水箱、除氧塔及附属设施组成。

除氧塔的作用是除氧,需除氧的水自顶部流下,经过配水盘和淋水盘被分散为多股细小的水流,逐层淋下,加热蒸汽自下部通入,经过分配器向上流动,形成水汽热交换,将水加热,形成较大的汽水界面进行除氧,所除氧气随余汽一起排出。

2.5.2.3 除氧器的日常点检与维护

(1)设备润滑明细见表2-64。

表 2-64　除氧器润滑明细

序　号	润滑部位	润滑油脂名称及牌号	补充标准		更换标准		备　注
			油脂量	周期	油脂量	周期	
1	配套管道阀门	2号锂基脂	50g	3月			
2	连接法兰	2号锂基脂	50g	3月			

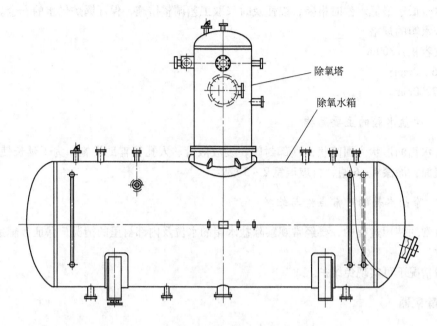

图 2-27　除氧器外形示意图

（2）设备定期清扫的规定

1）设备无杂物和油污；

2）地面无积灰无杂物。

（3）设备使用过程中的检查

1）巡检的有关规定

①检查设备要全面仔细，发现问题及时汇报并做好记录；

②重点部位要重点检查，认真"听、摸、看、敲"掌握运行动态；

③岗位操作人员每班按规定周期进行巡检，维修人员每周检查一次。

2）巡检路线

除氧水箱→液位计→配套管路→除氧塔→安全阀→走梯平台。

3）巡检内容见表2-65。

表 2-65　除氧器日常巡检内容

序　号	检查部位	检查内容	标准要求	检查周期	检查人
1	除氧水箱	结　构	无泄漏、无损坏	1次/班	操作工
2	水位计	结　构	无泄漏、无损坏	1次/班	操作工
3	配套管路	法兰连接处	无泄漏	1次/班	操作工
4	除氧塔	结　构	无泄漏、无损坏	1次/班	操作工
5	安全阀	结　构	无泄漏	1次/班	操作工
6	走梯平台	结构	无腐蚀、无损坏	1次/班	操作工

2.5.3　给水泵类设备

给水泵类设备主要包括除氧器给水泵、除氧器循环泵、锅炉给水泵。

2.5.3.1 给水泵类设备的功能

A 除氧器给水泵

除氧器给水泵主要作用是：将除盐水箱中的水不断供向除氧器。

除氧器给水泵的主要规格为：

流量	$130m^3/h$;
扬程	$117m$;
配套电动机	Y280S-2 75kW。

B 除氧器循环泵

除氧器循环水泵的作用是：开工时调节副省煤器的温度。在日常的干熄焦检修工作中，起到保温保压的作用。

除氧器循环水泵的主要技术规格：

流量	$15.7m^3/h$;
扬程	$118m$;
配套电动机	Y160M-2 15kW。

C 锅炉给水泵

锅炉给水泵的作用是：将除氧器的水源源不断地供向锅炉，补充因产生蒸汽消耗的锅水，保持余热锅炉的水汽平衡。

锅炉给水泵的主要技术规格：

型号	IDG-11;
流量	$102.6m^3/h$;
配套电动机	YKS450-2 630kW;
稀油站	XYZ-80GS。

2.5.3.2 给水泵类设备的主要结构

A 除氧器给水泵

除氧器给水泵采用了单机悬臂式结构。主要包括如下部分：

（1）壳体部分：由泵体、泵盖等组成。它承受泵的全部工作压力，进出口方位均垂直向上；

（2）转子部分：由叶轮、轴、轴套、叶轮螺母等组成。轴向力主要靠叶轮平衡孔平衡；

（3）轴承部分：由轴承体和滚动轴承等组成，支撑泵的转子部分同时还承受泵的剩余轴向力，滚动轴承采用稀油润滑；

（4）传动部分：泵与电动机采用膜片式加长联轴器部件连接，检修时，先将中间加长联轴器卸下，可不动电动机而进行泵零件的更换或检修；

（5）密封部分：根据使用条件，轴封腔可装填料密封或机械密封；

（6）泵的转向：自联轴器端向泵看，为逆时针方向旋转。

B 除氧器循环泵

除氧器循环泵也采用了单机悬臂式结构。其结构与除氧器给水泵基本相同，也是包括壳体部分（由泵体、泵盖等组成）、转子部分（由叶轮、轴、轴套、叶轮螺母等组成）、轴承部分（由轴承体和滚动轴承等组成）、传动部分、密封部分等组成。

C 锅炉给水泵

锅炉给水泵为单壳分段多级泵，设计在高温高压下运行。其外形结构如图 2-28 所示。

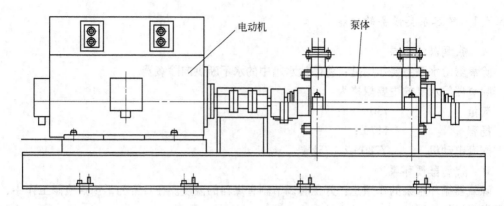

电动机　　泵体

图 2-28　锅炉给水泵外形示意图

锅炉给水泵的具体构造如下。

a　定子部分

主要由轴承、首盖、进水段、中段、导叶、出水段、尾盖等零件用拉紧螺栓连接而成。进水段的吸入口、出水段的吐出口均垂直向上，泵的进水段、中段、出水段的静止密封面是靠金属面密封，同时有 O 形密封胶圈作为辅助密封。泵座采用焊接结构。

b　转子部分

转子的结构对泵的整体结构、运行稳定性及产品性能都有密切联系。给水泵叶轮与轴采用过盈配合，并用卡圈使其单级轴向定位，与平衡盘及轴螺母、轴套、橡胶密封圈、缩紧螺母等组成。整个转子由两端的轴承支撑。

c　平衡机构

采用平衡盘加止推轴承来平衡轴向力，并使转子在轴向定位，这种平衡机构对泵工作的稳定性与产品运行的可靠性及其寿命有着极为密切的关系，平衡盘能 100% 平衡轴向力，灵敏度高，工况变化时自动调整能力好。

d　轴端密封

采用机械密封或软填料密封，软填料密封材料为碳纤维填料绳，从首盖及尾盖下方引进冷却水从上方引出，首盖尾盖衬套带散热片，冷却水为常温的工业水或自来水。

e　轴承部分

径向轴承采用多油楔滑动轴承，可以在两个转向下工作并且在泵的吸入端和吐出端可以互换，轴承采用强制润滑。润滑油通过一端的孔和一个在轴承体上的环形空间以及在轴瓦上的孔流入轴瓦内的油槽。

推力轴承装在吐出端径向轴承的后面，可以承受两个方向的轴向载荷。它确定泵转子在轴向的位置，能够承受水力平衡装置未能完全平衡的剩余的那部分轴向力。推力轴承采用强制润滑，油通过一个节流孔流入推力盘和扇形块之间两侧空间，径向流经推力轴承的两个摩擦表面，再通过轴承端盖上留出孔进入轴承体，与径向轴承的润滑油一起流出。

2.5.3.3　给水泵类设备的日常点检与维护

A　设备润滑

设备润滑明细见表 2-66。

表 2-66 给水泵润滑明细

装置名称	润滑部位	润滑方式	润滑油脂名称及牌号	润滑点数	补充标准		更换标准		备注
					油脂量	周期	油脂量	周期	
锅炉给水泵	轴封	OB	32 号 L-AN 全损耗系统用油	2	循环				2 台
	轴承座	OB	32 号 L-AN 全损耗系统用油	2	循环				
	电动机	HO	46 号防锈汽轮机油	2	50mL	根据油位确定	2L	1 年	
除氧给水泵	电动机	GG	2 号二硫化钼锂基脂	2	100g	3 月			2 台
	泵端盖	GE	万能高效润滑脂	2	50g	3 月			
除氧器循环泵	泵端盖	GE	万能高效润滑脂	2	50g	3 月			
稀油站	油箱	HO	32 号 L-AN 全损耗系统用油	1	50L	3 月	340L	1 年	

B 设备定期清扫的规定

(1) 交班前必须对设备擦拭清扫一次，达到地面干净，无杂物；

(2) 设备无杂物和油污，要达到设备见本色；

(3) 配电系统盘面干净，地面无积灰无杂物；

(4) 操作室保持干净，工具齐全，油具、油料清洁。

C 设备使用过程中的检查

(1) 巡检的有关规定：

1) 检查设备要全面仔细，发现问题及时汇报并做好记录；

2) 重点部位要重点检查，认真"听、摸、看、敲"掌握运行动态；

3) 岗位操作人员每班按规定周期进行巡检，维修人员每周检查一次。

(2) 巡检路线：

电动机→联轴器→泵体轴承→冷却水管→调节阀门→各测点压力温度→轴承润滑油冷却系统。

(3) 巡检内容见表 2-67。

表 2-67 给水泵巡检内容表

序号	检查部位	检查内容	标准要求	检查周期	检查人
1	电动机	1. 结构； 2. 运行； 3. 润滑； 4. 接线	1. 零部件齐全，无损坏，螺栓无松动； 2. 运行中平稳，无杂音，无振动，振动位移小于 0.05mm； 3. 润滑良好，轴承温度低于 65℃，不变质； 4. 接线牢固，无过热现象	2 次/班	操作工
2	轴承	1. 轴承体； 2. 运行； 3. 润滑	1. 外观完整，无损坏，螺栓无松动； 2. 运行平稳，轴承无噪声； 3. 润滑良好，轴承温度低于 65℃	2 次/班	操作工

续表 2-67

序号	检查部位	检查内容	标准要求	检查周期	检查人
3	联轴器	1. 装配； 2. 运行	1. 零部件齐全，无损坏，连接无松动； 2. 同轴度在规定范围内，运行平稳	2 次/班	操作工
4	泵体	1. 机壳； 2. 运行； 3. 轴承； 4. 叶轮	1. 零部件齐全无变形，螺栓无松动； 2. 运行平稳，无异常振动； 3. 供油良好，无杂声，温度低于 65℃； 4. 叶轮无损坏，无冲刷壳体声	2 次/班	操作工
5	油泵系统	1. 油温； 2. 水温； 3. 运行； 4. 液位	1. 入口温度低于 50℃，出口温度低于 40℃； 2. 入口温度低于 30℃，出口温度低于 32.5℃； 3. 运转正常，无异声； 4. 保持高位（550L）	2 次/班	操作工

D　运行中出现故障及排除方法

运行中常见故障及排除方法见表 2-68。

表 2-68　给水泵常见故障及排除方法

序号	故障现象	故障原因	处理方法
1	流量扬程降低	泵内或吸入管内存有气体，泵内或管路有杂物堵塞，旋转方向不对，叶轮流道不对中	排除气体、检查清理、改变旋转方向，检查、修正流道对中
2	电流升高	转子与定子碰擦	解体修理
3	振动增大	1. 泵转子或驱动机转子不平衡； 2. 泵轴与电动机轴对中不良； 3. 轴承磨损严重，间隙过大； 4. 地脚螺栓松动或基础不牢固； 5. 泵抽空； 6. 转子零部件松动或损坏； 7. 支架不牢引起管线振动； 8. 泵内部存在接触和摩擦	1. 转子重新平衡； 2. 重新校正； 3. 修理或更换； 4. 紧固螺栓或加固基础； 5. 进行工艺调整； 6. 紧固松动部件或更换； 7. 管线支架加固； 8. 拆泵检查，消除摩擦
4	密封泄漏严重	1. 泵轴与电动机对中不良或轴弯曲； 2. 轴承或密封环磨损过多，形成转子偏心； 3. 机械密封损坏或安装不当； 4. 密封液压力不当； 5. 填料过松； 6. 操作波动大	1. 重新校正； 2. 更换并校正轴线； 3. 更换检查； 4. 比密封腔前压力大 0.05~0.15MPa； 5. 重新调整； 6. 稳定操作
5	轴承温度过高	1. 轴承安装不正确； 2. 转动部分平衡被破坏； 3. 轴承箱内油过少、过多或太脏变质； 4. 轴承磨损或松动； 5. 轴承冷却效果不好	1. 按要求重新装配； 2. 检查消除； 3. 按规定添放油或更换油； 4. 修理更换或紧固； 5. 检查调整

E　主要易损件的报废标准

主要易损件的报废标准见表 2-69。

表 2-69 给水泵主要易损件的报废标准

序 号	零件名称	报 废 标 准
1	轴 承	振动大，超过 60μm；温升超过 40℃
2	机械密封	漏水严重

F 维护中的安全注意事项

（1）检修时要执行"三保险"预防制；

（2）检修前做好联保互保工作，并制定好安全措施；

（3）检修后试车时要互相联系好，无误后方可试车；

（4）检修后要做到现场清理干净；

（5）检修后更换的零部件要做好记录。

2.5.3.4 给水泵专业点检标准

A 锅炉给水泵专业点检标准

锅炉给水泵专业点检标准如表 2-70 所示。

表 2-70 锅炉给水泵专业点检标准

序 号	点检部位	点检项目	点检标准	处理方法
1	电动机	结 构	零件齐全无损，地脚螺母无松动	紧固更换
		运 行	运行平稳，无杂声，振动小于 0.05mm	检查处理
		润 滑	润滑良好，轴承温度低于 65℃	加油润滑
		接 线	接线牢固，绝缘良好	调整紧固
2	本 体	龟裂泄漏	无裂纹无泄漏	检修处理
		螺栓松动	螺栓无松动	紧固处理
		转子磨损、裂纹	表面无裂纹，前盖后盘磨损量低于 10%	更 换
3	单向阀	泄 漏	无泄漏	检修处理
4	轴 承	发热、油量	轴承温度低于 70℃，油量充足	检修处理
		异声、振动	无异声，振动速度低于 5mm/s	检查检修
		磨 损	磨损量低于 5%	更 换
5	联轴器	异 声	无异声	检查检修
		螺栓松动	螺栓无松动	紧固处理
6	配 管	泄 漏	无泄漏	检修处理
7	溢流阀	泄漏、损伤	无泄漏、无损伤	检修处理
8	冷却水	水量、泄漏	水量充足、无泄漏	检修处理
9	过滤器	泄 漏	无泄漏	检修处理
10	润滑泵	异声紧固、泄漏	无异声、紧固无松动、无泄漏	检修处理

B 除氧器给水泵及循环泵专业点检标准

除氧器给水泵及循环泵专业点检标准如表 2-71 所示。

表 2-71　除氧器给水泵及循环泵专业点检标准

序　号	点检部位	点检项目	点　检　标　准	处理方法
1	电动机	结　构	零件齐全无损，地脚螺母无松动	紧固更换
		运　行	运行平稳，无杂声，振动小于 0.05mm	检查处理
		润　滑	润滑良好，轴承温度低于 65℃	加油润滑
		接　线	接线牢固，绝缘良好	调整紧固
2	本　体	龟裂泄漏	无裂纹无泄漏	检修处理
		螺栓松动	螺栓无松动	紧固处理
		转子磨损、裂纹	表面无裂纹，前盖后盘磨损量低于 40%	更　换
3	联轴器	异　声	无异声	检查检修
		螺栓松动	螺栓无松动	紧固处理
4	轴　承	发热、油量	轴承温度低于 70℃，油量充足	检修处理
		异声、振动	无异声，振动速度低于 5mm/s	检查检修
		磨　损	滚珠磨损量低于 5%	更　换
5	配　管	泄　漏	无泄漏	检修处理
6	填　料	滴水状况	2 滴/min	检修处理

2.5.4　加药装置

2.5.4.1　加药装置的主要功能

（1）加氨的作用：中和水中的二氧化碳，调整锅炉给水的 pH 值，减缓给水系统酸腐蚀，降低给水中的含铁量和含铜量；

（2）联氨的作用：除氧剂，用来降低除盐水箱出水的氧含量；

（3）磷酸三钠的作用：除去各种盐成分，为锅炉给水除垢剂，降低锅炉垢层。

2.5.4.2　加药装置的主要结构

加压装置主要采用计量泵的结构。一般设有加药箱，配套搅拌装置，加压泵采用电动机驱动，根据炉水化验结果，可调整加药泵的流量。

2.5.4.3　加药装置的日常点检与维护

A　设备润滑

加药装置润滑明细见表 2-72。

表 2-72　加药装置润滑明细

装置名称	润滑部位	润滑油脂名称及牌号	润滑点数	补充标准		更换标准		备　注
				油脂量	周期	油脂量	周期	
加氨泵	泵端盖	锂基脂	1	50g	3 月			
加 Na_3PO_4 泵	泵端盖	锂基脂	1	50g	3 月			

B　设备定期清扫的规定

（1）交班前必须对设备擦拭清扫一次，达到地面干净，无杂物；

（2）设备无杂物和油污，要达到机光电机亮，设备见本色；

（3）配电系统盘面干净，地面无积灰和杂物；

（4）操作室保持干净，工具齐全，油具、油料清洁。

C　设备使用过程中的检查

（1）严格执行润滑管理制度；

（2）保持封油压力比泵密封腔压力大 0.05 ~ 0.15MPa；

（3）定期检查出口压力，振动、密封泄漏，轴承温度等情况，发现问题应及时处理；

（4）定期检查泵附属管线是否畅通；

（5）定期检查泵各部螺栓是否松动；

（6）热油泵停车后每 0.5h 盘车一次，直到泵体温度降到 80℃ 以下为止，备用泵应定期盘车；

（7）泵运转 2000 ~ 3000h 以后，应拆开检查内部零件，对连杆衬套等易磨件进行更换；

（8）泵若长期停用时，应将泵缸内介质排放干，并把表面清洗干净，外露的加工表面涂防锈油，存放应置于干燥处，并加罩遮盖。

D　运行中出现故障及排除方法

运行中常见故障的排除方法如表 2-73 所示。

表 2-73　加药装置常见故障及排除方法

序号	故障现象	故障原因	处理方法
1	完全不排液	1. 吸入管道部阻塞； 2. 吸入或排出阀内有异物卡阻； 3. 转数不足； 4. 液体黏度较高	1. 疏通吸入管道； 2. 清洗吸排阀； 3. 检查电动机和电压； 4. 改用黏度计量泵
2	排出压力不稳定	1. 单向阀有异物卡住； 2. 出口管道有渗漏； 3. 液体内有空气	1. 清洗单向阀； 2. 排除渗漏； 3. 排除液体空气
3	运转中有冲击声	1. 传动零件连接处松动，转动部分零件磨损； 2. 吸入管道漏气； 3. 介质中有空气； 4. 吸入管径太小	1. 拧紧有关螺丝更换新件； 2. 压紧吸入法兰； 3. 排出介质中有空气； 4. 增大吸入管径
4	密封泄漏严重	1. 泵轴与电动机对中不良或轴弯曲； 2. 轴承或密封环磨损过多形成转子偏心； 3. 机械密封坏或安装不当； 4. 密封液压力不当； 5. 填料过松； 6. 操作波动大	1. 重新校正； 2. 更换并校正轴线； 3. 更换检查； 4. 比密封腔前压力大 0.05 ~ 0.15MPa； 5 重新调整； 6. 稳定操作
5	轴承温度过高	1. 轴承安装不正确； 2. 转动部分平衡被破坏； 3. 轴承箱内油过少、过多或太脏变质； 4. 轴承磨损或松动； 5. 轴承冷却效果不好	1. 按要求重新装配； 2. 检查消除； 3. 按规定添放油或更换油； 4. 修理更换或紧固； 5. 检查调整

E　主要易损件的报废标准

主要易损件的报废标准见表 2-74。

表 2-74　加药装置主要易损件报废标准

序　号	零件名称	报　废　标　准
1	轴　封	漏水严重
2	活　塞	压力达不到要求

F　维护中的安全注意事项

(1) 检修时要执行"三保险"预防制;

(2) 检修前做好联保互保工作,并制定好安全措施;

(3) 检修后试车时要互相联系好,无误后方可试车;

(4) 检修后要做到人走场地净;

(5) 检修后更换的零部件要做好记录。

2.5.4.4　加药装置检修标准

A　加药装置检修周期及内容

加药装置检修周期及内容见表 2-75。

表 2-75　加药装置检修周期及内容

检修类别	检修周期	检修内容
小　修	利用日检修时间进行检修,按照周计划进行	按点检发现设备的实际缺陷进行检修
中　修	2~4 年	泵解体检查检修
大　修	4~8 年	更换泵体

B　加药装置检修技术要求和标准

(1) 将泵水平安装在高于地面 300mm 以上的工作台或机架上,并将进出口法兰校平;多联泵安装压紧底座时,应以泵间联轴器为校正基准,以消除压紧后各泵轴线间的位移现象;

(2) 参照电动机铭牌所示参数接通电源,并安全接地(电动机转向按箭头所指方向);

(3) 在吸入、排出管道上的弯头应采用大圆弧过渡,并应尽量减少管路的弯曲或接头等增加管路阻力的部件;

(4) 系统管件、阀门等的通径应大于或等于泵的进出口通径,但不能大于 1.25 倍,应尽可能缩短吸入管道的长度,如必须设置长管路时,则应尽可能放大管径尺寸以减少管路摩擦阻力;

(5) 泵的进出口与装置管路连接时,应注意不能将装置管路的重荷加于泵的液缸体上;

(6) 对于输送悬浮液及易产生沉淀的介质,在泵的进吸入及排出法兰附近应增设阀门及三通,以便在泵运行、停止时不拆开管路就能进行泵缸体内冲洗;

(7) 为了确保泵的安全运转和管路系统的安全,应在排出管道上设置安全阀,如需减少被输送液体的脉动,可在靠近泵排出管路上安装脉冲阻尼器;

(8) 泵安装的其他技术要求应符合《机械设备安装工作施工及验收规范》TJ231(五)—78中关于泵安装的有关规定。

2.6　余热锅炉

　　干熄焦锅炉是整个干熄焦工艺系统中的一个重要组成部分，干熄焦锅炉运行良好与否将直接影响干熄焦装置的运行。随着干熄焦工艺的不断发展，在减少投资、降低能源消耗、提高热效率等方面，对系统和设备均有较大改进，使干熄焦系统运行更加安全可靠、连续稳定。

2.6.1　余热锅炉的主要功能

　　干熄焦锅炉主要作用是降低干熄焦系统惰性循环气体的温度并吸收其热量，产生蒸汽用以供汽轮发电机发电，达到节省能源的目的。

　　目前，干熄焦锅炉均采用膜式水冷壁及整体悬吊式结构，此外，干熄焦锅炉还采取了二次过热器上部喷涂镍合金、省煤器外表面镀镍-磷、吊挂杆设保护管、膜式水冷壁加防磨板等防腐耐磨措施，有效地解决了干熄焦锅炉的防腐、磨损、膨胀、密封问题，提高了干熄焦锅炉的热效率，延长了干熄焦锅炉的使用寿命。

2.6.2　余热锅炉的主要结构

　　干熄焦锅炉主要组成有锅筒、过热器、蒸发器、省煤器、水冷壁、减温器和消声器、锅炉钢架等。

2.6.2.1　水冷壁

　　锅炉炉膛四周炉墙上敷设的受热面通常称为水冷壁。其作用是：1）强化传热，减少锅炉受热面面积，节省金属材料。2）降低高温对炉墙的破坏作用，起到保护炉墙的作用。3）能有效地防止炉壁结渣。4）悬吊炉墙。5）作为锅炉主要的蒸发受热面，吸收炉内辐射热量，使水冷壁内的热水汽化，产生锅炉的全部或绝大部分饱和蒸汽。

　　水冷壁由 $\phi 51 \times 5$ 的管子和扁钢组成，宽度×深度为 $5.088m \times 6.24m$。水冷壁采用悬吊结构，通过侧墙水冷壁上集箱和后强水冷壁折弯处的吊杆悬吊与顶部梁格上，自由向下膨胀。

2.6.2.2　过热器

　　过热器分为高温过热器和低温过热器，均为光管蛇形管束，顺列布置，通过吊挂管悬吊于锅炉顶部。高温过热器顺流布置，受热面管子 $\phi 42 \times 6$，材料 12Cr1MoVG，横向排数 52 排，纵向排数 6 排。低温过热器逆流布置，受热面管子 $\phi 34 \times 4$，材料 12Cr1MoVG，横向排数 52 排，纵向排数 6 排。

　　从汽包上部引出的干饱和蒸汽先进入低温过热器进口集箱，与烟气逆向流动进入低温过热器出口集箱。经过减温减压器后进入高温过热器进口集箱，与烟气同向流动后进入高温过热器出口集箱，由主蒸汽管道引出。

2.6.2.3　蒸发器

　　蒸发器分两级，光管蒸发器和鳍片管蒸发器。光管蒸发器顺列布置，受热面管子 $\phi 42 \times 5$，材料 20G，三管圈蛇形管束，横向排数 52 排，纵向排数 12 排。鳍片管蒸发器错列布置，受热面管子 $\phi 42 \times 5$，材料 20G，三管圈蛇形管束，横向排数 51 排，纵向排数 12 排。工质从蒸发器底部流向顶部，与烟气逆向流动。在蒸发器中形成的汽水混合物进入出口集箱后由汽水连接管直接引入到汽包中进行汽水分离。汽包炉水由蒸发器集中下降管引出进入并联的两级蒸发器。

2.6.2.4　省煤器

省煤器布置在锅炉下部由省煤器墙板构成的低温区域内。省煤器管束为螺旋鳍片管，由42根管子向上斜向绕制成错列管束，中间用压制弯头连接。给水进入省煤器进口集箱后，逆向烟气向上流动，进入省煤器出口集箱后，通过连管进入汽包水空间。

省煤器为悬吊式结构，通过螺旋鳍片管管夹将管束悬挂于横梁上，横梁两端固定在省煤器墙板上，再通过省煤器墙板将力传递到标高平台。

2.6.2.5　汽包

内径1600mm，直段长度5.5m，材料19Mn6，封头采用球形封头，中央有ϕ425的人孔。喷水减温器。

干熄焦锅炉所产生蒸汽的参数为$p = 9.5$MPa，$t = 540$℃，送至汽轮发电站发电。

干熄焦锅炉进口部分设备：干熄焦锅炉汽、水系统的所有调节阀、控制阀、安全阀一般采用原装进口设备。

2.6.3　余热锅炉的日常点检与维护

2.6.3.1　设备润滑

锅炉设备润滑明细见表2-76。

表 2-76　锅炉设备润滑明细

装置名称	润滑部位	润滑油脂名称及牌号	润滑点数	补充标准		更换标准		备　注
				油脂量	周期	油脂量	周期	
各阀门	阀　杆	2 号锂基脂	约 150	50g	6 月			
紧固螺栓	螺　杆	2 号锂基脂	约 150	10g	6 月			

2.6.3.2　设备定期清扫的规定

(1) 交班前必须对设备擦拭清扫一次，达到地面干净，无杂物；

(2) 设备无杂物和油污，要达到机光马达亮，设备见本色；

(3) 配电系统盘面干净，地面无积灰和杂物；

(4) 操作室保持干净，工具齐全，油具、油料清洁。

2.6.3.3　设备使用过程中的检查

(1) 巡检的有关规定：

1) 检查设备要全面仔细，发现问题及时汇报并做好记录；

2) 重点部位要重点检查，认真"听、摸、看、敲"掌握运行动态；

3) 岗位操作人员每班按规定周期进行巡检，维修人员每周检查一次。

(2) 巡检路线：

汽包平台→过热器平台→各蒸发器平台→省煤器平台→外置省煤器及连接管路→辅机室内设备及管路→除氧器及加药设施。

(3) 巡检内容：

1）一只水位表玻璃管（板）损坏、漏水、漏汽，用另外一只水位表观察水位，及时检修损坏的水位表；

2）压力表损坏、表盘不清及时更换；

3）跑、冒、滴、漏的阀门能及时检修或更换；

4）检查全部的基础地脚螺栓有无松动。必须保证紧固，否则会造成振动；

5）每班必须冲洗一次水位计；

6）安全阀手动放汽或放水实验每半年至少一次；

7）压力表正常每半年至少校验一次；并在刻度盘上画指示工作压力红线，校验后铅封；

8）高低水位报警器、低水位连锁装置、超压、超温报警器、超压联锁装置，定期做报警联锁试验；

9）设备维修保养和安全附件试验校验情况，要详细做好记录，锅炉管理人员应定期抽查。

2.6.3.4 运行中出现故障的排除方法

运行中常见故障的排除方法见表 2-77。

表 2-77 运行中常见故障及排除方法

序 号	故障现象	故 障 原 因	处 理 方 法
1	安全阀漏汽	阀座和阀芯密封不严，结合面磨损，积垢和有污物；弹簧变形；阀座或阀芯支承面歪斜；阀杆不垂直，阀芯抬起降压时不回座	更换阀座或阀芯，吹洗安全阀，清除杂物；更换新弹簧；正确安装排汽管并清理锈渣等
2	安全阀达到开启压力却不开启	1. 弹簧收得太紧或弹簧压力范围不适当； 2. 阀座和阀芯被粘住生锈； 3. 阀芯和阀座密封不好造成漏汽，减弱了作用于阀芯的压力	1. 适当放松弹簧或更换弹簧； 2. 用手做抬起排汽试验或用扳手缓缓扳动阀体；研磨阀芯和阀座，使其密合； 3. 消除漏汽
3	安全阀没有达到开启压力却自动开启	弹簧安全阀调整螺母没拧到位，安全阀拆卸检修后装配不符合要求	1. 重新正确调整，使弹簧压力重新调到所需要的值； 2. 应更换或重新安装
4	两个水位计指示不一样	水位计安装位置不正确，汽、水连通管堵塞或受汽水混合物冲击影响，在引出管区域内形成压差	1. 疏通汽、水连通管； 2. 将汽、水连通管引出压差区，避免汽、水混合物冲击的影响
5	水位呆滞不动	1. 由锅水中的泥垢或盐类积聚在水旋塞内，水旋塞被堵塞； 2. 同样原因，汽旋塞被堵塞，蒸汽管路不通，水位计中蒸汽被冷凝，水位升高，高于锅筒内实际水位，且水位变动很小	1. 吹洗水旋塞阀或连通管或用弯成L形的铁丝疏通； 2. 吹洗汽旋塞阀

2.6.3.5 主要易损件的报废标准

主要易损件的报废标准见表 2-78。

表 2-78 余热锅炉主要易损件报废标准

序 号	零件名称	报 废 标 准
1	阀门	阀体裂纹，法兰水纹线损坏泄漏严重，阀门密封损坏等
2	水位计	水位不准、泄漏等

2.6.3.6　锅炉日常巡检标准

锅炉日常巡检标准见表2-79。

表 2-79　锅炉日常巡检标准

序　号	点检部位	点检项目	点检标准	处理方法
1	锅　筒	封　头	无泄漏	检修处理
		压力表	不泄漏，指示准确	更　换
		水位计	无泄漏，汽红水绿界限清晰	更　换
2	安全阀	阀　体	完好无泄漏	紧固检修
		进出口法兰	密封完好无泄漏	紧　固
		回座压差	启闭差小于10%	检修更换
3	排污阀	填　料	无泄漏	更　换
		管道法兰	无泄漏	紧　固
		压盖法兰	无泄漏	紧　固
		内　漏	无内漏	更　换
4	过热器	温　度	不大于450℃	调　整
		压　力	不大于5.4MPa	调　整
		联箱及除水管路	完好无泄漏	检修处理
5	蒸发器	管　束	无积灰，无变形	检查更换
		联　箱	完　好	检　修
6	省煤器	入口水温	125±5℃	调　整
		管　束	无积灰，无泄漏	检查更换
7	主蒸汽管道		无泄漏	检　修

2.6.3.7　维护中的安全注意事项

（1）检修时要执行"三保险"预防制；

（2）检修前做好联保互保工作，并制定好安全措施；

（3）检修后试车时要互相联系好，无误后方可试车；

（4）检修后要做到人走场地净；

（5）检修后更换的零部件要做好记录。

2.7　蒸汽发电设备

2.7.1　汽轮机

2.7.1.1　汽轮机的主要功能

汽轮机是将蒸汽的热能转换成机械能的旋转式动力机械。与活塞式动力机械相比较，汽轮机具有功率大、转速高、经济性好等显著优点，被广泛用于电力、冶金、石油化工等各个部门，作为原动机来驱动发电机、压缩机、鼓风机等工作机械。

与干熄焦配套的汽轮发电设备是由余热锅炉送来的高温高压的蒸汽推动做功，使内能和动能转换为机械能，带动发电机旋转发电的机械。

汽轮机的主要技术参数：

汽轮机型号	N25-8.82；
额定功率	25MW；
经济功率	25MW；
额定转速	3000r/min；
额定进汽压力	$8.83^{+0.196}_{-0.294}$MPa；
额定进汽温度	535^{+10}_{-15}℃；
额定排汽压力	0.0075MPa（绝对）；
临界转速	1917r/min；
汽轮机本体重量	66t；
转子重量	14.3t。

2.7.1.2 汽轮机的主要结构

干熄焦配套汽轮机一般为单缸凝汽式汽轮机，本体主要由转子部分和静子部分组成。转子部分包括整锻转子、叶轮、叶片、联轴器、主油泵叶轮等；静子部分包括汽缸、蒸汽室、喷嘴组、隔板、汽封、轴承、轴承座、盘车装置、调节汽阀等。

为保证汽轮机的正常运行，还设置有调节油系统、润滑油系统等附属设备。

（1）汽缸。汽缸为单缸结构，由前、中、后缸三部分组成。前、中缸采用合金耐热铸钢，后缸采用碳素结构钢板焊接式结构，通过垂直中分面法兰连接成一体。

速关阀、高压调节汽阀蒸汽室与汽缸为一体，蒸汽从两侧速关阀直接进入高压调节汽阀蒸汽室内。汽缸下部有除氧用回热抽汽口，保温施工时适当加厚下缸保温，并注意保温施工质量，以防上下缸温差过大造成汽缸热挠曲。

汽缸排汽室通过排汽接管与凝汽器刚性连接。排汽接管内设有喷水管，当排汽室温度超限时，喷入凝结水，降低排汽温度。排汽管内两侧有人梯，从排汽室上半的人孔可进入排汽室内，直至凝汽器扩散室。凝汽器装有自动排汽阀，当排汽压力过高，超过限定值时，排汽阀会自动向大气排泄蒸汽。

前汽缸由两个"猫爪"支撑在前轴承座上，前轴承座放置在前底板上，可以沿轴向滑动，后汽缸采用底脚法兰形式座在后底板上。

机组的滑销系统由纵销、横销、立销组成。纵销是沿汽轮机中心线设置在前轴承座与前底板之间；横销设置在前"猫爪"和后缸两侧底脚法兰下面；立销设置在前、后轴承座与汽缸之间。横销与纵销中心的交点为机组热膨胀死点。当汽缸受热膨胀时，由前"猫爪"推动前轴承座向前滑动。在前轴承座滑动面上设有润滑油槽，运行时应定期注润滑油。

在高压调节级后两侧汽缸法兰上设有压力温度测孔，用于检测汽缸内蒸汽压力、温度。另外，在高压调节级后两侧汽缸法兰和缸筒顶部、底部还设有金属温度测点，用于检测上下半汽缸法兰、缸壁温差变化。

在汽缸下半的底部、两侧法兰上设有疏水口。

（2）蒸汽室（喷嘴室）。蒸汽室为分体式结构，可避免产生过高的热应力，蒸汽室上装有喷嘴组。

（3）喷嘴组。喷嘴组为装配焊接式结构，采用子午面型线喷嘴，具有优良的气动性能。

（4）隔板。本机共有16级隔板，1～12级为围带焊接式隔板，13～16级为铸造式隔板。隔板由悬挂销支持在汽缸内，底部有定位键，上下半隔板中分面处有密封键和定位键。

（5）汽封。汽封分通流部分汽封、隔板汽封、前后汽封。通流部分汽封包括动叶围带处的径向、轴向汽封和动叶根部处的径向汽封、轴向汽封。隔板汽封环装在每级隔板内圆上，每圈汽封环由六个弧块组成。每个弧块上装有压紧弹簧。前、后汽封与隔板汽封结构相同。转子上车有凹槽，与汽封齿构成迷宫式汽封。前、后汽封分为多级段，各级段后的腔室接不同压力的蒸汽管，回收汽封漏汽，维持排汽室真空。

（6）转子。本机转子采用整锻加套装的组合形式，末四级叶轮及联轴器"红套"在整锻转子上。共有17级动叶，其中一级双列调节级、十三级压力级、三级扭叶级，通过刚性联轴器与发电机转子连接。转子前端装有主油泵叶轮。

（7）前轴承座。前轴承座装有推力轴承前轴承、主油泵、保安装置、传感器支架、油动机等。前轴承座安放在前底板上，其结合面上有润滑油槽。中心设有纵向滑键，前轴承座可沿轴向滑动，使用二硫化钼油剂做润滑剂。在其滑动面两侧，装有角销和热膨胀指示器。

（8）后轴承座。后轴承座与后汽缸分立，防止后汽缸热膨胀对机组中心的影响。后轴承座装有汽轮机后轴承、发电机前轴承、盘车装置、联轴器罩壳等。后轴承座两侧均有润滑油进回油口，便于机组左向或右向布置。

后轴承座安放在后轴承座底板上，安装就位后，配铰地脚法兰面上的定位销。

（9）轴承。汽轮机前轴承和推力轴承一起组成联合轴承。推力轴承为可倾瓦式，推力瓦块上装有热电阻，导线由导线槽引出，装配时应注意引线不应妨碍瓦块摆动。轴承壳体顶部设有回油测温孔，可以改变回油口内的孔板尺寸，调整推力轴承润滑油量。

推力瓦装配时应检查瓦块厚度，相差不大于0.02mm。

前、后径向轴承及发电机前轴承为椭圆轴承。在下半瓦上有顶轴油囊，在盘车时，开启顶轴油泵，形成静压油膜，顶轴油囊不得随意修刮。下半瓦上还装有热电阻，热电阻装好后，应将导线固定牢。

转子找中后，应将轴承外圆调整垫块下的调整垫片换成2～3片钢垫片，轴承座对轴承的紧力应按要求配准。

（10）盘车装置。本机采用蜗轮-齿轮机械盘车装置。盘车小齿轮套装在带螺旋槽的蜗轮轴上，通过投入装置，可以实现手动或自动投入盘车。投入盘车时，必须先开启顶轴油泵，并检查顶轴油压是否达到要求。

1）手动投入盘车。压住投入装置上的手柄，同时反时针旋转蜗杆上的手轮，直至小齿轮与转子上的盘车大齿轮完全啮合，接通盘车电动机，投入盘车。

2）自动投入盘车。接通盘车投入电磁阀（盘车投入电磁阀（2322）集成在速关控制装置上），同时启动盘车电动机，小齿轮与盘车大齿轮完全啮合后，即可盘动转子，当转子盘动后，即将投入电磁阀断开。

自动投入盘车须在手动投入盘车试验合格后进行。

2.7.1.3　汽轮机的日常点检与维护

A　设备润滑

设备润滑明细见表2-80。

表 2-80 汽轮机润滑明细

设备名称	装置名称	润滑部位	润滑油脂名称及牌号	补充标准		更换标准		备注
				油量	周期	油量	周期	
汽轮机	主油泵	轴承	46 号防锈汽轮机油	循环		5.3m³	2 年	
减速机		轴承齿轮	46 号防锈汽轮机油	循环				

B 设备定期清扫的规定

(1) 交班前必须对设备清扫、擦拭一次，做到机台、地面无杂物；

(2) 设备要经常清扫，做到无积尘、无油污，机光马达亮，设备见本色；

(3) 操作室要保持干净整齐，工具齐全，油料、油具清洁；

(4) 配电盘面干净，地面无尘土无杂物。

C 设备使用过程中的检查

(1) 巡检的有关规定

1) 检查设备要全面、仔细，发现问题要及时汇报，并做好记录；

2) 重要部位要重点检查，认真"听、摸、看、敲"，掌握运行状态；

3) 岗位操作人员每班要按规定期间路线进行巡检，维修人员每周要检查一次，并认真察看操作人员检查记录，并签字确认。

(2) 巡检路线

操作室仪表盘→汽轮机→各轴瓦→联轴器→齿轮箱→联轴器→发电机→各附属部件。

(3) 巡检内容见表 2-81。

表 2-81 汽轮机日常巡检内容

序号	检查部位	检查内容	标准要求	检查周期	检查人
1	操作台	1. 仪表； 2. 各按钮开关	1. 灵敏可靠，读数准确； 2. 自动、手动灵敏可靠	2次/h	操作工
2	联轴器	1. 结构； 2. 运行	1. 零件齐全无损坏、裂纹，连接螺栓无松动、脱落； 2. 同轴度在规定范围内，运行平稳	2次/h	操作工
3	汽轮机	1. 结构； 2. 轴瓦； 3. 润滑油管及阀门； 4. 其他附属机构； 5. 运行	1. 外壳各部螺栓无松动，接口无漏风、焊口无开裂； 2. 润滑良好，无异常振动、无杂声，温度低于70℃； 3. 油管无泄漏，无堵塞，阀门开关灵活可靠； 4. 无异常； 5. 运行稳定，无异常振动，杂声	2次/h	操作工
4	EH 油系统	1. 油箱油位； 2. 油温； 3. 供油压力； 4. 泵出口滤油器； 5. 空气滤清器中变色硅胶的颜色； 6. 泄漏； 7. 噪声及振动	1. 略高于报警油位； 2. 35~45℃； 3. 10.5~14MPa； 4. 压差小于0.35MPa； 5. 若变为粉红色则需更换； 6. 无泄漏； 7. 无异常噪声和振动	2次/h	操作工

D　设备运行中出现故障的排除方法

设备运行中出现故障的排除方法见表 2-82。

表 2-82　汽轮机常见故障及排除方法

序　号	故障名称	原因分析	排除方法	处理人
1	轴瓦过热	1. 润滑不好； 2. 油箱润滑油冷却不好； 3. 轴瓦损坏	1. 检查油质，换油； 2. 检查疏通冷却水管； 3. 更换轴瓦	操作工 操作工 钳　工
2	振动超标	1. 润滑不好； 2. 轴瓦损坏	1. 检查油质，换油； 2. 更换轴瓦	操作工 钳　工
3	控制系统故障	1. 液压阀故障； 2. 控制系统故障	1. 检查更换液压阀； 2. 检查线路	钳　工 电　工

E　主要易损件的报废标准

主要易损件的报废标准见表 2-83。

表 2-83　汽轮机主要易损件报废标准

序　号	零件名称	报 废 情 况
1	轴　瓦	1. 磨损严重，间隙超过规定值； 2. 烧损
2	轴封、汽封	漏汽严重

F　维护中的安全注意事项

(1) 检查时执行"三保险"预防制；

(2) 检修时要做好联保互保工作，制定好安全措施；

(3) 试车时要相互联系好，确认无误后再开车；

(4) 检修后要做到人走场地净；

(5) 检修更换的零部件要向操作工交代清楚，有何特殊要求，要做好记录。

2.7.1.4　汽轮机专业点检标准

汽轮机专业点检标准见表 2-84。

表 2-84　汽轮机专业点检标准

序　号	点检部位	点检项目	点检标准	处理方法
1	汽轮机	轴承振动	振动小于 0.03mm	检查检修
		有无异声	无异声	检查检修
		轴承温升	温度低于 65℃	检查检修
2	润滑系统	油　量	保持正常油位 ±100mm	补充润滑油
		有无泄漏和堵塞	无泄漏、无堵塞	检修处理
		油　温	35 ~ 45℃	检修处理
		清洁度	NaS6 级或优于 NaS6 级	滤油或换油
		润滑油压	0.24 ~ 0.3MPa	检查调整
		调节油压	14 ~ 10.5MPa	检查调整

序 号	点检部位	点检项目	点 检 标 准	处理方法
3	管道、阀门	渗 漏	无渗漏	检修处理
4	膨胀器	渗 漏	无渗漏、无变形	检修处理
5	仪 表	指 示	指示正常	检查调整

2.7.1.5 汽轮机检修标准

A 周期及内容

检修周期及内容见表2-85。

表 2-85 汽轮机检修周期及内容

检修类别	检 修 周 期	检 修 内 容
小 修	利用日检修时间进行检修，按照周计划进行	按点检发现设备的实际缺陷进行检修
中 修	2～4 年	除小修项目外，还包括如下项目：齿轮箱解体检查、各轴瓦检查刮研、汽轮机叶轮检查并做动平衡、冷却油更换等
大 修	4～8 年	除中小修项目外，还包括如下项目：汽轮机叶轮部分更换并做动平衡、部分轴瓦更换等

B 汽轮机安装标准

a 基础验收及垫铁布置：

（1）基础表面平整，无钢筋露出，无裂缝、蜂窝、麻面等；

（2）汽轮机安装底板下标高、凝汽器基础标高符合要求；

（3）地脚螺栓孔垂直度符合要求，预埋钢管不得高出混凝土平面；

（4）纵、横向中心线符合图纸要求，各地脚螺栓孔不影响地脚螺栓顺利穿入；

（5）按"垫铁布置图"安放垫铁，垫铁表面必须平整干净。

b 安装底板、轴承座、下半汽缸：

（1）将前、后底板吊放到垫铁上，初步校准校平，检查垫铁与底板间的接触情况，用 0.05mm 塞尺一般应塞不进。垫铁调整错开部分不得超过垫铁有效面积的 25%；垫铁安放好后，在二次灌浆前应点焊牢；

（2）穿入地脚螺栓，旋上螺母，使地脚螺栓端部低于底板平面 5～10mm。在上螺母与底板沉孔间加装半月形垫铁，并点焊，以防在旋紧下螺母时，上螺母转动；

（3）将前、后轴承座吊放到轴承座底板上，装上角销（前轴承座），定位销及固定螺栓（后轴承座）；注意前轴承座与前底板滑动面的前端应留有热膨胀余量；

（4）校正轴承座中心、跨距、水平、标高。前、后轴承中心跨距偏差不大于 ±0.50mm，前、后轴承座横向位置度偏差不大于 ±0.20mm，横向水平偏差不大于 0.20mm/m，纵向水平和标高，应根据转子的安装扬度确定；

（5）轴承座初步安装调整结束后，即可吊装下半汽缸。下半汽缸安装前，应初步校正后底板各台板的位置及标高。下半汽缸就位后，校正汽缸中心、水平、标高；在校正汽缸中心、纵向水平时，吊入转子，按转子安装扬度调整轴承坐标高，并在汽缸前、后汽封洼窝处对转子找中心；汽缸校正后，固定立销并点焊牢，旋紧地脚螺栓。

（6）检查安装质量：

1）汽缸横向水平偏差不大于 0.20mm/m，且与轴承座的横向水平之差不大于 0.10mm/m；

2）纵向水平满足符合要求；

3）汽封洼窝处与转子同轴度符合要求；

4）汽缸负荷分配达到（下半汽缸空缸、垂弧法检查）：前"猫爪"左、右偏差不大于 0.10mm；左、右垂弧值之差，小于左、右垂弧平均值的 5%；

5）前、后底板与轴承座、汽缸的接合面接触均匀，0.05mm 塞尺在四周不得塞入；

6）前轴承座角销、排汽缸地脚法兰上的连接螺母的间隙符合 0.04～0.08mm。

c　试装转子：

该工序与汽缸校正交叉进行。

（1）检查转子表面状况及各部位尺寸，与出厂记录比较；

（2）平稳地吊起转子，校正水平，慢慢放入汽缸中，严防转子摆动碰撞，特别注意不要擦伤轴承瓦块表面。轴瓦上加油润滑，缓慢盘动转子检查；

（3）转子找正后应达到：

1）转子的中心位置和轴颈的扬度符合要求；

2）汽缸的负荷分配符合要求；

3）轴瓦、轴承垫块接触符合要求；

4）底板与轴承座、汽缸地脚法兰接触面符合要求；

5）汽缸"猫爪"与横向销及调整垫板接触面符合要求；

6）主油泵叶轮找正符合要求；

7）联轴器找中心符合要求；

8）转子各部位端面跳动、径向跳动符合要求。

（4）将斜垫铁点牢，初紧地脚螺栓；

（5）吊出转子，清理。

d　安装隔板、蒸汽室：

（1）清理、检查各级隔板、蒸汽室；

（2）将隔板分别装入上、下半汽缸内，在与汽缸配合的面上涂干黑铅粉；

（3）将蒸汽室下半装入下半汽缸内，检查支持"猫爪"与汽缸的接触情况及间隙，支撑面上涂干黑铅粉；

（4）测量与汽缸的轴向、径向间隙；

（5）复核各级洼窝中心。

e　安装轴承：

轴承座校正工作结束后，在转子就位前，进行轴承安装。

轴承安装应达到：

（1）轴承各部位间隙和配合符合《安装使用说明书》第一分册的有关要求；

（2）转子轴颈与轴瓦全长接触均匀。推力盘与推力瓦块接触均匀，接触面积不小于 75%；

（3）轴承水平接合面接触均匀，用 0.05mm 塞尺应塞不进；

（4）轴承调整垫铁与轴承座洼窝接触均匀，接触面积不小于 65%。在转子放入后，下半轴承上的三块调整垫块与轴承座洼窝应同时接触，在转子未放入时，底部的调整垫块与洼窝间留有 0.03mm 间隙；

（5）不可随意改变顶轴油囊大小和深度，油囊四周与轴颈应接触严密。顶轴油进口应仔细保护，防止杂物落入孔内。在转子最终放入前，先通油清除油路中的杂物，以防杂物损坏瓦面。

f　安装转子：

（1）将转子吊入汽缸内，轴颈及轴瓦应仔细清理干净并加油润滑；

（2）使推力盘与主推力瓦块贴紧，测量各部位间隙；

1）主、副推力瓦与推力盘的间隙；

2）前、后汽封齿尖径向及轴向间隙；

3）隔板汽封齿尖径向及轴向间隙；

4）轴承油封、轴承座挡油环间隙；

5）通流部分动、静间隙；

6）轴颈与桥形规的间隙。

g　汽轮机扣大盖：

（1）确认内部零件全部装齐合格，检查记录完整准确。在导柱涂润滑油；

（2）试扣大盖，检查隔板上、下半相对位置；不加涂料均匀紧 1/3 中分面螺栓，检查汽缸中分面间隙：

1）前汽缸，0.03mm 塞尺在内外侧不得塞入；

2）后汽缸，0.10mm 塞尺在内外侧不得塞入；

（3）吊起上半汽缸，在下半汽缸中分面上涂密封胶，复装上半汽缸。当上半汽缸落至两中分面相距 1～2mm 时，打入定位销，然后完全落下上半汽缸；

（4）盘动转子检查；

（5）冷紧中分面螺栓，冷紧顺序从汽缸中部开始，按左右对称分几遍紧固。冷紧力矩为 1000～1500N·m（小值用于直径较小的螺栓）；

（6）热紧中分面螺栓，热紧值按《安装使用说明书》第一分册要求；

（7）复校转子对中情况，固定发电机位置。

h　基础二次灌浆：

（1）基础二次灌浆应一次浇完；

（2）二次灌浆层的混凝土强度未达到设计强度的 50% 以前，不允许在机组上拆装重件和进行撞击性工作；未达到设计强度的 80% 以前，不允许复紧地脚螺栓。

i　连接联轴器，复查联轴器外圆跳动：

若需要现场配铰联轴器，应按以下步骤进行：

（1）联轴器连接螺栓孔铰孔前，确认找中心合格，二次灌浆层的混凝土强度达到 70% 以上；

（2）两个联轴器相互对正，尽可能使其端面跳动偏差互相抵消；

（3）铰孔前将联轴器临时连接，临时连接前后应测量其外圆跳动，变化不大于 0.02mm；

（4）铰孔吃刀量不可太大，一般 0.10～0.15mm；最后精铰余量为 0.05～0.07mm。螺栓孔公差为 H7；

（5）连接螺栓、螺母应进行配重检查，使连接螺栓螺母质量分布均匀；

（6）联轴器螺栓正式紧好后，应复查联轴器外圆跳动，变化应不大于 0.02mm。

j　安装盘车装置：

盘车装置安装完毕，应达到：

（1）蜗杆、蜗轮轴轴承转动灵活，润滑油路畅通，蜗轮轴轴承室内注满润滑脂；

（2）小齿轮与盘车大齿轮在脱开位置时轴向间隙为15mm；

（3）蜗轮副齿面接触和侧隙符合要求；

（4）齿轮副齿面接触和侧隙符合要求；

（5）手动和自动投入盘车，小齿轮滑动自如，啮合顺利；

（6）铰配安装法兰上的定位销。

k　润滑油系统安装：

（1）安装主油泵。注意泵体底部出油口处的 O 形密封圈不可损坏；扣泵体上盖时，浮动环和油封环顶部的止动销钉须进入上盖销孔内，浮动环和油封环能自如浮动；

安装后，应达到：

1）泵体水平中分面及进出油口法兰面严密，紧1/3 螺栓后用 0.05mm 塞尺检查应塞不进；

2）叶轮端面圆跳动不大于 0.10mm，径向圆跳动不大于 0.05mm；

3）泵体与叶轮同轴度允差 ϕ0.10mm，轴向对中允差 ±0.50mm。

（2）安装供油装置，注意排油烟机出口管应引至厂房外无爆燃危险处；

（3）安装油管路：

1）金属软管及膨胀节不可损伤表面；

2）油管与蒸汽管保温层表面一般应保持不小于 150mm 的净距；

3）卡套式管接头的装配：

卡套式管接头装配质量对管接头性能、可靠性至关重要，必须符合 GB 3765—83《卡套式管接头技术条件》附录 A 的要求。卡套式管接头装配方法如下：

①管子卡口处应为退火状态；

②管端切面与管子中心线垂直度不得大于管子外径公差之半；

③除去管端内、外圆毛刺，金属屑及污垢；

④除去管接头各零件的防油锈及污垢；

⑤在卡套刃口、螺纹及各接触部位涂少量的润滑油，按顺序将螺母、卡套套在管子上，然后将管子插入接头体内锥孔底部，放正卡套。注意卡套安装方向，刃口靠近管端。在旋紧螺母的同时转动管子直至不动为止，再旋紧螺母1~4/3 圈；

⑥装配时也可采用机械预装，但应符合上述规定；

⑦装配完毕应检查卡套是否切入管子，位置是否正确；

⑧检查合格后，重新旋紧螺母。

（4）顶轴油管路、接头、轴承顶轴油口安装前吹扫干净；

（5）油管路最终安装应进行化学清洗或机械清理。

l　其他设备

（1）辅助设备安装按照《电力建设施工及验收技术规范》（汽轮机组篇）的要求进行。

（2）管道安装、冲洗按照上述规范的（管道篇）要求进行。

（3）真空系统严密性检查、辅助设备试运行，按照（汽轮机组篇）的要求进行。

（4）油系统安装完毕后，应对油系统循环冲洗。

1）油循环可采用轴承外旁路、轴承内旁路、正常运行油路冲洗方式进行；

2）循环冲洗路线一般可分为：

①轴承进油母管→回油母管→油箱；

②轴承进油母管→轴承进油和回油管→回油母管→油箱；

③主油泵进口管→主油泵→前轴承座；

④主油泵出口管→主油泵→前轴承座；

⑤主油泵出口管→调节系统管路→前轴承座回油。

3）为了能按上述路线进行循环冲洗，需要拆卸一些部件，加装临时管道和切换阀门，具体办法视冲洗方案确定。但下述几条要求必须注意：

①冲洗油通过轴承时，须在各轴承进口油管加装临时滤网，滤网规格不低于100目；

②分别将顶轴油路上各装置、油管和轴瓦顶轴油孔冲洗干净后，再将轴承上的进油管接头连接起来一起冲洗；

③调节系统油路冲洗干净后才可将调节滑阀与电液转换器的油管连接上；

④调节系统中的滤油器冲洗时加旁路，滤油器单独清洗。

4）油循环一般分为初步冲洗、循环冲洗、运行状态冲洗；初步冲洗主要检查油系统严密性，并将较大杂物冲出；循环冲洗目的是将油系统中杂物彻底清理干净；运行状态冲洗是在循环冲洗合格后，将整个油系统和调节系统的管路恢复至运行状态，进行最后的冲洗；

5）循环冲洗时，交替启动高压油泵和润滑油泵，并用锤击、压缩空气冲击及升降油温措施，提高冲洗效果；

6）油循环达到下列要求时方为合格：

①从油箱和冷油器放油点取油样化验，油质透明，含水合格；

②各临时滤网，在通油4小时后无金属颗粒、铁锈、砂粒等杂质，纤维体仅有微量。油循环完毕，拆除各临时滤网。

（5）汽缸法兰螺柱热紧值见表2-86。

表 2-86 汽缸法兰螺柱热紧值

螺柱规格	螺母外径 D/mm	法兰厚度 H/mm	螺母转角 α/(°)	转动弧长 L/mm
M100×4×380	145	275	45.69	57.82
M76×4×380	110	275	45.69	43.86
M64×4×260	95	185	27.66	22.93

2.7.2 发电机

2.7.2.1 发电机的主要功能

发电机是将其他形式的能源转换成电能的机械设备，它由水轮机、汽轮机、柴油机或其他动力机械驱动，将水流，气流，燃料燃烧或原子核裂变产生的能量转化为机械能传给发电机，再由发电机转换为电能。发电机在工农业生产、国防、科技及日常生活中有广泛的用途。发电机的形式很多，但其工作原理都基于电磁感应定律。

在干熄焦配套发电设备中，发电机由汽轮机带动，使机械能转化为电能。

发电机的主要技术规格为：

    发电机型号   QFW-25-2；

    励磁方式   同轴交流无刷励磁；

    转子重量   16t；

    定子重量   42t；

额定功率	25000kW;
电　压	10500V;
电　流	1617A;
功率因数	0.85;
额定转速	3000r/min;
临界转速（1次/2次）	1370/4020r/min。

2.7.2.2　发电机的主要结构

　　发电机通常由定子、转子、端盖及轴承等部件构成。定子由定子铁芯、线包绕组、机座以及固定这些部分的其他结构件组成。转子由转子铁芯（或磁极、磁轭）绕组、护环、中心环、滑环、风扇及转轴等部件组成。由轴承及端盖将发电机的定子，转子连接组装起来，使转子能在定子中旋转，做切割磁力线的运动，从而产生感应电势，通过接线端子引出，接在回路中，便产生了电流，其结构如图2-29所示。

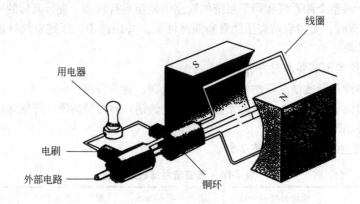

图 2-29　发电机结构示意图

2.7.2.3　发电机的日常点检与维护

　　A　设备润滑

　　设备润滑见表2-87。

表 2-87　发电机润滑

润滑部位	润滑油脂名称及牌号	补充标准		更换标准		备　注
		油量	周期	油量	周期	
球形轴瓦	46号防锈汽轮机油	循环	—	—	—	

　　B　设备定期清扫的规定

　　（1）交班前必须对设备清扫、擦拭一次，做到机台、地面无杂物；

　　（2）设备要经常清扫，做到无积尘、无油污，机光马达亮，设备见本色；

　　（3）操作室要保持干净整齐，工具齐全，油料、油具清洁；

　　（4）配电盘面干净，地面无尘土无杂物。

　　C　设备使用过程中的检查

　　（1）巡检的有关规定

1）检查设备要全面、仔细，发现问题要及时汇报，并做好记录；

2）重要部位要重点检查，认真"听、摸、看、敲"，掌握运行状态；

3）岗位操作人员每班要按规定期间路线进行巡检，维修人员每周要检查一次，并认真察看操作人员检查记录，并签字确认。

（2）巡检路线

操作室仪表盘→各轴瓦→联轴器→发电机→各附属部件。

（3）检查内容见表2-88。

表 2-88　发电机日常检查内容

序 号	检查部位	检查内容	标 准 要 求	检查周期	检查人
1	操作台	1. 仪表； 2. 各按钮开关	1. 灵敏可靠，读数准确； 2. 自动、手动灵敏可靠	2 次/h	操作工
2	发电机	1. 结构； 2. 运行； 3. 润滑； 4. 接线	1. 零件齐全无损，地脚螺母无松动； 2. 运行平稳，无杂音无振动； 3. 润滑良好，轴承温度低于 65℃； 4. 接线牢固，绝缘良好	2 次/h	操作工
3	联轴器	1. 结构； 2. 运行	1. 零件齐全无损坏、裂纹，连接螺栓无松动、脱落； 2. 同轴度在规定范围内，运行平稳	2 次/h	操作工

D　设备运行中出现故障的排除方法

设备运行中出现故障的排除方法见表2-89。

表 2-89　发电机常见故障及排除方法

序 号	故障名称	原因分析	排除方法	处理人
1	轴瓦过热	1. 润滑不好； 2. 油箱润滑油冷却不好； 3. 轴瓦损坏	1. 检查加油； 2. 检查疏通冷却水管； 3. 更换轴瓦	操作工 操作工 钳工
2	空冷器泄漏	1. 焊接质量不高； 2. 管路缺陷	临时处理，大修时更换空冷器	钳 工 钳 工

E　主要易损件的报废标准

主要易损件的报废标准见表2-90。

表 2-90　发电机主要易损件报废标准

序 号	零件名称	报 废 情 况
1	轴 瓦	1. 磨损严重，间隙超过规定值； 2. 烧损
2	碳 刷	磨损严重，超过30%

F　维护中的安全注意事项

（1）检查时执行"三保险"预防制；

（2）检修时要做好联保、互保工作，制定好安全措施；

（3）试车时要相互联系好，无误后再开车；

（4）检修后现场清理干净。

2.7.2.4　发电机专业点检标准

发电机专业点检标准见表2-91。

表 2-91　发电机专业点检标准

序 号	点检部位	点检项目	点检标准	处理方法
1	发电机	异 音	无异音	检查检修
		温 度	低于65℃	检查检修
		振 动	小于0.03mm	检查检修
2	润滑系统	油 量	保持正常油位±100mm	补充润滑油
		有无泄漏和堵塞	无泄漏、无堵塞	检修处理
		油 温	35~45℃	检修处理
		清洁度	NaS6级或优于NaS6级	滤油或换油
		润滑油压	0.24~0.3MPa	检查调整
		调节油压	10.5~14MPa	检查调整
3	空冷器	有无泄漏	无泄漏	检修处理
4	管道、阀门	渗 漏	无渗漏	检修处理
5	仪 表	指 示	指示正常	检查调整

2.8　环境除尘及输灰设备

2.8.1　除尘风机

2.8.1.1　除尘风机的主要功能

除尘风机的主要作用是：设置在除尘器后端，与除尘器配套，使干熄焦现场的各个扬尘点形成负压，使灰尘集中收集到除尘器灰斗，保证现场的清洁。

除尘风机的主要技术规格为：

　　型　　号　　　Y5-48-NO21.5F；

　　风　　量　　　180000m³/h；

　　风　　压　　　5500Pa；

　　转　　速　　　960r/min；

　　配套电机　　　YKK500-6　450kW；

　　油压调速器　　MC600Ⅱ（JS）。

2.8.1.2　除尘风机的主要结构

除尘风机一般采用双支撑双吸入或双支撑单吸入结构，轴承一般采用滚动轴承，进口管道上设调节翻板，出口管道上设置消声器。

2.8.1.3　除尘风机的日常点检与维护

A　设备润滑

设备润滑明细见表2-92。

表 2-92 除尘风机润滑明细

润滑部位	加油点数	油脂品种牌号	加油		换油		备 注
			周期	油脂量	周期	油脂量	
电动机	2	2 号锂基脂	6 个月	0.5kg	1 年	2kg	
风机轴承	2	N46	3 个月	1kg	1 年	4kg	
执行机构	2	2 号锂基脂	1 个月	0.5kg	1 年	2kg	

B 设备定期清扫的规定

(1) 交班前必须对设备清扫、擦拭一次，做到机台、地面无杂物；

(2) 设备要经常清扫，做到无积尘、无油污，电机亮，设备见本色；

(3) 操作室要保持干净整齐，工具齐全，油料、油具清洁；

(4) 配电盘面干净，地面无尘土无杂物。

C 设备使用过程中的检查

(1) 巡检的有关规定：

1) 检查设备要全面、仔细，发现问题要及时汇报，并做好记录；

2) 重要部位要重点检查，认真"听、摸、看、敲"，掌握运行状态；

3) 岗位操作人员每班要按规定期间路线进行巡检，维修人员每周要检查一次，并认真察看操作人员检查记录，并签字确认。

(2) 巡检路线：

操作室仪表盘→电动机→联轴器→风机负荷端轴承→风机壳→风机非负荷端轴承→风机入口执行机构→轴承冷却水阀门。

(3) 日常检查内容见表 2-93。

表 2-93 除尘风机日常检查内容

序 号	检查部位	检查内容	标准要求	检查周期	检查人
1	操作牌	1. 仪表； 2. 按钮开关	1. 灵敏可靠，读数准确； 2. 自动、手动灵敏可靠	2 次/h	操作工
2	电动机	1. 结构； 2. 运行； 3. 润滑； 4. 接线	1. 零件齐全无损，地脚螺母无松动； 2. 运行平稳，无杂音无振动； 3. 润滑良好，轴承温度低于65℃； 4. 接线牢固，绝缘良好	2 次/h	操作工
3	联轴器	1. 结构； 2. 运行	1. 零件齐全无损坏、裂纹，连接螺栓无松动、脱落； 2. 同轴度在规定范围内，运行平稳	2 次/h	操作工
4	风 机	1. 结构； 2. 轴承； 3. 冷却水管阀门； 4. 风机入口执行机构； 5. 运行	1. 外壳各部螺栓无松动、脱落接口无漏风，焊口无开裂； 2. 润滑良好，无异常振动、无杂音，温度低于70℃； 3. 水管无泄露、堵塞，水流畅通，阀门开关灵活可靠； 4. 开关灵活可靠，角度准确； 5. 运行稳定，无振动，无杂音	2 次/h	操作工

D　设备运行中出现故障的排除方法

设备运行中常见故障及排除方法见表2-94。

表 2-94　除尘风机常见故障及排除方法

序号	故障名称	原因分析	排除方法	处理人
1	电动机振动	1. 地脚螺栓松动; 2. 联轴器不同心; 3. 轴承间隙不合适; 4. 轴承损坏; 5. 轴承润滑不好	1. 紧固地脚螺栓; 2. 找正; 3. 调整轴承间隙; 4. 更换轴承; 5. 加油或换油	钳　工 钳　工 钳　工 钳　工 操作工
2	电动机过热	1. 负载率超过额定值; 2. 电压过低; 3. 散热系统不良	1. 降低负荷; 2. 提高电压; 3. 检查风扇	电　工 电　工 电　工
3	风机振动	1. 地脚螺栓松动; 2. 联轴器不同心; 3. 轴承间隙不合适或损坏; 4. 轴承润滑不好; 5. 转子不平衡	1. 紧固地脚螺栓; 2. 找正; 3. 调整或更换; 4. 检查、加油或换油; 5. 转子找平衡	钳　工 钳　工 钳　工 操作工 钳　工
4	轴瓦过热	1. 润滑不好; 2. 轴承冷却水不畅; 3. 轴瓦损坏	1. 检查加油; 2. 检查疏通冷却水管; 3. 更换轴瓦	操作工 操作工 钳　工

E　主要易损件的报废标准

主要易损件的报废标准见表2-95。

表 2-95　除尘风机主要易损件报废标准

序号	零件名称	报废情况
1	风机叶轮	1. 结构件裂纹、开焊; 2. 局部冲刷腐蚀严重; 3. 金属疲劳、强度不够
2	轴承	1. 内外套变形、有裂纹; 2. 滚珠破裂; 3. 工作游隙大于原始游隙2倍以上; 4. 滑道腐蚀、杂音大
3	风机轴瓦	1. 磨损严重,间隙超过规定值; 2. 烧损

F　维护中的安全注意事项

(1) 检查时执行"三保险"预防制;

(2) 检修时要做好联保、互保工作,制定好安全措施;

(3) 试车时要相互联系好,无误后再开车;

(4) 检修后要做到人走场地净;

(5) 检修更换的零部件要向操作工交代清楚,有何特殊要求,要做好记录。

2.8.1.4 除尘风机专业点检标准

除尘风机专业点检标准如表 2-96 所示。

表 2-96 除尘风机专业点检标准

序号	点检部位	点检项目	点检标准	处理方法
1	电动机	异音、温升、振动	无异音、温升低于40℃，振动位移小于50μm	调整、更换
2	轴承箱	紧固	紧固件无松动	紧固更换
		异音、振动、温升	无异音、温升低于40℃，振动值小于70μm	检查处理
		润滑	油位在指示窗中间	加润滑油
3	联轴器	紧固	紧固件无松动	紧固更换
		润滑	润滑脂充满轴承座容积的2/3	每季加油一次
4	入口蝶阀	动作情况	动作无异常	调整检修
		润滑	润滑良好	加润滑脂
5	出口蝶阀	动作情况	动作无异常	检修处理
		润滑	润滑良好	加润滑脂
6	风机	结构	外壳各部螺栓无松动、脱落，接口无漏风，焊口无开裂	检查处理
		轴承	润滑良好，无振动、无杂音，温度低于60℃	检查润滑
		冷却水管阀门	水管无泄漏堵塞，水流畅通，阀门开关灵活可靠	检修处理
		风机入口执行机构	开关灵活可靠，角度准确	检查处理
		运行	运行稳定，无振动，无杂音	检查处理
7	轴承	轴承体	完整无损，无开裂，无松动	检查更换
		运行	运行平稳，无杂音	检查处理
		润滑	润滑良好，不缺油，温度低于65℃	检查润滑
8	其他附件		齐全有效	检修处理

2.8.1.5 除尘风机检修标准

A 除尘风机检修周期及内容

除尘风机检修周期及内容见表 2-97。

表 2-97　除尘风机检修周期及标准

检修类别	检修周期	主要检修内容	备　注
小　修	1~2 月	按照点检发现的实际缺陷，进行检修	报厂周计划
中　修	1~2 年	除正常计划检修外，还包括如下内容： 更换轴承润滑油； 检查叶轮磨损情况	根据状态检测结果及设备运行状况可适当调整检修周期
大　修	4~8 年	除正常计划检修外，还包括如下内容： 1. 检查入口调节风门； 2. 检查各零部件磨损情况； 3 检查测量主轴、转子各部配合尺寸和跳动； 4. 叶轮找静平衡，必要时进行动平衡实验； 5. 检查地脚螺栓； 6. 联轴器或带轮找正； 7. 清扫检查冷却水系统及润滑系统	根据状态检测结果及设备运行状况可适当调整检修周期

B　检修步骤

（1）拆卸前的准备：

1）掌握风机的运行情况，备齐必要的图纸资料；

2）备齐检修工具、量具、起重机具、配件及材料；

3）切断电源水，关闭风机出入口挡板，符合安全检修条件。

（2）拆卸与检查：

1）拆卸联轴器护罩，检查对中；

2）拆卸联轴器；

3）拆卸轴承箱压盖，检查转子窜动量；

4）拆卸机壳，测量气封间隙；

5）清扫检查转子；

6）清扫检查机壳；

7）拆卸检查轴承及清洗轴承箱。

C　检修质量标准

a　联轴器

（1）联轴器与轴配合为 H7/js6；

（2）联轴器螺栓与弹性圈配合应无间隙，并有一定紧力，弹性圈外径与孔配合应有 0.5~1.0mm 间隙，螺栓应有弹簧垫或止退垫片锁紧；

（3）机组的对中应符合表 2-98；

表 2-98　机组对中允许值

联轴器形式	外圆径向/mm	端面/mm
弹性柱销式	0.08	0.06
刚　性	0.06	0.046
膜　片	0.10	0.08

（4）弹性柱销联轴器两端面间隙为 2~6mm；

（5）对中检查时，调整垫片每组不得超过 4s；

（6）膜片联轴器：

安装半联轴器时，将半联轴器预热到120℃，安装后需保证轴端比半联轴器端面低；

联轴器短片及两个膜片组长度尺寸之和，与两个半联轴器端面距离进行比较，差值在0~0.4mm，同时应考虑轴热伸长的影响，膜片安装后无扭曲现象；

膜片传扭矩螺栓需采用扭矩扳手上紧至生产厂家资料规定的力矩；

用表面着色探伤的方法检测膜片连接螺栓，发现缺陷时及时更换。

b　叶轮

（1）叶轮应进行着色检查无裂纹、变形等缺陷；

（2）转速低于2950r/min时，叶轮允许的最大静不平衡应符合表2-99；

表 2-99　叶轮允许的最大静不平衡量

叶轮外径/mm	401~500	501~600	601~700	701~800	801~1000	1000~1500
不平衡重/g	10	12	15	17	20	25

（3）叶轮的叶片转盘不应有明显减薄。

c　主轴

（1）主轴颈轴承处的圆柱度公差值应符合表2-100；

表 2-100　主轴颈圆柱度公差

轴颈直径	≤150	>150~175	>175~200	>200~225
圆柱度公差	0.02	0.025	0.03	0.04

（2）主轴直线度应符合表2-101；

表 2-101　主轴直线度公差

风机转速/r·min^{-1}	直线度公差值	风机转速/r·min^{-1}	直线度公差值
≤500	0.10	>1500~3000	0.05
>500~1500	0.07		

（3）主轴应进行着色检查，其表面光滑、无裂纹、锈蚀及麻点，其他处不应有机械损伤及缺陷；

（4）轴颈表面粗糙度为R_a0.8。

d　轴承

滚动轴承：

（1）滚动轴承的滚动体与滚道表面应无腐蚀、斑痕，保持架应无变形、裂纹等缺陷；

（2）轴同时承受轴向和径向载荷的滚动轴承配合为H7/js6，轴与仅承受径向载荷的滚动轴承配合为H7/k6，轴承外圈与轴承箱内孔配合为Js7/h6；

（3）滚动轴承热装时，加热温度不超过100℃，严禁直接用火焰加热；

（4）自由端轴承外圈和压盖的轴向间隙应大于轴的热伸长量，热伸长量值应符合表2-102。

表 2-102　轴热态伸长量

温度/℃	0~100	100~200	200~300
每米轴长的延伸量/mm	1.20	2.51	3.92

滑动轴承衬套：

（1）轴承衬表面应无裂纹、砂眼、夹层或脱壳等缺陷；

（2）轴承衬与轴径接触应均匀，接触角在 60°～90°，在接触角内接触点不少于 2～3 点/cm；

轴承衬背与轴承座孔应均匀贴合，接触面积：上轴承体与上盖不少于 40%，下轴承体与下座不少于 50%。轴承衬背过盈量为 -0.02～0.03mm；

轴承顶间隙符合表 2-103，轴承侧向间隙为 1/2 顶间隙；

轴承推力间隙一般为 0.20～0.30mm，推力轴承面与推力盘接触面积应不少于 70%。

表 2-103　轴承顶间隙　　　　　　　　　（mm）

轴　径	50～80	>80～120	>120～180	>180～250
轴承顶间隙	0.10～0.18	0.15～0.25	0.23～0.34	0.34～0.40

e　转子的各部圆跳动、全跳动允许值应符合表 2-104。

表 2-104　转子各部跳动允许值

测量部位	跳动类别	允许值	测量部位	跳动类别	允许值
叶轮外圆	圆跳动	0.07D	叶轮外圆两侧	全跳动	0.01D
主轴的轴承颈	圆跳动	0.02D	联轴器外缘	全跳动	0.05D
联轴器外圆	圆跳动	0.05D	推力盘的推力面	全跳动	0.02D

注：D 为叶轮外圆直径。

f　密封

（1）离心鼓风机叶轮前盖板与壳体密封环径向半径间隙为 0.35～0.50mm；离心通风机叶轮进口圈与壳体的端面和径向间隙不得超过 12mm；

（2）轴封采用毡封时只允许一个接头，接头的位置应放在顶部；

（3）机壳密封盖与轴的每侧间隙一般不超过 1～2mm；

（4）轴封采用胀圈式或迷宫式，其密封间隙应符合表 2-105。

表 2-105　轴封间隙极限值　　　　　　　　（mm）

密封间隙	安装值	极限值
滑动轴承箱内的密封	0.15～0.25	0.35
机壳内的密封	0.20～0.40	0.50

g　壳体与轴承箱

（1）机壳应无裂纹、气孔；焊接机壳应焊接良好；

（2）整体安装的轴承箱，以轴承座中分面为基准，检查其纵、横水平偏差值为 0.1mm/m；

（3）分开式轴承箱的纵、横向安装水平：

每个轴承箱中分面的纵向安装水平偏差不应大于 0.04mm/m；

每个轴承箱中分面的横向安装水平偏差不应大于 0.08mm/m；

主轴轴颈处的安装水平偏差不应大于 0.04mm/m。

D　试车与验收

a　试车前的准备

（1）检查检修记录，确认检修数据正确；

（2）轴承箱清洗并检查合格，按规定加注润滑油（脂）；润滑、冷却水系统正常；

（3）盘车灵活，不得有偏重，卡涩现象；

（4）安全防护装置齐全牢固；

（5）进气调节风门开度 0~5 度，出口全开；

（6）电动机单机试运转，并确定旋转方向正确。

b　试车

（1）按操作规程启动电动机，各部位无异常现象和摩擦声响，方可继续运转，风机在小负荷下运行时间不应小于 20min，小负荷运转正常后，逐渐开大进气风门，直至规定的负荷为止；

（2）检查轴承温度、振动，出口风压、风量、电流等，连续运行 4h，并做好记录；

（3）检查轴承温升，滚动轴承温度不得超过环境温度 40℃，其最高温度不得超过 80℃；滑动轴承温度不得超过 65℃；

（4）检查风机振动，振动标准见 SHS 01003—2004《石油化工旋转机械振动标准》。

c　验收

（1）经过连续负荷运行 4h 后，各项技术指标均达到设计要求或能满足生产需要；

（2）设备达到完好标准；

（3）检修记录齐全、准确。

2.8.2　除尘器

2.8.2.1　除尘器的主要功能

除尘器的主要作用是：与后端设置的除尘风机配合，将现场各粉尘排放点的粉尘收集起来，集中运送，保持环境的清洁。

2.8.2.2　除尘器的主要结构

干熄焦除尘系统一般采用长袋低压脉冲袋式除尘器。除尘器有上箱体、中箱体、灰斗及支架、卸灰装置和喷吹装置等组成。

整台设备分为 8 个仓室，分为两列，中间为进风口和出风总风道。进出风采用箱体楔形风道形式，清灰的离线机构采用气动停风装置，此离线机构可减少除尘器在清灰过程中过滤的二次污染、二次吸附现象。

除尘器采用低压脉冲喷吹清灰方式。

滤袋材质为防静电覆膜涤纶针刺毡，可满足干熄焦系统烟气治理的需求。滤袋和花板之间采用良好的接口技术，装卸方便，配合紧密。滤带框架采用星形断面，有利于增强清灰效果。滤袋框架中各零件先经模具成型，然后经碰焊机焊接避免变形和焊疤。

除尘器箱体中进风口处设有挡风板，以减少粉尘对滤袋的冲刷。每仓室设置一灰斗，灰斗上设振动电动机，灰斗下设手动插板阀和星形卸灰阀。上箱体设计为斜坡形式，可防止顶盖积水。

2.8.2.3　除尘器的日常点检与维护

A　设备使用过程中的检查

（1）巡检的有关规定

1）检查设备要全面、仔细，发现问题要及时汇报，并做好记录；

2）重要部位要重点检查，认真"听、摸、看、敲"，掌握运行状态；

3）岗位操作人员每班要按规定期间路线进行巡检，维修人员每周要检查一次，并认真察看操作人员检查记录，并签字确认。

（2）巡检路线。操作室仪表盘→脉冲阀→汽缸→烟囱→箱体→灰斗→卸灰阀。

（3）检查内容见表2-106。

表 2-106　除尘器日常检查内容

序号	检查部位	检查内容	标 准 要 求	检查周期	检查人
1	操作室	1. 仪表； 2. 各按钮开关	1. 灵敏可靠，读数准确； 2. 自动、手动灵敏可靠	1次/班	操作工
2	脉冲阀	1. 结构； 2. 运行	1. 零件齐全无损，地脚螺母无松动； 2. 运行平稳、完好	1次/班	操作工
3	气 缸	1. 结构； 2. 运行	1. 零件齐全无损坏，连接螺栓无松动、脱落； 2. 运行平稳	1次/班	操作工
4	烟 囱	1. 结构； 2. 运行	1. 各焊口及连接点无开焊； 2. 出口无黑烟冒出	1次/班	操作工
5	卸灰阀	1. 运行； 2. 结构	1. 运行完好，无异常； 2. 零件齐全，连接螺栓无松动	1次/班	操作工

B　设备运行中出现常见故障的排除方法

设备运行中出现常见故障及排除方法见表2-107。

表 2-107　除尘器常见故障及排除方法

序　号	故障名称	原 因 分 析	排除方法	处理人
1	脉冲阀常开	1. 电磁阀不能关闭； 2. 小节流孔完全堵塞； 3. 膜片上的垫片松动	1. 检修或更换电磁阀； 2. 清除节流孔中污物； 3. 重新安装，装好垫片	钳工 操作工 操作工
2	脉冲阀常闭	1. 控制系统无信号； 2. 电磁阀失灵或排气孔被堵； 3. 膜片破损	1. 检查控制系统； 2. 检修或更换电磁阀； 3. 更换膜片	电　工 钳　工 钳　工
3	脉冲阀喷吹无力	1. 大膜片上节流孔过大或膜片上有砂眼； 2. 电磁阀排气孔部分被堵； 3. 控制系统输出脉冲宽度过窄	1. 更换膜片； 2. 检查系统排气孔； 3. 调整脉冲宽度	钳　工 钳　工 电　工
4	电磁阀不动作或漏气	1. 接触不良或线圈断路； 2. 阀内有脏物； 3. 弹簧橡胶件失去作用或损坏	1. 调换线圈； 2. 清洗电磁阀； 3. 更换弹簧或橡胶件	电　工 钳　工 钳　工

续表 2-107

序 号	故障名称	原 因 分 析	排 除 方 法	处理人
5	卸灰阀电动机被烧毁	1. 灰斗积灰过多； 2. 叶片被异物卡住； 3. 减速机故障	1. 及时排除灰斗内的积灰； 2. 清除叶片内的异物； 3. 排除减速机故障	操作工 钳 工 钳 工
6	排放浓度显著增加	1. 滤袋破损； 2. 滤袋口与花板之间漏气	1. 更换滤袋； 2. 重新安装滤袋	钳 工 钳 工
7	进出口阻力过大	1. 脉冲阀故障； 2. 回转切换阀故障； 3. 滤袋被粉尘堵塞，糊袋	1. 检查脉冲阀； 2. 检查切换阀转动情况； 3. 减小喷吹周期或更换滤袋	钳 工 钳 工 钳 工

C 主要易损件的报废标准

主要易损件的报废标准见表 2-108。

表 2-108 除尘器主要易损件报废标准

序 号	零件名称	报 废 情 况
1	滤 袋	1. 有破损； 2. 袋口不合适，密封不严； 3. 滤袋被糊
2	笼 骨	1. 腐蚀严重； 2. 断丝超过 3 根以上
3	脉冲阀	1. 喷吹无力； 2. 不喷吹

D 维护中的安全注意事项

（1）检查时执行"三保险"预防制；

（2）检修时要做好联保、互保工作，制定好安全措施；

（3）检修后要做到人走场地净；

（4）检修更换的零部件要向操作工交代清楚，有何特殊要求，要做好记录。

2.8.2.4 除尘器专业点检标准

除尘器专业点检标准见表 2-109。

表 2-109 除尘器专业点检标准

序 号	点检部位	点检项目	点 检 标 准	处理方法
1	操作牌	仪 表	灵敏可靠，读数准确	调整处理
		各按钮开关	自动、手动灵敏可靠	调整更换
2	电动机	结 构	零件齐全无损，地脚螺母无松动	紧固更换
		运 行	运行平稳，无杂音，无振动	检查处理
		润 滑	润滑良好，轴承温度低于 65℃	加油润滑
3	联轴器	结 构	零件齐全无损坏、裂纹，连接螺栓无松动、脱落	检查更换
		运 行	运行平稳，无异声	检查调整

序　号	点检部位	点检项目	点　检　标　准	处理方法
4	减速机	机　体	零件齐全，无损坏，螺栓无松动	检查处理
		运　行	运行平稳无振动，无杂音	检查处理
		润　滑	润滑良好，不缺油，密封无渗漏，温度低于65℃	检查润滑
5	轴　承	轴承体	完整无损，无开裂，无松动	检查更换
		运　行	运行平稳，无杂音	检查处理
		润　滑	润滑良好，不缺油，温度<65℃	检查润滑
6	加湿机	结　构	结构完整，无开焊、裂纹、渗漏，无严重腐蚀	检查处理
		搅拌器	叶片完整，无变形，转动灵活，无卡槽	检查更换
		运　行	声音正常，无振动，无刮槽	检查处理
		喷　管	喷水均匀，截门开关灵活，无滴漏	检查更换
7	卸料阀	结　构	结构完整，连接牢固，无裂纹	检查处理
		运　行	减速机运行平稳，转动灵活，无振动，润滑良好	检查处理
8	料　仓	结　构	结构完整，无开裂，无严重腐蚀，无渗漏	检修处理
		振动电动机	运行平稳，振动均匀，连接可靠，无松动	检查紧固
9	布　袋	破损堵塞	无破损无堵塞	更换滤袋
10	汽　缸	动作情况	动作良好	检修处理
		盖板有无脱落	无脱落	检　修
11	脉冲阀	动作情况	动作良好	检查处理
12	汽　包	压　力	在0.3~0.5MPa范围内	调整处理
		安全阀	保持完好，定期检验	检修处理
		放水阀	保持畅通，每周放水一次	检修处理

2.8.3　刮板机

2.8.3.1　刮板机的主要功能

刮板机的主要作用是根据设定的时间周期定期将灰仓中收集的灰尘通过刮板输送到指定的位置。

一般使用于一次除尘器、二次除尘器、环境除尘器的集尘灰的输送。

刮板机的主要技术规格为：

型　　号　　NGS310；

介质温度　　200℃；

输送能力　　4.8t/h；

容积密度　　0.55~0.7t/m³。

2.8.3.2 刮板机的主要结构

刮板机结构如图 2-30 所示，主要由以下几部分组成：

驱动装置：包括电动机减速机、传动链轮等；

输送装置：包括主从动链轮、刮板链条等；

外壳。

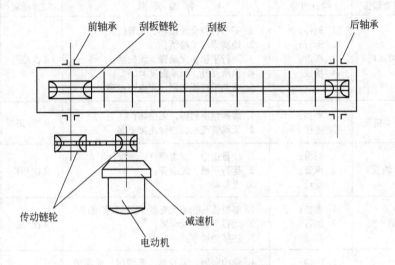

图 2-30 刮板机结构示意图

2.8.3.3 刮板机的日常点检与维护

A 设备润滑

设备润滑明细见表 2-110。

表 2-110 刮板机润滑明细

润滑部位	加油点数	润滑方法	油脂品种牌号	加 油		换 油		备 注
				周期	油脂量	周期	油脂量	
减速机	2	填充	2 号锂基脂	2 月		12 月		
轴 承	4	填充	2 号锂基脂	1 月		12 月		

B 设备定期清扫的规定

(1) 交班前必须对设备擦拭一次，达到地面干净无杂物；

(2) 做到设备无积尘、无油污、机光马达亮、设备见本色；

(3) 配电系统盘干净，地面无积灰、无杂物；

(4) 操作室干净整齐，工具齐全、油具、油料清洁。

C 设备使用过程中的检查

(1) 设备使用过程中的检查：

1) 检查设备要全面、仔细，发现问题要及时汇报，并做好记录；

2) 重点部位要重点检查，认真"听、摸、看、敲"，掌握运行动态；

3) 岗位操作人员每班巡检两次，维修人员每周检查一次，并在巡检记录上签字。

（2）巡检路线：

电动机、减速机→减速机链轮→刮板机前链轮轴承→前链轮刮板→刮板箱体→刮板后链轮轴承→后链轮→出料口。

（3）巡检内容见表 2-111。

表 2-111　刮板机日常巡检内容

序　号	检查部位	检查内容	标　准　要　求	检查周期	检查人
1	减速机	1. 机体； 2. 运行； 3. 润滑； 4. 接线	1. 零部件齐全无损坏、无裂纹； 2. 地脚螺栓无松动； 3. 运行平稳、无杂音、无振动； 4. 润滑良好，轴承温度 <65℃； 5. 电动机接线牢固，无虚连过热	2 次/班	操作工
2	传动链轮	1. 磨损； 2. 连接	1. 磨损量不超标，无损坏； 2. 无跳链现象，与轴连接牢固	2 次/班	操作工
3	轴承	1. 润滑； 2. 声音； 3. 振动	1. 油量适中，润滑良好，温度低于 65℃； 2. 运行平稳，无杂音； 3. 无振动	2 次/班	操作工
4	刮　板	1. 磨损； 2. 运行； 3. 连接	1. 磨损量不超标，无变型、无开裂、腐蚀； 2. 运行平稳，无卡阻； 3. 连接销轴牢固	2 次/班	操作工
5	机　壳	1. 结构； 2. 下料口	1. 结构坚固，无开焊、无漏洞、无腐蚀，地脚螺栓坚固，无松动； 2. 下料口畅通，无挂料、无阻滞、无堵塞	2 次/班	操作工

D　运行中出现故障的排除方法

运行中出现故障的排除方法见表 2-112。

表 2-112　刮板机常见故障及排除方法

序　号	故障现象	原因分析	排除方法	处理人
1	减速机振动声音不正常	1. 地脚螺栓松动； 2. 轴承损坏； 3. 链轮不平行，链条咬合不好	1. 紧固地脚螺栓； 2. 更换轴承； 3. 找正链轮，调整链条	操作工 钳　工 钳　工
2	电动机过热	1. 超负荷运行； 2. 电压过低	1. 调整下料，减少负荷； 2. 提高电压	操作工 电　工
3	减速机、电动机不转、发出嗡嗡响声	1. 机械传动系统卡阻； 2. 单相运转； 3. 电源故障	1. 找出卡阻原因，排除； 2. 消除单相； 3. 找出原因，恢复电源	钳　工 电　工 电　工
4	刮板刮碰机壳	机壳或刮板损坏变形	调整、恢复机壳，更换刮板	钳　工
5	链轮与链条咬合不好	1. 链轮磨损，齿距改变； 2. 链条销轴损坏，节距改变	1. 更换链轮； 2. 更换链条式销轴	钳　工 钳　工

E　主要易损件的报废标准

主要易损件的报废标准见表 2-113。

表 2-113 刮板机主要易损件报废标准

序 号	零件名称	报 废 标 准
1	轴 承	1. 工作游隙超过原始游隙的两倍； 2. 滚珠及内外环有损伤、裂纹或严重腐蚀
2	链 轮	1. 链轮齿磨损超过 20%； 2. 有裂纹或掉齿
3	链 条	1. 连接销轴磨损超过 10%，节距拉长； 2. 有裂纹或断裂
4	刮 板	1. 连接销轴磨损超过 10%，节距伸长，与链轮咬合不好； 2. 刮板断裂或有裂纹； 3. 锈蚀严重，弯曲变形，刮料不干净

F 维护中的安全注意事项

(1) 设备检测时，要严格执行"三保险"预防制；

(2) 检修人员要做好互联、互保工作；

(3) 检修后试车时要联系确认，无误后方可试车；

(4) 检修后要活完地净，现场清洁；

(5) 检修后要做好检测记录，更换的零部件要通知操作工。

2.8.3.4 刮板机专业点检标准

刮板机专业点检标准见表 2-114。

表 2-114 刮板机专业点检标准

序号	点检部位	点检项目	点 检 标 准	处理方法
1	减速机	机 体	零部件齐全无损坏、无裂纹；地脚螺栓无松动	检查紧固
		运 行	运行平稳、无杂音、无振动	检查处理
		润 滑	润滑良好，轴承温度低于 65℃	检查润滑
		接 线	电动机接线牢固，无虚连过热	检查紧固
2	传动链轮	磨 损	磨损量不超过齿厚的 10%	更 换
		连 接	无跳链现象，与轴连接牢固	检修处理
3	轴 承	润 滑	油量适中，润滑良好，温度低于 65℃	润滑加油
		声 音	运行平稳，无杂音	检查处理
		振 动	无异常振动	检查处理
4	刮 板	磨 损	磨损量不超过刮板厚度的 20%，无变形、无开裂、腐蚀	更 换
		运 行	运行平稳，无卡阻	检查处理
		连 接	连接销轴牢固	检查处理
5	机 壳	结 构	结构坚固，无开焊、无漏洞、无腐蚀；地脚螺栓坚固，无松动	检查处理
		下料口	下料口畅通，无挂料、无阻滞、无堵塞	检查处理

2.8.3.5　刮板机检修周期和内容

刮板机检修周期和内容见表 2-115。

表 2-115　刮板机检修周期和内容

检 修 类 别	检 修 周 期	检 修 内 容
小　修	利用日检修时间进行检修，按照周计划进行	按点检发现设备的实际缺陷进行检修
中　修	2~4 年	除小修项目外，还包括如下项目：更换刮板链条、减速机解体检修等
大　修	4~8 年	除中小修项目外，还包括如下项目：传动链轮更换、从动链轮更换、拉紧装置更换、课题部分更换等

2.8.4　加湿机

2.8.4.1　加湿机的主要功能

加湿机的主要作用是：将收集的灰尘在装车外运时加湿，以防止灰尘外逸，污染环境。

加湿机的主要技术规格为：

型　号　　　　DSJ-80；
流　量　　　　80t/h；
适用温度　　　300℃；
适用介质　　　细颗粒粉尘；
电机功率　　　22kW；
转　速　　　　1440r/min。

2.8.4.2　加湿机的主要结构

加湿机结构如图 2-31 所示，主要由以下几部分组成：
驱动装置：包括电动机、减速机、齿轮组等；
搅拌装置：包括主从动转子；
外壳。

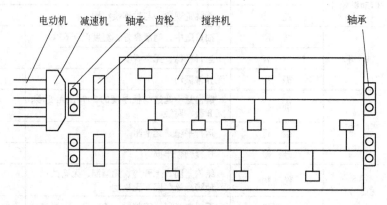

图 2-31　加湿机结构示意图

2.8.4.3 加湿机的日常点检与维护

A 设备润滑

设备润滑明细见表2-116。

表 2-116 加湿机润滑明细

润滑部位	润滑方法	油脂品种牌号	加 油		换 油		负责人	备 注
			周期	油脂量	周期	油脂量		
减速机	填 充	2 号锂基脂	30 天	1kg	12 月	1kg	钳 工	2
轴 承	填 充	2 号锂基脂	30 天	0.5kg	12 月	2kg	操作工	4
下料阀	填 充	2 号锂基脂	30 天	0.5kg	12 月	1kg	操作工	2
电动机	填 充	2 号锂基脂	30 天	0.5kg	12 月	1kg	电 工	2
齿 轮	涂 抹	2 号锂基脂	30 天	0.5kg	12 月	1kg	操作工	1

B 设备定期清扫的规定

(1) 交班前必须对设备擦拭一次，达到地面干净无杂物，机内无余料；

(2) 设备无积尘、油污，机光马达亮、设备见本色；

(3) 配电系统盘面干净，地面无积灰、无杂物；

(4) 操作箱保持干净。

C 设备使用过程中的检查

(1) 巡检的有关规定：

1) 检查设备要全面、仔细、发生问题及时汇报，并做好记录；

2) 重点部位要重点检查，认真"听、看、摸、敲"，掌握设备运行动态；

3) 岗位操作人员每班巡检两次，维修人员每周检查一次，并在巡检记录上签认。

(2) 巡检路线：

料仓振动器→下料阀→减速机→轴承→机壳结构→加湿搅拌器→卸料器→卸灰口漏斗→加湿水管阀门。

(3) 巡检内容见表2-117。

表 2-117 加湿机日常巡检内容

序 号	检查部位	检查内容	标 准 要 求	检查周期	检查人
1	操作盘	1. 电流表； 2. 各开关	1. 活动灵敏，读数准确； 2. 灵敏可靠	2 次/班	操作工
2	减速机	1. 机体； 2. 运行； 3. 润滑	1. 零件齐全，无损坏，螺栓无松动； 2. 运行平稳无振动，无杂音； 3. 润滑良好，不缺油，密封无渗漏，温度低于65℃	2 次/班	操作工
3	轴 承	1. 轴承体； 2. 运行； 3. 润滑	1. 完整无损，无开裂，无松动； 2. 运行平稳，无杂音； 3. 润滑良好，不缺油，温度低于65℃	2 次/班	操作工

序　号	检查部位	检查内容	标　准　要　求	检查周期	检查人
4	加湿机	1. 结构； 2. 搅拌器； 3. 运行； 4. 喷管	1. 结构完整，无开焊，裂纹、渗漏，无严重腐蚀； 2. 叶片完整，无变形，转动灵活，无卡槽； 3. 声音正常，无振动，无刮槽； 4. 喷水均匀，阀门开关灵活无滴漏	2 次/班	操作工
5	卸料阀	1. 结构； 2. 卸料； 3. 运行	1. 结果完整，连接牢固，无裂纹； 2. 卸料畅通，无卡阻； 3. 减速机运行平稳，转动灵活，无振动，润滑良好	2 次/班	操作工
6	料　仓	1. 结构； 2. 振动电动机	1. 结构完整，无开裂，无严重腐蚀，无渗漏； 2. 运行平稳，振动均匀，连接可靠，无松动	2 次/班	操作工

D　运行中出现故障的排除方法

运行中常见故障及排除方法见表 2-118。

表 2-118　加湿机常见故障及排除方法

序　号	故障名称	原因分析	排除方法	处理人
1	电动机振动	1. 地脚螺栓松动； 2. 联轴器不同心； 3. 轴承损坏； 4. 轴承缺油，润滑不好	1. 紧固地脚螺栓； 2. 找正联轴器； 3. 更换轴承； 4. 加油或换油	钳　工 钳　工 钳　工 操作工
2	电动机过热	1. 超负荷运转； 2. 电压低； 3. 电动机散热不良	1. 降低负荷； 2. 提高电压； 3. 更换扇叶	操作工 电　工 电　工
3	电动机不转，发出"嗡嗡"声	1. 机械传动卡阻； 2. 单相运转； 3. 电动机定子回路断； 4. 电动机扫膛	1. 找出原因，排除卡阻； 2. 消除单相； 3. 检查线路，接好； 4. 更换电动机	钳　工 电　工 电　工 电　工
4	减速机声音不正常，振动大	1. 地脚螺丝松动； 2. 传动齿轮啮合不良； 3. 联轴器不同心； 4. 轴承损坏； 5. 减速机缺油	1. 紧固地脚螺栓； 2. 调整或更换齿轮； 3. 调整同心度； 4. 更换轴承； 5. 检查油量，加油	操作工 钳　工 钳　工 钳　工 操作工
5	加湿机搅拌器转动不灵活，声音不正常	1. 加湿机内有异物； 2. 搅拌叶片连接螺栓松动，脱落或叶片变形； 3. 卸灰漏斗卡阻，下料不畅	1. 检查，取出异物； 2. 紧固螺栓，修复或更换叶片； 3. 检查，疏通出料口	操作工 钳　工 操作工

E　主要易损件报废标准

主要易损件报废标准见表 2-119。

表 2-119 加湿机主要易损件报废标准

序 号	零件名称	报 废 标 准
1	轴 承	1. 工作游隙，超过原始游隙的两倍； 2. 滚珠及内外环有损伤，裂纹或严重点蚀
2	传动齿轮	1. 齿面磨损量超过 25% 或有裂纹，掉齿； 2. 齿面有严重点蚀，啮合不好
3	旋转下料阀	1. 加速机损坏，叶轮转动不灵活； 2. 阀体损坏，渗漏

F 维护中的安全注意事项

（1）检修时要严格执行"三保险"预防制；

（2）检修中要做好互联、互保工作，并制定好安全措施；

（3）检修后试车时要互相联系好，无误后再开车；

（4）检修后要做到人走场地净；

（5）检修更换的零件要通知操作工，做好检查记录。

2.8.4.4 加湿机检修周期和内容

加湿机检修周期和内容见表 2-120。

表 2-120 加湿机检修周期及内容

检修类别	检 修 周 期	检 修 内 容
小 修	利用日检修时间进行检修，按照周计划进行	按点检发现设备的实际缺陷进行检修
中 修	1~2 年	除小修项目外，还应包括如下项目：更换叶片，减速机解体检查等
大 修	2~4 年	除中小修项目外，还包括如下项目：更换传动轴、更换壳体等

2.8.5 正压输灰装置

2.8.5.1 正压输灰装置的主要功能

正压输灰装置的主要作用是：利用压缩空气，按照预先设定的程序，自动定期地将各个分灰仓中收集的粉尘定期压送到集尘仓，以便外运。其工艺流程如图 2-32 所示。

正压输灰装置的主要技术规格为：

输送物料	除尘焦粉；
物料堆积密度	$0.4 \sim 0.7 t/m^3$；
物料温度	$\leqslant 200℃$；
输送量	$3t/h$（一台发送器）；
输送最大距离	$150m$。

2.8.5.2 正压输灰装置的主要结构

整个正压输灰装置由气源、发送器、输送管道、防堵排堵管道、控制阀组、尾气处理、

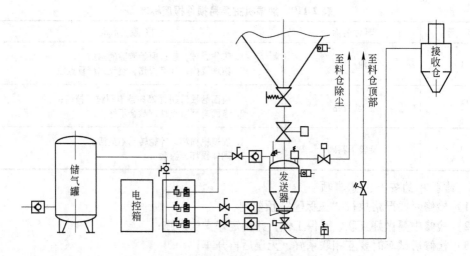

图 2-32　正压输灰装置流程示意图

PLC 控制系统等组成。现分别介绍如下：

A　气源部分

储气罐：设置储气罐，用于系统用气的储存和缓冲，以免因供气管网的压力波动和供气量不足造成控制阀动作不灵敏和送料失败等故障，为防止气体倒流，特在储气罐前设置一个止回阀。

储气罐的容积是根据每输送一次的用气量来确定，如图 2-33 所示。一般约 3 ~ 5m³ 即可。

B　发送器

根据干熄焦除尘灰的物料物性，选用 SF 型沸腾式发送器，如图 2-34 所示。

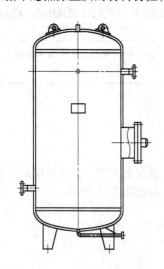

图 2-33　3m³ 储气罐结构示意图

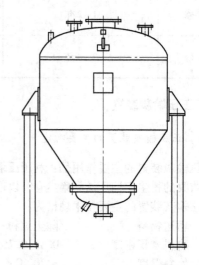

图 2-34　1.5m³ 发送器示意图

它的工作原理是：在发送器底部设一沸腾床（用特殊材料制造），开始发送前，发送器底部进气，使物料呈流态化状态，当内部压力达到一定值后，排料阀突然打开，被送物料便高浓度地进入输料管。

与其他形式的发送器相比，主要优点是：混合浓度比高，一般为 50%，最高可达 70%，大大节省了压缩气体使用量，从而节约能源降低了设备运行成本。

为保证发送器的密封，在发送器上端特别设置了两台密封蝶阀，同时，为便于检修在储料仓下口处设置了插板阀，正常工作时，此阀是常开的，只有在检修时才关闭。

C 输送管道

考虑到焦粉对材料的磨损较大的因素，所有输送管道均采用了耐磨管道，弯头采用R1000mm，90°耐磨弯头，从而提高使用寿命。

输送管道上设有气力输送专用三通管以及专用气动截止阀，此阀在保证充分导通面积的同时，能有效地防止堵料及阀门卡死等情况。

在输送管道上每隔10～15m设置一台增压器（涡流式），用于给管内被送物料加压、助吹，从而保证了输送管道的畅通，不会产生堵塞。增压器的气源由另一路气路管供气。

D 控制阀组

控制阀组的功能是系统实现自动化控制的机构，它包括手动减压阀、电磁阀、气动三联件、二位五通阀、截止阀、单向阀等。

所有元器件均采用进口或国内知名品牌产品，安全、可靠、灵敏度高、使用寿命长。

E 防堵排堵管道

助吹：在输料管上沿程每隔10m设一台增压器助吹，使输料管内的物料始终处于稳定的流动状态，防止出现物料在输料管内沉积而导致堵塞现象的发生。增压器结构如图2-35所示。

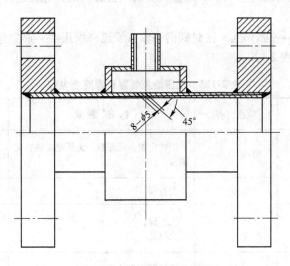

图 2-35 增压器结构示意图

排堵：如遇意外事故而出现堵塞，此时装于输料管上的压力变送器采集的压力值达到上限值，控制单元发出指令，发送器所有阀全部关闭，排堵阀突然打开，堵塞的物料在压差下就会迅速反吹回储料仓上部。压力值到达下限时，再重新开启助吹阀，直到管道畅通，再继续输送。

防堵：在输料过程中若出现压力值大于正常输送压力，且接近压力上限时，排料阀自动调小开度防堵，等到压力达到正常时重新开到位，若压力继续上升则进入排堵程序。

2.8.5.3 正压输灰装置的日常点检与维护

A 设备润滑

设备润滑见表2-121。

表 2-121　正压输灰装置润滑

润滑部位	润滑方法	油脂品种牌号	加油		换油		负责人	备　注
			周期	油脂量	周期	油脂量		
储气罐	涂　抹	2 号锂基脂	1 月	0.5kg	—	—	操作工	
插板阀	涂　抹	2 号锂基脂	1 月	0.5kg	—	—	操作工	
蝶　阀	涂　抹	2 号锂基脂	1 月	0.5kg	—	—	操作工	

B　定期清扫设备的规定

(1) 交班前必须对设备擦拭一次,达到地面干净无杂物;

(2) 设备无积尘、油污,做到设备见本色;

(3) 配电系统电盘面干净,地面无积灰、无杂物;

(4) 操作箱保持干净。

C　设备使用过程中的检查

(1) 巡检的有关规定:

1) 检查设备要全面、仔细,发现问题及时汇报,并做好记录;

2) 重点部位要重点检查,认真"听、看、摸、敲",掌握设备运行动态;

3) 岗位操作人员每班巡检两次,维修人员每周检查一次,并在巡检记录上签认。

(2) 巡检路线:

储气罐→发送器→控制阀组→密封蝶阀→输灰管道→增压器→集尘仓→排气管道。

(3) 巡检内容见表 2-122。

表 2-122　正压输灰装置日常巡检内容

序　号	检查部位	检查内容	标准要求	检查周期	检查人
1	储料罐	结构	结构完整,无开裂,无严重腐蚀,无渗漏	1 次/班	操作工
2	发送器	连接处	无泄漏	1 次/班	操作工
3	控制阀组	1. 连接; 2. 运行	无泄漏; 无异常	1 次/班	操作工
4	密封蝶阀	1. 连接; 2. 运行	无泄漏、无破损; 无异常	1 次/班	操作工
5	输灰管道	结构	无开裂、无泄漏	1 次/班	操作工
6	增压器	结构	无破损、无泄漏	1 次/班	操作工
7	集尘仓	结构	无开裂、无破损	1 次/班	操作工
8	排气管道	1. 结构; 2. 运行	无开裂; 吸力足够,运行无异常	1 次/班	操作工

D　运行中出现的故障的排除方法

运行中常见故障及排除方法见表 2-123。

表 2-123 正压输灰装置运行中常见故障及排除方法

序 号	故障名称	原因分析	排 除 方 法	处理人
1	堵 管	1. 电气故障误报警； 2. 输送管内有异物，进气稳定性不足	1. 检查线路并校验压力变送器； 2. 可通过反复对管路卸压和打压来冲击管路，如不行，则应找出管路的堵塞段，手动拆开管路，取出异物或强行吹通管路	操作工
2	欠 压	1. 进气阀未打开； 2. 进料阀漏气或仓泵等漏气	1. 更换控制进气阀或更换电磁阀； 2. 调整进料阀行程、法兰连接处更换密封	钳 工
3	总气压欠	系统用气量过大	调整总供气量	操作工
4	漏 灰	管道磨损	1. 焊补； 2. 研究改进措施	焊 工

E 维护中的安全注意事项

（1）检修时要严格执行"三保险"预防制；

（2）检修中要做好互联、互保工作，并制定好安全措施；

（3）检修后试车时要互相联系好，无误后再开车；

（4）检修后要做到人走场地净；

（5）检修更换的零件要通知操作工，做好检查记录。

3 干熄焦锅炉系统

余热锅炉是大型联合设备中的能源回收利用的重要组成部分，红热焦炭在冷却过程中形成的高温烟气被导入一个封闭的回路，即高温烟气在经过锅炉被回收所携带热量和除尘后返回到干熄炉，锅炉内的水在吸收了高温烟气的热量后转化为高温高压蒸汽，然后通过汽轮机做功发电。

图3-1为干熄焦锅炉结构示意图。图3-2为干熄焦锅炉操作主界面。图3-3为干熄焦机组流程图。

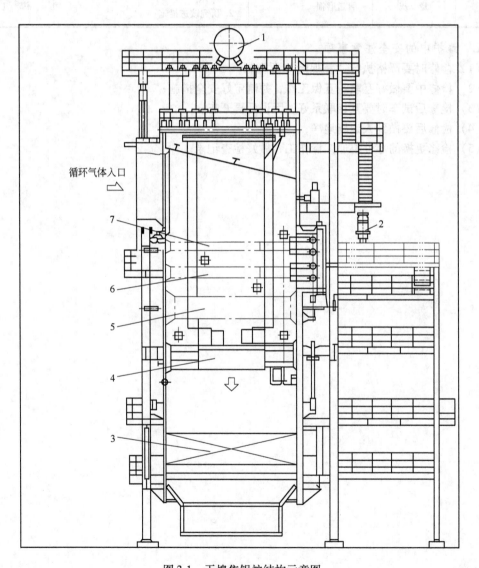

图 3-1　干熄焦锅炉结构示意图

1—锅筒；2—减温器；3—省煤器；4—鳍片管蒸发器；5—光管蒸发器；6— 一级过热器；7—二级过热器

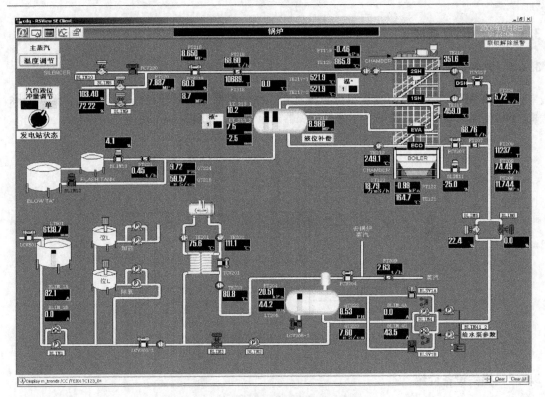

图 3-2　干熄焦锅炉操控主界面

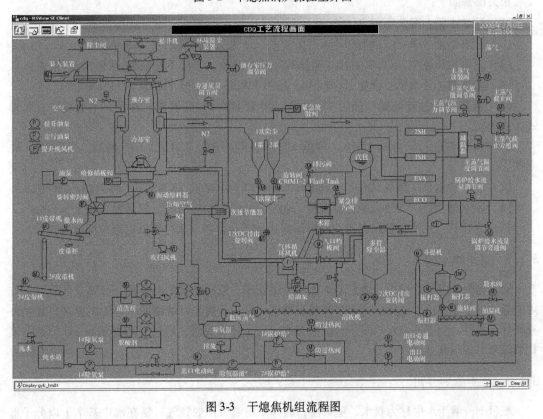

图 3-3　干熄焦机组流程图

3.1　锅炉供水系统

3.1.1　水系统流程

除盐水制备站将合格的除盐水送至纯水槽，经除氧器给水泵通过副省煤器送至除氧器除氧，锅炉给水泵把除氧后的除盐水通过省煤器送至锅筒，如图3-4所示。

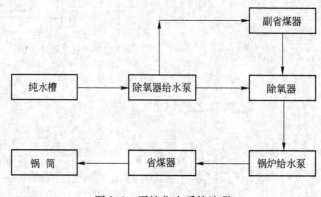

图3-4　干熄焦水系统流程

3.1.2　相关设备介绍

相关设备如下：

（1）除盐水箱：有效容积300m³；D = 6200mm；H = 7200mm。

（2）除氧器给水泵：流量130m³/h；扬程117m；电动机Y280S-2，15kW。

（3）联氨加药装置：压力1.4MPa；容量10L/h；药液槽：200L，不锈钢制；泵形式，柱塞式。

（4）除氧器循环水泵：流量15.7m³/h；扬程118m；电动机Y160M-2，15kW。

（5）磷酸三钠加药装置：压力11.5MPa；容量10L/h；药液槽：200L，不锈钢制；泵形式，柱塞式。

（6）加氨装置：压力1.4MPa；容量10L/h；药液槽：200L，不锈钢制；泵形式，柱塞式。

（7）锅炉给水泵：型号IDG-11；流量102.6m³/h；电动机YKS450-2；稀油站XYZ-80GS。

（8）除氧器：型号YQ130；额定处理量130t/h；工作压力0.02MPa；配水箱容积V = 50 m³。

（9）水位计：水位计是用以指示锅炉锅筒内或其他容器中水位高低的液位测量装置。

3.1.3　锅炉给水加药

给水经锅外化学处理后，虽然基本上除去了硬度，但有时难免会存在一些残余硬度，仍有可能会在锅炉受热面上结垢。为了消除残余硬度，进一步防止锅炉结垢，常常需要进行加药补充处理。另外，为了使给水水质符合国家标准，防止锅炉腐蚀，有时还需要进行pH值调节或化学除氧等的加药处理。

3.1.3.1　加氨的作用

氨（NH_3）溶于水中称为氨水，呈碱性，易挥发出刺激性的氨气。氨在水中基本上以分子形式存在。故常常将氨水的分子式写成 $NH_3 \cdot H_2O$（有时为了直观也写成 NH_4OH）。其作用是中和水中的二氧化碳，调整锅炉给水的 pH 值，减缓给水系统酸腐蚀，降低给水中的含铁量和含铜量。氨水中和碳酸（即溶于水中的二氧化碳）的反应有以下两步：

$$NH_4OH + H_2CO_3 \longrightarrow NH_4HCO_3 + H_2O$$

$$NH_4OH + NH_4HCO_3 \longrightarrow (NH_4)_2CO_3 + H_2O$$

计算表明：若加入的氨量恰好将 H_2CO_3 中和至 NH_4HCO_3，则水中 pH 值约为 7.9；若中和至 $(NH_4)_2CO_3$，则水中 pH 值约为 9.2。通常电站锅炉的给水 pH 值要求 8.5 以上，所以需要加的氨量应多于完成第一步中和反应的量。

因为氨具有不产生热分解和易挥发的特性，所以可用于对给水进行"氨化"处理，以提高 pH 值。使用氨减缓二氧化碳腐蚀的方法，应用比较广泛。运行实践证明，正确进行加氨处理后，由于抑制了水汽中二氧化碳对铁、铜金属的腐蚀，因此对于防止铁和铜腐蚀的效果是显著的。热力系统中铁和铜腐蚀的减少，不仅能减缓各种热力设备的腐蚀损伤，而且更重要的是有利于减少锅炉受热面上金属氧化物的沉积。

3.1.3.2 联氨的作用

联氨，除氧剂，在常温下是一种无色而易挥发、易燃、易爆，且有一定毒性的液体，因此不能用于生活锅炉，不过它与氧反应后的产物是无害的氮和水。目前它广泛用于高参数锅炉中给水的辅助除氧，一般不单独使用。

联氨在碱性介质中是一种强还原剂，可以将水中溶解氧还原，用来降低除盐水箱出水的氧含量：

$$N_2H_4 + O_2 \rightleftharpoons N_2 + 2H_2O$$

在高温下，联氨可以将 Fe_2O_3 还原成 Fe_3O_4 或 Fe；将 CuO 还原成 Cu

$$6Fe_2O_3 + N_2H_4 \rightleftharpoons 4Fe_3O_4 + N_2 + 2H_2O$$

$$2Fe_3O_4 + N_2H_4 \rightleftharpoons 6FeO + N_2 + 2H_2O$$

$$2FeO + N_2H_4 \rightleftharpoons 2Fe + N_2 + 2H_2O$$

在上述反应中产物 N_2 和 H_2O 对热力设备运行没有任何坏处，也不会增加炉水含盐量，因此联氨广泛应用于高压锅炉和直流锅炉做给水除氧剂，而且联氨还对锅炉钢铁及铜合金表面有钝化作用，对金属有缓蚀作用。联氨与水中溶解氧的反应速度受温度、pH 值和联氨过剩量等影响，所以联氨的合理运行条件为：pH = 9~11 的碱性环境和适当的过剩量（过剩量一般控制在 50%）。当温度超过 300℃时，联氨会发生分解，不宜使用。

由于联氨存在有毒、易挥发、燃烧等缺点，所以在运输、储存、使用时应当小心。

3.1.3.3 磷酸三钠的作用

锅炉水质调整处理中常用的无机类阻垢剂是磷酸三钠。当加入磷酸三钠适量时，与水中钙，镁盐类产生沉淀；磷酸三钠加药量一定时，可增加泥垢的流动性，因为生成的磷酸镁是一种具有高度分散能力的胶体颗粒，它能作为锅炉水中补充的结晶中心，使碳酸钙、氢氧化镁等沉淀在其颗粒表面析出，使颗粒变得细小，分散而不致附着在金属面上结成水垢；在锅炉金属表面上，生成磷酸盐保护膜，防止锅炉金属的腐蚀；可促使硫酸盐和碳酸盐等老垢疏松，脱落。

磷酸三钠处理不仅可以单独使用，也可以采用协调处理。而且磷酸三钠具有热稳定性好，加药操作简单，易于控制，适用范围广等优点，在锅炉水质调整处理中应用较广。

对于电站锅炉，协调 pH-磷酸盐处理是一种既严格又合理的锅内水质调节方法，它不仅能除去各种盐的成分防止钙垢的产生，而且能防止锅炉炉管的腐蚀。这种锅内水处理的要点是：使锅水中的磷酸盐（其总含量用 PO_4^{3-} 浓度表示）和 pH 值相应地控制在一个特定的范围内，因此也称为锅水磷酸盐-pH 值控制。

协调 pH-磷酸盐处理就是向锅筒内除加磷酸三钠外，还添加其他适当药剂，使锅水既有足够高的 pH 值和维持一定的 PO_4^{3-} 含量，又不含游离的氢氧化钠，以防止锅炉发生碱性腐蚀。GB 12145《火力发电机组及蒸汽动力设备水汽质量》标准中规定：锅筒进行磷酸盐-pH 值协调控制时，其锅水中 Na^+ 与 PO_4^{3-} 的摩尔比值应维持在 2.3 ~ 2.8。

锅水协调 pH-磷酸盐处理法虽然是兼备防垢防腐的一种良好的锅内水处理的方法，但并不是所有的锅炉都能适用，一般只适用于具备以下两个条件的锅炉：一是锅炉的给水需要采用除盐水或蒸馏水作补给水；二是与此锅炉配套的汽轮机凝汽器应该比较严密，不会经常发生凝汽器泄漏。否则，锅水水质易变动，要使锅水中的 PO_4^{3-} 与 pH 值的关系符合协调 pH-磷酸盐处理的要求也很难。

3.1.4　锅炉给水分析

分析方法水质分析的项目：给水一般的检测项目有 pH 值、电导率、溶解氧、硬度、碱度、磷酸根等。

3.1.4.1　pH 值的测定方法

所需仪器：实验室用 pH 计，电极支架以及测试用烧杯。pH 电极，饱和或 3M 氯化钾甘汞电极。

所需试剂：pH = 4.00 标准缓冲溶液，pH = 6.86 标准缓冲溶液，pH = 9.20 标准缓冲溶液。测试方法：

（1）按照仪器说明书的规定，进行调零，温度计补偿以及满刻度校正等手续。

（2）pH 值定位。定位用的缓冲溶液应选用一种其 pH 值与被测溶液 pH 值相近的。在定位前，先用蒸馏水冲洗电极及测试烧杯 2 次以上，然后用干净的滤纸将电极底部的残留的水滴轻轻吸干。将定位溶液倒入测试烧杯中，浸入电极，调整仪器的零点，温度补偿以及满刻度校正。最后，根据所用定位缓冲溶液的 pH 值将 pH 计定位，重复 1 ~ 2 次，直至误差在允许范围内。

（3）将定位的 pH 计对另一 pH 值的标准缓冲溶液进行测定。如果测定结果与复定位缓冲溶液的 pH 值相差 0.05 之内，即可认为仪器和电极均属正常，可进行 pH 测定。

3.1.4.2　电导率的测定

所需仪器：电导率仪（常用 DOS-11D 或 DOS-307）。

测试方法：

（1）适量水样，把仪器量程调整到与被测水样相近的范围；

（2）将测量开关扳向测量，用试样水冲洗电极 2 遍，然后把电极浸泡在水样中，用电导率仪进行测定；

（3）仪器指示数乘以量程开关指示的倍数，即为被测溶液的电导，再乘以电极常数即为电导率。

3.1.4.3　硬度的测定

所需试剂：0.10mol/L(1/2EDTA)标准溶液，0.001mol/L(1/2EDTA)标准溶液，0.5%铬黑T指示剂，酸性铬蓝K指示剂，氨-氯化铵缓冲溶液(乙二胺四乙酸二钠盐——EDTA)。

测定方法：

A　大硬度测定（大于0.5mmol/L的水样）

（1）按表3-1中规定取适量透明水样注于250mL的锥形瓶中，用除盐水稀释至100mL。

（2）加入5mL氨-氯化铵缓冲溶液和2滴0.5%铬黑T指示剂。

（3）在不断摇动下，用0.10mol/L(1/2EDTA)标准溶液滴定至溶液由酒红色变为蓝色，即为终点，记录EDTA标准溶液所消耗的体积 V。

（4）硬度按下列式计算：

$$YD = (N \times V/v) \times 1000 \text{mmol/L}$$

式中， v 为需取水样体积。

表3-1　大硬度取样值

水样硬度/mmol·L^{-1}	需取水样体积 v/mL	水样硬度/mmol·L^{-1}	需取水样体积 v/mL
0.5 ~ 5.0	100	10.0 ~ 20.0	25
5.0 ~ 10.0	50		

B　小硬度的测定（硬度在1 ~ 500μmol/L时）

（1）取100mL的透明水样注于250mL的锥形瓶中。

（2）加3mL氨-氯化铵缓冲溶液及2滴酸性铬蓝指示剂。

（3）在不断摇动下，用0.001mol/L(1/2EDTA)标准溶液，使用滴定管滴定至溶液变为蓝紫色，即为终点，记录EDTA标准溶液所消耗的体积 V。

（4）硬度的含量按下列公式计算：

$$YD = (N \times V/v) \times 1000 \mu\text{mol/L}$$

3.1.4.4　碱度的测定

所需的试剂：1%酚酞指示剂（乙醇溶液），0.1%甲基橙指示剂，甲基红-亚甲基蓝指示剂，0.100mol/L(1/2H$_2$SO$_4$)，0.01mol/L(1/2H$_2$SO$_4$)硫酸标准溶液。

测定方法：

A　用于碱度较大的水样

（1）量取100毫升透明的水置于锥形瓶中。

（2）加入2 ~ 3滴1%酚酞指示剂，此时若溶液显红色，则用0.100mol/L(1/2H$_2$SO$_4$)滴定至溶液呈红色为止，记录耗酸的体积 a。

（3）在上述锥形瓶中再加入2滴甲基橙指示剂，继续用硫酸标准溶液滴定至溶液呈红色为止，记录第二次耗酸体积 b。

B　用于碱度较小的水样

（1）量取100mL透明的水置于锥形瓶中。

（2）加入2 ~ 3滴1%酚酞指示剂，此时若溶液显红色，则用0.001mol/L(1/2H$_2$SO$_4$)滴定至溶液呈红色为止，记录耗酸的体积 a。

（3）在上述锥形瓶中再加入 2 滴甲基红-亚甲基蓝指示剂，继续用硫酸标准溶液滴定至溶液呈红色为止，记录第二次耗酸体积 b。

3.1.4.5　酸度的测定

酸度的测定方法与碱度测定相同。

3.1.4.6　磷酸根的测定

所需的试剂：磷酸盐工作溶液（1mL 含 0.1mg PO_4^{3-}），钼酸铵-硫酸混合液，1% 氯化亚锡溶液（甘油溶液）。

所需的仪器：数显式磷酸根分析仪。

测定的方法：

（1）开启仪器电源，预热几分钟。

（2）按仪器说明书的要求，调整好仪器上下标。

（3）用容量瓶取 100mL 待测水样，移入塑料袋中。

（4）加入 2.5mL 钼钒酸显色液，摇匀，放置 2min。

（5）将待测的显色液分 3 次注入比色皿，第一次注入的排掉，为冲洗用，第二次，第三次注满后，观察并读出指示值，然后将待测液排净。

各项指标的正常控制范围如表3-2～表3-7所示。

表 3-2　生水的化学监督指标

分析项目	分析次数	质量标准	分析项目	分析次数	质量标准
pH 值	每班一次		氯根/mg·L^{-1}	每班一次	
碱度/μmol·L^{-1}	每班一次		全分析	一年不少于 2 次	
硬度/μmol·L^{-1}	每班一次				

表 3-3　循环水的化学监督指标

分析项目	分析次数	质量标准	分析项目	分析次数	质量标准
pH 值	每班一次	8～8.5	氯根/mg·L^{-1}	每班一次	
酚碱/mmol·L^{-1}	每班一次	≤1	浓缩倍数	每班一次	≤3
全碱/mmol·L^{-1}	每班一次	5～6	总磷/mg·L^{-1}	每班一次	
硬度/mmol·L^{-1}	每班一次				

表 3-4　除盐水的化学监督指标

分析项目	分析次数	质量标准	分析项目	分析次数	质量标准
pH 值	每 2h 一次		氯根/mg·L^{-1}	每 2h 一次	<0.1
电导率/μS·cm^{-1}	每 2h 一次	≤10	钠离子含量/μg·L^{-1}	每 2h 一次	≤15
碱度/μmol·L^{-1}	每 2h 一次		二氧化硅/μg·L^{-1}	每 2h 一次	≤20
硬度/μmol·L^{-1}	每 2h 一次	≈0			

表 3-5 给水的化学监督指标

分析项目	分析次数	质量标准	分析项目	分析次数	质量标准
pH 值	每 2h	8.5~9.2	溶解氧/μg·L^{-1}	每 2h	≤15
电导率/μS·cm^{-1}	每 2h	≤10	铁/μg·L^{-1}	每周一次	≤50
硬度/μmol·L^{-1}	每 2h	≤3.0	铜/μg·L^{-1}	每周一次	≤10

表 3-6 锅水的化学监督指标

分析项目	分析次数	质量标准	分析项目	分析次数	质量标准
pH 值	每 2h 一次	9~11	氯根/mg·L^{-1}	每 2h 一次	≤4.0
电导率/μS·cm^{-1}	每 2h 一次	≤80	外状	每 2h 一次	清
碱度/μmol·L^{-1}	每 2h 一次	≤1.0	磷酸根含量/mg·L^{-1}	每 2h 一次	5~15
硬度/μmol·L^{-1}	每 2h 一次	≤3.0			

表 3-7 凝结水的化学监督指标

分析项目	分析次数	质量标准	分析项目	分析次数	质量标准
溶解氧/μg·L^{-1}	每 2h 一次	≤50	硬度/μmol·L^{-1}	每 2h 一次	≤3.0
电导率/μS·cm^{-1}	每 2h 一次	≤10			

3.2 锅炉结构与操作

3.2.1 工艺流程

3.2.1.1 烟气流程

在循环风机的作用下，惰性循环气体在干熄槽内将 1000℃左右的赤热焦炭冷却，吸收焦炭显热的惰性循环气体被加热到 800℃以上，高温惰性循环气体经一次除尘器除尘后，进入干熄焦锅炉，与干熄焦锅炉内的汽水换热，温度降至 160~180℃，惰性循环气体再经过二次除尘器、循环风机和副省煤器后，温度降至 130℃左右，再一次进入干熄槽冷却赤热焦炭。在干熄焦主控制室内设有惰性循环气体进、出干熄焦锅炉时的温度、压力指示、记录，并设有干熄焦锅炉极低水位、干熄焦锅炉循环水流量达下限时与循环风机联锁装置。如图 3-5 所示。

3.2.1.2 汽水工艺流程

经过除氧的 104℃锅炉给水，首先进入省煤器，经省煤器换热使水温升至约 300℃进入干熄焦锅炉锅筒，锅筒压力约为 10.9MPa，锅筒内水的饱和温度约为 316℃，锅水一部分由下降管进入蒸发器，饱和水在蒸发器内吸热汽化，汽水混合物通过自然循环进入锅筒，锅水另一部分由下降管进入膜式水冷壁，吸热后通过自然循环进入锅筒。汽水混合物在锅筒内经汽水分离装置分离，产生饱和蒸汽，饱和蒸汽通过汇流管进入一级过热器，在一级过热器内与高温惰性循环气体换热，使蒸汽温度上升到约 555℃，经过喷水减温器将蒸汽温度调整至约 445℃，再进入二级过热器，经换热升温最终使蒸汽达到需要的温度；在二级过热器出口至主蒸汽切断阀之间的主蒸汽管道上，设有过热蒸汽压力自动调节装置，确保干熄焦锅炉供出的蒸汽压力满足要求。蒸汽管道采用单母管制系统，将蒸汽送至汽轮发电站。该系统主要设置有锅炉给水流量自动调节，过热蒸汽压力自动调节装置。如图 3-6 所示。

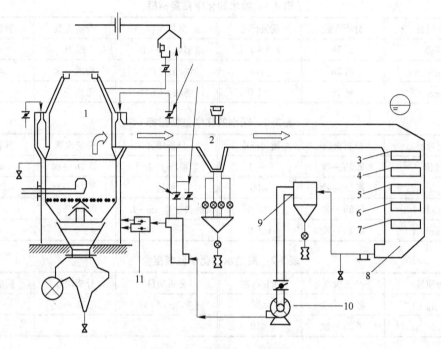

图 3-5　干熄焦锅炉系统图

1—干熄炉；2——次除尘器；3—二级过热器；4——级过热器；5—光管蒸发器；6—鳍片管蒸发器；
7—省煤器；8—锅炉；9—二次除尘器；10—循环风机；11—副省煤器

图 3-6　干熄焦水/蒸汽回路系统

3.2.2　余热锅炉设计参数及结构特点

以某焦化厂 150t/h 干熄焦为例进行说明。

3.2.2.1　设计参数

干熄焦锅炉入口的循环气体参数如下：

循环气量（标态）　　　　　192000m³/h（正常）；216000m³/h（最大）；

循环气体温度　　　　　　　900～980℃；960℃（计算锅炉蒸发量温度）；

循环气体入口压力　　　　　-（1000～1200）Pa；

循环气体出口压力　　　　　-（1750～1950）Pa；

循环气体（标态）含尘浓度　10～12g/m³。

为了与干熄炉相匹配，有效利用所回收的能源，本工程配置了如下参数的干熄焦锅炉：

蒸汽压力　　　　　　$p = 9.5\text{MPa}$；

蒸汽温度　　　　　　$t = 540℃$；

给水温度　　　　　　$t_g = 104℃$；

额定蒸发量　　　　　79t/h，最大 86.3t/h。

3.2.2.2　结构特点

锅炉本体通过吊杆悬吊在钢构架大板梁上，其整体可自由向下膨胀。自然水循环方式，单通道、垂直室外布置。烟气流向：自上而下，锅炉炉膛用膜式水冷壁全悬吊结构。

3.2.2.3　防磨措施

防磨措施如下：

（1）水冷壁进口转向室覆盖耐磨浇注料；

（2）吊挂管采用双套管，外面进行镍基热喷涂；

（3）各受热面第一排管子采用防磨盖板，充分考虑焊接强度和包覆角度，同时烟道四周加装挡烟板。

3.2.3　系统主要组件介绍

3.2.3.1　水冷壁

锅炉炉膛四周炉墙上敷设的受热面通常称为水冷壁。其作用是：

（1）强化传热，减少锅炉受热面面积，节省金属材料；

（2）降低高温对炉墙的破坏作用，起到保护炉墙的作用；

（3）能有效防止炉壁结渣；

（4）悬吊炉墙；

（5）作为锅炉主要的蒸发受热面，吸收炉内辐射热量，使水冷壁内的热水汽化，产生锅炉的全部或绝大部分饱和蒸汽。水冷壁由 $\phi51 \times 5$ 的管子和扁钢组成，宽度×深度为5.088m×6.24m。水冷壁采用悬吊结构，通过侧墙水冷壁上集箱和后墙水冷壁折弯处的吊杆悬吊与顶部梁格上，自由向下膨胀。

3.2.3.2　过热器

过热器分为一级过热器和二级过热器，均为光管蛇形管束，顺列布置，通过吊挂管悬吊于锅炉顶部。高温过热器顺流布置，受热面管子 $\phi42 \times 6$，材料 12Cr1MoVG。低温过热器逆流布置，受热面管子 $\phi34 \times 4$，材料 12Cr1MoVG。

从锅筒上部引出的干饱和蒸汽先进入低温过热器进口集箱，与烟气逆向流动进入低温过热器出口集箱。经过减温减压器后进入高温过热器进口集箱，与烟气同向流动后进入高温过热器出口集箱，由主蒸汽管道引出。

3.2.3.3　蒸发器

蒸发器分两级，光管蒸发器和鳍片管蒸发器。光管蒸发器顺列布置，受热面管子 $\phi42 \times 5$，材料 20G。鳍片管蒸发器错列布置，受热面管子 $\phi42 \times 5$，材料 20G。工质从蒸发器底部流向顶部，与烟气逆向流动。在蒸发器中形成的汽水混合物进入出口集箱后由汽水连接管直接引入到锅筒中进行汽水分离。锅筒炉水由蒸发器集中下降管引出进入并联的两级蒸发器。

3.2.3.4　吊挂管

采用 38×6 的管子，材料 20G。锅炉通过集中下降管向吊挂管进口集箱供水，有吊挂管进口集箱引出后向上一次悬吊光管蒸发器，低温过热器和高温过热器后，从顶部水冷壁穿出后进入吊挂管出口集箱。吊挂管进口集箱底部焊接吊板，通过销轴与鳍片管蒸发器管夹连接，悬吊鳍片管蒸发器。

3.2.3.5　省煤器

省煤器布置在锅炉下部由省煤器墙板构成的低温区域内。省煤器管束为螺旋鳍片管，由 42 根管子向上斜向绕制成错列管束，中间用压制弯头连接。给水进入省煤器进口集箱后，逆向烟气向上流动，进入省煤器出口集箱后，通过连管进入锅筒水空间。

省煤器为悬吊式结构，通过螺旋鳍片管管夹将管束悬挂于横梁上，横梁两端固定在省煤器墙板上，再通过省煤器墙板将力传递到标高平台。

3.2.3.6　锅筒

锅筒内径 1600mm，直段长度 5.5m，材料 19Mn6，封头采用球形封头，中央有 ϕ425 的人孔。

3.2.3.7　减温水系统

锅炉主给水一部分送入干熄焦锅炉喷水减温器，根据二级过热器出口主蒸汽温度，通过自动调节阀调节进减温器的减温水量，从而保证干熄焦锅炉产生的过热蒸汽的温度达到设定要求。

3.2.4　辅助组件介绍

3.2.4.1　加药装置

加药装置如下：

（1）联氨加药装置：压力 1.4MPa；容量 10L/h；药液槽：200L，不锈钢制；泵形式；柱塞式；

（2）加氨装置：压力 1.4MPa；容量 10L/h；药液槽：200L，不锈钢制；泵形式；柱塞式；

（3）磷酸三钠加药装置：压力 11.5MPa；容量 10L/h；药液槽：200L，不锈钢制；泵形式；柱塞式。

3.2.4.2　防磨装置

为防止烟尘对锅炉的受热面造成磨损，除了在锅炉总体设计时选择合理的烟速之外，还采取了许多防磨措施：在水冷壁烟气入口敷设耐火浇注料，吊挂管在采用了双套管的基础上还进行了热喷涂，局部使用三套管，在预置蒸发器、过热器、蒸发器以及省煤器的第一排管束上布置有防磨盖板，在烟道通道的四周为防止形成烟气走廊，均布置有烟气挡板。

3.2.4.3　炉墙与保温

锅炉水冷壁段为敷管炉墙，下部省煤器墙板处为框架装配式炉墙。炉墙结构用抓钉敷设保温材料，并用压板张网缩紧，外包彩钢板。除进口烟道需要耐火浇注料和异型砖料外，其余大部分用的是保温材料。锅筒、集箱和管道的保温都采用硅酸铝耐火纤维毯，外包铝合金护板。

3.2.4.4　除氧装置

（1）除氧器：型号 YQ130；额定处理量 130t/h；工作压力 0.02MPa；配水箱 $V = 50\ m^3$。锅炉给水泵：型号 IDG-11；流量 102.6m³/h；电动机 YKS450-2；稀油站 XYZ-80GS。

（2）除氧器给水泵：流量 130m³/h；扬程 117m；电动机 Y280S-2，75kW。

（3）除氧器循环泵：流量 15.7m³/h；扬程 118m；电动机 Y160M-2，15kW。

（4）除盐水箱：有效容积 300m³；$D = 6200mm$；$H = 7200mm$。

3.2.4.5　主要安全附件

A　安全阀

安全阀是能自动排汽以控制炉内蒸汽压力，使之不超过安全数值的保险阀门。当炉内蒸汽压力达到规定的最大值时，安全阀便自动开启放出蒸汽；当汽压降低到既定数值时，安全阀便自动关闭。这样就能保证锅炉的安全运行，不致因运行中对压力的监控疏忽的情况下造成严重的事故。为保证锅炉的安全运行，应在锅筒的最高位置上至少安装两只安全阀，一只为工作安全阀，另一只为控制安全阀。安全阀应在定期内进行升压试验和手动排汽试验，保证其灵敏可靠。排汽压力调整好后，应加锁或铅封。安全阀须接出排汽管和泄水管，排汽管和泄水管都不许装阀门，并且要分别接至安全地点。

B　水位计

一般锅筒要配若干水位计以利参考。常见配置是 2 双色（长度方向上一端一个）+2 电接点（长度方向上一端一个）+2 双室（长度方向上一端一个）。

a　双色水位计

双色水位计用于就地显示锅筒水位，是应用最广泛的就地水位计。双色水位计是一个竖直玻璃管，上下分别与锅筒的汽空间和水空间相连，采用 U 形管连通器原理显示水位，利用材料的光学特性使水汽两部分分别呈现绿红两种颜色，以利观察。双色水位计使用可靠，显示直观，可通过摄像头接至中控室，是比较理想的锅炉水位计。但要注意定期冲洗，且灯泡寿命短，需经常更换。

b　电接点液位计

电接点液位计用于远传，在竖直方向顺序排列若干电极，水位升降会使电极间导通或断开，从而显示水位。电接点液位计指示准确，尤其是在起停炉和负荷波动时，应主要以双色和电接点显示为准。但要注意煮炉时要隔离，否则会损坏。

c　压力表

压力表是锅炉上主要的安全附件，用来测量锅炉的给水，蒸汽以及其他受压容器内介质的压力。

3.2.5　工艺操作

3.2.5.1　除氧器操作

A　开工时运行

（1）投入所有计控仪表，全开除氧器顶部排气阀，确保除氧器在正常压力下工作；

（2）开除氧器给水泵，向除氧器供水；

（3）当水位升至 ±100mm 后，调整除氧器水位调节阀，保持除氧器水位；

（4）当锅炉开始升温时，打开除氧器压力气动调节阀，开始升温；

（5）除氧器升温速度控制在不超过 10℃/h；

（6）待锅炉运行正常且上水量大于 30t/h，除氧器水位 ±100mm、压力为 0.02MPa，水温达到 104℃ 且水质化验合格后，将除氧器水位、压力调节装置投入自动运行。

B　短期检修时的运行

（1）当副省煤器入口水温小于 60℃ 时，开启除氧器循环泵，关闭除氧器给水泵，给除氧器保温保压；

（2）保持除氧器水位在 ±100mm，温度为 104℃；

（3）当锅炉开始连续用水，开启除氧器给水泵同时开大除氧器压力调节阀；

（4）恢复除氧器正常运行。

C　停止运行

（1）逐渐减小除氧器压力调节阀开度，按除氧器降温 10℃/h 控制，直至将调节阀全部关闭，之后关闭调节阀前手动阀；

（2）关闭除氧器进水阀；当除氧器的压力未降到零，操作人员应继续监控除氧器状况，直到压力降到零；

（3）检修或冬季，待水温冷却到 20℃ 以下后，将水放净。

3.2.5.2　锅炉排污

A　定排

每班接班后 1h 内进行排污。排污前通知中控室，注意监视给水压力与水位，维持在正常水位上下 50mm。排污一次阀始终全开状态。开排污二次阀 15s，然后关闭。

B　连排

正常生产时，调整连排电动阀开度为 15%，保持 2% 的排污量。

C　排污注意事项

进行定期排污时，应注意以下几点：

（1）排放速度应很快，以利于水渣和沉淀物的排出；

（2）每次排放的时间应很短，排放时间过长会影响锅炉水循环的安全；

（3）定期排污的间隔时间，应根据锅炉水水质来确定；

（4）定期排污一般最好在锅炉低负荷时进行，因为此时水循环速度低，水渣下沉，排污的效果较好；

（5）定期排污前应适当提高水位，以免锅炉缺水；

（6）锅炉发生事故时（满水事故除外），应立即停止排污；

（7）定期排污水的温度和压力都很高，只有降温降压后才能排入工厂排污水系统中，通常设排污井来降温和降压；

（8）锅炉投入运行的初期，需加强定期排污，以排除锅炉水中的铁锈和其他水渣。

3.2.5.3　水位计的冲洗

同时关闭汽联管手阀和水联管手阀。开疏水阀。开汽联管手阀，冲洗汽管及水位计，然后关闭。开水联管手阀，冲洗水管及水位计，然后关闭。关疏水阀，缓慢交替打开汽联管手阀和水联管手阀。冲洗后与另一台水位计校对，若水位计显示值差 20mm 以上，再重复上述操作。

3.2.5.4 锅炉加药操作

加药操作包括加氨操作、联氨加药操作、磷酸三钠加药操作。计量泵的投运只能就地操作，启动、停运通过泵间操作箱上的操作钮来完成。加药量可通过泵上的调节钮来调节。

3.2.5.5 锅炉汽水取样操作

先开给水、炉水、蒸汽取样器冷却水入、出口阀，确认冷却水畅通。打开锅炉给水、炉水、蒸汽取样一次阀，再开取样器取样入口阀。给水、炉水、蒸汽取样应该保持常流状态，水样流速稳定。初次取样时应先冲洗取样管。取样结果送至检验化验室进行化验。根据化验结果进行加药操作。

3.2.5.6 主蒸汽压力调节及放散阀操作

主蒸汽压力调节主要依靠调整排焦量、循环风量及压力调节阀来实现。主蒸汽压力变化是由锅炉蒸发量、外界蒸汽负荷决定的。正常情况下，锅炉蒸发量与蒸汽负荷处于一种平衡状态，蒸汽压力是稳定的。一旦这种平衡被打破，蒸汽压力就发生变化，就需要对干熄焦锅炉系统进行调整，否则就会造成锅炉超压或降压事故。当蒸汽负荷增大时，蒸发量小于蒸汽负荷，锅炉压力会降低，此时应该先加大循环风量，然后增加排焦量（顺序不可颠倒），锅炉蒸发量慢慢增加，与蒸汽负荷达到一个新的动态平衡，蒸汽压力稳定。反之，当蒸汽负荷减小时，蒸发量大于蒸汽负荷，锅炉压力会升高，此时，应先减小排焦量，然后减小循环风量（顺序不可颠倒），锅炉蒸发量慢慢减小，与蒸汽负荷达到一个新的动态平衡，蒸汽压力稳定。这一点，干熄焦锅炉与燃煤燃气锅炉的燃烧调节当异曲同工。

主蒸汽压力调节阀的作用是通过控制外送主蒸汽流量来控制主蒸汽压力。阀的开度增大，外送主蒸汽流量多，主蒸汽压力降低。阀的开度与压力关系为：阀的开度增大，压力降低；阀的开度减小，压力升高。

此阀门调节开度与实际状态相反，需加大放散时，应关小阀门开度；反之，加大阀门开度。该气动阀只能手动调节，仪表气源低于 0.2MPa 时，阀位状态保持。

3.2.5.7 停送汽时的操作

停送汽时的操作如下：
（1）降低锅炉负荷；
（2）解列自动给水，保持水位和汽温的稳定；
（3）当锅炉压力过高时，开启蒸汽放散，防止安全阀频繁动作；
（4）加强岗位间的联系。

3.2.5.8 副省煤器操作

副省煤器操作如下：
（1）确认副省煤器各疏水、放空阀全部关闭；
（2）除氧器液位调节阀微开（10%以下），除氧器溢流阀打开；
（3）除氧器循环泵启动，除氧器液位调节阀慢慢地开至 10%~20%，将除氧器入口温度控制在 85℃左右；
（4）循环风机启动后，要注意副省煤器入口温度不可低于 60℃；

（5）随着干熄炉负荷的增加，调整除氧器循环泵出口电动阀开度，控制副省煤器的入口温度70℃左右，出口温度小于120℃；在副省煤器的出入口温度差在40℃左右时，关闭除氧器循环泵出口电动阀，停止除氧器循环泵运行；

（6）锅炉给水量在10～20t/h以上时，将除氧器液位调节阀投入自动运行，除氧器溢流阀关闭；

（7）当副省煤器入口温度稳定在60℃左右时，缓慢关除氧器入口温度调节阀，投入自动运行；

（8）开工初期，副省煤器入口温度可利用其调节阀旁通阀进行调节；

（9）各点控制温度：副省煤器入口水温　　　≥60℃；

　　　　　　　　　　　副省煤器出口水温　　　≤120℃；

　　　　　　　　　　　除氧器入口水温　　　　≤85℃。

3.2.6　出现故障时的特殊操作

3.2.6.1　锅炉给水泵突然停机

立即汇报管控中心及相关人员，停发电，并通知炼焦准备湿熄。联系电工或检修工到现场检查。立即关闭所有排污阀，开启紧急放散阀。立即开启备用锅炉给水泵，进行锅炉上水。若无法控制水位的下降，则应按紧急停炉的操作程序进行停炉操作。

3.2.6.2　锅炉锅筒满水及缺水操作

A　满水操作

锅炉在正常运行中应注意监视各水位计指示的准确性，出现偏差时应检查各水位计有无泄漏或管道堵塞，必要时可冲洗水位计。当锅筒水位不正常的上升时，应对照有关表计指示值，判明水位上升原因，调整水位，恢复正常运行。当水位超过高一值时，应立即打开事故放水门进行紧急放水。锅筒水位达到高二值时，事故放水门应自动打开。同时还可关闭电动给水门控制水位上升。若锅筒水位达到高三值，保护装置应自动停止锅炉机组的运行，关闭汽轮机自动主汽门防止事故扩大。停炉后继续放水至锅筒正常水位，待查明原因且消除后恢复锅炉机组运行。

B　缺水操作

严重缺水处理方法：停止向锅炉上水，采取紧急停炉。

轻微缺水处理方法：降低负荷，检查给水设备及给水管道。可暂时用手动加大给水，关闭排污阀。检查省煤器、排污阀等是否有漏水现象，并及时采取措施，保证及时给水，待水位恢复正常后，方可增大负荷，恢复正常运行。

3.2.6.3　厂用电故障

A　厂用电中断的现象

（1）所有交流照明灯熄灭，电压表、电流表均指示到零；

（2）蒸汽温度、压力、流量、锅筒水位均急剧下降；

（3）所有运转中的电动机停转，事故喇叭鸣叫。

B　厂用电中断的处理

（1）立即将所有电动机的开关打到"停止"位置；

（2）将给水、减温水由自动改为手动。派专人监视锅筒水位，以维持正常的锅筒水位；

（3）根据气压、气温升降情况，开过热器疏水和对空排汽阀；

（4）电源恢复后，按正常的步骤进行机组的启动。

3.2.7 自然循环锅炉与强制循环锅炉的对比

锅炉按照工作原理不同可分为自然循环锅炉和强制循环锅炉两种。它们的结构及运行方式存在着较大差异。

3.2.7.1 工作原理的不同

自然循环原理：在锅炉的水循环回路中，汽水混合物的密度比水的密度小，工质利用这种密度差沿着闭合的路线循环流动，从而不断吸收烟气热量产生合格蒸汽，见图3-7。

强制循环原理：除了依靠水和汽水混合物之间的密度差外，主要靠循环水泵的压头作用进行锅水循环，从而实现工质与高温烟气的热交换，产生合格的蒸汽，见图3-8。

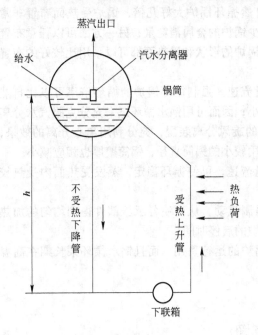

图 3-7　自然循环原理

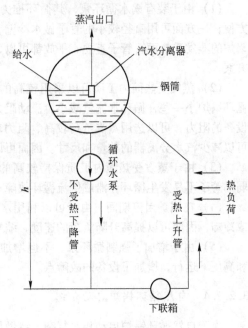

图 3-8　强制循环原理

3.2.7.2 锅炉启动的操作不同

自然循环锅炉的启动：自然循环锅炉的厚壁金属锅筒是制约整台机组启动速度的主要因素。在启动初期，蒸发区内的自然循环还不正常，锅筒里的水流动很慢或局部停滞，锅筒的上下壁温差较大，温差越大，产生的热应力也越大，因此应严格控制锅筒壁温差不大于40℃。在启动过程中，要保证锅筒等部件逐渐、均匀加热，不致产生过大的热应力而危害设备安全，因而启动速度较慢。

强制循环锅炉的启动：由于在锅筒的集中下降管上加装了锅水循环泵，在启动初期锅炉就建立了良好的水循环，保证水冷壁的每一根管子都有相同温度的工质流过，因此使得各部分的温度均匀，膨胀自由，缩短了启动时间。

3.2.7.3 自然循环锅炉与强制循环锅炉优劣比较

A 自然循环锅炉

(1) 由于自然循环的推动力主要依靠水汽的密度差，因而自然循环锅炉的蒸发受热面布置就受到限制，并且尽量减少弯头，以减少流动阻力，保证水循环的安全；

(2) 锅炉的水容量及其相应的蓄热能力较大，因此当负荷变化时，锅筒水位及蒸汽压力的变化速度较慢，对机组的调节要求低一些；但由于水容量大，加上大直径的锅筒壁较厚，因此加热、冷却不易均匀，使锅炉的启动停止速度受到限制；

(3) 由于锅筒直径及壁厚都较大，所以自然循环锅炉的金属消耗量较大；

(4) 由于蒸发受热面内工质的流速较低，易造成水冷壁的受热不均匀，水冷壁受热偏差或管内阻力的影响，导致个别或部分管子出现循环流动的停滞或倒流；

(5) 由于没有强制循环泵，降低了运行成本同时减少了故障点。

B 强制循环锅炉

(1) 由于装有锅水循环泵，其循环推力比自然循环锅炉大好几倍，锅炉受热面布置非常方便；一方面可用直径较小的管子做水冷壁，减少锅炉的金属消耗量；另一方面可以任意布置锅炉的蒸发受热面，管子直立、平放都可以，使锅炉的形状和受热面都可以采用比较好的布置方案；

(2) 蒸发受热面内工质可以采用较高的质量流速。强制循环锅炉的循环倍率可以比自然循环锅炉小一些，循环水流量减小，流动阻力减小；因而可用锅水循环泵来充分克服汽水分离设备的阻力，可以选用蒸汽负荷较高、阻力较大的旋风分离装置，充分利用离心分离的效果，可以减少汽水分离器的数量和尺寸。因而可以采用较小的锅筒直径，锅筒壁厚也相应减小；

(3) 由于蒸发受热面内工质保持较高的质量流速，可使循环稳定，蒸发受热面内受热较弱的管子不易发生循环停滞或倒流循环故障；

(4) 在锅炉启停期间，由于可以利用水的强制流动，从而使各承压部件得到均匀的加热或冷却，因而可以提高升降负荷的速度，缩短锅炉的启停时间；

(5) 由于增加了强制循环泵，不但增加了锅炉的运行费用，而且锅水循环泵长期在高温和高压下运行，增加了设备的故障点。

3.2.7.4 自然循环锅炉启动介绍

由于自然循环锅炉启动相对复杂，特做如下介绍：

A 启动前的检查

启动前的常规检查内容包括：热工仪表的检查和校验，所有辅机传动机构正常，热力系统已处于完整备用。

B 锅炉上水

在完成启动前的检查与准备工作后，即可进行锅炉上水操作。冷态启动时，锅筒的金属温度接近室温，上水的温度应不高于90℃；热态启动时的上水温度与锅筒的金属温度差应不大于40℃。上水至锅筒水位计的最低可见水位。

C 锅炉的升温升压

由于水和蒸汽在饱和状态下温度和压力存在一定的对应关系，所以锅筒和水冷壁的升压过程就是升温过程。通常以控制升压的速度来控制升温的速度。

在锅炉升压的过程中，工况变动频繁，都会对锅筒的水位产生不同程度的影响，锅水升温、汽化，体积膨胀，会使锅筒水位逐渐升高；同时为了使水冷壁受热均匀，通常还要进行锅炉下部放水，会使锅筒的水位下降，需要根据锅筒水位调整给水量。随着锅炉气温气压逐渐加速升高、产汽量增加，需要及时增加给水量，以防止水位下降。当锅炉负荷上升到一定的数值而且水位比较稳定后，即可投入给水自动调节。

3.2.8　锅炉锅筒水位测量

3.2.8.1　锅炉锅筒水位测量的重要性

保持锅炉锅筒水位在正常范围内是锅炉运行的一项重要的安全性指标。由于负荷、燃烧工况及给水流量的变化，锅筒水位会经常变化。水位过高或急剧波动会引起蒸汽品质恶化和带水，造成受热面结盐，严重时会导致汽轮机水冲击、振动、叶片损坏；水位过低会引起排污失效，炉内加药进入蒸汽，甚至引起下降管带汽，影响锅水循环工况，造成大面积爆管。

3.2.8.2　锅炉锅筒水位测量的基本要求

（1）准确性好；
（2）可靠性高；
（3）维护性好。

3.2.8.3　锅炉锅筒水位测量的方法分析

A　连通管式锅炉锅筒水位计

连通管式锅炉锅筒水位计结构简单，显示直观。它是利用水位计中的水柱与锅筒中的水柱在连通管处有相等的静压力，从而可以用水位计中的水柱高度来间接反映锅筒中的水位，因此也称为重力式水位计，其水位称为重力水位。连通管式水位计的显示水柱高度 H 可按照下式计算：

$$H' = \frac{l_w - l_s}{l_a - l_s} H$$

式中　　H——锅筒实际水位的高度；

H'——水位计的显示值；

l_w——汽包内饱和水密度；

l_s——汽包内饱和蒸汽密度；

l_a——水位计测量管内水柱的平均密度。

B　差压式锅炉锅筒水位计的原理

差压式水位计是通过把水位高度的变化转换成差压的变化来测量水位的，因此，其测量仪表就是差压计。差压式水位计准确测量锅筒水位的关键是水位与差压之间的准确转换，这种转换是通过平衡容器形成参比水柱来实现的。最常用的是通过单室平衡容器下的参比水柱形成差压来测量锅筒水位。

3.2.8.4　锅炉锅筒的给水控制系统

A　锅炉锅筒给水控制的任务

锅筒水位是影响锅炉安全运行的非常关键的因素。当锅筒水位过高，锅筒内容纳蒸汽的空间就变小，不利于蒸汽产生。并导致蒸汽带水增多，含盐浓度增大，从而加剧在过热器管道内及汽轮机叶片上的结垢，影响传热效率，严重时甚至会损坏汽轮机。当锅筒水位过低，蒸汽发生量小，因而过热器管道内的蒸汽流量偏小。一般锅炉的高温烟气量保持恒定，不能同步减少，这样就会使过热器管壁过热而爆管。此外，锅筒给水量不应剧烈波动。如果给水调节不好，频繁的给水波动，将冲击省煤器管道，降低锅炉寿命。总之，给水控制系统的任务就是保证给水流量适应于锅炉蒸发量的要求，维持锅筒水位在合适的范围内，以保证干熄焦装置的安全运行。

B　锅炉锅筒给水调节对象的动态特征

锅筒水含有大量蒸汽气泡，而气泡的总体积是随着锅筒内的压力和炉膛热负荷的变化而改变的。如果气泡的总体积发生变化，此时即使锅炉的给水总量没有改变，锅筒水位也会随之变化。引起锅筒水位变化的主要原因是给水量 W，锅炉蒸发量 D。

给水流量扰动下的锅筒水位变化动态特性：

在锅炉工况稳定的状况下，当给水量 W 发生阶跃扰动时，锅筒水位 H 的响应曲线可以用图3-9说明。从物质质量不变的理论出发，当加大了给水量，锅筒水位应上升，水位的相应曲线如图中的 H_1 所示。但实际情况并非如此，这是由于给水温度低于锅筒内的饱和水温度，给水进入锅筒内吸收了饱和水中的一部分热量，使锅筒内的水温有所下降，从而使水面以下的气泡数量减少，气泡占据的空间减小，进入锅炉内的水首先填补因气泡减少而降低的水位。气泡对水位的影响可以利用图中的

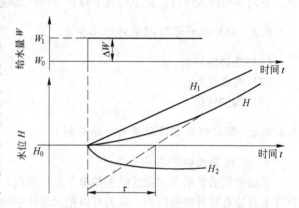

图3-9　给水量扰动下的锅筒水位变化动态特性

H_2 曲线表示。锅筒水位的实际响应曲线是 H_1 和 H_2 的综合 H_0。从图中可以看出水位的响应过程，有一段迟延时间 t，给水的过冷度越大，纯迟延时间也越长。

如图3-10所示，当蒸汽耗量突然增多，蒸发量高于给水量，锅筒内物质平衡状态被改变，锅筒水位无自平衡能力，使得水位下降，如图3-9中的 H_1 所示。另一方面，由于耗汽量的增加，锅筒内的气泡增多。同时由于锅炉的其他工况未变，所以锅筒内压力下降，使

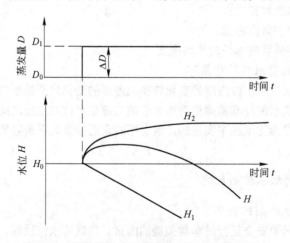

图3-10　蒸发量扰动下的锅筒水位变化动态特性

水面以下的蒸汽气泡膨胀，气泡占据的空间增大，而导致锅筒水位上升，如图 3-9 中的 H_2 所示。蒸汽量阶跃扰动下，锅筒水位的实际响应曲线 H 是 H_1 与 H_2 之和。因此，在蒸汽量阶跃增加后的一段时间内水位不但不下降，反而明显上升。这种似乎异于常理的现象通常称为"假水位"现象。

C 锅筒锅炉给水自动调节系统

锅筒水位的调节手段（调节量）是给水流量，实现水位自动调节的原则性系统主要有单冲量给水调节系统、双冲量给水调节系统和三冲量给水调节系统。

4 干熄焦发电系统

干熄焦锅炉产生的蒸汽用来发电，实行热电联产是比较好的热能利用方式。目前大部分干熄焦装置均采用这一方式，即通过汽轮发电机将蒸汽的部分热能转化为电能。发电系统主要包括汽轮机部分和发电机部分。

4.1 汽轮机

汽轮机是将蒸汽的热能转换成机械功的旋转式动力机械。与活塞式能力机械相比较，汽轮机具有功率大、转速高、经济性好等显著优点，被广泛用于电力、冶金、石油化工等各个部门，作为原动机来驱动发电机、压缩机、鼓风机等工作机械。

4.1.1 汽轮机的典型结构

4.1.1.1 汽轮机本体的组成

前支座：前座架，前轴承座，径向轴承，推力轴承；
后支座：后座架，后轴承座，径向轴承；
转子：整锻轴，危急遮断器，棘轮，动叶环，联轴器，齿式联轴器；
此外还有危急保安装置，手动盘车装置，汽缸，前汽封，后汽封，蒸汽室，喷嘴环，导叶持环，调节气阀，速关阀，驱动组合，齿轮减速箱等。

4.1.1.2 热力系统

A 工作原理

汽轮机与锅炉之间的汽水循环系统即为汽轮机的热力系统，它是由凝汽冷却系统、疏水系统以及补水系统等组成的。

由锅炉来的过热蒸汽在汽轮机中逐级膨胀加速，蒸汽热能变为蒸汽动能。高速汽流作用于转子的叶片，推动叶轮连同转子高速旋转，又使蒸汽动能变为汽轮机主轴的机械能。汽轮机通过联轴器带动发电机，于是汽轮机轴上的机械能变为电能。做功后的乏汽压力、湿度均已降低，排至凝汽器中凝结成水，其体积急剧缩小，凝汽器中形成高度真空。凝结水通过凝结水泵送回锅炉供水系统。对凝汽器起冷却作用的循环水由循环水泵打入，在凝汽器中吸热后去冷却塔淋落散热冷却，再由循环水泵打入凝汽器，如此循环使用。

B 主要部件及其作用

排汽安全阀：保证排汽压力衡定。

排汽逆止阀：防止汽轮机卸负荷时从排汽管去热用户的蒸汽逆向流入汽轮机。

汽封冷却器：回收来自前后轴汽封的蒸汽，使之凝结成为水，供锅炉再使用。

凝汽设备：

（1）排入凝汽器内的蒸汽在一定压力下将凝结热量释放给冷却循环水，在凝汽器中形成一定的真空，增大蒸汽可用焓降，从而提高汽轮机的功率和循环热效率；

（2）将蒸汽凝结成水后回收，供锅炉再使用，可降低运行成本，提高经济效益，同时保证了蒸汽品质，减少了设备的腐蚀。

射水抽气器：减小汽轮机启动难度。

4.1.1.3 调节保安系统

调节系统主要由转速传感器、数字式调节器 Woodward 505、EH 抗燃油系统和调节汽阀组成。

本机的保安系统采用冗余保护。除了传统的机械—液压式保安装置外，还有电调装置、电超速保护。保安系统主要由危急遮断器、危急遮断油门、速关组合装置、速关阀、仪表监测系统、超速保护等组成。

A 调节系统

a Woodward 505 数字式调节器

该调节器是以微处理器为核心的模块化计算机控制装置，根据用户运行参数、条件编程组态，通过输入输出接口，接收、输出模拟量、开关量信号进行控制。

Woodward 505 同时接收来自两个转速传感器的汽轮机转速信号，并与转速给定值进行比较后输出执行信号（4～20mA 电流），通过伺服放大器传到调节阀油动机的电液伺服阀，使高压油进入油动机油缸，使活塞移动。

b 启动系统

当开车条件具备以后，用速关组合装置开启速关阀。只有当速关阀完全开启后，才允许 Woodward 505 启动汽轮机。

B 保安系统

保安系统包括机械液压保安系统和电气保安系统两部分。

4.1.1.4 机械液压保安系统及装置

A 机械液压保安系统功能

汽轮机超速9%～11%时，危急遮断器动作，使危急保安装置泄油，速关阀关闭，机组停机。

当汽轮机转子位移超过规定值时，危急遮断油门动作，切断保安油路。

按下速关组合装置上手动停机阀的手柄，可以使速关油泄掉，关闭速关阀。

B 保安装置

a 危急遮断器

危急遮断器为飞锤式结构，装在转子前端主油泵轴上。当汽轮机转速上升到109%～111%额定转速时，飞锤的离心力大于弹簧的压紧力，向外飞出，打脱危急遮断油门的挂钩，使危急遮断油门滑阀动作，切断保安油路。

待转速降低到102%额定转速左右时，飞锤复位。

危急遮断器可做在线动作试验。在汽轮机正常运行时，不需提升机组转速就可检查危急遮断器动作是否正常，由试验控制阀控制在线动作试验。

当危急遮断器动作转速不符合要求时，可转动危急遮断器顶部的调整螺母进行调整。

b 危急遮断油门

危急遮断油门装在前轴承座内，可接受危急遮断器动作信号或转子轴向位移动作信号，实现紧急停机。

当危急遮断器飞锤飞出时，将危急遮断油门前端的挂钩打脱，油门滑阀在弹簧力作用下移动，切断保安油路。

当汽轮机转子产生任一方向轴向位移时，主油泵轴上靠近挂钩处的凸肩将使挂钩脱扣，实现紧急停机。

c　速关阀

速关阀直接装在汽缸蒸汽室侧部，机组管路布置非常简捷。速关阀由油缸控制其启闭。油缸活塞杆与速关阀杆通过两半接合器连接起来。

为防止速关阀阀杆卡涩，速关阀可做活动试验。速关组合装置上试验阀用于在线试验速关阀是否卡涩，检验速关阀动作的灵活性。许用试验油压 $p_1 = 0.1081 + 0.685(p_2 - 0.1)\mathrm{MPa}$ ，其中 p_2 为速关油压实际值。如果实际试验值大于许用试验值 p_1 ，则说明有卡涩现象。

速关阀配有行程开关。

d　抽汽速关阀

抽汽速关阀是带液压控制的止回阀，防止抽汽管路蒸汽倒流回汽缸。抽汽阀上的油缸由保安油路上的单向阀控制启闭。在保安油压建立后，油缸使抽汽阀处于开启状态，抽汽管道蒸汽流动时，汽流力使止回阀碟开启。当保安系统动作后，单向阀使油缸内压力油泄掉，在油缸的弹簧力、阀碟自重和反向汽流的作用下，阀碟关闭。

e　速关控制装置

(1) 手动紧急停机。操纵手动停机阀，使控制油与回油接通，卸荷阀由于控制油压力下降迅速开启，这时速关油与回油接通，速关油压力下降使速关阀迅速关闭。同时，调节油切换阀动作切断通往抽汽速关阀的控制油，使抽汽速关阀迅速关闭。

(2) 电动紧急停机。电磁阀或电磁阀接受信号电源（手动或远程自动），根据用户需要，可以设计为常开(NO)状态或常闭(NC)状态。

在常开（NO）状态时，电磁阀不带电，高压油经电磁阀通向停机卸荷阀活塞中，油压力克服弹簧力使阀处于关闭状态。当接通电源信号后，电磁阀动作并切断通向停机卸荷阀的控制油源，这时控制油与回油接通，卸荷阀开启，速关油泄压，速关阀迅速关闭。切换阀动作切断通往抽汽速关阀的控制油，使抽汽速关阀迅速关闭。

常闭(NC)状态时，电磁阀带电，高压油经电磁阀通向停机卸荷阀活塞中，油压力克服弹簧力使阀处于关闭状态。当切断电源信号后，电磁阀动作并切断通向停机卸荷阀的控制油源。这时控制油与回油接通。卸荷阀开启，速关油泄压，速关阀迅速关闭。切换阀动作切断通往抽汽速关阀的控制油，使抽汽速关阀迅速关闭。

(3) 速关阀在线试验。速关阀在线试验阀是三位阀，平常不工作时滑阀处于中间位置。当旋转速关阀在线试验阀手轮时，试验油经"H1 或 H2"接口流向速关阀"H"接口，油压使试验活塞产生一个压力，试验活塞将推动阀杆活塞——弹簧模块沿关闭方向移动一个试验行程，然后反方向旋转试验阀手轮，滑阀恢复到中间位置，试验活塞的油与回油接通，这时速关阀恢复到正常工作位置。

速关阀在线试验时，逆时针旋转试验阀手轮使"H1"接口通油检查一个速关阀，顺时针旋转试验阀手轮使"H2"通油检查另一个速关阀。用户只有一个速关阀时，可选用其中一个接口。

(4) 建立启动油。高压油经启动阀变为启动油，经装置"F"接口与速关阀活塞上腔连通。

启动阀是两位阀。在停机状态时，启动阀处于启动油路和回油接通的位置，启动油不能建立。启动时，顺时针旋转启动阀手轮，启动阀在弹簧力作用下将滑阀向上移动到另一位时，这时高压油经启动阀变为启动油从"F"接口通向速关阀活塞上腔，将速关阀活塞压向活塞盘。同时启动油从"M"接口通向危急保安装置使之挂钩。该功能不用时，可将"M"接口堵住。

（5）建立速关油。由危急保安装置来的油由"G2"接口通入，经关闭阀流入速关阀活塞盘下腔。

关闭阀是两位阀。在停机状态时，使关闭阀处于速关油路与回油接通的位置，速关油不能建立。

当启动油压建立后，逆时针旋转关闭阀手轮，滑阀随之在弹簧力作用下向上移动到另一位。这时速关油路与"G"油路接通，速关油建立。速关油从"E"接口通入速关阀活塞盘下腔。

（6）开启速关阀。速关油建立后，再逆时针缓慢旋转启动阀手轮，使启动油与回油接通，启动油经可调节流孔（可调节流孔设置在中间板上）回至油箱，启动油压下降，速关阀慢慢开启。通过调节阀调整节流孔的开度，可以调整速关阀的开启时间。

（7）停机（手动）。停机是操纵关闭阀进行的。顺时针旋转关闭阀手轮，使速关油与回油接通，速关油压力下降，速关阀在弹簧力作用下自动关闭。关闭阀恢复到停机状态。与此同时，启动阀也处于停机状态中。启动阀停机状态与运行状态是一致的。

（8）抽汽模块。进入抽汽模块的高压油是从启动模块内部供给的，高压油经切换阀变为抽汽速关阀的控制油，由 E11 接口用外管路接至抽汽速关阀。

由组合模块来的速关油经电磁阀控制切换阀的动作；正常工作时，电磁阀不带电，速关油经电磁阀通向切换阀活塞中，油压力克服弹簧力使切换阀处于通油状态，高压油经切换阀去开启抽汽速关阀。当电磁阀接通电源信号后，电磁阀动作切断通向切换阀的控制油源，切换阀动作切断通往抽汽速关阀的控制油，使抽汽速关阀迅速关闭。

（9）危急遮断器试验控制模块。试验滑阀的作用是在汽轮机正常运行期间，在不提高运行转速，不中断运行的情况下检验危急保安器动作是否正常。

通常，机组运行时，一旦危急保安器动作，必然引发危急遮断油门脱扣，致使速关阀关闭、机组紧急停机。不过，在接装有危急保安器试验器滑阀的机组中，在运行转速范围内进行危急保安器动作试验时，危急保安器及遮断油门动作，但速关阀状态并不发生改变，因此机组不会中断运行。在试验结束、试验滑阀复位后，如机组出现超速，使危急保安器动作，则与不配置试验滑阀的情况一样，油门脱扣、速关阀关闭，使机组紧急停机。

图 4-1 是机组正常运行时试验滑阀的油路图，它与图 4-2 的状态相对应。压力油从接口 P 进入壳体，滑阀在油压作用下被推至图 4-1 所示正常运行位置，这时 P—A 及 E_1—E_2 是通路，如图 4-2 中"e"框所示，压力油经试验滑阀通向危急遮断油门。

而后速关油从危急遮断油门经试验滑阀从 E_2 接口通向启动调节器及速关阀。要做试验时，先缓慢下压手柄，在位移被限定后继续按住手柄，这时滑阀处于图 3 中 b 位置，P—A 仍为通路，而 E_1—E_2 被阻断，不过这时滑阀中心轴向孔及径向油槽将 A 与 E_2 接通，虽然危急遮断门不再向下游输出速关油，但由于压力油绕开危急遮断油门通向启动调节器，所以危急遮断油门、速关阀均保持正常工作状态。接着顺时针方向缓慢转动手轮，手轮螺柱顶着滑阀下移到"a"，相应压力油从滑阀中心孔经上部槽道的 4 个半圆形窗口与 H 油口接通使试验油通过管路连接件从转子中心孔进入危急保安器，随着手轮缓缓转动试验油油路有控制的建立起压力，这时注意观测试验油压力表的示值，当油压上升至某一值（见附注）时，尽管机组未升速，但危急保安器飞锤在油柱离心力作用下击出使危急遮断油门脱扣（以危急遮断油门脱扣作为危急

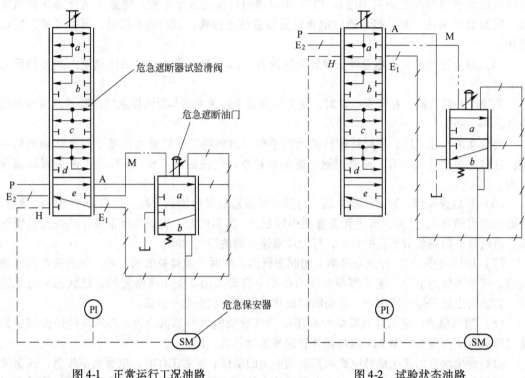

图 4-1　正常运行工况油路　　　　　　　　图 4-2　试验状态油路

保安器飞锤击出的判断依据），这时虽然危急遮断油门已动作，但 P—E₂ 仍是通路，故速关阀不受干扰，机组维持正常运行。

　　油门动作后，应立即反时针方向旋转手轮，即退回到"b"的位置，切断试验油使危急保安器复位，之后松开手柄，滑阀在油压力作用下自行上移，由于在滑阀和盖之间有液压阻尼区，所以滑阀的上行受到延缓，其复位速度可由壳体侧面的调节螺钉控制，滑阀的复位时间为 10～20s。手柄松开后滑阀的复位过程，也就是由"b"到"e"的过程中，滑阀在"c"、"d"位置时，压力油与开关油接通，经 M 接口通向危急遮断油门，使其自动复位。试验结束系统恢复到正常运行状态。

　　附注：试验时飞锤击出的油压值是对比参照值，而不是规定值。在运行范围内的不同转速做试验时测得油压值是不同的，因此试验尽可能在相同转速工况下进行，如相邻两次试验测得试验油压一致，则表明危急保安器状态正常。机组投运后第一次试验时可用出厂试验时数据为参照值，也可另行测定，确定新的基准。

4.1.1.5　电气保安系统

　　电气保安系统由仪表监测系统、电调节器超速保护、电磁阀等组成。

　　A　仪表监测系统

　　该系统是以微处理器为核心的模块化仪表系统。由双通道的转速监测器、振动监测器、轴位移监测器、差胀监测器、系统监测器及电源组合而成。所有模块装于标准框架内。本系统采用可靠的微处理机技术，具有自检程序、容错硬件、计算机通信、独立可调报警设置等特点，对机组的转速、振动、轴位移、差胀提供可靠的保护。监测点超限时，可及时发出报警或使电磁阀动作，切断保安油路。

B　三选二电超速保护

ZT2000-3 电子智能超速保护装置是采用微机控制的智能化仪器。它由三个电源和三个单元的速度检测模块组成，每个速度检测模块都是一个微处理器自动控制系统。各自有独立的输入按键、数据输出显示器、状态指示灯和超速自检的转速信号发生器。

该装置在运行期间，每个单元都监视着各自的超速条件并保存最高转速记录且有自动刷新和手动清除最高转速的功能。如果有超速发生，本单元将会发出报警和跳闸信号，同时相应的超速和跳闸指示灯亮。如果三个单元中有两个以上单元发出跳闸信号，装置最终将激发继电器的触点输出，使旋转机械跳闸停机。

C　电磁阀

电磁阀接受来自保护系统的停机信号，立即切断速关油路，关闭速关阀。

4.1.2　油系统

本机调节系统和润滑系统为两个独立的油系统，调节系统采用高压抗燃控制油。

4.1.2.1　调节系统油系统

高压抗燃油 EH 系统采用具有良好抗燃性和稳定性的膦酸酯抗燃油作为工作介质，由独立的供油装置供油。系统工作压力范围为 14～10.5MPa。油温范围为 35～45℃。运行时，工作介质的清洁度必须达到 NaS6 级或优于 NaS6 级。

高压抗燃油 EH 系统主要由供油装置、电液伺服油动机、高压蓄能器组件、低压蓄能器、高压滤油器组件以及就地仪表、管路附件等液压部套组成。高压抗燃油 EH 系统接受电调装置发出的指令，完成驱动阀门、调节阀门开度以及快关阀门等任务。

该系统采用高压抗燃油，大大提高了调节系统的调节性和安全性，对防止机组发生火灾事故有着极其重要意义。

A　抗燃油供油装置

供油装置为 EH 系统各执行机构提供符合要求的高压工作介质。

a　供油装置主要参数及组成

主要参数：油箱总容积 250L；

泵的额定排量 10mL/r；

电动机 4kW/380V AC/三相；

加热器 2.4kW/380V AC/三相；

冷却器 4m²；

高压滤油器过滤精度 10μm；

低压回油滤油器过滤精度 3μm。

供油装置采用集装式结构，主要部件包括不锈钢油箱、油泵、安全阀、（高压）滤油器块组件和回油滤油器、油冷却器和加热器、空气滤清器、液位计、各种阀门以及必备的监视仪表等。

本装置采用双泵冗余，互为主备，并采用间歇运行控制方式，以提高供油系统的可靠性和提高泵的寿命。两台油泵布置在油箱的下方，以保证正的吸入压头、改善油泵吸入条件。

注意，在启泵前，务必详细阅读油泵资料。

每个油泵出口都安装一个溢流阀作为安全阀，用于保护系统的安全运行。在系统压力油路上设有先导式电磁溢流阀，起到过压保护作用。配置卸荷电磁阀旨在油冷却、油加热以及注油过程中使泵空载进行油循环,使之均匀冷却、加热以及过滤;并保证油泵卸荷启动。

油泵出口装有高压滤油器组件,以保持供油清洁;系统回油亦经低压回油过滤器组件流回油箱。滤油器的压差报警值为0.35MPa(具备远传和现场指示功能)。二者设计具有在线更换滤芯的功能。

数字温度控制器由标准热电阻Pt100和二次仪表组成。二次仪表采用数字显示控制仪WP-C904-02-09-HHLL,其主要技术参数如下:

输入信号　　　　标准热电阻Pt100(-99.9~199.9℃);

控制方式　　　　位式ON/OFF带回差;

输出信号　　　　模拟量/4~20mA(负载电阻≤500Ω),一路开关量/固态继电器SSR输出,
　　　　　　　　6~24V/30mA,四路触点容量AC 220V/3A,DC 24V/6A(阻性负载);

供电电压　　　　AC 220V;

环境温度　　　　0~50℃。

除此之外,供油装置还配置:电加热器、水冷却器、空气滤清器、逆止阀和球阀、用来监控供油系统运行工况的就地仪表以及电气端子箱等。

b　功能元器件整定值

泵出口溢流阀(两件)——设定值:16±0.2MPa;

电磁溢流阀(一件)——设定值:16±0.2MPa;

压力开关PS1—设定值:9.5±0.2MPa(降)——抗燃油油压低,停机;

压力传感器PT—设定值:0~25MPa——传感器输出电流为4~20mA,并由PLC设定逻辑点如表4-1~表4-3所示。

表4-1　压力开关整定值

压力开关	设　定　值	备　注
PS2(压力高)	14±0.2MPa(升)	压力高,停泵
PS3(压力低1)	10.5±0.2MPa(降)	压力低,启油泵向系统供油
PS4(压力低2)	10±0.2MPa(降)	压力低,启备泵
PS5(压力低3)	9.8±0.2MPa(降)	压力低,报警
PS6(压力低)	9.5±0.2MPa(降)	压力过低,停机

表4-2　温度开关整定值

温度开关	整定值	备　注	温度开关	整定值	备　注
TS5(油温高)	55℃(升)	油温高报警	TS2(油温高)	35℃(升)	切加热器
TS4(油温高)	45℃(升)	投冷却水	TS1(油温低)	25℃(降)	投加热器
TS3(油温低)	35℃(降)	切冷却水			

表4-3　液位开关设定值

液位开关	整定值	备　注	液位开关	整定值	备　注
FL(1)(油位低)	240mm(降)	报　警	FL(2)(油位低)	160mm(降)	禁启油泵,停机

B　EH油动机

液压伺服执行机构采用了一台双侧进油的双作用伺服型油动机,从系统安全性考虑,油动机上伺服阀零偏已在出厂前调整好,确保伺服阀失电/信号时,阀门能可靠关闭,以保证机组

的安全。

　　a　EH 油动机组成及说明

　　油动机由油缸、集成块、伺服阀、插装阀、位移传感器、单向阀及测压接头等组成。伺服阀（DDV 阀）具有机械零位偏置，当伺服阀失去控制电源和信号时，油动机能关闭（安全方向）。

　　油动机的油缸为双侧进油的双作用缸。

　　油缸参数如下：缸　　径　　$\phi100$

　　　　　　　　　活塞杆径　　$\phi50$

　　　　　　　　　行　　程　　120

　　b　EH 油动机功能

　　（1）控制阀门开度

　　在机组挂闸后，快关电磁阀 1YV 保持失电状态，压力（控制）油通过集成块上的节流器（$\phi0.8$）进入插装阀上腔，在插装阀上腔建立起安全油压，使插装阀关闭。油动机工作准备就绪。

　　DEH 送来阀位控制信号通过伺服放大器传到调节阀油动机的电液伺服阀，使高压油进入油动机油缸，使活塞移动。由于位移传感器（LVDT）的拉杆和活塞连接，活塞移动便由位移传感器产生位置信号，该信号经解调器反馈到伺服放大器的输入端，直到与阀位指令相平衡时活塞停止运动。此时蒸汽阀门已经开到了所需要的开度，完成了电信号—液压力—机械位移的转换过程。随着阀位指令信号变化，油动机不断地调节蒸汽阀门的开度。

　　（2）实现阀门快关

　　机组正常工作时油动机集成块上安置的插装阀阀芯将负载压力、回油压力和安全（控制）油压力分开。在紧急情况下需要关闭阀门时，安全系统动作，快关电磁阀得电，安全油压被卸掉，插装阀打开，使高压油进入油缸下腔（无杆腔），使活塞上升，油动机迅速关闭，从而实现阀门快关。

　　C　辅助装置

　　高压抗燃油 EH 系统的辅助装置有高压滤油器、低压回油滤油器、高压蓄能器、低压蓄能器等。

　　a　高压滤油器

　　本机组调节保安系统共配有两套高压滤油器，一套安装在供油装置上，另一套安装在供油装置与油动机总成以及高压蓄能器组件之间的管路上，以保证进入电液伺服阀的高压抗燃油保持清洁。

　　（1）高压滤油器主要由滤筒、滤芯、截止阀、压差指示器和集成块组成；

　　（2）滤芯的名义过滤精度为 $10\mu m$；

　　（3）当滤芯前、后压差达到 0.35MPa 时，压差指示器报警，滤芯需更换；

　　（4）滤芯前、后截止阀及旁路截止阀的设置可实现滤芯的在线更换。

　　注意，在正常工作状态以及油循环冲洗时，旁路截止阀处于关闭位置。

　　b　低压回油滤油器

　　低压回油滤油器集成在供油装置上，详见供油装置部分的介绍。

　　c　高压蓄能器

　　高压蓄能器与供油装置上的油泵一起构成 EH 系统的液压动力源，共同维持系统工作压力在正常范围之内。一般地，高压蓄能器的布置尽量靠近电液油动机，用来补充系统瞬间增加的耗油及减小系统油压脉动。

（1）冗余设计；

（2）采用皮囊式蓄能器，皮囊材料为丁基橡胶；

（3）蓄能器规格：2×25L；

（4）蓄能器预充氮压力一般为9.5MPa；

（5）高压蓄能器组件配置隔离阀和排放阀，便于蓄能器的在线维修。

注意，在正常工作状态时，排油截止阀处于关闭位置。其中压力表指示的是油压而不是充气压力。

d　低压蓄能器

低压蓄能器是用来在遮断状况发生时，吸收瞬间增加的排油，防止排油背压过高。低压蓄能器布置尽量靠近电液油动机。

低压蓄能器为弹簧式蓄能器，共1组，容量为2.5L，蓄能器预压缩压力0.2MPa。它通过一个三通球阀与油动机的有压回油管路和供油装置的有压回油管路相连接。正常工作时，三通球阀处于三个油口都接通的位置（见球阀上的指示），需在线检修时，可扳动手柄使低压蓄能器与有压回油管路隔离，同时使油动机的有压回油口与供油装置的有压回油口直接接通（见球阀上的指示）。

注意，在任何状态下，都不能使油动机的有压回油与供油装置回油口隔离开来。

4.1.2.2　润滑油系统

A　概述

本机组采用集中供油方式的供油装置。油箱、辅助油泵、事故油泵、盘车油泵、冷油器、滤油器及吸油喷射管和有关管路配件集装在一公共底盘上，安装在平台上。

供油装置分别提供压力油和润滑油。

压力油：在正常情况下，压力油由汽轮机主轴上的主油泵供给，在启、停机过程中由辅助油泵供给。

压力油主要有以下作用：

保安：通过保安系统，作为速关阀和抽汽速关逆止阀动作的动力油，可实现对机组的保护。

吸油喷射管引射油：因主油泵没有自吸能力，为使主油泵进口维持一定正压，需要用吸油喷射管，该装置为一个装于油箱内的液压喷射泵，压力油从其喷嘴中高速流出的同时，也从油箱中抽吸一部分油量，它们混合后引到主油泵进口腔室。

润滑油：压力油经节流、冷却及过滤后形成润滑油，供各轴承润滑和冷却。

B　主要部件

（1）主油泵。主油泵与汽轮机转子直联，由注油器供油。油泵轴上的浮动环在安装时注意顶部的定位销不可压住，应保证浮动间隙。

（2）辅助油泵。该泵为交流低压电动油泵，用于机组启动时供油。机组启动后，当主油泵油压大于启动油泵油压时，启动油泵应自动关闭。

（3）盘车油泵。该泵为交流低压电动油泵，用于机组盘车时供油。

（4）事故油泵。该泵为直流低压电动油泵，用于交流电源失掉，交流电动油泵无法工作时，供润滑油。

（5）顶轴油泵。该泵为高压叶片泵，用于机组盘车时向顶轴系统供油。

由润滑系统来的顶轴油，经滤油器进入顶轴油泵，升压后，经各支管到径向轴承下半轴瓦上的顶轴油囊。各轴承之前装有逆止阀和节流阀，用节流阀可以调整转子顶起高度。

投入盘车时，必须先开启顶轴油泵，并确信顶轴油压符合要求。汽轮机冲转后，转速超过200r/min，可停下顶轴油泵。

（6）冷油器。供油装置集成一套双联冷油器。

（7）滤油器。供油装置集成一套双联冷油器。

（8）油箱。

1）油箱除用以储存系统用油外，还起分离油中水分、杂质、清除泡沫作用。

2）油箱顶盖上除了装有注油器外，还设有通风泵接口和空气滤清器。

3）在油箱的最低位置设有放水口，可将油箱内分离出来的水分和杂质排出，或接油净化装置。

4）对油箱的油位，可通过液位计进行监视和就地显示。

5）在油箱的侧部，装有加热器，可对油箱内的油加温。

4.1.3　汽水系统

4.1.3.1　主蒸汽系统

自锅炉的主蒸汽经隔离阀，速关阀进入汽轮机蒸汽室，然后由调节汽阀控制进入汽轮机通流部分做功。蒸汽膨胀做功后，乏汽排入空冷器凝结成水，由凝结水泵泵出后，至除氧器。排气装置上装有排汽安全阀，当排汽装置内压力过高时，可直接自动向空排放。

4.1.3.2　凝汽系统

凝汽系统主要包括凝汽器、射水抽气器、凝结水泵等。汽轮机排汽在凝汽器内凝结后，汇集到热井中，由凝结水泵升压，经轴封冷却器进入除氧器；除氧后再由给水泵升压，经高压加热器进入锅炉。

由射水抽气器维持凝汽器内真空。

（1）凝汽器。本机配一台二流程二道制表面式凝汽器。凝汽器水侧分为两个独立冷却区，当凝汽器水侧需检修或清洗时，可在机组减负荷的情况下分别进行。水室端盖上还设有人孔，便于检查水室的清洁情况。本机凝汽器具有低的汽阻及过冷，在进汽区及空气冷却区采用了特殊冷却管，使凝汽器具有较长的使用寿命。

（2）射水抽气器。本机采用长喉管射水抽气器，抽气效率高，能耗低，噪声小，结构简单，工作可靠。

（3）凝结水泵。本机采用两台6N6凝结水泵，正常情况下，一用一备。

4.1.3.3　回热系统

本机设有一级除氧回热抽汽，可供除氧用汽。

4.1.3.4　汽封系统

前汽封一段、二段漏汽接汽缸，三段漏汽接均压箱，四段漏汽接轴封冷却器。

后汽封一段封汽接均压箱；二段漏汽接轴封冷却器。

（1）均压箱。用于向汽轮机两端轴封供给密封蒸汽，均压箱内压力由进汽口和出汽口处的压力调节阀维持在 0.103 ~ 0.13MPa(绝)。

（2）轴封冷却器。用于回收轴封漏汽，防止轴封漏汽进入轴承座内。轴封冷却器内压力由机械泵维持在 0.097 ~ 0.099MPa(绝)。

4.1.3.5　疏水系统

汽轮机本体疏水、抽汽管路疏水按压力等级不同，疏至疏水膨胀箱。疏水在膨胀箱内扩容后，蒸汽进入凝汽器顶部，疏水至凝汽器底部。

4.1.4　设备型号及设计参数

4.1.4.1　主要技术数据

主要技术数据见表4-4。

表4-4　汽轮机主要技术数据

参　数		单　位	数　值
产品代号			HS5051
产品型号			N25-8.82
额定功率		MW	25
经济功率		MW	25
最大功率		MW	25
额定转速		r/min	3000
旋转方向			顺时针(顺气流)
额定进汽压力及变化范围		MPa	$8.83^{+0.196}_{-0.294}$(绝对)
额定进汽温度及变化范围		℃	535^{+10}_{-15}
冷却水温	正　常	℃	27
	最　高	℃	33
额定排汽压力		MPa	0.0075(绝对)
给水回热级数			CY
给水温度		℃	104
临界转速		r/min	1917
额定转速时轴承座振动值（全振幅）		mm	≤0.025
临界转速时轴承座振动值（全振幅）		mm	≤0.15
转动惯量		kg·m²	1450
汽轮机本体重量		t	66
汽轮机安装时最大件重量		t	30
汽轮机检修时最大件重量		t	30
转子重量		t	14.3
汽轮机外形尺寸（运行平台以上）		m	$7.230 \times 4.450 \times 2.820 (L \times W \times H)$
汽轮机中心标高（距运行平台）		m	0.75

4.1.4.2 调节保安润滑系统参数

调节保安润滑系统参数见表4-5。

表4-5 调节保安润滑系统

参　数	单位	数　值	参　数	单位	数　值
转速不等率	%	约4	轴向位移保安装置动作时转子相对位移值	mm	1.5
同步范围	%	-4 ~ +6	高压油动机有效行程	mm	140
主油泵压增	MPa	1.0	EH 抗燃油系统工作压力范围	MPa	14 ~ 10.5
电调超速保护	r/min	3240	润滑油压	MPa	0.08 ~ 0.12
危急遮断器动作转速	r/min	3270 ~ 3330	顶轴油压	MPa	>11
仪表超速保护	r/min	3360			

4.1.4.3 热力特性汇总

热力特性汇总见表4-6。

表4-6 热力特性汇总

项　目		单　位	额定工况（有除氧）	额定工况（无除氧）	正常工况（有除氧）	正常工况（无除氧）
电功率		MW	25.5	25.95	23.3	23.7
汽耗		kg/(kW·h)	3.38	3.324	3.384	3.337
热耗		kJ/(kW·h)	10829	10995	10848	11016
主蒸汽压力		MPa(a)	8.83	8.83	8.83	8.83
主蒸汽温度		℃	535	535	535	535
汽机进汽量		t/h	86.3	86.3	79	79
除氧抽汽	压　力	MPa(a)	0.294		0.268	
	温　度	℃	167		163	
	流　量	t/h	3.6		3.284	
除氧进水温度		℃	80	80	80	80
排汽压力		MPa(a)	0.0075	0.0075	0.0075	0.0075
排汽流量		t/h	82.7	86.3	75.716	79
给水温度		℃	104	104	104	104

4.1.4.4 主要辅助设备

主要辅助设备见表4-7。

表 4-7 主要辅助设备参数

设 备	参 数		单 位	数 值	设 备	参 数		单 位	数 值
主油泵	台 数		台	1	电加热器	功 率		kW	8×6
	压 增		MPa	1.0		电 压		V	220AC
	流 量		L/min	1500	汽封冷却器	型 号			LQ-0160-1
辅助油泵	型 号			80YL-100A		台 数		台	1
	台 数		台	1		传热面积		m²	16
	压力(扬程)		m	约100		冷却蒸汽量		kg/h	600
	流 量		m³/h	50		蒸汽温度		℃	320
	电动机	功 率	kW	37		冷却水量		t/h	60
		电 压	V	380AC	风机	风机	型 号		CQ4-J
交流事故油泵	型 号			2CY18/3.6			排风量	m³/h	1800
	台 数		台	1			功 率	kW	1.1
	压 力		MPa	0.36			电 压	V	380AC
	流 量		m³/h	18	凝汽器	型 号			N-2000
	电动机	功 率	kW	5.5		型 式			二流程二道制表面式
		电 压	V	380AC		冷却面积		m²	2000
直流事故油泵	型 号			2CY18/3.6		蒸汽压力		MPa	0.0075（绝对）
	台 数		台	1		蒸汽流量		t/h	83
	压 力		MPa	0.36		冷却水量		t/h	5600
	流 量		m³/h	18		冷却水温		℃	27
	电动机	功 率	kW	5.5		水 阻		MPa	0.027
		电 压	V	220DC		冷却水压力(max.)		MPa	0.03(表)
顶轴油泵	型 号			YB1-E32		管子材料			HSn70-1A、BFe30-1-1
	台 数		台	1		管子规格		mm	φ25×1.5、φ25×1.0
	压 力		MPa	16		无水时净重		t	约40.3
	排 量		mL/r	32	射 水	型 号			CS₁-20-4
	电动机	功 率	kW	10.5		台 数		台	2
		电 压	V	380AC		抽气量		kg/h	20
双联冷油器	型 号					水 温		℃	33
	台 数		台	1		水 压		MPa	0.43
	冷却面积		m²	40×2		射水泵型号			IS150-125-400
双联滤油器	流 量		m³/h	38		功 率		kW	45
	过滤精度		μm	25		扬 程		m	46
油 箱	容 积		m³	6.3		流 量		m³/h	240
排油烟机	型 号			AYF-250-1.1		水 箱		m³	11
	台 数		台	1	胶球清洗装置	规 格			DN-700
	电动机	功 率	kW	1.1		数 量		台	1
		电 压	V	380AC					

4.1.4.5 汽缸法兰螺柱热紧值

汽缸法兰螺柱热紧值见表4-8。

表 4-8 汽缸法兰螺柱热紧值

螺柱规格	螺母外径 D/mm	法兰厚度 H/mm	螺母转角 α/(°)	转动弧长 L/mm
M100×4×380	145	275	45.69	57.82
M76×4×380	110	275	45.69	43.86
M64×4×260	95	185	27.66	22.93

4.1.5 汽轮机操作

4.1.5.1 汽轮机启动前各系统的检查

A 油系统的检查

(1) 启动辅助油泵，缓慢开冷油器入口油门，开油侧放空气门，见油后关闭，入口油门缓慢全开，出口油门缓慢全开，润滑油滤网放净空气，倒至单侧运行，进行油循环，注意主油箱油位变化，是否有漏油点，油压、油温调整至正常，必要时投入冷却水；

(2) 投入低压油保护；

(3) 投入电控油泵，电控油滤网倒至单侧；

(4) 投入盘车装置，投入排油烟机；

(5) 检查速关阀、调速汽门在全关闭位置，检查高压油管道、法兰不漏油；

(6) 做低油压报警试验、油压联动各泵试验以及低油压保护试验。

B 循环水系统的检查

(1) 循环水系统已开启投入正常；

(2) 稍开凝汽器两侧循环水出口门，注意凝汽器水侧压力不得超过0.25MPa；

(3) 检查凝汽器人孔门是否漏水，凝汽器水侧放空气门见水后关闭；

(4) 全开两侧凝汽器循环水出口门；

(5) 根据需要投入冷油器水侧，发电机空冷器水侧，电液控制油水侧，中压给水泵冷却水。

C 凝结水系统的恢复

(1) 开启除盐水补水门，向凝汽器补水至正常水位；

(2) 凝结水系统电动门送电，两台凝结水泵送电试转良好；

(3) 开启一台凝结水泵，稍开出口门，凝结水系统充水放净空气，后全开泵出口门；

(4) 开凝结水再循环门打循环（机组正常运行后再关闭循环门），可根据需要向除氧器上水；

(5) 开另一凝结水泵出口门，泵不应倒转，做备用。

D 射水系统启动前的检查与恢复

(1) 系统所有工作票已封，热工仪表投入；

(2) 射水池放水阀关闭，开射水箱补水门，补水至溢流水位；

(3) 射水泵出口门关闭，开入口门泵内充满水；

(4) 真空破坏门关；

（5）轴封风机送电；

（6）射水泵轴承油位正常、油质合格；

（7）射水泵电动机送电，启动射水泵开启出口门；

（8）开另一台泵出口门，作备用。

E 轴封系统启动前的检查和恢复

（1）系统所有工作票已封，热工仪表投入。汽轮机前后汽封回汽门开启；

（2）汽轮机前后汽封回汽、调速器门阀杆漏汽至轴封加热器供汽总门开启；

（3）轴封加热器至凝汽器疏水开启；

（4）轴封加热器水封注水门开，水封注满水后关闭。

F 均压箱系统检查与恢复

（1）系统所有工作票已封，仪表投入；

（2）轴封压力调整门关闭，低压蒸汽至均压箱供汽截止阀开启；

（3）均压箱压力自动调节器手摇关至 0 位；

（4）均压箱至后轴封供汽手动门稍开；

（5）均压箱至冷凝器疏水门开启。

G 主蒸汽系统的检查与恢复

（1）系统所有工作票已封，仪表投入；

（2）手动门关闭，旁路门关闭；

（3）电动闸门前疏水全开，电动闸门关闭，电动闸门旁路门关闭；

（4）速关阀、复速级及汽缸本体至本体疏水膨胀箱截门均开启；

（5）速关阀关闭，调速汽门关闭；

（6）开手动门旁路门，Ⅰ段暖管，全开手动门，关闭旁路门；

（7）开主蒸汽电动主闸门的旁路门，Ⅱ段暖管，全开主蒸汽电动主闸门，全关其旁路门。

H 在下列情况下禁止启动汽轮机

（1）危急保安动作不正常，自动速关阀、调速汽门动作不灵活，有卡涩现象或关闭不严时；

（2）调节系统不能维持空负荷运行或甩负荷后不能维持转速在危急保安器动作转速之内；

（3）汽轮机的主要保护不能正常投入（如轴向位移保护、低压油保护）；

（4）汽轮机的动静部分有明显的金属摩擦声音；

（5）汽轮机上下缸温差超过 50℃ 时；

（6）油质不合格或油位低于正常油位时；

（7）辅助油泵、交流润滑油泵、直流事故油泵及盘车装置不能正常投入；

（8）主要仪表不全或指示不标准（汽温、汽压、真空、转速、振动、胀差、膨胀、油温、油压、瓦温、缸温）。

I 汽轮机启动前的准备

（1）检查各辅助设备系统均符合启动要求；

（2）冷凝器真空 0.06~0.067MPa；

（3）冷油器出口油温 35~45℃，EH 油压 10.5~14.0MPa，润滑油压 0.08~0.12MPa（表压）；

（4）盘车连续运行不少于 4h，排烟机投入；

（5）调节保安系统状态正确，仪表指示正常；

（6）打开汽轮机所有疏水门（疏水膨胀箱上疏水阀均全开）；

（7）启动 EH 油泵，并将其打到联锁位置。

4.1.5.2 汽轮机冷态启动步骤

启动步骤如下：

（1）检查汽轮机及辅助设备系统均处于启动前状态。

（2）达到冲转条件，检查调速汽门在关闭状态，全开速关阀，用 505 冲转，锅炉保持汽温、汽压稳定，并把盘车打到自动。操作步骤如下：

1）按下 Woodward 505 面板上的复位键进行复位，将速关组合件中的速关油换向阀、启动油换向阀依次向右旋转 90°，建立起速关油压，然后将启动换向阀复位逐渐打开速关阀。

2）速关阀打开后依次按下 Woodward 505 面板上"RUN"键、菱形向下的箭头，调节汽阀逐渐打开，汽轮机冲转并自动升到暖机转速 600r/min 进行低速暖机。

（3）机组转速达到 600r/min 时，用时 3min，暖机 30min，全面检查，测各瓦振动、倾听机组内部声音。

（4）机组转速均匀增速至 1200r/min 时，用时 8min，中速暖机 30min 全面检查。

（5）快速越过机组临界转速，转速升至 2500r/min，用时 5min，然后暖机 10min。

（6）机组转速均匀增速至 3000r/min，用时 10min，暖机 20min 停辅助油泵，并打自动，全面检查。

（7）汽轮机在升速过程中应该注意以下事项：

1）升速时，真空应该维持在 -0.08MPa 以上，当转速升至 3000r/min 时，真空应达到正常值；

2）轴承进油温度不得低于 30℃。当进油温度达到 45℃时，投入冷油器（冷油器投入前应该放出油腔室内空气），保持其出油温度在 35 ~ 45℃；

3）升速过程中，机组振动不得超过 0.03mm，一旦超过该值，则应该降转速至振动消除，维持此转速运转 30min 再升速，如果振动仍未消除，需要再次降速运转 120min，再升速，如振动仍未消除，则需要停机检查（过临界转速除外）；

4）注意前轴承座两侧和各滑销、键热膨胀均匀性，转子与后汽缸的相对热膨胀差在允许范围内；

5）在启动过程中要防止温度的骤降发生，防止水击现象发生，当发生该现象时，应立即手拍危机遮断器停机；

6）前汽缸上下缸温差应小于 50℃；

7）后汽缸排汽温度不超过 120℃；

8）各轴承润滑正常，温升在合格范围内；

9）监听汽轮机内无摩擦声。

（8）运转正常后即准备并网和接带负荷。

（9）发电机并网，立即带 5MW 负荷，然后均匀升负荷至 10MW，用时 25min，投发电机空冷器冷却水，关闭主蒸汽及汽缸本体疏水，关闭过热器疏水。

（10）机组在 10MW 负荷下，暖机 15min，全面检查。

（11）机组均匀升负荷至 15MW，用时 25min，暖机 15min，全面检查。

（12）机组均匀升负荷至 20MW，用时 25min，暖机 15min，全面检查。

（13）机组均匀升负荷至 25MW，用时 25min，全面检查。

（14）机组升速及带负荷过程中，注意检查机组振动、胀差、膨胀、油温、发电机风温等参数，加负荷过程中，如振动超过 0.03mm，应降负荷直至振动消除。

4.1.5.3　汽轮机热态启动

A　汽轮机热态启动前应符合的条件

（1）上、下缸金属温差 <50℃，且具有 50℃以上过热度，主蒸汽压力 2.5~3.0MPa 以上；

（2）上、下缸金属温差 <50℃，胀差在允许范围内；

（3）盘车连续运行 4h 以上；

（4）维持凝汽器真空 0.067MPa（500mmHg）以上；

（5）冷油器出口油温 35~45℃，EH 油压 10.5~14.0MPa，润滑油压 0.08~0.12MPa（表）；

（6）打开速关阀及汽缸本体疏水门。

B　汽轮机热态额定参数启动步骤

（1）检查汽轮机及辅助设备系统均处于启动前状态；

（2）达到冲转条件，检查调速汽门在关闭状态，用 505 冲转，保持汽温、汽压稳定，停止盘车，并把盘车打到自动；

（3）机组转速达到 600r/min，用时 3min，暖机 15min，全面检查，测各瓦振动、倾听机组内部声音；

（4）机组均匀升速至 1200r/min，用时约 2min，中速暖机 10min，全面检查；

（5）以较快速度冲过临界转速范围，机组转速升至 2500r/min，用时 2min，然后暖机 10min。全面检查；

（6）机组转速升至 3000r/min，用时 5min，暖机 3min，停辅助油泵，全面检查；

（7）运转正常后即准备并网和接带负荷；

（8）热态带负荷步骤与冷态带负荷一样。

C　汽轮机热态启动注意事项

（1）轴封供汽投入前，应充分疏水，不能将水带入轴封，轴封供气温度应高于汽缸金属温度；

（2）严禁凝汽器先抽真空，后送轴封汽，送轴封汽以后立即投入轴封风机，注意监视汽缸温度变化；

（3）热态启动前，上下缸温差应小于 50℃；

（4）热态启动前，蒸汽参数必须高于缸温 30℃，必须保持 50℃以上过热度，主蒸汽及本体疏水必须充分；

（5）在升速过程中，中速以前，任一轴承振动大于 0.03mm 或过临界转速，振动超过 0.1mm 时，应降速暖机直至振动消除，否则打闸停机，投入连续盘车，严禁硬闯临界转速。

4.1.5.4　汽轮机的运行

A　汽轮机正常运行控制参数及报警参数（见表 4-9）

B　汽轮机运行中的检查维护及注意事项

（1）认真执行各项管理制度中的有关规定，做好运行中的巡回检查、定期轮换和试验等工作。

（2）经常监视机组运行工况，微机及各控制盘仪表指示情况，注意重点监视和检查负荷、汽压、汽温、监视段压力、排汽压力、排汽温度、真空、油压、油温、轴向位移、绝对膨胀及

表 4-9 机组正常运行维护及报警参数

序号	名 称	单位	允许数值	备 注
1	负荷	MW	25	
2	周波	Hz	50	
3	主蒸汽压力	MPa	$8.83^{+0.196}_{-0.294}$ （绝对）	
4	主蒸汽温度	℃	535^{+10}_{-15}	
5	排汽温度	℃	100	<100℃ （空负荷）
6	润滑油压	MPa	0.08 ~ 0.12 （表）	
7	推力轴承温度	℃	100	
8	均压箱压力	MPa	0.13 ~ 0.103	
9	冷油器出口油温	℃	35 ~ 45	
10	转速不等率	%	3 ~ 6	
11	迟缓率	%	≤0.2	
12	油动机最大行程	mm	100	
13	危急遮断器动作转速	r/min	3270 ~ 3330	
14	危急遮断器复位转速	r/min	3060 ~ 3030	
15	转速表超速保护值（停机）	r/min	3360	
16	转子轴向位移报警值（副推定位）	mm	+1.0 ~ -1.0	负为反方向
17	转子轴向位移保护值	mm	+1.5 ~ -1.5	停机值
18	DEH 控制器超速保护	r/min	3240	
19	相对胀差	mm	7 ~ 12	
20	轴承振动	mm	<0.05	
21	电液驱动器供油压力额定值	MPa	14.0	

相对膨胀、振动、主油箱油位以及射水泵、凝结水泵电流、压力、流量等参数的变化，并按规定每小时抄一次（对于重要的异样数据可根据具体情况及时缩短记录时间间隔）。发现表计指示与正常参数有差别时，应立即分析查明原因，及时调整处理。

（3）值班员每小时应对机组的主辅设备及系统全面巡回检查一次，除重点检查以上所列举的各主要监视和检查的项目外，还要注意检查：冷油器进出口油温，均压箱压力、温度，凝汽器循环水进出口压力、温度，热井水位，并注意汽、水、油、空气各系统严密情况，各运行泵和电动机温度、轴承温度、振动、油位、冷却水等是否正常，并充分发挥摸、听、看、闻等巡检手段，及时发现设备运行异常现象，以便分析处理，消除运行隐患，并且值班人员应将有关的各项操作及异常情况、设备缺陷及处理情况等详细记录在交接班记录及设备缺陷记录本上。

C 在发生下述情况时，应探听机组内部声音，并注意轴向位移变化

（1）负荷急剧变化；

（2）周波急剧变化；

（3）主蒸汽压力、温度及真空变化较大；

（4）机组振动、轴向位移明显增大及机组内部有异音时。

D 汽轮机运行中冷油器的切换

a 备用冷油器状态

油侧：充满油放净空气，入口油门开启，出口油门关闭，放油门关闭；

水侧：充满水放净空气，入口水门关闭，出口水门开，放水门关闭。

b　运行中备用冷油器投入

（1）检查备用冷油器油侧已充满油，缓慢稍开备用冷油器入口油门，注意油温、油压、油位的变化；

（2）根据油温及时投入冷却水，保持油温（38±2)℃；

（3）逐渐全开备用冷油器入口油门，同时调冷却水使油温保持（38±2)℃；

（4）备用冷油器投入后，注意观察主油箱油位的变化，用水侧放空气门检查水侧内是否有油，以此判断冷油器是否泄漏。

c　运行中运行冷油器的停止（备用冷油器已投入）

（1）缓慢关闭待停冷油器冷却水入口门；

（2）缓慢关闭待停冷油器出口油门，注意油压变化；

（3）冷油器停止后，入口油门开，出口油门关，油侧确已充满油放净空气；入口水门关，出口水门开，水侧确已充满水放净空气；冷油器做备用；

（4）如需检修，油、水侧出入口门全关后，放油时注意主油箱油位不应下降，否则手动关严油侧出入口门，水侧出入口门，油位仍然下降应停止放油。

E　汽轮机运行中凝结水泵的检修

（1）断开各备用泵联锁，关出口门，启备用泵，检查运行正常后开出口门；

（2）缓慢关闭待停泵出口门，注意凝结水流量，压力的变化；

（3）拉下待停泵操作开关，该泵电动机停电；

（4）关闭检修泵入口门，空气门；

（5）关闭密封冷却水门；

（6）用凝结水泵入口压力表和盘根冷却水共同判断凝结水泵入口门及空气门是否关闭严密；

（7）联系检修开工，此时密切注意凝汽器真空及运行凝结水泵的电流，凝结水压力、流量、凝结水泵声音的变化，注意热井水位变化。

F　凝结水泵检修后的恢复

（1）开启凝结水泵盘根密封冷却水门，开启空气门；

（2）缓慢开启泵入口门，注意凝汽器真空及运行泵电流、压力、流量变化，同时注意热井水位变化；

（3）凝结水泵电动机送电；

（4）试转凝结水泵正常后，可根据需要投入运行或备用。

4.1.5.5　汽轮机的停机

A　停机前的准备

（1）试验辅助油泵，交流润滑油泵，直流事故油泵，盘车电动机良好，联锁在投入位置；

（2）速关阀应正常；

（3）对所有设备进行全面检查，记录并核实设备缺陷；

（4）做好停机前的记录。

B　额定参数停机操作步骤

（1）逐渐关小调速汽门减负荷，保持主蒸汽压力和温度接近额定值；

（2）控制降负荷速度小于 0.5MW/min，控制温降速度低于 3℃/min，降压速度低于 0.08MPa/min；

（3）当负荷 20MW 时，停留 10min，缸温下降缓慢时，可继续减负荷；

（4）当负荷 15MW 时，停留 15min，缸温下降缓慢时继续减负荷；

（5）当负荷 10MW 时，停留 15min，缸温下降缓慢时继续减负荷；

（6）开启主蒸汽及汽缸本体疏水，开过热器疏水，开均压箱疏水，及时调整均压箱压力；

（7）当负荷 5MW 时，停留 5min，减负荷到 0，投入辅助油泵，打闸停机，关闭电动主闸门；

（8）开启真空破坏门，主蒸汽疏水到大气，停发电机空冷器冷却水；

（9）真空到 0，停轴封供汽及轴封风机，转子静止，投入盘车；

（10）下汽缸温度低于 150℃，停止盘车运行，下汽缸温度低于 90℃，停止辅助油泵运行。

C 停机以后的维护

（1）停机后注意监视汽缸上下温差，严密切断与汽缸连接的汽水来源，防止汽水进入汽缸，引起上下缸温差过大甚至损坏设备。

（2）停机后严密监视排汽温度及凝汽器水位，严禁满水，对有可能向汽缸内返汽返水的疏水门均应严密关闭。

（3）设备系统停止后，如检修需要处理缺陷，应根据工作票的要求做好安全措施。

（4）监视盘车装置的运行，上下汽缸温度低于 150℃ 可以停止盘车，如因检修需要提前停盘车，则可在下汽缸 250℃ 以下停止盘车，但要求每隔 1h 转子盘车 180°；若在下汽缸温度 200℃，上、下温差不大于 30℃，可提前停盘车。否则应在上汽缸温度 150℃ 时停止盘车；盘车过程中，如汽缸动静部分有摩擦声应停止连续盘车，改为 30min 盘车 180°，直至无摩擦声再投入连续盘车。

（5）全开汽轮机防腐气门及主蒸汽管路上的排大气疏水门，设法放净汽缸和管道低洼处的积水。

（6）经常检查并放出油箱底部的积水。

4.1.6　汽轮机常见故障预防与处理

4.1.6.1　汽轮机常见故障

A 本体部分主要故障

（1）振动；

（2）叶片的损伤和断裂；

（3）速关阀不能开启；

（4）转子轴向位移过大；

（5）中心变动。

B 热力系统故障

（1）水冲击；

（2）凝汽器真空值不能保持；

（3）冷却水管泄漏；

（4）两级射水抽汽器抽汽能力不足。

C 油系统故障

（1）渗油、漏油；

（2）油路管道的振动及金属软管破裂；

（3）汽轮机启动过程中，辅助油泵与主油泵切换失效；

（4）错油门中反馈弹簧断裂，造成调速功能丧失；

（5）油系统油压偏低；

（6）冷油器铜管泄漏。

4.1.6.2　事故预防及处理

A　故障停机

当发生下列情况时，应立即停机：

（1）机组转速超过额定值12%而未停机；

（2）轴承座振动超过0.07mm；

（3）主油泵发生故障；

（4）调节系统异常；

（5）转子轴向位移超过限定值，轴向位移保护装置不动作；

（6）轴承回油温度超过70℃或轴瓦金属温度超过100℃；

（7）油系统着火并且不能很快扑灭时；

（8）油箱油位突然降到最低油位以下；

（9）发生水冲击；

（10）机组有不正常的响声；

（11）主蒸汽管或给水管道破裂，危及机组安全时；

（12）凝汽器真空降到0.06MPa(450mmHg)以下。

B　主蒸汽压力和温度超出规范时的规定

（1）主蒸汽压力超出允许变化的上限时，应节流降压。节流无效时应作为故障停机；

（2）主蒸汽压力低于允许变化的下限0.2MPa（表压）时，应降低负荷；

（3）主蒸汽压力超出允许变化的上限5℃，运行30min后仍不能降低，应作为故障停机，全年运行累计不超过400h；

（4）主蒸汽温度低于允许变化的下限5℃时，应降低负荷；

（5）正常运行时，两根主蒸汽管道的汽温相差不得超过17℃，短期不得超过40℃。

C　凝汽器真空降低规定

（1）机组负荷在40%额定负荷以上时，真空不低于0.0867MPa(650mmHg)；

（2）机组负荷在20%~40%额定负荷时，真空不低于0.0800MPa(600mmHg)。

机组负荷在20%额定负荷以下时，真空不低于0.0720MPa(540mmHg)。

4.1.7　汽轮机的检修

4.1.7.1　检修的目的和意义

检修的目的和意义如下：

（1）消除已经出现的故障，找出故障的原因；

（2）发现隐患，尽早预防，提前制定防范措施，避免故障发生和扩大；

（3）分析机组的现状即完好程度；

（4）收集必要的数据，以评估机组使用寿命；

（5）减少磨损影响，降低污染危害。更换易损件，提高经济效益。

4.1.7.2 检修的范围

检修范围如下：

（1）功能检修：用于许多部件，目的是为了确定需要采用的调节和控制措施；

（2）目检：确定缺陷的性质，检查粗糙度和圆度，采用化学手段进行酸洗，用于难以接触到的部件以减少拆卸工作；

（3）表面缺陷检查；

（4）超声波探伤；

（5）射线探伤；

（6）内部缺陷检查；

（7）固有频率测定；

（8）听声检验；

（9）壁厚测定；

（10）永久变形测定；

（11）材料的检查；

（12）材料的破坏性检查；

（13）测定内应力；

（14）通过静平衡和动平衡试验确定转子动力学性能；

（15）密封性检查；

（16）确定弹性变形和塑性变形；

（17）通过电阻测量检查轴承的绝缘或接地情况；

（18）通过电化学方法检查热交换器管子的保护层。

4.2 发电机

4.2.1 概述

发电机是将机械能源转换成电能的机械设备，它由水轮机、汽轮机、柴油机或其他动力机械驱动，将水流，气流，燃料燃烧或原子核裂变产生的能量转化为机械能传给发电机，再由发电机转换为电能。发电机在工农业生产，国防，科技及日常生活中有广泛的用途。发电机的形式很多，但其工作原理都基于电磁感应定律，见图4-3。

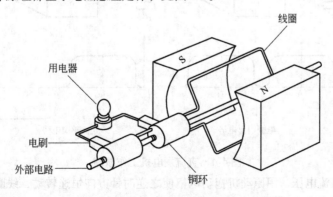

图4-3 发电机工作原理

发电机构造的一般原则是：用适当的导磁和导电材料构成互相进行电磁感应的磁路和电路，以产生电磁功率，达到能量转换的目的。

电磁感应定律：

闭合电路的一部分导体在磁场中做切割磁力线的运动时，导体中就会产生电流，这种现象称为电磁感应定律。

感应电动势的计算公式：

$$E = n\Delta\Phi/\Delta t（普适公式）$$

式中，E 为感应电动势，V；n 为感应线圈匝数；$\Delta\Phi/\Delta t$ 为磁通量的变化率。

或：

$$E = BLv\sin A$$

式中，E 为感应电动势，V；v 为导体切割磁力线的速度；L 为导体的长度；B 为磁场强度。v 和 L 不可以和磁力线平行，但可以不和磁力线垂直，其中 $\sin A$ 为 v 或 L 与磁力线的夹角。

发电机可以分为直流发电机和交流发电机。交流发电机又分为同步发电机和异步发电机（很少采用）。交流发电机还可分为单相发电机与三相发电机。

发电机通常由定子、转子、端盖及轴承等部件构成。定子由定子铁芯、线包绕组、机座以及固定这些部分的其他结构件组成。转子由转子铁芯（或磁极、磁轭）绕组、护环、中心环、滑环、风扇及转轴等部件组成。由轴承及端盖将发电机的定子，转子连接组装起来，使转子能在定子中旋转，做切割磁力线的运动，从而产生感应电势，通过接线端子引出，接在回路中，便产生了电流。下面介绍几种常见的发电机的工作原理。

4.2.1.1　直流发电机的工作原理

直流发电机的工作原理就是把电枢线圈中感应产生的交变电动势，靠换向器配合电刷的换向作用，使之从电刷端引出时变为直流电动势的原理，见图4-4。

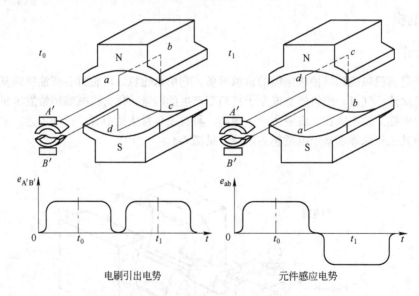

电刷引出电势　　　　　　　　　　元件感应电势

图 4-4　直流发电机工作原理

电刷上不加直流电压，用原动机拖动电枢使之逆时针方向恒速转动，线圈两边就分别切割不同极性磁极下的磁力线，而在其中感应产生电动势，电动势方向按右手定则确定。这种电磁情况表示在图上。由于电枢连续地旋转，因此，必须使载流导体在磁场中所受到线圈边 *ab* 和 *cd* 交替地切割N极和S极下的磁力线，虽然每个线圈边和整个线圈中的感应电动势的方向是交变的。线圈内的感应电动势是一种交变电动势，而在电刷 *A'*，*B'* 端的电动势却为直流电动势（说得确切一些，是一种方向不变的脉振电动势）。因为，电枢在转动过程中，无论电枢转到什么位置，由于换向器配合电刷的换向作用，电刷 *A'* 通过换向片所引出的电动势始终是切割 N 极磁力线的线圈边中的电动势，因此，电刷 *A'* 始终有正极性。同样道理，电刷 *B'* 始终有负极性，所以电刷端能引出方向不变的但大小变化的脉振电动势。如每极下的线圈数增多，可使脉振程度减小，就可获得直流电动势。这就是直流发电机的工作原理。同时也说明了直流发电机实质上是带有换向器的交流发电机。

从基本电磁情况来看，一台直流电动机原则上既可作为电动机运行，也可以作为发电机运行，只是约束的条件不同而已。在直流电动机的两电刷端上，加上直流电压，将电能输入电枢，机械能从电动机轴上输出，拖动生产机械，将电能转换成机械能而成为电动机，如用原动机拖动直流电动机的电枢，而电刷上不加直流电压，则电刷端可以引出直流电动势作为直流电源，可输出电能，电动机将机械能转换成电能而成为发电机。同一台电动机，能作电动机或作发电机运行的这种原理，在电机理论中称为可逆原理。

4.2.1.2 交流发电机的工作原理

交流发电机可分为单相发电机与三相发电机。发电机通常由定子、转子、端盖及轴承等部件构成。定子由定子铁芯、线包绕组、机座以及固定这些部分的其他结构件组成。转子由转子铁芯（或磁极、磁轭）绕组、护环、中心环、滑环、风扇及转轴等部件组成，见图4-5。

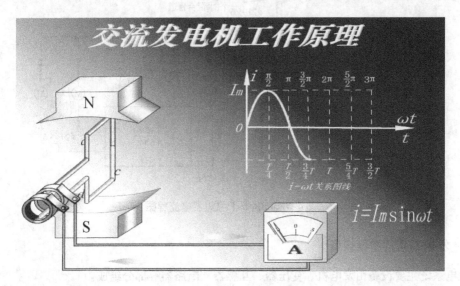

图4-5 交流发电机工作原理

由轴承及端盖将发电机的定子，转子连接组装起来，使转子能在定子中旋转，做切割磁力线的运动，从而产生感应电势，通过接线端子引出，接在回路中，便产生了电流。

A 同步发电机工作原理

主磁场的建立：励磁绕组通以直流励磁电流，建立极性相间的励磁磁场，即建立起主磁场。

载流导体：三相对称的电枢绕组充当功率绕组，成为感应电势或者感应电流的载体。

切割运动：原动机拖动转子旋转（给电动机输入机械能），极性相间的励磁磁场随轴一起旋转并顺次切割定子各相绕组（相当于绕组的导体反向切割励磁磁场）。

交变电势的产生：由于电枢绕组与主磁场之间的相对切割运动，电枢绕组中将会感应出大小和方向按周期性变化的三相对称交变电势。通过引出线，即可提供交流电源。

B　异步发电机工作原理

异步发电机原理是用原动机将异步发电机的转子顺着磁场旋转方向拖动，并使其转速达到同步转速时，此时给励磁绕组通电励磁，转子做切割磁力线的运动，从而产生感应电势，通过接线端子引出，接在回路中，便产生了电流。

4.2.2　发电系统的工艺原理

整套汽轮发电机组的工艺原理是干熄焦过程中产生的热量以氮气为主要介质带到余热锅炉，产生高温高压的蒸汽，通过两道阀门到达速关阀，然后到达汽轮机，推动汽轮机叶片旋转，高温高压蒸汽通过汽轮机将热能和动能转化为汽轮机的机械能，再经过联轴器带动发电机，将机械能转化为电能。

150t/h 干熄焦发电流程如图 4-6 所示。

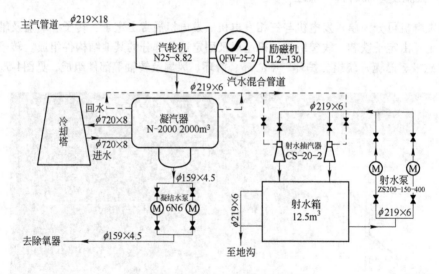

图 4-6　150t/h 干熄焦发电流程图

4.2.3　发电系统的主要设备

发电系统主要设备由发电机、变压器、互感器、断路器等部分组成。

4.2.3.1　发电机

由汽轮机带动，使机械能转化为电能的机械。

发电机型号　QFW-25-2；励磁方式　同轴交流无刷励磁；

转子重量　16t；定子重量42t；

额定功率　25000kW；电压 10500V；电流 1617A；功率因数 0.85；

额定转速　3000r/min。

4.2.3.2 变压器

变压器是一种常见的电气设备，可用来把某种数值的交变电压变换为同频率的另一数值的交变电压，也可以改变交流电的数值及变换阻抗或改变相位。

A 变压器的基本原理

变压器是根据电磁感应原理工作的，图4-7所示为变压器基本原理示意图。由图可见，变压器由两个互相绝缘且匝数不等的绕组，套在由良好导磁材料制成的同一个铁芯上，其中一个绕组接交流电源，称为一次绕组；另一个绕组接负荷，称为二次绕组。当一次绕组中有交流电流流过时，则在铁芯中产生交变磁通，其频率与电源电压的频率相同；铁芯中的磁通同时交链一、二次绕组，由电磁感应定律可知，一、二次绕组中分别感应出与匝数成正比的电动势，其二次绕组内感应的电动势，向负荷输出电能，实现了电压的变换和电能的传递。可见，变压器是利用一、二次绕组匝数的变化实现变压的。

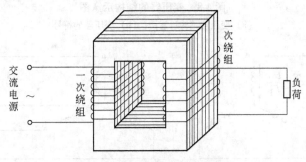

图 4-7 变压器基本原理示意图

变压器在传递电能的过程中效率很高，可以认为两侧电功率基本相等，所以当两侧电压变化时（升压或降压），则两侧电流也相应变化（变小或变大），即变压器在改变电压的同时也改变了电流。

B 变压器的基本结构

a 铁芯

变压器由套在一个闭合铁芯上的两个或多个线圈（绕组）构成，铁芯和线圈是变压器的基本组成部分。铁芯构成了电磁感应所需的磁路。为了减少磁通变化时所引起的涡流损失，变压器的铁芯要用厚度为 0.35～0.5mm 的硅钢片叠成。片间用绝缘漆隔开。

b 线圈

变压器和电源相连的线圈称为原绕组（或原边，或初级绕组），其匝数为 N_1，和负载相连的线圈称为副绕组（或副边，或次级绕组），其匝数为 N_2。绕组与绕组及绕组与铁芯之间都是互相绝缘的。如图4-8所示。

原绕组匝数为 N_1，电压 u_1，电流 i_1，主磁电动势 e_1，漏磁电动势 e_{σ_1}；副绕组匝数为 N_2，电压 u_2，电流 i_2，主磁电动势 e_2，漏磁电动势 e_{σ_2}。

原绕组电压与副绕组电压之比 k，称为变压器的变比。

三相变压器的两种接法及电压的变换方式如图4-9所示。

C 额定值

（1）额定电压 U_N：指变压器副绕组空载时各绕组的电压。三相变压器是指线电压。

（2）额定电流 I_N：指允许绕组长时间连续工作的线电流。

（3）额定容量 S_N：在额定工作条件下变压器的视在功率。

单相变压器：$\qquad S_N = U_{2N}I_{2N} \approx U_{1N}I_{1N}$

三相变压器：$\qquad S_N = \sqrt{3}U_{2N}I_{2N} \approx \sqrt{3}U_{1N}I_{1N}$

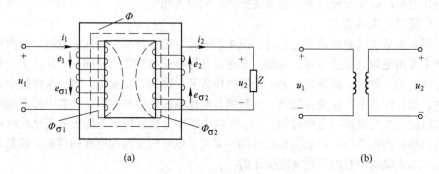

图 4-8　变压器的结构示意图

（a）变压器结构示意图；（b）变压器的符号

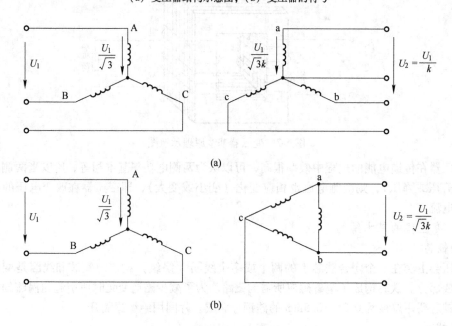

图 4-9　三相变压器的两种接法及电压的变换关系

（a）Y/Y$_0$ 连接；（b）Y/Δ 连接

4.2.3.3　互感器

互感器又分为电压互感器和电流互感器。

A　电流互感器

电力系统中广泛采用的是电磁式电流互感器（以下简称电流互感器），它的工作原理和变压器相似。电流互感器的特点是：

（1）一次线圈串联在电路中，并且匝数很少，因此，一次线圈中的电流完全取决于被测电路的负荷电流，而与二次电流无关；

(2) 电流互感器二次线圈所接仪表和继电器的电流线圈阻抗都很小，所以正常情况下，电流互感器在近于短路状态下运行。

电流互感器一、二次额定电流之比，称为电流互感器的额定互感比：$k_n = I_{1n}/I_{2n}$。因为一次线圈额定电流 I_{1n} 已标准化，二次线圈额定电流 I_{2n} 统一为 5(1 或 0.5)A，所以电流互感器额定互感比亦已标准化。k_n 还可以近似地表示为互感器一、二次线圈的匝数比，即 $k_n \approx k_N = N_1/N_2$，式中 N_1、N_2 为一、二线圈的匝数。电流互感器的作用就是用于测量比较大的电流。

电流互感器严禁二次开路，开路产生高压危险。

电流互感器在正常运行时，二次电流产生的磁通势对一次电流产生的磁通势起去磁作用，励磁电流甚小，铁芯中的总磁通很小，二次绕组的感应电动势不超过几十伏。如果二次侧开路，二次电流的去磁作用消失，其一次电流完全变为励磁电流，引起铁芯内磁通剧增，铁芯处于高度饱和状态，加之二次绕组匝数很多，根据电磁感应定律 $E = 4.44FNBS$，就会在二次绕组两端产生很高的电压，不但可能损坏二次绕组的绝缘，而且将严重危及人身安全。再者，由于磁感应强度剧增，使铁芯损耗增大，严重发热，甚至烧坏绝缘。因此，电流互感器的二次开路是绝对不允许的，这是电气试验人员的一个大忌。鉴于以上原因，电流互感器的二次回路中不能装设熔断器；二次回路一般不进行切换，若需要切换时，应有防止开路的可靠措施。

B 电压互感器

电压互感器实际上是一个带铁芯的变压器。它主要由一、二次线圈、铁芯和绝缘组成。当在一次绕组上施加一个电压 U_1 时，在铁芯中就产生一个磁通 Φ，根据电磁感应定律，则在二次绕组中就产生一个二次电压 U_2。改变一次或二次绕组的匝数，可以产生不同的一次电压与二次电压比，这就可组成不同比的电压互感器。电压互感器将高电压按比例转换成低电压，电压互感器一次侧接在一次系统，二次侧接测量仪表、继电保护等；主要是电磁式的（电容式电压互感器应用广泛），另有非电磁式的，如电子式、光电式。

注意事项：副边绕组连同铁芯必须可靠接地。副边绝对不容许短路。短路时互感器磁通高出额定时许多，除了产生大量铁耗损坏互感器外，还在副边绕组感应出危险的高压，危及人身安全。

电压互感器是一个内阻极小的电压源，正常运行时负载阻抗很大，相当于开路状态，二次侧仅有很小的负载电流。当二次侧短路时，负载阻抗为零，将产生很大的短路电流，会将电压互感器烧坏。因此，电压互感器的二次侧禁止短路。

4.2.3.4 断路器

断路器的作用是切断和接通负荷电路，以及切断故障电路，防止事故扩大，保证安全运行。而高压断路器要开断 1500V，电流为 1500 ~ 2000A 的电弧，这些电弧可拉长至 2m 仍然继续燃烧不熄灭。故灭弧是高压断路器必须解决的问题。

高压断路器（或称高压开关）是变电所主要的电力控制设备，具有灭弧特性，当系统正常运行时，它能切断和接通线路及各种电气设备的空载和负载电流；当系统发生故障时，它和继电保护配合，能迅速切断故障电流，以防止扩大事故范围。因此，高压断路器工作的好坏，直接影响到电力系统的安全运行；高压断路器种类很多，按其灭弧的不同，可分为：油断路器（多油断路器、少油断路器）、六氟化硫断路器（SF_6 断路器）、真空断路器、压缩空气断路器等。

A 真空断路器的原理与作用

真空断路器处于合闸位置时，其对地绝缘由支持绝缘子承受，一旦真空断路器所连接的线路发生永久接地故障，断路器动作跳闸后，接地故障点又未被清除，则有电母线的对地绝缘亦要由该断路器断口的真空间隙承受；各种故障开断时，断口—对触子间的真空绝缘间隙要耐受各种恢复电压的作用而不发生击穿。

B　提高真空灭弧室绝缘耐受能力的措施

提高单断口真空灭弧室的绝缘耐受能力主要从以下三个方面采取措施：

（1）真空灭弧室内触头间耐压强度的提高。

1）选择熔点或沸点高，热传导率小，机械强度和硬度大的触头材料；

2）预先向触头间隙施加高电压，使其反复放电，使触头表面附着的金属或绝缘微粒熔化、蒸发，即所谓"老炼处理"；

3）清除吸附在触头或灭弧室表面上的气体，即进行加热脱气处理；

4）选择合适的触头形状，改善触头的电场分布。

（2）提高开断电流后触头极间的绝缘恢复速度。

（3）提高真空灭弧室的外部绝缘。

4.2.4　发电系统的操作

4.2.4.1　发电机与电网并列与解列

A　发电机与电网并列的必要条件

必要条件如下：

（1）发电机电压与电网电压偏差不大于10%；

（2）发电机频率与电网频率相等；

（3）发电机相位、相序与电网一致。

发电机并列应用自动准同期并列，只能在上位监控机上操作。切忌就地手动操作！

发电机在自动同期合闸时，如压差频差过大，同期装置将自动调节直至并网。

B　发电机与电网的解列与停机

（1）将发电机有功无功降到0；

（2）在1AC汽轮机控制盘上的发电机主保护动作保护退出；

（3）在发电机监控屏上将发电机进线开关分开，将发电机解列；

（4）当跳开发电机断路器解列后，如果发电机需停下来，应再跳开灭磁开关，并通知汽轮机值班员减速停机；

（5）停机后，就地把开关摇至试验位置。

C　故障停机

这是当机组出现异常情况时，所采用的紧急停机方式。瞬间切断进汽，甩去所带全部负荷。故障停机时，应遵照以下原则处置：

（1）在最短时间内对事故的性质、范围做出判断；

（2）迅速解除对人身和设备的危险；

（3）在保证设备不受损坏的前提下，尽快恢复供电；

（4）防止误操作。

4.2.4.2　常见故障的现象与排除

A　常见的故障

发电机的故障既有设计、制造上的原因引起的，也有运行、维护中的原因引起的。据国内外的发电机故障统计情况来看，发电机在以下部位容易发生以下故障：

(1) 线棒或绕组缺陷，如主绝缘损坏、防晕层损坏、槽部和端部严重电晕或放电；

(2) 线棒在槽内振动，槽楔固定松动，严重时绕组下沉；

(3) 水内冷系统漏水；

(4) 绝缘盒开裂；

(5) 定转子接头接触不良、过热，严重的情况如开焊；

(6) 铁芯局部松动、损坏；铁芯压指松动、损坏，同时损坏线棒；

(7) 转子绝缘能力降低；

(8) 集电环、刷架极间短路或极对地短路。

发电机异常、事故处理的原则：应尽快限制事故的发展，消除事故根源，解除对人身和设备安全的威胁；尽一切可能的办法，使非故障机组继续运行，尽快对已停电的厂用电恢复供电；调整主系统和厂用电系统的运行方式，恢复正常。

B 常见故障的现象及处理方法

a 发电机开机时不能减压

现象：

(1) 转子定子电压表指示很小，或为0；

(2) 励磁电流指示较低或0。

处理方法：

(1) 检查励磁开关是否合上，励磁回路是否良好；

(2) 检查测量表计是否良好；

(3) 检查 PT 回路是否断线，熔断器是否拧好、接触良好或熔断；

(4) 检查按钮是否卡死；

(5) 检查直流励磁电源开关是否合好，电源是否正常。

b 发电机过负荷

现象：

(1) 警铃响，"过负荷"光字牌亮；

(2) 定子电流、有功表超过额定值。

处理方法：

(1) 降低无功负荷；

(2) 汇报值长，降低有功负荷；

(3) 调整发电机电压、电流、功率不得超过许可范围。

c 发电机定子线圈温度高

现象：

发电机定子线圈温度升高超过额定值(120℃)。

处理方法：

(1) 检查发电机是否过负荷，三相电流是否平衡；

(2) 汇报值长，通知汽机检查发电机进出风温度及温差，检查冷却系统是否良好；

(3) 通知热工，检查核对表计指示；

(4) 确系发电机局部过热，应降负荷。

d 发电机测量 PT 二次电压消失

现象：

（1）"电压回路断线"报警；

（2）有功、无功表指示降低，定子电压表指示降低或到零。

处理方法：

（1）可不停用发电机复合电压闭锁过流保护，但必须及时处理；

（2）汇报值长，联系汽机锅炉，保持发电机负荷，注意监视流量；

（3）检查发电机测量 PT 保险是否熔断，如保险熔断，更换保险；

（4）恢复保护，记录处理时间，计算追加发电量。

e　转子一点接地

现象：

出现发电机转子一点接地信号。

处理方法：

（1）对励磁机外部及励磁回路进行检查；

（2）通知电气人员检查测量回路是否正常；

（3）汇报值长，投入转子两点接地保护。转子两点接地保护装置投入方法：转子一点接地后，发电机保护出现"转子一点接地"信号，此时须将两点接地切换开关切至"投入"位置，观察转子两点保护装置上的电压表是否在"0"位，不在零位时，调整平衡电阻，将平衡电阻切换开关切至 1R，调整 1R 平衡电阻至电压表指针至零位，复归。若不能调整至零位，将平衡电阻切换开关至 2R，调整 2R 平衡电阻直至电压表指针调至零位，复归，然后投入发电机转子两点接地保护跳闸压板，若发生转子两点接地则会出口跳闸。当转子一点接地信号消失后，退出转子两点接地保护。

危害：

运行中，转子回路一点接地后，并不构成电流通路，励磁绕组两端的电压仍保持正常，因此发电机可继续运行，但此时加在励磁绕组对地绝缘上的电压有所增加，有可能发生转子回路的第二点接地。

f　定子绕组一点接地

现象：

切换发电机定子电压表，一相降低或至零，另两相升高或升至线电压。

处理方法：

（1）汇报值长，对发电机、主变低压侧、电抗器、发电机各 PT 进行全面检查有无明显接地点，并检查发电机冷却器是否漏水，定子绕组是否受潮；

（2）倒换电源，确定接地点；

（3）分别停用发电机 PT；

（4）若确定是发电机内部接地应立即解列停机；

（5）若判定不是发电机内部接地，接地运行时间不应超过 2h。

危害：

由于发电机带电体与处于地电位的铁芯间有电容存在，发电机定子绕组发生一点接地时，接地点就会有电容电流流过。接地点离中性点越近，电容电流越小。故障点流过电流时，就可能产生电弧，当接地电容电流大于 5A 时，就会有烧坏铁芯的危险。

g　发电机振荡失步运行

现象：

（1）定子电流的摆动大大超出正常值，表针将剧烈地摆动；

（2）定子电压表的指针剧烈摆动；

（3）有功负荷表指针在表盘整个刻度摆动；

（4）电流表指针在正常值附近做剧烈地摆动；

（5）发电机发生鸣叫声，且叫声的变化与仪表指针的摆动频率相对应。

处理方法：

增加发电机励磁电流，减少有功功率，以帮助恢复同步，并汇报值长；在无法恢复同步的情况下，振荡失步运行超过 1min 时，立即将发电机与系统解列，汇报运行调度，并做好记录。

h　发电机着火

（1）发电机着火时，可以从定子端盖窥视孔或冷却器室冒出明显的烟气火星或绝缘烧焦的气味分辨，汽机值班人员应立即打掉危急保安器或操作紧急停机按钮，向主控室发出信号，并同时做到：立即按紧急停机操作步骤操作，拉开主开关及励磁开关。

（2）立即接上灭火装置水龙带，打开水门进行灭火，如灭火装置发生故障，则用四氯化碳灭火器灭火，不得使用泡沫灭火器或沙子灭火。

（3）在灭火过程中，为了避免大轴弯曲，汽机应保持转数在 300r/min 左右。最后用盘车电动机盘车。

i　发电机负荷不对称（三相电流不平衡）的处理

（1）汇报值长，请求运行调度对系统负荷运行进行检查和调整，减小不平衡负荷；

（2）如系统无法调整，应手动减小无功功率，提高发电机功率因数；

（3）发电机电压最低可以降至额定电压的 95% 运行；

（4）若仍不能恢复正常，则可以减小有功负荷；

（5）负荷不对称时，各相电流之差不得超过额定值的 10%，同时任何相电流值不得超过额定值；

（6）若发电机负序保护动作，则应重点检查发电机定子直流电阻、绝缘电阻及二次回路。

j　发电机自动跳闸及处理

现象：

（1）跳闸开关绿灯亮，红灯灭；

（2）警报声响；

（3）保护动作指示灯亮；

（4）在短路故障时，发电机强励动作，有冲击现象；

（5）主开关跳闸时定子电流、有功、无功表指示为零或下降，励磁开关与主开关同时跳闸则所有表计均无指示。

处理方法：

（1）发电机主断路器自动跳闸后，一般应做如下处理：

1）检查厂用电系统运行是否正常；

2）检查是否有冷机盘车，如果没有，应进行手动盘车；

3）详细记录当时的现象及跳闸时间；

4）查明是什么保护动作；

5）汇报值长及运行调度，并询问保护动作的正确性，并要求派专人对发电设备装置进行全面检查。

（2）发电机发生非周期并列跳闸后，应对发电机定子、转子直流电阻、绝缘电阻进行全面检查。

（3）发电机本身差动保护动作时，应首先检查发电机定子回路及保护范围以内的一次设备的绝缘电阻，然后检查发电机定子直流电阻，如果没有问题，应检查二次保护回路，直至查出问题方可再次启动。

（4）在系统正常的情况下，发电机负序保护动作，应重点对发电机定子直流电阻、绝缘电阻及二次保护做全面检查。

（5）在系统正常情况下，发电机过流保护动作后，应检查发电机定子、主变、母线电缆等一次设备及二次保护回路。

（6）在系统正常情况下，发电机接地保护动作，应对发电机定子线圈、母线电缆、主变、PT 等一次设备的绝缘及二次保护回路做全面检查。

（7）在系统正常情况下的发电机失磁和过励磁保护动作后，应对发电机转子回路，励磁装置及二次保护回路做重点检查。

（8）发电机过热报警时，先应通过热表选择开关，检查发电机过热的真实性，然后汇报值长。并检查冷却器各阀门的位置是否正确，检查冷却水压力是否正常，如果都正常则应手动降低有功和无功负荷，直至报警消除。

（9）发电机保护跳闸后，如果保护动作原因不明，但经过全面的检查，在没有发现问题的情况下，可以重新启动（差动保护动作除外），但在升速升压的过程中必须加强监视，发现异常，立即停机。

4.3 继电保护与自动装置

电力系统在运行中，由于雷击、鸟害、设备故障以及误操作等原因，可能引起短路或接地等故障，产生巨大的短路电流、母线电压降低及相角变化等现象，甚至使各电厂并列运行的发电机解列，使整个系统瓦解。所谓继电保护就是利用设备故障或不正常运行状态发生的电量变化，作用于断路器跳闸并发出信号，用以保护电力设备的一种自动装置。例如，利用短路时电流增大的特点构成过电流保护；利用电压降低构成低电压保护；利用电压和电流间的相位变化构成方向保护等。

4.3.1 继电保护装置的构成原理、作用和性能要求

继电保护装置是由一个或若干个继电器，按照其性能和要求连接在一起设备的保护功能。

4.3.1.1 继电保护装置的构成原理

继电保护装置尽管其作用和元件不同，但其基本构成原理是相同的。通常都是由测量部分、逻辑部分和执行部分所构成，如图 4-10 所示。

（1）测量部分：其作用是通过互感器测量被保护设备的有关参数，并与事先规定好的整

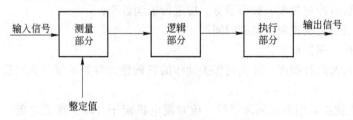

图 4-10   继电保护装置原理方框图

定值相比较，以判断设备所处的状态（正常运行、故障或不正常工作状态）。

（2）逻辑部分：其作用是根据测量部分输出量的大小、性质、出现次序等进行逻辑判断，以确定保护装置是否应该动作，以及如何动作。

（3）执行部分：其作用是根据逻辑判断的信号进行放大，执行预定的保护任务：跳闸、发信号或不动作。

4.3.1.2 继电保护装置的作用（基本任务）

继电保护装置的作用或基本任务是：

（1）在发生故障的瞬间，能自动地、迅速地、有选择性地将故障设备从系统中切除，以保证无故障设备能迅速恢复正常运行，并使故障设备免于继续遭受损害；

（2）反应设备的不正常工作状态，并根据需要自动发出信号或跳闸，使值班人员及时采取措施；

（3）与自动装置配合使用。如配合自动重合闸，在线路发生育时性故障时，迅速恢复故障线路的正常运行，从而提高系统供电的可靠性。

可见，继电保护装置的主要作用是防止电力系统故障的发生和扩展，限制事故的范围，最大限度地保证向用户连续安全地供电。所以，继电保护是现代电网的一个极其重要的部分，对保证系统安全运行具有十分重要的意义。

4.3.1.3 继电保护装置的性能要求

为切实完成保护装置的作用和任务，保护装置必须满足四个方面的性能要求，即选择性、快速性、灵敏性和可靠性。

（1）选择性：当系统发生故障时，保护装置仅将故障元件从系统中切除，以尽量缩小停电范围，而保持非故障元件继续运行；

（2）快速性：系统发生故障后，应尽快地将故障切除，以减少设备的损害，保证系统运行的稳定性和对用户供电的连续性；

（3）灵敏性：保护装置能正确、灵敏地反映出故障的位置和类型；

（4）可靠件：在保护范围内的故障，装置可靠动作而不拒动，在保护范围外发生故障时，装置不应误动，此即保护装置的可靠性。

4.3.2 继电保护的配置

发电厂主要电气设备的保护一般由几种不同保护继电器相互配合，以实现完善的保护功能。

4.3.2.1 发电机保护

发电机常见的事故有定子单相接地、相间短路、匝间短路、过电流、过电压以及转子绕组一点接地、失励等，而常见的故障有定子绕组过负荷、励磁绕组过负荷等，相应的一般配置的保护如下：

（1）定子接地保护：定子线圈任一相发生接地，零序电流保护作用于跳闸，或绝缘监察装置发接地故障信号；

（2）纵联差动保护：保护发电机定子绕组的相间短路；

（3）横联差动保护：保护发电机定子绕组匝间短路，适用于定子绕组为双 Y 形接线的机组；

　　(4)过电流保护:保护发电机绕组外部短路时引起的定子绕组过电流；

　　(5)过电压保护:距发电机不远的外部短路经保护跳开后,可能引起发电机定子绕组过电压,应设保护延时跳开发电机；

　　(6)转子接地保护:转子绕组一点接地时,应发信号,避免转子有两点接地时烧坏绕组；

　　(7)失励保护:发电机励磁消失,将进入异步运行,对系统造成影响,应延时跳开发电机。

4.3.2.2　变压器保护

　　电力变压器常见的事故有绕组及引出线的相间短路、匝间短路和单相接地短路及外部短路引起的过电流等,而常见的故障状态有过负荷、油面降低及外部短路引起的过电流等。一般配置以下保护装置:

　　(1)气体保护(瓦斯保护):油箱内线圈或铁芯过热或发生故障,变压器油分解产生瓦斯气体;当有少量瓦斯气体产生或油面降低时,轻瓦斯保护瞬时动作作用于信号;当有严重故障时将产生大量瓦斯气体,重瓦斯保护动作于变压器各侧断路器跳闸；

　　(2)纵差保护或电流速断保护:变压器绕组或引出线短路、电网侧绕组接地短路及绕组间匝间短路(区内故障)时保护动作,跳开变压器；

　　(3)过电流保护:变压器外部相间短路引起变压器过电流及外部接地短路引起过电流时,可装设过电流保护和零序电流保护。同时,过电流保护兼作气体保护和纵差保护的后备保护；

　　(4)零序电流保护:用于防止中性点直接接地系统外部接地短路；

　　(5)过负荷保护:当过负荷或线圈温升超过限额时,过负荷保护经延时动作于信号。

4.3.2.3　线路保护

　　输电线路的环境相对复杂,保护设置也复杂。常见的事故有单相接地和相间短路,相应的保护设置如下:

　　(1)电流保护:线路发生故障,短路电流超过继电保护的整定值时,保护装置动作；

　　(2)接地保护:当出现接地故障电流时,接地继电器动作:对中性点不接地的小电流接地系统一般作用于信号;对于中性点接地的大电流系统作用于跳闸；

　　(3)功率方向保护:一般与电流保护配合使用。当线路发生故障时,短路电流超过整定值且功率流动方向为保护方向时动作；

　　(4)距离保护:利用阻抗继电器测量故障点到保护安装处之间的阻抗来反映故障点至保护安装处的距离,根据距离的远近确定动作时间,又称为阻抗保护；

　　(5)高频保护:利用纵差动保护原理,把线路两端的电流相位或功率方向转换为高频信号,利用输电线路相互传送到对端进行比较,如故障在本线段内,则两端保护装置同时动作跳闸,加速切除故障;反映被保护线路两端功率方向的为方向高频保护,比较线路两端电流相位的为相差高频保护。

4.3.2.4　母线保护

　　母线发生故障时,可利用供给母线电流的供电元件(发电机、变压器等)的保护装置切除母线故障,必要时也可采用专用的母线保护装置——母线差动保护装置来切除母线故障。

4.4 控制系统

为了形象地介绍相关设备的工作情况，本节给出了发电控制系统的几个操作画面。控制系统操作画面有：发电系统、汽水系统、润滑系统和EH供油系统。

画面中所有电动机和电动阀的状态显示颜色一致。白色表示控制处于现场位置，红色表示控制处于中控位置（此时可以在画面中启/停电动机和电动阀），绿黑色交替闪烁表示是现场开启了电动机和电动阀，绿色表示中控开启了电动机和电动阀，红色和黑色交替闪烁表示在报警（此时应在报警的控制窗口点击复位）。点击电气设备后弹出一个操作画面，上面会显示电动机的启、停按钮，此时可以进行正常的操作。按钮分两种：自复位和保持。自复位按钮即点动不需持续按住，点击即可发出命令；保持按钮在操作时按下去即可，要想解除再点一下。

4.4.1 发电系统

发电系统控制画面如图4-11，图4-12所示。

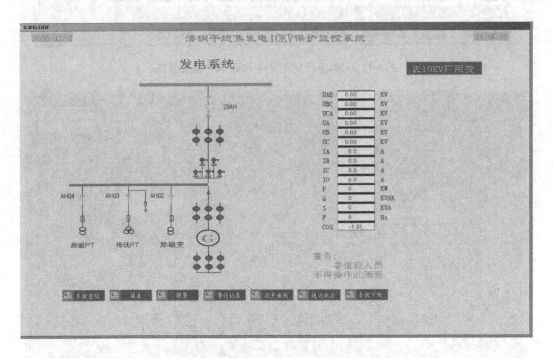

图4-11 150t/h干熄焦发电电气系统图

4.4.2 汽水系统

汽水系统如图4-13所示。"开/关"按钮：电动阀的动作为非开即关，"开"、"关"的选择主要是控制阀的开关。靠着凝结水泵的"SEL"按钮：作用是选择两个凝结水泵哪个为主泵，这个按钮的作用主要是为了防止当水位低于500mm时，两个泵都关闭，在正常运行中不需要动。靠着热井水位调节阀的"SEL"按钮：自动的意思是让水位自动调节两个调节阀的开度，手动的意思是直接输入开度进行调节。在一号凝结水泵中有投联锁和解联锁的选择，"投

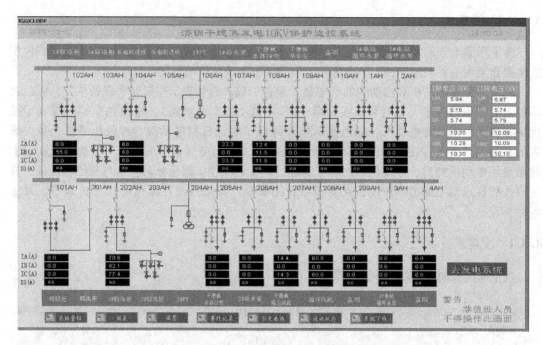

图 4-12　150t/h 干熄焦发电 10kV 保护监控系统

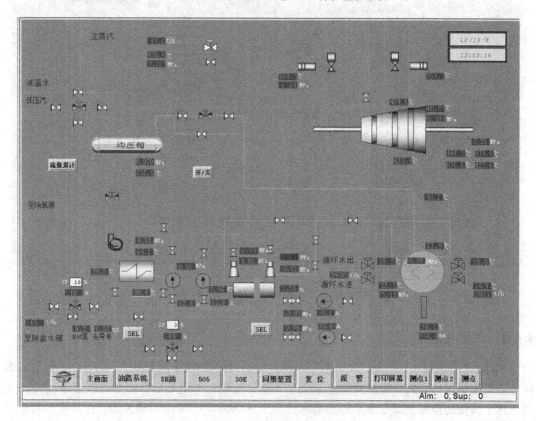

图 4-13　汽水系统操作界面

联锁"是让水位自动调节两个泵的开停,"解联锁"是人为地开启或停止某一台泵。在一号射水泵中有投联锁和解联锁的选择,"投联锁"的作用是保证在正常工作时两个泵中有一台在工作,"解联锁"是人为地开启或停止某一台泵。

4.4.3 润滑系统

润滑系统如图 4-14 所示。辅助油泵中的联锁是当主油泵出口油压低于 0.8MPa 的时候自启。事故油泵是当润滑油压低于 0.03MPa 时自启。当润滑油压低于 0.015MPa 时,自动停盘车。

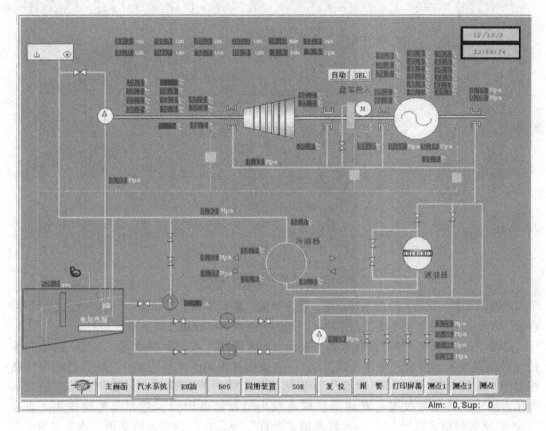

图 4-14　润滑系统操作界面

4.4.4 EH 供油系统

EH 供油系统如图 4-15 所示。一号主泵中有"投联锁","解联锁"按钮。在通常状态下应选择"投联锁",它可以保证 EH 油中所有设备的自动启停,满足调速汽门的正常运行。若选择"解联锁"按钮,则各电气设备单独启停。

4.4.5 505 系统

4.4.5.1 505 系统

Woodward 505 是美国 Woodward 公司专门为控制汽轮机研制生产的以微处理器为基础的数

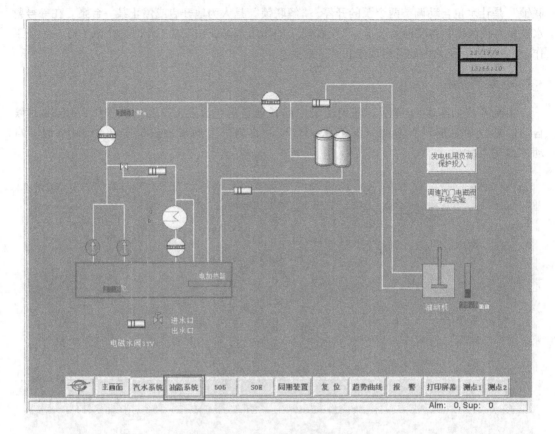

图 4-15　EH 供油系统操作界面

字式转速调节器。其特点是控制精度高、稳定性好、操作简便。可根据每一台汽轮机的特性、参数，以及应用场合，对 505 进行组态。其组态直接在 Woodward 505 面板上进行。

点动"505 升速"按钮即升负荷，点动"505 降速"按钮即降负荷。"允许启动"按钮（必须是在主汽门全开时才可以发出），该按钮按下 505 才可启动。"外部启动"按钮相当于 505 的 RUN 键，"505 复位"按钮相当于 505 的 RESET 键。远程转速给定值和远程压力给定值必须在发电机断路器和联络线出口断路器闭合以后才起控制作用。点击"505 转速远程给定已投"，"远程转速给定允许"显示此时的输入给定值。点击"505 压力远程给定已投"，"远程压力给定允许"显示此时的输入给定值。正常运行时，使用升速降速来调节负荷。

4.4.5.2　控制原理

Woodward 505 接收两个转速探头(SE)监测的汽轮机转速信号（频率信号），与内部转速设定值比较，经转速 PID 放大器作用后，输出 4～20mA 操纵信号。该信号送经电液转换器 I/H 转换成二次油压信号，二次油通过油动机控制调阀开度，调节进汽量，调整汽轮机出力，使汽轮机转速稳定在设定值。如图 4-16 所示。

Woodward 505 也接受来自中控室或 DCS 的转速遥控信号（4～20mA），以使汽轮机转速满足工艺流程的需要。

Woodward 505 输出一个实际转速信号（4～20mA）用作中控室指示。

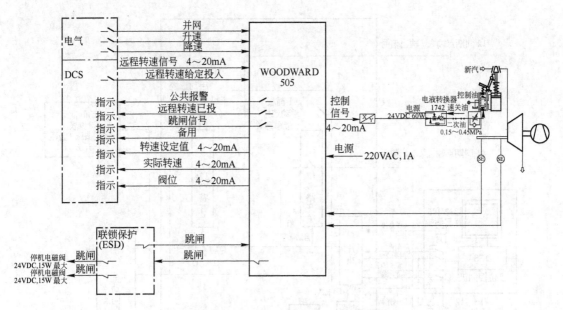

图 4-16 Woodward 505 控制原理

汽轮机的启动、暖机、升/降速可以在 Woodward 505 面板上完成。此外汽轮机旁的电气操作间上，也设置了升速和降速按钮，也可以完成上述功能。

利用 Woodward 505 可以进行汽轮机的超速试验。505 面板上会显现报警信号。

Woodward 505 监测到超速时发出一跳闸信号至 ESD，ESD 控制停机电磁阀，泄掉速关油，快速关闭速关阀，切断汽源，以保证汽轮机安全。

4.4.6 同期装置

4.4.6.1 同期装置概述

发电机要对外发电，就要与系统并网，并网的条件是发电机与系统之间的相序、频率、电压都要相同，即所谓同期时才能并网，否则强行并网会对发电机轴系产生强大扭矩，损坏发电机，对电网也会产生冲击。

发电机的同期装置就是监测发电机与系统的状况，在符合并网条件时，自动合上开关，使发电机并网。

150t/h 干熄焦发电站就是采用了某公司开发的 SID-2X 型选线器配套 SID-2CM 同期装置联合使用的，适用于新站设计或老站改造的发电厂或变电站。选线器不仅适用于原来按同期小母线集中同期方式设计的厂、站，也同样适用于新设计具有 DCS 的发电厂。实现 DCS 不主张多台发电机共用一台同期装置，但并不意味一台发电机的专用同期装置只服务于一个并列点（例如：机端断路器或发—变组高压断路器），而是该台同期装置应囊括与该台发电机相关的所有并列点。150t/h 干熄焦发电站采用了四路同期选线，分别为发电机出口断路器同期点、10kV 1 号联络线同期点、10kV 2 号联络线同期点和 10kV Ⅰ、Ⅱ段母联开关断路器同期点。

选线器的原理框图见图 4-17。

4.4.6.2 同期屏并网

以 150t/h 干熄焦发电站为例。DCS 上操作前点"执行允许"。

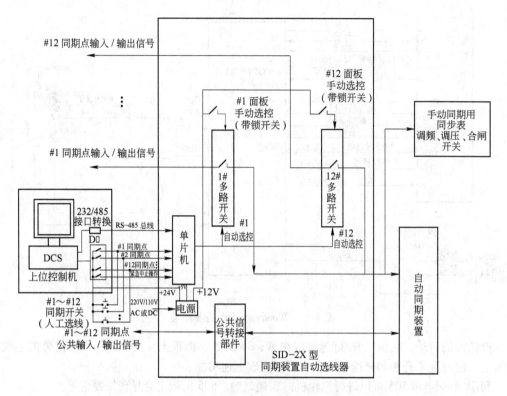

图 4-17　选线器的原理框图

(#1～#12 为同期装置自动选线器的 12 个带锁开关，并配一把钥匙)

A　自动准同期并网

自动准同期并网如下：

（1）同期屏左侧的无压选择打到"退出"位置；

（2）同期屏右侧的手自动选择开关打到"自动"位置；

（3）选线器复位（按下选线器上的"红色复位按钮"或 DCS 发"选线器远方复位"信号）；

（4）DCS 发"选线"命令。此时选线器上对应的选线绿灯应点亮，同期装置上显示为"待令"；

（5）DCS 发"启动同期合闸"命令。命令发出后，同期装置自动调节压差和频差，合上断路器。如果未合上，则会显示"断路器未合上"信息；

（6）断路器合上 10s 后，同期装置自动断电复位；

（7）同期完成后，将同期屏右侧的手自动选择开关打在"退出"位置；

（8）选线器复位。

B　手动准同期并网

手动准同期并网如下：

（1）同期屏左侧的无压选择开关打在"退出"位置；

（2）同期屏右侧的手自动选择开关打到"自动"位置；

（3）选线器复位（按下选线器上的"红色复位"按钮）；

（4）将选线器上的选择开关打在"自动"位置，按下同期屏下方的选线按钮选线；或将选线器上的选择开关打在"手动"位置，用钥匙右旋选线。此时选线器上对应的选线绿灯应点亮；

（5）观察同步表上的指示，按同期屏下方的按钮进行调节，当同步表中间的指针在正上方偏左5°时候按下"合闸"按钮，断路器合闸；

（6）同期完成后，将同期屏右侧的手自动选择开关打在"退出"位置；

（7）选线器复位。

5 干熄焦电气设备及控制

5.1 干熄焦电气设备概况

5.1.1 综述

干熄焦系统的设备种类繁多，主要包括起重设备（提升机）、余热锅炉系统、各种风机、汽轮发电系统、液压装置、胶带输送机、除尘系统等，因此，其电气系统也涵盖了高低压变配电设备、发电机、高低压电动机、变压器、变频器、各种阀门电动机、电磁阀、PLC系统等。

由于电气设备在设计选型时的选择余地比较大，因此各个企业干熄焦系统选用的电气设备种类、型号都不尽相同。本章内容仅以济钢150t/h干熄焦为例对电气设备进行叙述，其中也对照参考了济钢100t/h干熄焦的有关部分。

5.1.2 干熄焦的高压电气设备

干熄焦系统在焦化厂的生产工艺流程中作用重大，尤其是锅炉的安全运行更为重要，因此其高压供电必须有两路独立电源。

干熄焦系统设有一个10kV高压配电室，主接线为两路电源单母线用断路器分段运行方式；平时分段运行，异常情况下，任何一路电源均可单独带全所运行。

高压配电室电压等级为10kV，开关柜选用金属铠装中置式开关柜，防护等级IP30，使用开关开断能力为31.5kA型真空断路器。

直流屏采用高频开关电源，容量为300Ah的全密封免维护铅酸蓄电池为高压柜提供220V的操作电源。

继电保护系统采用施耐德SEPAM变电站微机综合自动化系统。微机监控系统采用分层分布式、开放的系统结构，主要完成对10kV电气系统的控制、监视、测量、管理、记录和报警等功能。

10kV电源进线保护装置的主要功能：线路光纤纵差保护、过流保护、三相一次重合闸、低周减载、零序电流保护、联锁跳闸等。

电动机保护单元的主要功能：速断保护、过流保护、零序电流（接地）保护、低电压保护、启动时间过长保护、堵转保护、实际启动电流及启动时间显示、过热跳闸记忆及强制复归、谐波分析记录等。

变压器保护测控单元的主要功能：高压侧两相速断保护、过流保护、高压侧零序电流（接地）保护及非电量（瓦斯或温度）保护等。

干熄焦的高压负荷主要包括高压电动机和变压器，高压电动机有气体循环风机电动机一台（功率1650kW）、锅炉给水泵电动机两台（功率630kW）、环境除尘风机电动机一台（功率450kW）、电站循环水泵3台（功率400kW）等。锅炉给水泵平时为一台运行另一台热备用。变压器包括两台配电变压器和一台吊车用变压器（均为1250kV·A）。具体的高压线路分段单线图如图5-1所示。

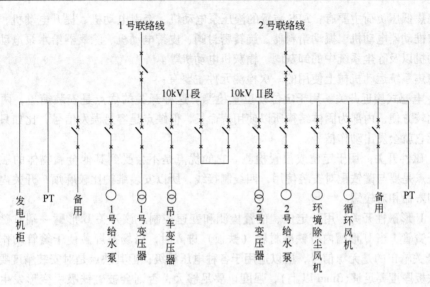

图 5-1 高压配电室单线系统图

5.1.3 干熄焦低压电气设备

干熄焦的低压供电系统包括一个低压配电室(PCC),下设 4 个电动机控制中心,即:干熄焦本体 MCC、提升机 MCC、环境除尘 MCC 和发电站 MCC。

PCC 设有三段母线,分别由三台 1250kV·A 变压器供电,即 1 号、2 号和吊车用变压器(提升机专用变压器),其中 1 号变压器由高压室 I 段电源供电,2 号变压器由高压室 II 段电源供电,吊车用变压器由高压室 I 段电源供电。正常情况下三段母线分段运行,检修或故障情况下三段母线可以并联,任一台变压器都可带全部负荷。

低压室的单线系统图见图 5-2。

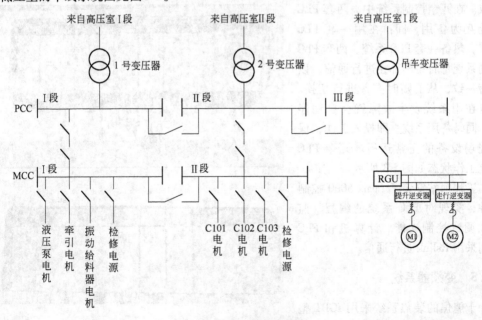

图 5-2 低压室单线系统图

　　干熄焦低压负荷主要有：APS 装置的液压泵电动机、牵引电动机、提升电动机、走行电动机、装焦推动器电动机、振动给料器、旋转密封阀、皮带电动机、除氧器给水泵电动机、各种阀门电动机以及除尘系统中的卸灰阀、输灰机电动机等。

　　干熄焦系统运动机械上使用的一次检测元件主要有：

　　（1）电感式接近开关。用于定位或位置检测。这种开关的优点是安装简单，两线制开关接线也比较方便，内部为固体结构所以使用寿命长，但缺点是容易误发信号，比如只要有金属物体靠近它就会发出动作信号。

　　（2）磁性开关。用于定位或位置检测。它的优点是不会受到其他金属物体的触发而误动作，其缺点是要与磁铁配对安装使用，四线制接线，所以安装维护比较麻烦，开关内部有继电器，使用寿命相对较短。

　　（3）U 形磁性开关。用于定位、位置检测和变速控制。该开关 U 形臂一端有磁铁，另一端设有干簧管，当 U 形槽内有铁磁材料（铁板）进入时，磁场被屏蔽使干簧管动作。其优点是 U 形开关输出的是无源信号，所以适用于各种电压等级；但其缺点是对安装精度要求高，触发用的铁板厚度要足够(3mm 以上)，强度也要足够大，否则会被磁铁吸引变形发生碰撞；另外干簧管的寿命不够长，在实际使用中，时间长了有接触电阻变大的现象。

　　（4）机械式限位开关。用于极限或事故位置检测，一般不经常动作。

　　（5）在皮带机上还有拉绳开关、跑偏开关、压焦限位、转速开关等，它们的作用都是保证皮带机的安全稳定运行和人身安全。

　　由于干熄焦现场导电粉尘较多，开关多数安装在露天，所以，开关的工作电压一般选用直流 24V，以减少因进水或进灰尘引起的短路故障，并且其控制电缆应使用屏蔽电缆，以提高抗干扰能力。

5.1.4　干熄焦 PLC 系统

　　干熄焦 PLC 控制系统由美国 AB 公司 Logix 5555 的冗余控制系统和 RSViewse User Guide SE 组成。在冗余控制系统中，两套 PLC 系统互为备用，即：在用一套 PLC 系统，热备一套 PLC 系统，两套 PLC 控制系统每时每刻都在进行通信，以保持一致，从而随时准备进行切换。一旦在用系统发生故障就会自动停机，同时备用系统立即投入工作，保证现场设备的正常运行。冗余 PLC 系统工作状态如图 5-3 所示。

　　工程师站安装了 Logix 5000 控制软件，实现对 PLC 系统的编程、监控和调试控制功能。计算机和 PLC 之间采用 Rslink 进行通信。

5.1.5　变频器系统

　　干熄焦的装焦系统采用 IGBT 整流回馈和矢量全变频交流调速系统。

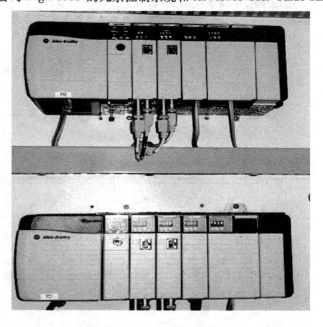

图 5-3　冗余 PLC 系统工作状态图

其中，提升机系统采用 AB 公司的 Power Flex700S 变频器，装焦系统采用 PLUS Ⅱ 变频器。

IGBT 整流回馈装置和变频调速装置通过自身的网络通信板与 PLC 之间进行通信，它们的主回路组成全集成化设备配置，其配置为：整流回馈装置 + 公共直流母线 + 逆变器。变频器柜整体如图 5-4 所示。

图 5-4　变频器柜整体图

Power Flex 700S 系列变频器，其多种语言的液晶显示屏(LCD)和操作面板(HIM)提供了 S. M. A. R. T 启动，简便快捷地让用户设置最常用的参数，使用户不用深入了解参数结构就可对变频器进行简单的设置，可以上传、下载参数，支持热插拔。变频器的操作面板如图 5-5 所示。

图 5-5　变频器操作面板

Power Flex 700S 目标定位在精确的速度控制、力矩控制和定位控制，有多种反馈方式，本身可以带两个码盘，实现主从以及定位控制，不但可以加增量编码器，而且可以直接加绝对值编码器来实现精确控制。为了提高控制精度，干熄焦的提升与走行控制一般都采用编码器反馈的速度控制模式。

1336 PLUS Ⅱ 变频器具有多台装置通信能力的特色，其结果是使变频器/电动机的组合运行性能最优化。除了对同步电动机控制非常有用的、设定点 0.1% 的标准频率精度以外，1336 PLUS Ⅱ 变频器提供许多可编程速度精度的选择。变频器提供标准设定值 0.5% 的转差率补偿。它是通过精确的监测电动机电流，并按电动机转差率增加使速度下降进行补偿，对于多电动机之间要求均分负载的应用场合，也能提供负转差率补偿。利用编码器反馈闭环控制，调速精度为 0.1%。系统的响应取决于速度恢复时间，而不是频率大小，同时它与负载的转动惯量无关。

5.2　焦炭装入系统电气设备及控制

5.2.1　焦炭装入系统概述

焦炭装入系统由焦罐车、APS、提升装置、走行装置、装入装置和除尘设备等子系统共同构成。焦炉推出的红焦由装在电机车上的旋转焦罐接受，旋转焦罐由变频器控制，在接焦的过程中恒速旋转，使红焦装入焦罐时布料均匀，以防止提升时发生偏负荷故障。焦罐接焦完毕后由电机车牵引到提升机井架下，完成粗略定位、APS 夹紧、接空焦罐、APS 解锁、移位、APS 再夹紧和向提升机发出提升红焦罐指令等一系列动作。提升机变频装置在 PLC 的控制下将红焦罐按预定的速度曲线，完成挂钩、焦罐离床和焦罐盖离床等一系列加减速动作，将红焦罐提升到井架的顶部并准确定位。走行变频装置在 PLC 的控制下驱动提升机按预定的速度控制曲线运行，将红焦罐送到干熄炉的顶部并准确定位。在提升机向干熄炉顶部移动的同时，装入装置将干熄炉盖自动打开，炉顶的除尘阀门也自动打开。环境除尘风机的转速由低速自动提升到高速，满负荷运行，使干熄炉炉口和装焦漏斗内的压力变为负压，防止红焦装入时粉尘外逸。焦罐到位后，其底闸门自动打开，将红焦装入干熄炉内。装料完毕后，干熄炉炉盖和炉顶除尘阀门同时关闭，除尘风机将速度减到低速，提升机和走行装置将空焦罐回送到提升机井架的待机位，从而完成一个完整的装焦过程。一个完整的装焦过程大约需要 8min。

5.2.2　APS 系统

5.2.2.1　APS 系统电气设备组成

APS 系统是一种液压强制精确定位装置，主要由液压站及液压缸组成。焦罐台车的对位精度在 ±100mm 内，经 APS 对位装置夹紧后对位精度可达 ±10mm，可以确保焦罐车在提升机井架下准确定位及操作安全。

APS 的作用有三点：一是防止焦罐台车滑动，二是缩短焦罐台车的精确定位时间，三是保证焦罐台车的定位精度。

APS 系统电气设备主要包括：

两台液压泵电动机（一开一备），功率均为 18.5kW，用来驱动液压泵运行，以提供液压缸工作的压力。

与液压缸配套的电磁阀，用来控制液压缸的正反向动作，电磁阀的额定电压一般采用 DC 24V。电磁阀是 APS 系统中电气与液压系统的界面，也是最容易发生故障的元件。因此，发生故障后，一般要先从电磁阀开始检查，也就是说，液压缸不动作应先检查电磁阀是否得电，并据此判断故障点在液压系统还是电气系统。

每个液压缸上设有两个限位开关，用来检测液压推动器的位置，限位开关一般采用磁性开关或接近开关。由于接近开关容易误发信号，所以在实际运用中一般采用不容易误动作的磁性开关，但磁性开关是和磁铁配对使用的，因此安装不是很方便，故障率也相对较高，磁铁容易吸上杂物影响正常工作。

另外，为了便于现场就地操作，还设有现场操作箱等。

5.2.2.2 APS系统电气设备的控制工艺

APS液压站的两台液压泵一开一备，APS系统正常情况下是自动运行的。液压泵的启动与停止由主控室来完成操作，液压缸电磁阀的控制是在PLC的控制下自动运行的。在现场还设置了机旁操作箱，可操作液压泵的启停和液压缸的夹紧与放松，用来在自动方式发生故障或检修调试时进行现场手动操作。

APS系统的工作过程是这样的（以不设牵引装置的干熄焦系统为例）：电机车载着焦罐接完红焦以后，行驶到干熄焦提升井下，粗略定位（范围±100mm）后，电机车发出"APS夹紧"信号，该信号经过电机车与地面的对位盘上的电磁铁和磁性开关传给PLC系统，PLC系统发出信号使液压缸的"夹紧"电磁阀得电，两个液压缸同时动作，将电机车夹持到精确定位位置（精度±10mm）。放松时，电机车发出的信号通过对位盘上的同一组电磁铁和磁性开关将信号传给PLC系统，PLC系统发出信号使"放松"电磁阀得电，两个液压缸的推动器又向相反方向动作，放松到位。

不管是夹紧还是放松到位后，液压缸上相应的到位限位开关都会动作，将到位信号发给PLC系统，使相应的电磁阀失电，电磁阀失电后液压缸保持不动。

APS"放松"和"夹紧"时的状态如图5-6、图5-7所示。

液压缸

图 5-6 APS"放松"状态图

PLC程序设计有专门的逻辑判断程序，能够判断出电机车通过对位盘上的同一组电磁铁和磁性开关发来的信号是要"夹紧"还是"放松"。图5-8为对位盘实物图。

APS控制原理图（PLC模块输入输出部分）见图5-9。

5.2.2.3 APS系统电气设备的点检与维护

APS系统的日常点检维护主要包括对电动机及相关控制回路、电磁阀、限位开关、检测信号、控制信号的检查和维护。

检测信号：APS对位装置电源就绪、1号油泵运行、2号油泵运行、夹紧、松开、APS对位装置中央允许操作、温度高报警、油位低报警、过滤器堵塞、APS对位装置故障。

控制信号：1号油泵启动、1号油泵停止、2号油泵启动、2号油泵停止、夹紧、放松。

图 5-7　APS"夹紧"状态图

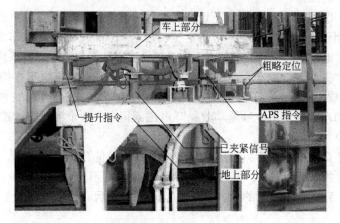

图 5-8　对位盘实物图

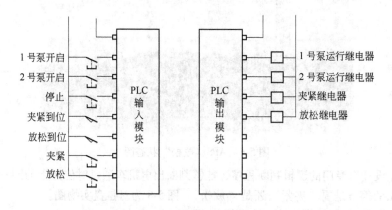

图 5-9　APS 控制原理图

电动机控制回路安装在配电室 MCC 内,巡回点检时应检查开关、接触器、过热继电器等引线是否松动,可以用红外线测温仪进行测温检查,运行状态时温度明显升高说明压线松动。过热继电器也要按照电动机铭牌上的额定电流准确整定,以有效地保护电动机,防止电动机因过载而烧毁。

现场电气设备主要有液压泵电动机、电磁阀和液压缸上的限位开关,其点检内容可参考表 5-1。

表 5-1　APS 电气设备点检内容及维护标准

点检部位	点检内容	点检维护标准	周　期
电动机	声　音	无异常噪声	每班
	温　升	电动机温升正常，轴承温升正常，无异常振动	每班
	接　线	压线紧固不发热，接线盒密封良好	每周
	绝　缘	不低于 0.5MΩ，与平时相比无明显下降	每周
磁性开关	接　线	接线可靠，防水防尘，布线规范	每周
	感应间隙	开关与磁铁间隙在规定范围内	每周
电磁阀	插　头	接线可靠，螺钉紧固不易脱落	每班
	线　路	布线规范，没有油污	每周

需要说明的是：电动机及其轴承的温升和电动机的对地绝缘应有记录，在实际运行过程中，若温度明显高于平时的温度，虽然不超过其允许温升但也说明电动机或液压泵有问题了，应仔细检查处理。所以，平时巡检时应该将设备正常状态的温度进行记录，以便异常时做一下比较，这也是对设备劣化趋势分析的一个有效手段。

5.2.2.4　APS 系统易发生的问题及其处理与改进

A　液压缸动作到位后没有到位信号

液压缸动作到位后没有到位信号这种故障经常发生，其主要原因有以下几个：

（1）限位开关到继电器再到 PLC 输入模块这一信号传输回路有压线或接头接触不良的现象；

（2）限位开关和撞铁（或磁铁）的间隙过大，使开关不能动作；

（3）限位开关故障。

B　液压缸不动作

液压缸不动作故障发生后可按以下顺序检查：首先将操作方式改为现场操作，让操作人员按正常操作程序操作（夹紧或放松），同时检查相关电磁阀是否得电，检查方法如下：

（1）若电磁阀插头上指示灯不亮，可拔下插头用万用表测量插头电压，若没有电压，则是 PLC 没有输出或输出线路有问题；若有电压，说明指示灯坏了，则按照"指示灯亮"的方法检查；

（2）若电磁阀插头上指示灯亮，则说明有电压，可用一软磁材料检查阀体是否有磁性，若有磁性则说明线圈已得电，液压系统有问题；若没有磁性则说明或者插头接触不良（处理或更换即可），或者线圈断路（用万用表测电阻确认后更换）。

根据以上方法判断后，若电磁阀得电有磁性，则说明电气部分没有问题，可着重检查液压系统；若电磁阀不得电，则应该通过查询 PLC 程序确定其不得电原因，再行处理。

C　电机车与 APS 装置碰撞的防止措施

在实际生产运行过程中，液压缸有时会自行夹紧，其原因或是因为液压缸泄漏爬行造成，或是因为电气失控造成。此时若电机车司机不能及时发现就会发生电机车和夹持装置碰撞的严重事故。

据了解，某公司的干熄焦系统就曾经发生过以上类似事故。所以，干熄焦系统可以设计安装防碰撞警告灯，其工作原理是这样的：在 PLC 系统中编制程序，也可以用继电器，取出液压缸不在放松位的信号，通过继电器的辅助点来控制安装在电机车轨道旁的红色警告灯。实现的功能是：只要有一个液压缸不在原位（放松位），警告灯就亮，这样电机车司机就能提前发现并及时停车，避免了电机车与 APS 装置的碰撞事故。图 5-10 是干熄焦 APS 的防撞警告电路图。

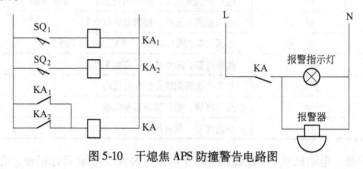

图 5-10　干熄焦 APS 防撞警告电路图

图 5-10 中，SQ_1、SQ_2 分别为两个液压缸的放松到位限位开关，其中只要有一个没有放松到位，KA_1、KA_2 就会有一个不吸合，其相应的常闭触点使 KA 得电吸合，报警指示灯和报警器就会发光和发声，提醒电机车司机注意。

以上方案是应用于没有牵引装置的干熄焦系统，所以电路比较简单，其他有牵引装置的还应该把牵引大钩的落下信号增加进去参与控制。

5.2.3　牵引装置

有的干熄焦系统因场地限制，布局时提升井无法横跨在熄焦车轨道上，因此就需要设置牵引装置。牵引装置的作用是利用牵引大杆或钢丝绳将焦罐台车沿牵引轨道从电机车上牵引到提升井的下方。牵引状态图如图 5-11 所示。

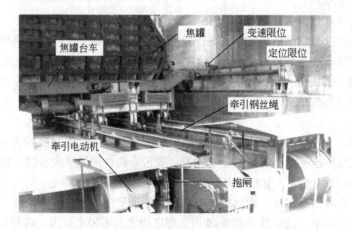

图 5-11　牵引状态图

5.2.3.1　牵引装置电气设备组成及基本参数

牵引装置的电气设备主要包括：牵引电动机、变频器、抱闸制动器及相关电气控制检测元件。

干熄焦牵引装置的电动机采用了变频电动机，其型号和具体参数如下：

型　号	YPI225M-6；
功　率	30kW；
绝缘等级	F；
防护等级	IP54。

牵引电动机变频器采用 AB 公司的 1336PLUS Ⅱ 变频器（型号 1336F-B050），用来控制牵引电动机的速度。其基本控制参数为：低速为 7Hz，高速为 20Hz，加速时间为 3s，减速时间为 5s。由于该套牵引装置受牵引机械结构和牵引方式的限制，牵引电动机的速度不可以很高，否则会使台车发生摇摆。

5.2.3.2　牵引装置的电气控制工艺

牵引装置的动作过程是这样的：电机车将接满红焦的焦罐运至牵引轨道中心，司机操作 APS 装置将焦罐台车精确对位，再使牵引大钩"抓紧"焦罐台车，然后司机发出"可牵引"信号，牵引电动机即开始在变频器的驱动下把焦罐台车牵引到提升井的下方。牵引装置电动机的控制原理图如图 5-12 所示。

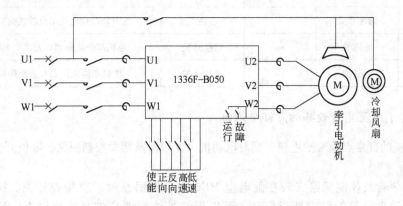

图 5-12　牵引装置电动机的控制原理图

正向牵引时，由于一开始是把焦罐从电机车上牵至牵引轨道上，速度不可以过快，所以刚开始是低速，焦罐台车进入牵引固定轨道后，触发变速限位开关 SQ_1，牵引由低速变为高速，快到提升井下时触发变速开关 SQ_2，速度变为低速，减速时间大约为 5s，低速运行一段时间，台车即到位，触发到位检测开关，在停车的同时发出"台车在井定位，可以提升"的信号。

反向牵引时，由于焦罐台车在牵引固定轨道上，所以一开始就是高速牵引，直到快到电机车上时，触发变速限位开关 SQ_1，速度减为低速，台车到位后触发电机车上的到位检测开关，电机车发出停车指令。牵引装置的速度曲线如图 5-13 所示。

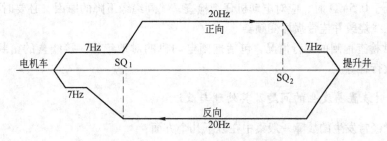

图 5-13　牵引装置的速度曲线图

电机车与干熄焦 PLC 的信号传输是通过一组对位盘实现的，车上的对位盘设有 4 个电磁铁和 2 个磁性检测开关，相对应的地面对位盘则有 4 个磁性检测开关和 2 个电磁铁。

车上对位盘的 4 个电磁铁负责向地面对位盘相应的磁性检测开关发送以下信号：APS 锁紧指令、牵引挂钩指令、牵引脱钩指令、可牵引指令；车上对位盘的 2 个磁性检测开关负责接收地面对位盘相对应的 2 个电磁铁发送的锁紧到位和挂钩到位信号，见表 5-2。

表 5-2　对位盘开关说明

序　号	车上盘	信号传输方向	地面盘	功　能
1 组	磁性开关	←	永磁铁	电机车粗略定位(偏左)
2 组	磁性开关	←	永磁铁	电机车粗略定位(偏右)
3 组	电磁铁	→	磁性开关	电机车向地面 PLC 发出 APS 锁紧指令
4 组	磁性开关	←	电磁铁	地面 PLC 向电机车反馈锁紧到位信号
5 组	电磁铁	→	磁性开关	电机车向地面 PLC 发出挂钩指令
6 组	磁性开关	←	电磁铁	地面 PLC 向电机车反馈挂钩到位信号
7 组	电磁铁	→	磁性开关	电机车向地面 PLC 发出可牵引指令
8 组	电磁铁	→	磁性开关	电机车向地面 PLC 发出脱钩指令

5.2.3.3　牵引装置电气设备的点检与维护

牵引装置的日常点检维护主要包括对电动机、变频器及相关控制回路、限位开关的检查和维护。

(1) 变频器及控制回路安装在配电室 MCC 内，巡回点检时应检查开关、接触器、变频器、过热继电器等的引线是否松动，可以用红外线测温仪进行测温检查，运行状态时温度明显升高说明压线松动。同时要注意变频器上各个指示灯的状态，并定期检查变频器上的故障记录。变频器有冷却风扇长期运转，散热器容易积灰，因此，每周应对散热器进行吹扫。

(2) 对现场限位开关等器件和线路的检查。对现场定位、变速控制的接近开关应定期(每班)检查其动作间隙是否过大或过小，开关引线是否牢固并密封良好，线路的防火措施是否到位等。

(3) 每班检查牵引变频电动机运行状况，包括电动机运行时的机身温度、电动机运行时的声音、接线盒的密封情况等，定期对电动机进行绝缘摇测并做好记录，电动机绝缘值较以前明显下降或低于 0.5MΩ 时，应对电动机仔细检查，找到绝缘下降的原因，必要时更换电动机，防止电动机在线烧毁并连带损坏变频器。

(4) 经常检查抱闸的运行情况，包括抱闸电动机的对地绝缘、接线盒的密封情况、电液推动器的有效行程等。

5.2.3.4　牵引装置易发生的问题及其处理与改进

牵引装置经常发生的故障一般集中在以下几个方面：

(1) 变速、定位开关故障或碰触不到造成牵引不变速、没有定位信号；

（2）抱闸选用不当造成抱闸线圈烧毁故障；

（3）控制系统方面的故障。

故障案例1：干熄焦牵引装置正向牵引无高速故障

【故障经过及现象】

牵引正向行车时无高速，反向正常。

【故障原因分析】

干熄焦牵引装置的正反向变速由两个接近开关控制完成，具体工作过程是：正向行车时：低速——触发接近开关 SQ_1 变高速——触发接近开关 SQ_2 变低速——到位停车；反向行车时：高速——触发接近开关 SQ_1 变低速——到位停车。

根据反向行车正常的现象可以断定：接近开关 SQ_1 能正常工作，造成故障的原因可能是正向行车时没有触发到接近开关 SQ_1，因此没有发出加速信号。

去现场检查发现台车上的撞铁离接近开关 SQ_1 较远，反向行车时距离刚好在临界距离之内，因此刚好能触发动作使牵引减速；而正向行车时由于焦罐装满红焦重量比空罐时重许多，因此台车略微下沉、在车轮外侧的撞铁会略微抬高，使撞铁与接近开关 SQ_1 的距离大于临界检测距离，因此接近开关 SQ_1 不能触发动作。

【故障处理】

本故障处理较简单，只需将接近开关 SQ_1 垫高即可。

故障案例2：牵引抱闸故障

【故障经过及现象】

2007 年 7 月 10 日 14 点左右，某焦化厂干熄焦的牵引装置在正向牵引时停车，操作人员通知电气人员去现场检查处理，经检查发现抱闸开关跳闸而且接触器触点烧毁，更换接触器后试车正常。但不久又重复发生以上故障。

【故障原因分析及处理】

连续两次更换接触器后，电气人员开始怀疑该接触器的负载——抱闸线圈或其线路有问题，用万用表在接触器下端测量线圈电阻没有发现异常，于是去现场检查。

由于当天刚下过雨，现场防雨设施不完善，检查发现抱闸线圈上有雨水，因此怀疑线圈内部已经进水，造成了匝间短路或对地绝缘破坏。

为了缩短影响生产时间，立即更换了新线圈，试车并观察了一段时间后运行正常。然后对线圈采取了可靠的防雨措施。

对换下来的故障线圈解体检查，证实了上述推断。

【整改措施】

（1）对现有抱闸采取防雨措施，安装防雨棚；

（2）更换防雨性能好、故障率低的液压推动器式制动器。

5.2.4　提升及走行装置

5.2.4.1　提升装置的电气设备组成及基本参数

提升机是把需要干熄的红焦运送到干熄炉的专用设备。它将送至提升井下装满红焦的焦罐提升到塔顶，再横移到干熄炉装焦漏斗上方，然后将红焦罐缓慢卷下落在装焦漏斗上，焦罐底闸门自动打开，将焦炭装入干熄炉。装炉完成后将空焦罐送回到焦罐台车上。

干熄焦提升机的主要电气设备包括：提升变频器，提升电动机，提升编码器，事故提升电动机，提升制动器以及现场的各个检测和控制限位开关等。

提升装置采用 AB 公司的 Power Flex 700S 型变频器，提升逆变器如图 5-14 所示。

其具体型号和参数如下：

（1）整流回馈装置型号　　　　2364FA-NJN；

防护等级　　　　　　　　IP20；

额定输入电压　　　　　　AC380 ~ 400V，50Hz；

额定输出电流　　　　　　997A；

过载能力　　　　　　　　150% 60s。

（2）提升逆变器型号　　　　　20DH 1K4N2ENNBCGNK；

防护等级　　　　　　　　IP20；

额定输入电压　　　　　　DC510 ~ 650V；

额定输出电流　　　　　　1200A；

过载能力　　　　　　　　150% 60s。

（3）提升电动机的参数：

电动机型号　　　　　　　1PQ84058PB40-Z ＝ A12 ＋
　　　　　　　　　　　　K09 ＋C12 ＋ H73 ＋ L27；

图 5-14　提升逆变器

额定电压　　　　　　　　AC 400V；

额定频率　　　　　　　　50Hz；

额定功率　　　　　　　　400kW；

额定电流　　　　　　　　730A；

额定转速　　　　　　　　742r/min；

额定力矩　　　　　　　　5150N·m；

极　　　数　　　　　　　8 极；

防护等级　　　　　　　　IP55；

绝缘等级　　　　　　　　F；

冷却方式　　　　　　　　外通风风冷。

（4）事故电动机的参数：

电动机型号　　　　　　　Y280S-4；

额定电压　　　　　　　　AC400V；

额定频率　　　　　　　　50Hz；

额定功率　　　　　　　　75kW；

额定电流　　　　　　　　140A；

极　　　数　　　　　　　4 极；

额定转速　　　　　　　　1480r/min；

防护等级　　　　　　　　IP55；

绝缘等级　　　　　　　　F；

冷却方式　　　　　　　　自冷。

（5）提升编码器（如图 5-15 所示）的参数：

工作电压　　　　　　　　DC10 ~ 30V；

空载电流　　　　　　　　最大 180mA；

图 5-15　提升编码器

线性度　　　　±0.5　LSB；

码改变方式　　顺时针增计数；

传输速率　　　0，1，…，1MBit/s；

防护等级　　　DIN　EN　60529,IP65；

工作温度　　　-20~70℃。

（6）提升制动器。提升制动器采用了盘式制动器，用电液推动器驱动（实物如图5-16），该制动器的特点是：制动力矩大，可靠性高。它包括两组制动片，两套电液推动器。

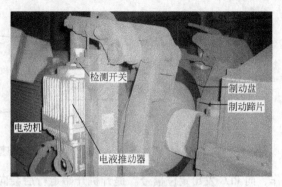

图5-16　提升机制动器实物图

提升电动机的三种转速分别为：低速180r/min，中速500r/min，高速740r/min。

提升停止精度为：±45mm。

提升装置一次检测元件有：钩开位开关、离床开关、待机位开关、可走行开关、提升超限开关、极限限位、断绳检测开关、转速检测开关、旋转编码器、称重传感器等。它们的形式、用途及安装位置说明见表5-3。

表5-3　提升机检测元件用途及安装位置

名　称	形　式	用　途	安装位置
钩开位开关	U形磁性开关	下降时下限停车，表示吊钩已打开	提升固定轨道下端
离床限位开关	U形磁性开关	提升时发出焦罐已离开台车信号	在钩开位开关上方约1m处
待机位开关	U形磁性开关	下降时若台车不在井下则焦罐在此停车等待	在离床开关上方约7m处
可走行开关	U形磁性开关	提升上限停车，发出可走行信号	机械室内
提升超限开关	重锤式限位开关	提升超限停车，停变频器主干	机械室内
极限限位	主令控制器	过卷上；井上过卷下；室上过卷下	提升卷筒一侧
速度开关		检测卷筒转速，发出超速停车信号	提升卷筒一侧
断绳检测开关	机械式限位开关	检测钢丝绳断或松脱故障	机械室内4根钢丝绳的固定端
称重仪		发出在荷、偏荷、过荷信号	钢丝绳固定端
旋转编码器		检测提升高度，用于PLC经计算后给变频器发出变速或停车信号	与速度开关安装在卷筒的同一侧

5.2.4.2　提升装置的电气控制工艺

提升机在收到可提升信号后，以低速及中速开始提升，顺序完成合拢吊钩、吊起、盖上焦罐盖等动作，当焦罐提升到提升机井架的导向轨道（固定轨道）后，PLC系统根据编码器的检测高度发出加速指令，提升机以高速进行提升，当焦罐提升到接近终点时，PLC系统根据编码器的检测高度发出减速指令，到达高度上限时，提升上限检测器发出信号，提升机停止提升。提升速度曲线图见图5-17。

焦罐提升到位后，"可走行"限位开关动作，提升机在接收到可走行信号后，以高速向干熄炉驶去。当提升机行使至距离干熄炉中心大约1.5m时，碰到减速限位开关，发出减速指令，提升机减速行驶，到达干熄炉中心后，走行停止，在干熄炉上方定位，此时两个定位开关动

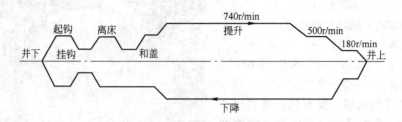

图 5-17　提升速度曲线图

作，向 PLC 发出定位信号。提升机开始走行后会向装入装置发出炉盖打开信号，待提升机完成对位动作后装入装置也刚好完成打开炉盖的动作。确认炉盖和装焦漏斗到位后，提升机以中速放下焦罐，首先落在装焦漏斗的支架座上，然后提升机再以低速卷下，并依靠重力自动打开焦罐底闸门开始放焦。当焦罐底闸门完全打开时，设在料斗支架座上的焦罐底闸门打开检测开关发出信号，提升机卷下动作停止。底闸门打开检测开关也是干熄焦装焦炉数统计的计数开关。

焦炭装入完成后（一般是经过一定的延时以后），提升机以中速卷上空焦罐，直到提升到位停车，同时发出"可走行"信号，随后提升机以高速向提升井架驶去，同时向装入装置发出关闭信号，当提升机行驶到距提升机井中心大约 1.5m 时，触发向井减速开关，发出减速指令，提升机低速向提升井架驶去，到井中心后碰触定位开关停车。

井中心两个定位开关确认提升机在井定位，提升机按预定的速度曲线卷下空焦罐，在到达待机位置前，PLC 发出减速指令，在提升机待机位置停止。在接到空台车已完成对位并可接受焦罐（向提升机发出可卷下指令）后，提升机以中速卷下，焦罐快着床时变低速，着床后又变中速，直到吊具框架落座以及吊钩打开时才停止卷下。此时，吊钩打开发出钩开位信号，完成本次工作循环并向电机车及自动对位装置发出可动作指令。提升电气控制原理图如图 5-18 所示。

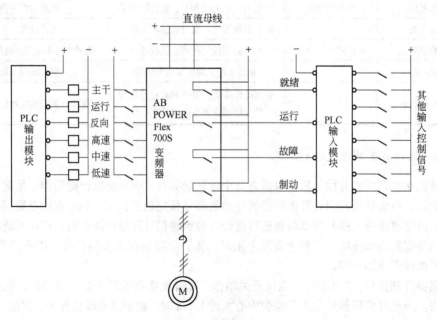

图 5-18　提升电气控制原理图

5.2.4.3 走行装置的电气设备组成及基本参数

走行装置主要有走行变频器，走行电动机，走行事故电动机，走行编码器，走行制动器及现场的各个检测和控制限位组成。

走行逆变器如图 5-19 所示。

（1）走行变频器的参数：

走行逆变器型号：	20DH300N2ENNBCGNK；
防护等级	IP20；
额定输入电压	DC510～650V；
额定输出电流	300A；
过载能力	150%　60s。

（2）走行电动机的参数：

电动机型号	1LG4310-6AA60-Z = A11 + K09 + C12 +H73 + L27；
额定电压	AC　400V；
额定频率	50Hz；
额定容量	75kW；
额定电流	138A；
额定转速	988r/min；
额定力矩	725N·m；
极数	6 极；
防护等级	IP55；
绝缘等级	F；
冷却方式	自冷。

（3）事故走行电动机的参数：

型号	Y132M-4；
额定电压	AC400V；
额定频率	50Hz；
额定容量	7.5kW；
额定电流	15.4A；
极数	4 极；
额定转速	1440r/min；
防护等级	IP55；
绝缘等级	F；
冷却方式	自冷。

（4）走行编码器的参数：

工作电压	DC 10～30V；
空载电流	最大 180mA；
线性度	±0.5　LSB；
码改变方式	顺时针增计数；
传输速率	0，1，…，11MBit/s；

图 5-19　走行逆变器

接通延时　　　　　　　< 0.001ms；

防护等级　　　　　　　DIN EN 60529，IP65；

工作温度　　　　　　　−20~70℃。

走行的高低速分别为：走行低速 100r/min，走行高速 950r/min。

走行停止精度为：±20mm。

5.2.4.4　走行装置的电气控制工艺

提升机把焦罐提到可走行位置后，走行机构向室直接高速运行，电动机转速 950r/min，走行到距室中心大约 1.5m 时，触发向室减速限位开关，走行机构减速运行，减速时间一般设定为 5s，电动机转速减到大约 100r/min，直至走行至干熄炉顶部的两个定位信号同时到后，走行停止，然后提升机下降，完成装焦流程。焦炭装入干熄炉后，提升机提到"走行可"位置后，走行机构开始向井高速运行，走行到距井中心大约 1.5m 时，触发向井减速限位开关后，走行机构减速运行，减速时间也是 5s 左右，减速后低速走行到井上的两个定位信号同时到后，走行停止，提升机开始下降，直至下降到待机位，完成整个焦炭的装入流程，进入下一个装焦流程。

走行控制原理图及走行速度曲线图分别见图 5-20 和图 5-21。

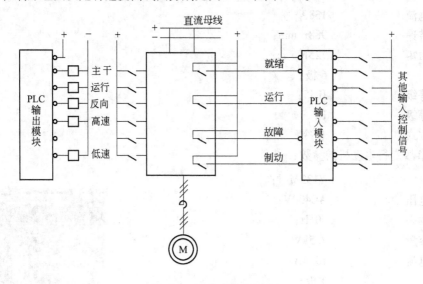

图 5-20　走行控制原理图

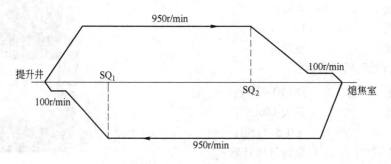

图 5-21　走行速度曲线图

5.2.4.5 提升及走行各点的运行条件

（1）提升机在提升塔处卷上提升装焦条件：

1）提升机在提升塔位置中心；

2）装满红焦的焦罐车在提升塔对位完成；

3）提升机紧急过卷上检测限位未发出信号；

4）提升机钩开位限位信号已到。

（2）提升机向干熄炉走行条件：

1）提升机已提到位，即提升机有走行可的信号；

2）提升机锚定确认检测器未发出信号。

（3）提升机在干熄炉顶卷下装焦条件：

1）提升机在干熄炉顶定位完成；

2）炉盖有开到位信号；

3）冷却塔过卷下检测限位未发出信号。

（4）提升机在干熄炉顶卷上空焦罐条件：

1）焦罐底闸门打开限位信号已到并已完成装焦延时；

2）冷却塔过卷上检测限位未发出信号。

（5）提升机向提升塔走行条件：

1）提升机将空罐卷至提升到位，即卷至走行可的位置；

2）提升机锚定确认检测器未发出信号。

（6）提升机自提升塔处至待机位的运行条件：

1）提升机完成提升塔的定位检测；

2）过卷下检测器未发出信号；

3）提升编码器的数值为正值。

5.2.4.6 状态检测信号

（1）提升机构状态检测信号：

1）提升机冷却风机运行信号；

2）走行给油泵运行信号；

3）变频器准备好信号；

4）卷上行程检测（速度指令用）；

5）钢丝绳过卷上、过卷下检测（过卷下检测在提升塔下和干熄炉炉顶处各 1 点）；

6）提升到位检测（走行条件之一）；

7）上限检测（重锤报警）；

8）吊钩开检测；

9）炉顶焦罐底闸门开检测（装入计时）；

10）钢丝绳在荷、偏荷、过荷检测（在荷为正常装焦时重量的30%，过荷为≥105%的正常载荷）；

11）过速度检测（超过35%时动作）；

12）卷上减速检测（减速检测通过提升编码器来完成）；

13）卷下减速检测（减速检测通过提升编码器来完成）；

14）钢丝绳断检测；

15）炉盖开关检测信号。

（2）走行机构状态检测信号：

1）提升机冷却风机运行信号；

2）走行给油泵运行信号；

3）变频器准备好信号；

4）走行极限检测（后退端/前进端紧急停止用）；

5）走行中心位置检测（干熄炉/提升塔处对位）；

6）自动减速指令（提升机走行时减速）；

7）提升机锚定确认检测（防风）。

5.2.4.7   提升机的保护

为了保证提升的安全稳定运行，提升机设计有许多保护环节，主要包括：

（1）井上过卷下保护：主令控制器、旋转编码器负高度；

（2）过卷上保护：主令控制器、重锤式限位开关、旋转编码器高度上上限；

（3）室上过卷下保护：主令控制器；

（4）断绳保护：断绳保护限位开关；

（5）超速保护：速度检测开关（如图 5-22 所示）；

图 5-22   速度检测开关

（6）过负荷、偏负荷保护：称重仪；

（7）走行超限保护：超限限位开关、旋转编码器；另外还有风速仪，用于在风速过大时报警并停止装焦。

5.2.4.8   提升及走行装置的点检与维护

提升机是干熄焦系统中最重要的设备之一，也是最容易发生故障的设备，因此，必须对它加强日常点检和维护。提升机系统的日常点检项目可参考表 5-4。

表 5-4   提升机系统日常点检项目

点检部位	点检项目	点检内容及标准	周　期
提升电动机	电动机温度	无异常温升	每　班
	电动机绝缘	无明显下降且不低于 0.5MΩ	每次检修
	轴　承	温升正常，无异常振动	每　班
	接线盒	密封良好，接线无发热现象	每　天
冷却风扇	风　扇	风扇电动机温升正常，无异常噪声	每　班
	电动机绝缘	无明显下降且不低于 0.5MΩ	每　周
编码器	编码器外引线	接线口密封良好，走线规范牢固	每　天

点检部位	点检项目	点检内容及标准	周 期
抱 闸	电动机温度	电动机温升正常	每 班
	电动机绝缘	不低于 0.5MΩ，无明显下降	每 周
	接线	接线口密封良好	每 天
	检测开关	接线规范，动作间隙适中	每 天
各个检测开关	接 线	接线规范，动作间隙适中	每 天
端子箱	接 线	接线无发热，柜内无灰尘	每 天
移动小车	移动电缆	电缆松紧适中，外皮无破损	每 班
	链条及走行轮等	润滑良好，运转正常	每 班

5.2.4.9 电气控制工艺的改进

A 钩开位的双重检测

由于钩开位检测的是吊钩吊具的下限位置，而不是吊钩的打开位置。在实际运行中，往往会由于吊钩机构润滑不良或犯卡等原因使吊钩打开迟缓，造成吊具已到位但吊钩打开不到位的现象。而向电机车发出的可以走行的信号就是吊具到位（钩开位限位开关动作）后 PLC 发出的。

为此，可以在提升井下方安装吊钩打开确认检测开关，动作原理见图 5-23。

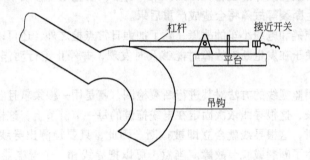

图 5-23 吊钩打开动作原理

图中接近开关与钩开位限位开关串联使用，由于钩开位信号是闭合有效，所以，这两个开关必须同时闭合才能发出焦罐下降停车和电机车可走行信号，这样就保证了吊钩打开到位，避免焦罐和吊钩的碰撞事故。

B 提升上下限和走行超限的双重保护

提升机的提升与下降超限保护都是现场开关检测到超限故障后发给 PLC，再通过 PLC 发出停车信号，这种保护方式完全依赖 PLC 系统，万一 PLC 系统发生失控故障，造成的后果将不堪设想。因此，需要另外有一套保护措施对提升机的超限故障进行保护。

下面介绍干熄焦提升机上下限的双重保护措施：该提升机的过卷上、井侧过卷下、室侧过卷下、超速等开关都通过各自的继电器将信号传递给 PLC 的输入模块，这样，只要将上述继电器空余的常闭触点串联起来，直接或通过继电器控制提升变频器的主干即可达到保护目的。

有超限故障发生时，超限开关动作，开关触点一路通过 PLC 发出停车信号，另一路直接切断变频器的主干，实现了双重保护的目的。

走行超限的双重保护类似于提升的双重保护，它是将走行超限的两个继电器的闭点串联后控制走行变频器的主干（主干：指控制主电源的回路）。

需要注意的是：在没有双重保护时发生了超限故障，只要改现场手动操作，反向行车就可以恢复。但有了双重保护以后，在恢复时需要将动作的保护开关复位才能将变频器的主干送上，然后再操作反向行车。

C　电缆小车或拖链的故障检测

由于提升机在装焦时有横移走行环节，所以提升机的动力和控制电缆必须经过一个特殊装置从地面敷设到车上。有的干熄焦系统使用履带式移动电缆小车，而有的则采用电缆拖链。电缆移动小车如图5-24所示。

在使用过程中，工程塑料制成的电缆拖链由于耐磨性能差、强度也不够高，而干熄焦现场环境多尘，又是露天工作，所以电缆拖链的故障率比较高，据了解，某焦化厂的一套干熄焦装置在投产运行初期发生过多次电缆拖链断裂事故，给生产造成很大被动。

电缆移动小车结构上比电缆拖链牢固，运行比较稳定，但根据其结构和运行工况分析，

图5-24　履带式电缆移动小车

移动小车也是个容易发生故障的设备，比如：某厂曾多次发生电缆移动小车轴承抱死、车轮不转的故障。假若发生断裂等故障将会造成严重后果。

为了及时发现拖链和电缆小车的故障，除了加强日常点检之外，还可以采取技术措施对其进行在线监测，以便于在发生断裂故障时能够及时发现，并停止走行动作，以避免拉断电缆，造成更大的事故。

对拖链可以采用监视线的方法对其进行断裂检测，就是用一根柔软且容易拉断的细导线贯穿在整个拖链的全长，这根导线依次固定在电缆拖链的每一节链节上，这样当电缆拖链在运行过程中断裂或脱节时，这根导线就会立即被拉断。因此，只要检测出导线的断裂（断路）就可断定电缆拖链发生了断裂或脱节故障。当然，可以把导线和一个继电器串联起来接上电源，导线正常时继电器吸合，导线断路时继电器释放，因此会很容易地发出告警和停机指令。该方法也同样可以应用到移动电缆小车上。

5.2.4.10　济钢干熄焦提升机系统故障案例

故障案例1：提升机抱闸故障

【故障经过及现象】

2007年3月29日，某焦化厂干熄焦提升机操作人员发现提升机的西侧抱闸声音异常，电液推动器有刺耳的金属摩擦音，遂通知电气人员检查处理。

【故障原因分析及处理】

根据电液推动器的异常声音分析，电液推动器电动机扫膛的可能性很大。同时摇测电动机绝缘，发现线圈已经接地，因此检修人员立即更换了电液推动器。

经过对更换下来的电液推动器电动机解体检查，发现线圈部分烧毁接地、定转子相擦、一个轴承损坏。根据上述情况分析，本次故障的起因是电动机轴承首先损坏了，造成电动机扫

膛，产生的高温和剧烈的火花使邻近的绕组被烧坏并接地。

故障案例2：提升机下降到位后钢丝绳过松故障

【故障经过及现象】

2008年10月18日，某焦化厂操作人员发现干熄焦提升机下降到位后钢丝绳非常松，通知电气人员检查处理。

【故障原因分析及处理】

提升机的下降到位停车信号主要来自"钩开位"限位开关，停车过程是这样的：钩开位开关动作→钩开位继电器吸合→PLC输入模块得到信号→PLC输出模块发出信号→下降继电器释放→变频器停车→抱闸继电器失电→抱闸接触器释放→抱闸抱死。根据故障现象分析，电气人员怀疑以上环节中至少有一个有延迟现象。

于是电气人员在电气室对以上环节的有关电气元件都依次进行了检查或更换，但没有发现异常情况。后来，在检查钩开位开关从触发到继电器动作是否有延迟时，发现钩开位继电器吸合时的线圈电压不正常，有时是正常的24V，但有时却不到15V，经检查电源正常，于是怀疑钩开位开关或其线路有接触不良现象。

钩开位开关用的是U形磁性开关，其U形臂一端是磁铁，一端是干簧管，用干簧管作为开关接点容易造成接触不良。从钩开位开关处测量开关闭合后的压降最高时为9V，于是断定该开关触点接触不良，更换开关后，再试车恢复正常。

故障案例3：提升机走行超限故障

【事故经过】

2008年10月22日中班22点左右，某焦化厂干熄焦提升机走行发生向井超限现象，经检查发现提升机向井走行经过变速点时高速没有变低速，后来又发生向井、向室都超限的情况。以上现象不是每个装焦周期都有发生，是偶尔发生的，但也严重影响了生产节奏。

随后，电气人员对该系统的相关检测开关、继电器、PLC模块、变频器都进行了多次反复的检查，并对大多数可疑元件进行了更换或互换，故障现象仍然存在。

【事故原因分析】

根据当天现场的检查情况和PLC程序中走行高速变低速的控制方式分析，基本可以排除减速和定位开关及相关继电器有问题；由于对相关PLC模块进行了更换后，故障没有消除，证明PLC模块也没有问题。

由于该干熄焦的PLC系统是按照双CPU热备的方式配置的，有关技术人员根据以往的经验，认为故障原因有可能是由于在用和备用CPU之间的通信占用了内存或网络资源，造成PLC程序运行出现异常。因此建议将热备的CPU停机。

将热备的CPU停机后，主控室操作人员发现上位机对PLC系统的反应速度有了很大的提高，从此也没有再发生高速不变低速或超限现象。

故障案例4：提升机走行故障

【事故经过及现象】

2008年10月22日中班19点左右，某焦化厂干熄焦的提升机走行5s后停车，回零位后再走行，5s后又停。遂通知电气人员检查处理，经查，走行电动机有一个抱闸打开检测开关没有动作，原因是抱闸液压推动器推不到位，碰不到开关，于是临时调整了开关，使开关能够动作，恢复了正常生产。

【事故原因分析】

提升机的提升与走行都是变频调速的，为了保护变频器，在程序上设计有抱闸打开检测环节，在变频器发出抱闸打开信号 5s 后，PLC 若检测不到现场传来的"抱闸已打开"信号，就会发出停车指令，防止变频器过载运行。此"抱闸已打开"信号即是由安装在抱闸上的检测开关传来的。

电气人员对该抱闸进行了仔细检查，发现该抱闸液压推动器动作时行程只有 45mm（铭牌标示为 60mm），而另外一个抱闸行程则正常（60mm）。后来，检修人员对抱闸机构的活动部位进行了润滑后，推动器行程恢复正常。因此可以确定抱闸润滑不良阻力增大使液压推动器行程不足是造成以上故障的直接原因。

故障案例 5：干熄焦走行故障

【故障经过及现象】

2007 年 7 月 10 日夜班，某焦化厂干熄焦主控室操作人员发现提升机走行信号正常，但走行距离示数不变，通知现场人员检查，确认提升机不走行。遂通知电气人员到现场检查处理。

【故障检查过程】

电气人员到现场后，在主控室查询了 PLC 程序，没发现异常，又让现场试车，在上位机上发现虽然走行示数不变，但走行速度却正常，于是怀疑变频器或电动机有问题。

到电气室检查变频器，变频器没有故障记录。再试车发现变频器显示有转速、有电流，而且都正常。证明电动机已经转动了，因此怀疑现场电动机与减速机或减速机与车轮的联轴器脱开了。

去现场观察发现电动机与减速机联轴器的螺丝全部脱落，电动机空转。经机械检修人员处理后试车正常。

故障案例 6：干熄焦走行超限故障

【故障经过及现象】

2008 年 2 月 21 日，某焦化厂干熄焦的提升机向井走行时超限，操作人员将提升机改手动操作，向室返回一段距离，再向井时仍然超限，于是立即通知电气人员去现场检查处理。

【故障原因分析及处理】

根据故障现象分析可能的故障原因有以下几个：

（1）向井到位停车限位开关及其到 PLC 的输入回路有故障；

（2）PLC 的输出回路（如变频器的停车指令继电器等）有延迟现象；

（3）变频器有问题，执行停车指令有延迟现象；

（4）走行抱闸控制回路有延迟现象，使制动延迟造成超限；

（5）PLC 有问题，造成停车指令传输失败。

电气人员一方面去现场检查向井到位停车限位开关及其到 PLC 的输入回路是否正常；另一方面到主控室查询 PLC 程序，看 PLC 的输入输出信号是否正常。

现场检查发现，到位停车限位开关及其继电器均动作正常，相应的 PLC 输入模块也能正常得电。但在上位机的 PLC 程序上与到位停车限位开关对应的点却不得电。

因此，初步判断 PLC 输入模块故障或程序运行有异常。于是对该输入模块进行了更换，再试验发现上位机上 PLC 程序与现场的试验动作一致，确认故障消除，再试车走行恢复正常。

5.2.5　装入装置

5.2.5.1　装入装置电气设备组成及基本参数

装入装置的电气设备主要有装焦变频器、电动机以及现场的各个检测和控制限位开关。

干熄焦的装焦电动推动器电动机功率一般为 5.5kW，该电动机的特殊之处在于其内部设有电磁制动器，电动机通电运行时须同时给电磁制动器通电将其打开。电动机是变频调速的，由 AB 公司的 1336 PLUSⅡ变频器驱动，高速时频率 45Hz，低速时频率 10Hz。装入装置变频器如图 5-25 所示。

一次检测元件包括：开到位和关到位减速开关，可选用 U 形磁性开关或接近开关。在电动推动器上还配套有前限

图 5-25 装入装置变频器

和后限限位开关，都为机械式限位开关，如图 5-26、图 5-27 所示。

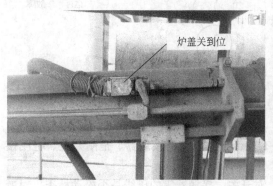

图 5-26 推动器前限限位　　　　　　　图 5-27 推动器后限限位

5.2.5.2 装入装置的电气控制工艺

装入装置的功能主要是按 PLC 指令开闭炉盖和把红焦经装焦漏斗装入干熄炉，主要设备有装焦漏斗、炉盖、驱动装置、集尘管道等。炉盖和装焦漏斗安装在一台行走台车上，由电动推动器驱动台车移动。

（1）装入装置自动打开条件：

1）装入装置电源就绪；

2）装入装置中央允许操作；

3）预存室料位上上限信号未到；

4）装入装置无故障信号。

（2）装入装置自动关闭条件：

1）装入装置电源就绪；

2）装入装置中央允许操作；

3）装入装置无故障信号。

待机时，炉盖在干熄炉口上方，提升机向室走行时发出装入装置打开指令，电动推动器拉动台车及其上的炉盖和装焦漏斗沿轨道行走，顺序打开炉盖，将装焦漏斗对准干熄炉口，打开耗时约20s。在装入装置开始动作打开炉盖时，集尘管道上蝶阀也自动打开，开始集尘。当装

焦完毕，提升机卷上空焦罐，卷上到位后开始
向井走行，同时发出关闭炉盖指令，装入装置
开始做相反动作，移开装焦漏斗，关闭炉盖，
关闭耗时约20s，至此完成一次装入动作。当炉
盖完全关闭后，集尘管道上蝶阀也自动关闭，
停止集尘。装焦时间由定时器根据工艺情况
设定。

　　开关炉盖时，电动机一开始是低速运行，
电源频率为10Hz，碰到加速开关后变高速，电
源频率45Hz，快到位以前碰到减速开关，又变
回低速。

　　为防止到位不停车，造成变频器过载损坏
设备，在PLC程序中设计有超时保护环节，即
打开或关闭开始后即开始计时，20s后不管是否
到位都使变频器停止运行。

　　装焦装置的电动机控制原理图如图5-28所示。

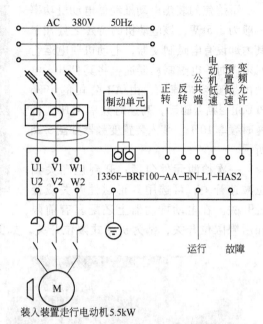

图5-28　装焦装置的电动机控制原理图

5.2.5.3　装入装置的点检与维护

A　对变频器的点检维护

变频器安装在MCC低压柜中，其相关设备有电源开关、电源接触器、抱闸开关、抱闸接
触器以及控制继电器等。

变频器及其相关设备的点检内容主要包括：对开关、接触器等的压线是否松动检查，对变
频器的冷却风扇运行情况检查，对变频器上的状态指示灯是否正常检查等。

点检内容和标准可参考表5-5。

表5-5　装入装置的点检内容和标准

点检部位	点检内容	点检维护标准	周　期
电动机	声　音	无异常噪声	每班
	温　升	电动机温升正常轴承温升正常，无异常振动	每班
	接　线	压线紧固不发热，接线盒密封良好	每周
	绝　缘	不低于0.5MΩ，与平时相比无明显下降	每周
抱　闸	声　音	无异常噪声	每班
	接　线	压线紧固不发热，接线盒密封良好	每班
限位开关	接　线	接线可靠，防水防尘，布线规范	每周
	开　关	开关动作灵活、可靠	每周
开关、接触器	接　线	接线可靠，压线紧固不发热	每班
变频器	声　音	无异常噪声，风扇运行正常	每班
	面板、指示	面板显示正常、无异常指示	每班
	接　线	接线可靠，压线紧固不发热	每班

B 对现场设备的点检与改进

日常点检中对电动机及抱闸应定期检测对地绝缘，并做好记录，掌握劣化趋势，防止在线烧毁。某焦化厂的干熄焦装焦装置就曾发生过炉盖电动机抱闸线圈烧毁的故障，造成炉盖打开迟缓、声音异常，最终更换了整套电动推动器。

在装入装置中，故障率比较高的部分主要是电动推动器上的两个到位检测限位开关，由于它们是机械限位，容易磨损，开关又是露天安装，开关磨损后容易从转轴处或引线口处进水，引起误动作，或者使提升机误认为炉盖已打开而下降将红焦装在炉外。

因此，应对以上所述开关加强点检，同时可采取一些技术措施进行改进，这些措施包括：

（1）增设防雨棚，防止开关淋雨；

（2）对开关引线口进行密封，防止进水；

（3）改机械限位开关为接近开关；

（4）在移动轨道处安装双重检测接近开关，对炉盖打开到位状态进行双重检测，保证检测可靠，防止误发信号。

据了解，某公司焦化厂的干熄焦曾经发生过一次将红焦装在炉外的事故，其原因就是炉盖打开到位检测开关有问题，在炉盖没有打开的情况下发出了"炉盖打开到位"信号，所以，提升机将红焦罐运送到干熄炉上方后就下降了，不可避免地将十几吨红焦撒落在炉外，造成很大损失。

鉴于此，干熄焦的装焦装置应该设置炉盖打开到位的双重确认开关，也就是在炉盖和装焦漏斗的移动小车轨道旁边，安装一个接近开关，该开关在炉盖打开到位后被小车触发动作，开关与原有的电动推动器上的开到位开关触点串联（或者单独接到 PLC 输入模块，在 PLC 程序上将两者串联）。这样，只有两个开关同时动作，才能发出炉盖开到位信号，消除了单用一个开关易误发信号的问题。如图 5-29 所示。

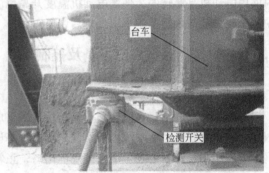

图 5-29 炉盖打开到位的双重确认开关

5.2.5.4 济钢干熄焦装入装置故障案例

故障案例1：炉盖关不上故障

【故障经过及现象】

2007 年 7 月 15 日 21 点左右，某公司焦化厂干熄焦的操作人员发现装焦炉盖没有关到位，通知主控室手动关闭，但主控室发现炉盖关到位信号已到，无法关闭。遂通知电气人员到现场检查处理。

【故障检查处理经过】

由于当天下雨，再根据故障现象分析，电气人员初步判断故障原因可能是由于雨水的原因使装焦电动推动器的炉盖关到位开关误发了信号。于是，直接到现场检查关到位开关。

现场检查发现，关到位开关已经淋雨，而且由于该开关是机械限位开关，转轴磨损，雨水通过间隙进入开关，使开关短路误发信号。

经更换开关并采取防雨措施后，生产恢复正常。

本次故障如果是开到位开关发生类似情况，又没有双重保护，那么就一定会发生更加严重的事故。

故障案例2：干熄焦炉盖开到位迟缓故障

【故障经过及现象】

2008年9月7日，某焦化厂干熄焦操作人员发现炉盖自动时开不到位，具体情况是离到位大约5cm时停车，但再改手动后可以打开到位，关闭时正常。于是通知电气人员检查处理。

【故障分析及处理】

炉盖开到位和关到位停车一般由相应的限位开关发出信号，但为了保护电动机和变频器，防止因过载而烧毁，在PLC的控制程序上设计了开和关的超时保护环节，即：在开或关开始后计时，20s以后不管炉盖是否到位，都会使变频器停车。

根据以上控制原理和现场情况分析，故障原因可能是炉盖打开时因机械或其他原因造成炉盖打开缓慢而超时停车。

为了验证以上分析，在主控室查询了PLC程序，确认是超时停车，将超时保护延长到50s，炉盖勉强可以打开。

但在现场观察却发现：炉盖打开时，快到位时（离到位5cm）停车，过一会（10~20s不等）又突然动作到位停车。在MCC观察装焦电动机变频器，发现在整个打开过程中，变频器、电动机抱闸都没有停电，但快到位时电动机转速变低、电流变大，这证明在等待的10~20s的时间内电动机是堵转的，现场电动机温度升高也佐证了这一事实。经机械人员检查发现，打开快到位时炉盖与水封槽犯卡，处理后恢复正常。

5.3　焦炭排出系统电气设备及控制

5.3.1　冷焦排出系统概述

冷焦排出系统由排焦装置及焦炭运输皮带组成，排焦装置包括检修用闸板阀、电磁振动给料器、旋转密封阀、吹扫风机、自动润滑装置等设备。

检修用闸板阀安装在干熄焦的底部出口，正常生产时，检修用闸板阀完全打开，在停炉或排焦装置需要检修时，关闭闸板阀。

电磁振动给料器是焦炭定量排焦装置，通过改变励磁电流的大小，可改变其振幅从而改变排焦量。

旋转密封阀安装在可移动台车上，检修时推出至检修平台。吹扫风机向振动给料器、旋转密封阀不间断的吹入空气/氮气，保证设备壳体内部正压，防止炉内气体外溢，同时降低振动器线圈温度。当吹扫风机出现故障时，三通电磁切换阀自动切换到氮气管道，继续送风。

冷却后的焦炭由电磁振动给料器定量排出，送入旋转密封阀，通过旋转密封阀的连续运转，把焦炭连续排出，再通过排焦流槽送到带式输送机上。

带式输送机设有皮带秤、红外线辐射温度仪及超温洒水装置。皮带机头、机尾落料点设粉尘收集点。

5.3.2　排焦装置

5.3.2.1　振动给料器

A　振动给料器简述

排焦装置的振动给料器按驱动方式分类常用的有两种：电磁振动（振动线圈式）给料器

和激振器(振动电动机)式给料器。

B 振动给料器的控制

进口的电磁振动器,是由振动线圈驱动的,设有一专门控制屏对其进行控制,控制工艺为:操作人员在上位机上设定排焦速度(一般是每小时排焦吨数),设定数据传给 PLC 系统,PLC 则将设定数据转换成 4~20mA 信号发给控制屏内的控制器,控制器则根据设定值调整振动线圈的电压,振动线圈的振幅即发生变化;同时线圈上还装有振幅传感器,将振幅反馈给控制器,实现负反馈调节,使振幅稳定在设定值附近。

有的干熄焦排焦装置采用激振器式给料器(如图5-30),由两台并列安装转向相反的激振器组成,激振器由变频电动机驱动,其控制工艺为:操作人员在上位机上设定排焦速度(一般是每小时排焦吨数或电动机频率),设定数据传给 PLC 系统,PLC 则将数据转换成 4~20mA 信号发给 MCC 室内的排

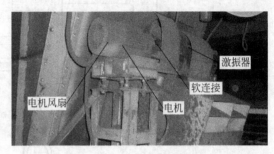

图 5-30　激振器式给料器

焦变频器,变频器则根据设定值调整振动电动机的频率,使电动机转速发生变化,激振器的振幅相应发生变化。此种驱动方式在振动器上不需要安装振幅传感器,省去了振幅负反馈环节。

干熄焦电磁振动给料器的控制原理图如图5-31所示。

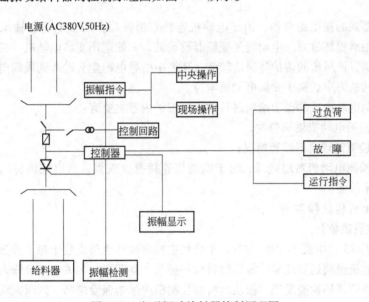

图 5-31　电磁振动给料器控制原理图

激振器式振动给料器控制原理图如图5-32所示。

C 振动给料器的点检和维护

在振动给料器的日常点检维护过程中,要注意检查的项目有:

(1)定期检测振动线圈的对地绝缘,并做好记录,一旦发现有明显的绝缘下降趋势,就要采取措施,打开接线盒或本体进行检查;

(2)定期检查振动给料器的接线盒,看是否有焦粉从内部冒出,必要时做密封处理;

(3)控制屏的检查主要是定期用红外线测温仪检测各个压线端子的温度,防止压线松动

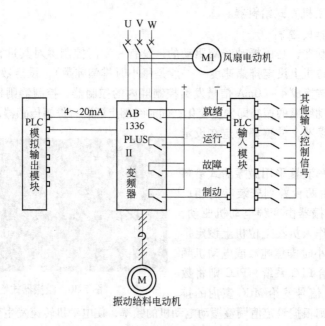

图 5-32　振动给料器控制原理

或接触不良。

对于激振器式的振动给料器，由于电动机连接着激振器，所以电动机轴承的工作条件较差，容易发生轴承损坏故障。电动机是变频器驱动的，一般选用变频电动机，变频电动机都有独立的散热风扇，该风扇的防护等级比较低，环境中的导电粉尘会进入到风扇电动机内部，因此风扇电动机的故障率远高于变频电动机本身。

因此，振动电动机式的振动给料器日常点检维护内容主要有：

（1）定期检测电动机轴承温度；

（2）每班检查散热风扇运行情况；

（3）定期检测电动机对地绝缘，由于电动机连接有变频器，所以应该将电动机负荷线从变频器上拆下来检测。

D　振动给料器故障案例

【故障经过及现象】

2008 年 6 月 25 日中班 21：00 左右，干熄焦主控室操作人员发现干熄炉排焦口不下料，现场检查发现旋转密封阀运转正常，振动给料机不振动，立即通知相关电气检修人员到现场检查处理。电气人员到现场检查发现，振动给料器控制柜内速熔保险熔断，判断振动线圈有短路或接地现象。解开外部接线，摇测线圈对地绝缘为 0，断定振动给料器内部有接地故障。

【处理措施】

停止循环风机后，检修人员打开振动给料器人孔，割开密封钢板，检查发现线圈接线端子有对地短路的痕迹。进一步拆除其耐热密封胶后，发现三个端子中间一个已经烧坏，右侧一个也受到影响而接地。

该振动给料器的线圈共有三根引线压在端子排上，左右两个端子有引线，中间一个端子是线圈抽头，空置。

由于端子已不能使用，电气人员采取了临时措施：拆除了端子排，将在用的两根引线直接与外引线接好包扎起来，并采取了防振措施。临时处理后，检测线圈电阻和对地绝缘，都恢复了正常。送电试车，振动给料器动作正常。

【故障原因】

事后分析认为，该振动给料器的振动线圈接线端子在连接外引线后，进行耐热胶密封不够细致，使中间端子和钢底板之间留有缝隙。由于整个振动给料器是密封设备，里面是高温多尘性环境，最终导电的焦炭粉尘将缝隙填满，导致中间端子接地，弧光短路，也使相邻的端子绝缘破坏。

【经验与教训】

该设备为日本原装进口的密封设备，使用手册声称五年不需点检，2006年12月25日开始投用，至故障发生时才一年半，远未到设备老化期。因此，电气人员忽视了对振动线圈的专业点检。如果能够像对待其他电动机那样每周定期检测对地绝缘，这次故障的苗头就能够提前发现，及时进行处理。

5.3.2.2　旋转密封阀

旋转密封阀安装在电磁振动给料器的下方，是一种带有密封性能的多格式旋转给料器，由带电动机的摆线减速及驱动旋转密封阀的转子按规定方向旋转。连续旋转的转子将经电磁振动给料器排出的焦炭连续密闭的排出。旋转密封阀两侧的密封腔内需通入空气密封，各润滑点由给脂泵自动加注润滑脂。

旋转密封阀既能连续地排料，又具有良好的密封性，可有效地控制干熄炉内循环气体的外泄，稳定干熄炉内的循环气体压力。同时该设备还具有耐磨、使用寿命长、维修量小等优点。

旋转密封阀安装在移动台车上，主要由旋转密封阀本体、驱动装置（驱动电动机）、进口补偿器、出口补偿器、润滑管道等部分组成。

旋转密封阀工作时为单向连续旋转，维修时可点动反向转动。旋转密封阀运行时与焦炭输出胶带机联锁启动，停车时与电磁振动给料器联锁停止。

旋转密封阀设有现场手动、集中控制两种操作方式。

旋转密封阀正常生产时为正向旋转，现场操作盘上设有反向旋转功能（点动操作）。在处理堵料事故时，可以用来反转、正转反复试车，有时可以将卡住的异物排出来。

旋转密封阀的电气设备只有电动机及其配套的开关、接触器、过热继电器等，因此点检维护分MCC配电柜和现场电动机两部分。

MCC配电柜内点检内容有：检查开关、接触器的压线是否松动，温度是否有异常，过热继电器整定值是否适当等。

旋转密封阀电动机的日常点检主要有：定期检测电动机对地绝缘，检查接线盒是否密封良好、电动机及轴承温度及振动等。

旋转密封阀的点检内容及标准见表5-6。

自动给脂装置是旋转密封阀的附属设备，负责对旋转密封阀轴承及两侧密封腔的各润滑点定时、定量地提供润滑脂。

自动给脂装置主要由给脂泵、换向阀、油箱、控制器等部分组成。该装置设有现场手动和中央自动两种操作方式，在安全保护方面设有过负荷、油位低下、给脂超时等报警信号。此外给脂间隔时间可人工按需要设定。

表 5-6　旋转密封阀的点检内容和标准

点检部位	点检内容	点检维护标准	周　期
电动机	声　音	无异常噪声	每　班
	温　升	电动机温升正常，轴承温升正常，无异常振动	每　班
	接　线	压线紧固不发热，接线盒密封良好	每　周
	绝　缘	不低于 0.5MΩ，与平时相比无明显下降	每　周
	开　关	开关动作灵活、可靠	每　周
开关、接触器	接　线	接线可靠，压线紧固不发热	每　班
热继电器	接　线	接线可靠，压线紧固不发热	每　班
	整定值	按电动机铭牌参数整定，不可随意改变	每　周

自动给脂装置与旋转密封阀同时启动，自动向旋转密封阀的各点提供润滑脂。在旋转密封阀工作过程中，每隔 40min 自动启动一次。

5.3.2.3　检修用闸板阀

检修用闸板阀安装在干熄炉的底部出口。正常生产时，检修用闸板阀完全打开，不经常操作，只有在排焦装置（主要是振动给料器）需要检修时，才关闭闸板阀，防止焦炭下落。

检修用闸板阀的控制不通过 PLC 系统，采用继电器与接触器控制，只能通过现场的操作箱操作。

检修用闸板阀的控制原理图如图 5-33 所示。

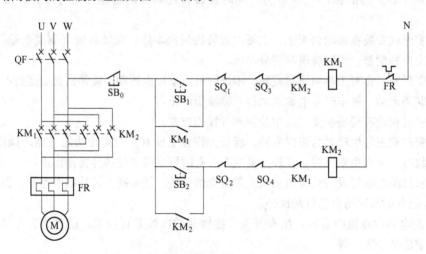

图 5-33　检修用闸板阀的控制原理图

图 5-33 中，KM_1、KM_2 分别为正、反转接触器，SQ_1、SQ_2 分别为正、反转到位限位开关，SQ_3、SQ_4 分别为正、反转过转矩限位开关。

日常维护时应注意对阀门电动机接线盒、开关盒等的密封处理，对现场操作箱的密封处理以及定期吹扫灰尘，防止焦炭粉尘进入引起短路故障。

5.3.3　焦炭运输系统

焦炭运输系统的主要设备是胶带输送机（简称皮带机），以及皮带间的转运溜槽的除尘设备，有贮焦仓的干熄焦系统还包括焦仓布料设备（一般干熄焦贮焦仓系统为布料皮带小车、可逆皮带及其附属设施）、焦仓下方的放料设备等。

干熄焦的焦炭运输系统由 11 条皮带、振筛、贮焦仓组成。这 11 条皮带分别是 G-1 号皮带、G-2 号皮带、1 号皮带、2 号皮带、3 号皮带……8 号皮带、9 号皮带，它们的主要功能就是将干熄炉里面排出的冷焦炭（或焦台上面的湿熄焦炭）经过皮带传输，运至振筛装置。振筛装置由两台电动机和两套振动器组成，两台电动机向相反方向旋转带动振动器，振动器在垂直方向上振动，焦炭经过振动的筛子，被筛成符合炼铁生产需要的两种规格大小的焦炭颗粒，然后经过皮带传输运至贮焦仓。贮焦仓就是干熄焦车间储存焦炭的场所，当炼铁需要焦炭时，打开焦仓底部的闸门，通过 7 号、8 号、9 号皮带传输，将焦炭输送给炼铁皮带。各皮带工艺流程图如图 5-34 所示。

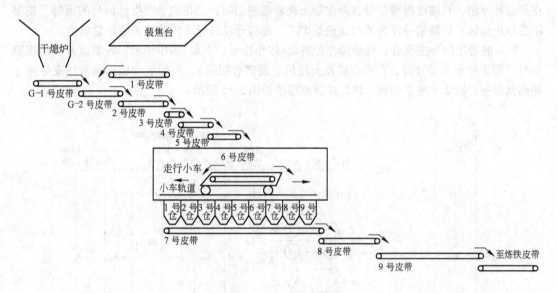

图 5-34　皮带工艺流程图

5.3.3.1　皮带电动机及其附属设施的检测、保护开关

由于各皮带长度不同，输送焦炭能力也有差异，因此各皮带电动机的功率不尽相同，从 G-1 号皮带至 9 号皮带，对应电动机功率从 11kW 到 90kW 不等。在控制方式上，皮带电动机也采用 PLC 控制，当输入信号满足时，PLC 输出，驱动中间继电器，利用对应继电器的辅助点，控制接触器线圈，使接触器吸合，电动机运转。皮带操作方式也分为手动和自动操作，手动时，生产人员可以在现场启停皮带；自动时，主控人员可以在主控室上位机进行控制。

G-1 号皮带电动机至 8 号皮带电动机在启动方式上，由于电动机功率较小，采用直接启动方式；而 9 号皮带较宽又较长，电动机相对较大，功率为 90kW，为了减少启动时启动电流带来的冲击，在启动方式上，采用软启动方式启动。

对皮带运行状态进行检测的电气器件有很多，比较常用的有控制皮带自身运转的操作箱及控制按钮、压焦限位开关（防止堵料而设计）、拉绳开关（现场急停车时使用）、皮带跑偏开关（防止皮带运转时跑偏，分为轻跑偏与重跑偏）、皮带打滑开关、防皮带撕裂开关；控制两条皮带联锁的器件有转速开关（也为防止皮带打滑而设计）；为了防止皮带上面的金属对皮带产生的划伤，有的皮带还装有金属检测装置，我们称上述这些开关为皮带事故开关。为了达到计量的要求，在某些指定皮带上还装有皮带秤，用于标定皮带单位时间内输送焦炭的能力。

5.3.3.2　皮带系统的电气控制工艺

A　运输皮带电动机控制工艺

由于每条皮带电动机运转方式及控制方式基本相同，我们以2号皮带电动机为例进行介绍。PLC输入信号主要有以下输入点：启动与停止信号、本地/集中信号（即手动/自动转换信号）、安装在皮带机头的压焦限位信号、拉绳开关信号（拉绳开关同时采用两对辅助点，分别为直流24V的常开点和交流220V的常闭点）、皮带轻/重跑偏开关信号、防皮带撕裂开关信号、转速开关信号、金属探测信号、计量信号、过热继电器辅助信号等。在上面这些输入信号中，它们大部分作为开关量送给PLC，控制皮带运转，只有皮带轻跑偏信号与计量信号不参与皮带运转控制，只输出报警信号，即皮带出现轻度跑偏时，上位机会产生此信号的报警，皮带不会停止运转；计量信号作为模拟量送给PLC，此信号经过光纤传输，送给计量单位。

PLC的输出信号主要有：现场操作箱启动/停止指示、本地/集中指示、各事故开关的报警信号（即上述开关动作时，在操作箱及上位机上面都有指示）、皮带启动输出信号、皮带停止输出信号等。以2号皮带为例，PLC控制原理图如图5-35所示。

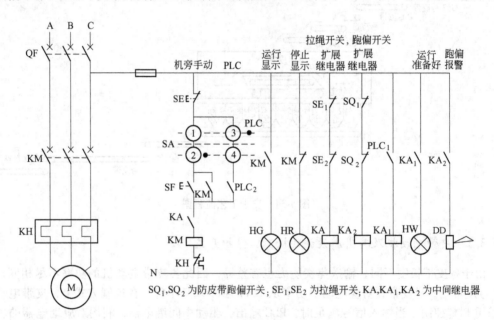

图5-35　2号皮带PLC控制原理图

B　振筛电动机控制工艺

振筛电动机控制较为简单，PLC的输入信号有现场操作箱上面的启动与停止信号、过热继电器辅助信号等；PLC的输出信号有振筛电动机启动输出信号、振筛电动机停止输出信号及现场操作箱上面的启动、停止指示等。

C　贮焦仓电气设备控制工艺

在生产工艺中，贮焦仓部分是比较重要的环节，而6号皮带（也称可逆皮带）电动机、可逆小车电动机、除尘电动阀及焦仓料位检测元件等构成了贮焦仓的主要电气设施。贮焦仓一共由9个仓组成，如皮带工艺流程图所示，分别称为1号仓、2号仓、…8号仓、9号仓，焦仓上面设有小车轨道，供可逆小车往复行驶，6号皮带就被安装在这部可逆小车上。每个焦仓中央位置都装有接近开关，小车最北侧（也是6号皮带机头部分）安装仓位检测撞铁，当此撞铁位于某号仓接近开关的上面，该仓开关信号就动作，此信号作为输入送给PLC，实现控制功能。小车行走、6号皮带向焦仓放焦炭、对应仓除尘阀的打开等功能原则上可采用自动控制，但由于现场的许多不确定因素，一直采用手动操作。举例来说，当某仓料位低时，生产人员启动小车行驶至该仓上方，待检测金属位于该仓接近开关上方时，小车自动停止，通过6号皮带向某方向的运转对该仓进行下放焦炭。此时，生产人员打开该仓上方的除尘阀，关闭其他仓上方的除尘阀，以增加吸力，增强除尘效果。当该仓焦炭达到满仓料位时，在现场操作箱有该仓的满仓指示信号，生产人员只需要根据实际情况向别的仓进行放料，操作方式与上述类似。

在上述控制工艺中，6号皮带与可逆小车具有正反转运转方式，这是与其他皮带所不同的。仓位检测接近开关采用+24V电源型开关，可减少灰尘对该开关的误动作。每个焦仓安装两种料位检测元件，一种是具有开关量信号的料位计，在PLC程序中参与皮带控制；一种是具有模拟量（4~20mA）信号的料位计，作为PLC模拟量输入，用来实现上位机中焦仓料位的动态显示。除尘阀采用液压控制，通过电磁阀控制液压缸的正反向运动，带动阀门的开启与关闭。

5.3.3.3 皮带之间联锁方式的实现

由于生产工艺及安全的需求，相邻两条皮带启停顺序是一定的，在焦炭运输方向上，总是后面（下游）的皮带要先启动（即9号皮带比8号先启动，8号比7号先启动，以此类推），这种启动方式，能保证焦炭在输送过程中，不会因为后面一条皮带的停止转动而造成溜槽内堆积焦炭。如果焦炭堆积过多，会使皮带转动受阻，不仅会磨损皮带，而且会造成电动机的堵转而烧损电动机。鉴于此，皮带之间的联锁就非常必要，一般采用两种方式进行皮带电动机之间的联锁。一是利用相邻皮带接触器的辅助点进行联锁，即把后面一条皮带电动机接触器的辅助点串入前一条皮带电动机接触器控制回路里，这样能保证如果后面皮带不转动，前面的皮带就不会启动；二是在后面一条皮带尾轮处增设转速开关，把它的开关点串入前面皮带电动机接触器的控制回路里。转速开关能较准确地感应出皮带滚筒的运转速度，只要皮带停止或速度变慢，转速开关就立即动作，使前面（上游）皮带停止转动，防止溜槽压焦堵塞。

5.3.3.4 皮带电气设备的点检与维护

皮带电气设备的点检与维护，主要包括以下几方面的内容，见表5-7。

表5-7 皮带电气设备的点检与维护标准

序 号	点检部位	点检项目	点检维护标准	处理方法
11	配电柜	柜内整洁、干净	内部无灰尘、无杂物	定期清灰
		盘面清洁	外无灰尘，无乱划痕迹	定期擦拭
12	断路器	接线端子	无灰尘积聚，相间有隔离措施	定期清扫，相间增设隔离片
		压线螺丝	压线螺丝无松动、温度不能超过50℃	紧固检查处理
		声音	无异声	检查或更换

序　号	点检部位	点检项目	点检维护标准	处理方法
13	接触器	接线端子	无灰尘积聚	定期清扫
		压线螺丝	压线螺丝无松动、温度不能超过 50℃	紧固检查处理
		内部触点	触点无磨损、无烧损、无开焊脱落	检查处理或更换
		辅助触点	动作灵活	检查处理或更换
		铁　芯	无异声	紧　固
		线圈接线	无虚接、开焊；温度不能超过 50℃	紧固或更换
14	电动机	整体（包括轴承）	电动机（轴承）温度温升正常	停机检查处理
		接线盒	接线无松动、密封良好	紧　固
		绝缘值	对地绝缘在规定范围内，不能低于 $0.5M\Omega$	定期摇测，低于标准值需更换电动机
15	现场事故开关	所接电缆	电缆无损伤	防护（穿镀锌管或防火保护层）
		开关接线盒	进线口应密封	密封

5.3.3.5　焦炭运输系统典型故障案例

故障案例 1：干熄焦 2 号皮带接触器烧损故障

【故障经过及现象】

2007 年 6 月 19 日 23：00 左右，贮焦仓设备突然全停，电气人员到达现场后仔细检查发现 2 号皮带的接触器下端有相间短路的痕迹，经检测确认接触器及热继电器已经损坏，拆下 2 号皮带电动机线，测了电动机的绝缘值正常，说明电动机没有问题。由于 2 号皮带是在布料小车上移动的，所以移动电缆损坏的可能性很大，经检查发现电动机负荷线被小车车轮压断。处理线路并更换接触器后恢复了生产。

【故障原因分析】

2 号皮带和走行小车的电动机线在现场走线不规范是导致走行小车过热继电器烧损短路的直接原因。由于 2 号皮带和走行小车的负荷线现场走线各段间距不同，其中有一至两段走线悬垂距离较大，与走行轮相距较小，小车在走行过程中，小车负荷线被轮子碾住，将其拽断，导致相间出现短路现象，过大的电流使过热继电器烧损同时断路器跳闸，并造成接触器的损坏（小车电动机功率 2.2kW）。

【故障处理】

对 2 号皮带机及走行小车负荷线走线方式进行整改，间距规范一致，杜绝再发生类似事故。

故障案例 2：干熄焦振筛故障

【故障经过及现象】

2007 年 4 月 24 日夜班 1：50 左右，干熄焦焦炭运输系统南侧、北侧振筛运行过程中，电源均出现频繁跳闸现象。经检查，为激振器轴承卡住，通过手动盘车确定激振器已损坏。为了尽快恢复生产，通过试验，临时利用一台激振器保证生产的进行。

【故障原因分析】

激振器轴承损坏是导致事故发生的直接原因。轴承损坏抱死，造成了电动机过负荷、开关跳闸。

【故障处理】

（1）制定激振器轴承定期加油制度，加强对激振器的检查力度，确保有问题及时更换；

（2）做好预案预控，一台激振器出现问题，可以迅速采取措施，将缓冲联轴器解开，利用另一台激振器维持生产。

故障案例3：干熄焦焦炭运输系统3号皮带PLC模块烧损故障

【故障经过及现象】

2009年2月10日，由于3号皮带跑偏严重，皮带在运转过程中碰到了皮带架子，将固定在皮带架子上面的一根电缆磨断，造成3号皮带停车。经检查，磨断的电缆为该皮带的拉绳开关信号电缆；同时，在配电室发现，控制3号皮带运转的AB PLC输入模块被烧损两块，更换模块与电缆重新接好后，恢复生产。

【故障原因分析】

（1）3号皮带跑偏磨断信号电缆是导致此次事故的直接原因；

（2）拉绳开关内部使用两对辅助点，分别为直流24V的常开点和交流220V的常闭点，该开关的信号线被磨断的瞬间，直接造成交流电压串入直流回路里，由于这两个信号直接送给PLC，造成这两个作为直流输入的PLC模块被烧损，这是导致PLC模块烧损的根本原因。

【故障处理】

（1）对皮带跑偏现象进行根治；同时将皮带事故开关的电缆走线方式进行改造，均移至皮带支架外部，避开由于皮带跑偏对其造成的影响；

（2）增设中间继电器，将事故开关的输入信号与PLC输入模块进行隔离，防止事故开关信号短路或接地对PLC模块造成的影响；

（3）对其他皮带电动机进行相同措施的整改，防止出现类似现象。

故障案例4：2号皮带电动机烧毁故障

【故障经过】

2008年1月24日21：40左右，干熄焦焦炭运输系统的2号皮带停车，经电气人员现场观察及摇测绝缘检查是电动机烧毁，紧急更换备用电动机恢复生产。

【事故分析及原因】

通常造成电动机烧毁的主要原因有：

（1）过负荷；

（2）频繁启动，尤其是频繁带负荷启动；

（3）电源单相且过热继电器保护失灵；

（4）对地绝缘损坏。

该皮带长且坡度大，原设计生产能力低，后来焦炭产量增加了，但该皮带电动机没有改动，所以电动机长期接近满负荷工作，而事故发生前的一段时间由于皮带跑偏和压焦等原因造成频繁带负荷停车和启车。频繁的带负荷启动使电动机烧毁。

5.4　循环风机系统电气设备及控制

5.4.1　氮气循环风机所属电气设备

干熄焦系统的氮气循环风机所属电气设备主要有：风机电动机、风机进口调节阀、风机循环油泵等等。风机循环油泵一用一备，当一台有故障时，可随时进行切换。

5.4.2　氮气循环风机电动机及其保护

风机电动机由于功率较大（根据干熄焦生产能力而不同，但一般都超 1000kW），一般都选用了高压电动机，由高压室直接供电。某焦化厂其中一套干熄焦系统使用了额定电压 10kV、额定功率 1650kW 的交流异步电动机；另一套干熄焦系统使用了额定电压 10kV、额定功率 1080kW 的交流异步电动机，电动机冷却方式均为风冷。

为了保证风机电动机的安全稳定运行，对电动机的运行状态监测和保护非常重要。高压供电对电动机的保护主要有：速断保护、过流保护、低电压保护、零序电流（接地）保护、启动时间过长保护等；对电动机的运行状态检测主要有：三相绕组温度检测、电动机轴承温度检测、电动机轴承振动监测等。以上监测信号均上传给 PLC 系统，在上位机上显示，若有超标（超上限）即报警，超过上限则会让电动机跳闸。

电动机三相绕组之间预埋有加热器，功率一般在 500W 左右，其作用是当电动机长时间停止运行时，将加热器通电，使电动机绕组保持一定的温度，以避免受潮造成绕组绝缘下降。因此，在低压室和 PLC 程序上设有专门的电路和程序，保证在电动机停止时加热器通电，电动机启动时加热器断电。

5.4.3　氮气循环风机的电气控制工艺

循环风机电动机的控制分为主控集中控制和现场控制，现场操作箱上设有"集中/就地"选择开关，可优先选择。正常情况下选"集中"，在主控室的上位机上控制启动和停止；当选择开关选"就地"时，只能在现场启动和停止，主控室不能操作。

在高压室的循环风机高压开关柜上，设有"远控/本地"选择开关。

开关打在"远控"位置时，可以在机旁"就地"操作，或者在上位机上"集中"操作；打在"本地"位置时，则可以用高压柜上的操作开关"合闸"或"分闸"进行操作。

循环风机电动机的高压断路器控制回路原理见图 5-36。

风机启动的必要条件主要有：锅炉给水泵已运行、循环油泵已运行、入口调节阀已关闭等。

循环风机联锁停止条件为：

（1）风机轴承温度 HH；

（2）风机轴承振动 HH；

（3）风机电动机轴承温度 HH；

（4）除氧器液位 LL；

（5）锅炉给水泵停；

（6）锅筒液位 HH；

（7）锅筒液位 LL；

（8）氮气压力 LL；

（9）压缩空气压力 LL；

（10）主蒸汽压力 HH；

（11）中央操作急停；

（12）风机润滑油泵停机。

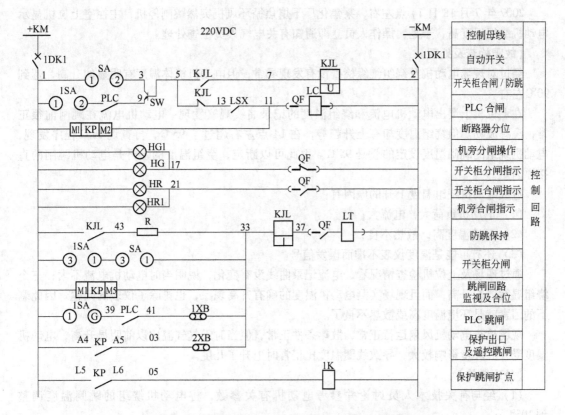

图 5-36　循环风机电动机的高压断路器控制回路原理图

5.4.4　循环风机电气系统的点检与维护

点检内容和标准可参考表 5-8。

表 5-8　循环风机电动机的点检内容和标准

点检部位	点检内容	点检维护标准	处理方法	周　期
高压电动机	电动机机体温度	机体温度不能超过正常值	检查处理	每　班
	电动机轴承温度	轴承温度不能超过正常值	检查处理	每　班
	振　动	振动不能超标	检查处理	每　班
	噪　声	无噪声	检查处理	每　班
	绝缘值	对地绝缘不能低于1MΩ/kV	摇　测	三个月
	接线盒	密封性完好	密封处理	每　班

另外，由于在主控室的上位机上都有电动机绕组及轴承的温度显示，主控室的操作人员应该经常进行观察。

5.4.5　故障案例

干熄焦循环风机跳闸故障

【故障经过及现象】

　　2007 年 7 月 18 日 14 点左右，某焦化厂干熄焦循环风机突然跳闸停机，主控室上位机显示电动机绕组温度高，于是，操作人员立即通知有关电气人员检查处理。

【故障检查及处理】

　　经过对现场电动机及绕组绝缘检查没有发现异常，但电动机机体温度有明显的升高，达到 90℃左右。

　　在上位机上调出电动机电流和绕组温度的记录曲线观察发现：电动机电流在跳闸前很正常，没有波动。但绕组温度却有上升趋势，在 14 点左右超过了 95℃，再查询 PLC 程序发现，电动机绕组的跳闸温度设定的就是 95℃。由此可以断定，绕组温度的上升是电动机跳闸的直接原因。

　　造成电动机绕组温度上升的原因有：

　　(1) 电动机负荷大，电流大；

　　(2) 环境温度高，散热不良；

　　(3) 还有可能是温度仪表不准而误发信号。

　　通过现场及上位机检查情况看，电流记录曲线没有变化，说明当时电动机电流不大；三个绕组温度普遍升高，而且现场实测电动机温度的确有升高现象，也排除了仪表的问题。因此剩下的因素就是环境温度高或散热不良了。

　　现场检查电动机风扇运行正常，散热条件正常，但当时天气气温比以前明显升高，电动机温度受外界环境影响较大，导致线圈温度比正常时上升了几度。

【处理措施】

　　(1) 经与有关技术人员讨论并参考电动机有关参数，将电动机绕组的跳闸温度调整到 105℃；

　　(2) 给电动机设置防雨防晒棚。

5.5　锅炉系统电气设备及控制

5.5.1　锅炉的电气设备简述

　　干熄焦余热锅炉系统是干熄焦系统的一个重要组成部分，其主要作用是吸收干熄焦循环系统内惰性气体的热量，对除氧水进行加热产生高温高压的蒸汽。锅炉系统按照工艺主要划分为本体烟气系统、本体汽水系统、锅炉系统、除氧给水系统等几个部分。电气控制系统主要实现了锅炉的给水、锅筒水位的自动调节、过热蒸汽温度的自动调节、锅炉的紧急停炉保护、锅炉给水泵、除氧给水泵等电气设备的联锁控制。

　　锅炉给水泵作用是将除氧水经过给水调节阀和给水电动阀进入省煤器，经过省煤器预热后进入锅炉锅筒。

　　锅炉系统的控制主要包括本体汽水系统的温度、压力、流量等工艺参数的显示、报警以及主蒸汽切断阀、紧急放水阀、主蒸汽调压放散阀等设备的联锁控制。

　　锅炉的上水系统主要由除氧器给水泵系统，锅炉给水泵系统组成。

　　一般干熄焦的锅炉系统的主要电气设备包括 2 台锅炉给水泵高压电动机，额定电压 10kV，功率 630kW；2 台除氧器给水泵电动机，额定电压 380V，功率 75kW；1 台除氧器循环泵电动机，额定电压 380V，功率 15kW。另外，还有锅炉给水泵出口阀电动机、除氧器给水泵出口阀电动机、主蒸汽放散阀电动机、主蒸汽切断阀电动机、稀油站等。稀油站有两台油泵，一用一备，当一台有故障时，可随时进行切换。

5.5.2 锅炉给水泵的电气控制工艺

5.5.2.1 锅炉给水泵的控制

锅炉给水泵共有两台，正常时，一台运行，另一台热备用。

锅炉给水泵电动机的控制分为主控集中控制和现场控制，现场操作箱上设有"集中/就地"选择开关，可优先选择。正常情况下选"集中"，在主控室的上位机上控制启动和停止；当选择开关选"就地"时，只能在现场启动和停止，主控室不能操作。

在高压室的循环风机高压开关柜上，设有"远控/本地"选择开关，该开关的操作优先于现场操作箱上的"集中/就地"选择开关。

开关打在"远控"位置时，可以在机旁"就地"操作，或者在上位机上"集中"操作；打在"本地"位置时，则可以用高压柜上的操作开关"合闸"或"分闸"进行操作；正常情况下，开关应在"远控"位置，只有在高压柜检修或试验断路器时才使用"本地"操作。

锅炉给水泵电动机的高压断路器的控制回路工作原理如图5-37所示。

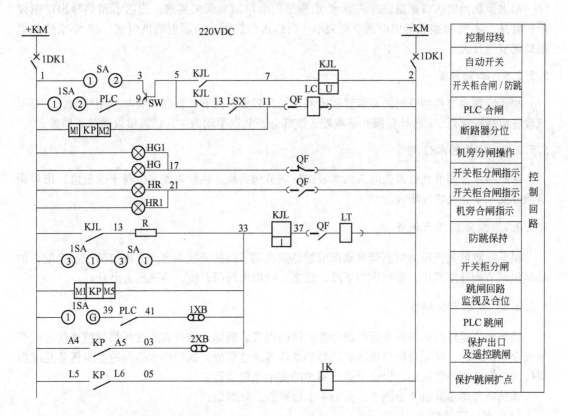

图5-37 锅炉给水泵电动机的高压断路器的控制回路原理图

其自动联锁条件包括：

（1）当除氧器液位正常的时候，当检测到在用泵停止运行，备用泵自动启动；

（2）当除氧器液位低低的时候，两台泵不允许启动；

（3）当给水压力低低时，运行泵运行的时候，备用泵应该自启，当给水压力高于下限的时候，运行泵自动停止；

（4）泵启动时，要求空载启动，将出口阀关闭，先开泵，后开阀。

5.5.2.2　除氧器给水泵的控制

除氧器给水泵共有两台，正常时，一台运行，另一台热备用。
其自动联锁条件包括：
（1）当除盐水箱液位正常的时候，检测到在用泵停止运行，备用泵自动启动；
（2）当除盐水箱液位低时，两台泵不允许启动；
（3）泵启动时，要求空载启动；先开泵，后开阀。

5.5.2.3　除氧循环泵控制

除氧循环泵主要是对给水预热器供水，共有一台，分手动、半自动和自动三种控制方式。当给水预热器出入口温差小于40℃，关闭除氧循环泵出口电动阀，停止除氧循环泵运行。

5.5.2.4　给水预热器入口水温调节

给水预热器出入口水温通过调节水-水换热器出口调节阀来实现。当给水预热器出口温度低的时候，将水-水换热器出口调节阀关小；当给水预热器出口温度高的时候，将水-水换热器出口调节阀开大。

5.5.2.5　加药装置

加药装置主要包括联氨加药装置和磷酸盐加药装置。两套装置的设备与控制相似，主要电气设备包括搅拌器、2台计量泵和溶液箱，该部分控制以手动为主，计算机仅做状态监控。

5.5.2.6　除氧器水位调节

除氧器水位调节通过调整除氧给水泵出口调节阀实现，当除氧器水位高于设定值，出口调节阀开度减小；反之，增大。

5.5.2.7　除氧器压力调节

根据除氧器蒸汽压力的高低自动调节加热蒸汽调节阀的开度，当蒸汽压力高于设定值，加热蒸汽调节阀开度减小，蒸汽压力下降；反之，则增大阀门开度，蒸汽压力上升。

5.5.2.8　锅筒水位调节

锅筒水位是影响锅炉安全运行的非常关键的因素。锅筒水位过高或过低都严重威胁着锅炉的安全稳定运行，甚至可能导致锅炉烧坏和爆炸等恶性事故。锅炉给水控制的主要任务是维持锅筒水位在合适的范围内，保证干熄焦锅炉的安全稳定运行。
锅筒液位测量共有2个测点，分为4个报警点，分别是：
（1）水位高报警；
（2）水位高高，锅炉紧急停炉；
（3）水位低报警；
（4）水位低低，锅炉紧急停炉。
根据工艺要求，给水调节的控制方案如下：根据蒸汽流量进行负荷判断，在锅炉低负荷运行的时候，采用单冲量调节；在锅炉高负荷（设计负荷的75%以上）运行时，采用带前馈的三冲量串级调节。

锅筒水位调节手、自动切换的条件包括：
(1) 设定值与测量值的偏差过大；
(2) 画面人工切手动；
(3) 调节阀的设定值过大；
(4) 负荷变化过大。

5.5.3 锅炉给水泵电动机及其保护

为了保证锅炉给水泵电动机的安全稳定运行，对电动机的运行状态监测和保护显得非常重要。高压供电方面对电动机的保护主要有：速断保护、过流保护、低电压保护、零序电流（接地）保护、启动时间过长保护等；对电动机的运行状态检测主要有：三相绕组温度检测、电动机轴承温度检测等，以上监测信号均上传给 PLC 系统，在上位机上显示，若有超标（超上限）即报警，超上上限则会让电动机跳闸停车。

电动机三相绕组之间预埋有加热器，功率一般在 500W 左右，其作用是当电动机长时间停止运行时，将加热器通电，使电动机绕组保持一定的温度，以避免受潮造成绕组绝缘下降。因此，在低压室和 PLC 程序上设有专门的电路和程序，保证在电动机停止时加热器通电，电动机启动时加热器断电。

5.5.4 锅炉安全保护系统

引起干熄焦紧急停炉的主要联锁包括：
(1) 锅筒水位高高或者低低；
(2) 主蒸汽温度高高。
当以上情况发生时，循环风机自动停止。

5.5.5 锅炉系统阀门的电气控制工艺

锅炉的电动阀门通过转换开关实现电气手动、PLC 控制的转换。在计算机上分别设置了半自动和自动两种控制方式，自动是指当联锁条件发生的时候阀门自动打开或者关闭。

5.5.5.1 紧急放水阀

自动的时候，当锅炉锅筒液位高报警时，自动打开锅炉紧急放水阀，降低锅筒液位到正常液位后，自动关闭锅炉紧急放水阀。

5.5.5.2 锅炉给水阀和给水旁通阀

在画面上可以远程操作，不参与调节和联锁。

5.5.5.3 主蒸汽调压放散阀

半自动情况下，画面有紧急放散按钮，在紧急情况下，在计算机上实现远程放散；自动的时候，当主蒸汽温度高高、锅筒液位高高或者主蒸汽放散压力高高的时候，该阀自动打开；当主蒸汽放散压力低于上限的时候，该阀自动关闭。

5.5.6 锅炉系统电气设备的点检与维护

对电动机的专业点检可参考表5-9。

表 5-9 锅炉给水泵电动机的点检内容和标准

点检部位	点检内容	点检维护标准	处理方法	周 期
高压电动机	电动机机体温度	机体温度不能超过正常值	检查处理	每 班
	电动机轴承温度	轴承温度不能超过正常值	检查处理	每 班
	振 动	振动不能超标	检查处理	每 班
	噪 声	无噪声	检查处理	每 班
	绝缘值	对地绝缘不能低于 $1M\Omega/kV$	摇 测	每 3 个月
	接线盒	密封性完好	密封处理	每 班
冷却系统	水 温	水温正常	检查处理	每 班
	滴 漏	无滴漏	检查处理	每 班

另外，由于在主控室的上位机上都有电动机绕组及轴承的温度显示，主控室的操作人员应该经常进行观察。

5.5.7 锅炉给水泵故障案例

故障案例 1：在用给水泵停机故障

【故障经过及现象】

2006 年 11 月 14 日 17 点左右，某焦化厂干熄焦主控室操作人员发现 2 号锅炉给水泵突然停机，1 号泵自动启动投入运行，同时上位机显示 2 号泵的故障为油压低。于是，通知电气和仪表人员去现场检查处理。

【故障处理经过】

经过查询 PLC 程序确认了 2 号锅炉给水泵的循环油压低的信号存在；去现场查看发现，每台锅炉给水泵的循环油管路上有 3 个油压检测开关，但只有一个有外接引线，经过检查，实际油压、油压检测开关都没有问题，但 PLC 输入模块上没有油压正常信号（开关为常闭点，正常时 PLC 有输入信号），怀疑从开关到 PLC 输入模块之间的线路、继电器或接线端子有断路或接触不良的现象。

于是，针对以上可疑之处依次进行检查、紧固，当检查到继电器柜的外接端子时，发现该端子压线螺丝非常松，线没有压紧。将松动的螺丝压紧后，再看 PLC 输入模块有了输入信号，同时主控室上位机的故障也已复位。这样，故障就消除了，2 号锅炉给水泵就达到了备投状态。

故障案例 2：给水泵跳闸故障

【事故经过】

2008 年 10 月 7 日中班 23：05 左右，某焦化厂干熄焦主控室发现循环风机突然停车，同时又发现 1 号锅炉给水泵也已经停车了，于是，立即对现场进行了检查，没有发现异常，于 23：15 先后启动 2 号锅炉给水泵和循环风机，恢复正常生产。

【事故原因分析】

电气人员对上位机的事故记录进行了检查，上面记录如下：10 月 7 日 23：04，2 号锅炉给水泵电动机非负荷侧轴承温度高高，给水泵跳闸；23：07，因给水泵跳闸，供水压力低，循环风机跳闸。

根据电脑记录可以看出，造成循环风机跳闸的原因是锅炉给水泵停机，而锅炉给水泵跳闸的原因又是电动机一侧轴承温度高。于是有关人员立即对电动机轴承进行了检查，未发现温度异常，因此，可以断定，电动机轴承温度高是个假信号，该假信号是造成给水泵和循环风机跳闸的主要原因。

另外，检查还发现由于锅炉给水泵稀油站有油压低和油位低等异常信号，所以 2 号锅炉给水泵不能自动投入运行，这也是循环风机联锁跳闸的另一个主要原因。

【采取措施】

（1）相关人员对各个温度检测回路进行了检查和紧固，避免假信号的发生；

（2）加强专业点检和生产人员的日常点检，对辅助设备的运行状态要充分掌握，发现问题尽早处理；

（3）有计划地周期性地对锅炉给水泵的备投功能进行试车，保证其互相热备用功能。

5.6 除尘电气设备及控制系统

5.6.1 环境除尘系统电气设备简述

干熄焦的环境除尘系统共包括三大部分：风机系统、脉冲反吹控制系统和输灰系统。风机系统的电气设备主要包括：高压电动机及其 10kV 供电系统、风机的电动调节阀；脉冲反吹控制系统电气设备主要包括：PLC 控制系统、电磁阀；卸灰系统电气设备主要包括：卸灰电动机、输灰电动机等。

5.6.2 环境除尘风机的电气控制工艺

干熄焦的环境除尘风机电气系统包括一台 450kW 的高压电动机、一台控制风机入口开度的电动调节阀。

风机系统的主要原理如下：当高压电动机启动以后，带动除尘风机旋转，除尘管道内部形成负压，将各个吸尘口的含尘气体利用这个负压作用通过管道输送至布袋除尘器。在除尘器内部，通过 PLC 自动控制程序，完成脉冲反吹功能。堆积在除尘室底部的灰尘利用输灰系统，将灰尘输送至拉灰车上。风机风量手动控制利用现场控制风机开度的电动调节阀调节，自动控制方式在上位机中实现。风机系统具有电动机轴承温度在线监测、电动机绕组温度在线监测和风机轴承温度在线监测，上述参数不仅在现场温度显示仪和上位机中自动显示，而且作为模拟量输入送给 PLC，作为高压电动机运行保护的参数。

高压电动机由高压配电室供电，通过 PLC 实现远程操作。在高压供电方面对电动机提供的保护主要有：速断保护、过流保护、低电压保护、零序电流（接地）保护、启动时间过长保护等。

环境除尘风机电动机的控制分为主控集中控制和现场控制，现场操作箱上设有"集中/就地"选择开关，可优先选择。正常情况下选"集中"，在主控室的上位机上控制启动和停止；当选择开关选"就地"时，只能在现场启动和停止，主控室不能启动但可以停止。

在高压室的环境除尘风机高压开关柜上，设有"远控/本地"选择开关。该开关的操作优先于现场操作箱的"集中/就地"选择开关。

开关打在"远控"位置时，可以在机旁"就地"操作，或者在上位机上"集中"操作；打在"本地"位置时，则可以用高压柜上的操作开关"合闸"或"分闸"。

除尘风机电动机的高压断路器的控制回路原理图类似于循环风机，如图 5-38 所示。

环境除尘风机正常工作时有两个转速，低速运转时风机转速在 600r/min 左右。装焦时，

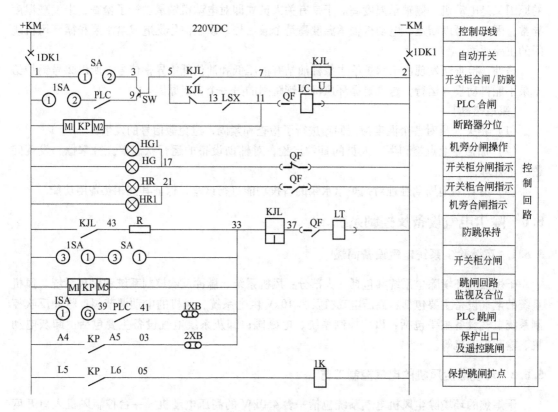

图 5-38　除尘风机电动机的高压断路器的控制回路原理图

风机高速运转，转速达到 900r/min 左右，以增加风量，保证将装焦产生的烟尘全部收集起来，改善现场环境。

　　干熄焦的环境除尘风机变速采用的是油压调速器，也叫液体黏性调速器或调速离合器。该油压调速器是依靠液体的黏性和油膜的剪切作用传递力矩的。它主要由主机、循环（冷却）油系统、控制油系统和控制单元组成，通过速度负反馈实现闭环调速，可实现手控和远程自动控制。实物如图 5-39 所示。

　　油压调速器的电气控制系统主要包括：安装在风机轴上的转速传感器、控制器和电液比例阀等。磁电式转速传感器检测并输出转速脉冲信号送到控制器，经过与给定指令信号对比，发出增、减速信号到电液比例阀，将电信号转换为压力信号，从而调节离合器控制油缸的油压，改变两组摩擦片之间的距离，达到调速的目的。

　　油压调速器的主要优点是：

　　（1）可以实现无级调速；

　　（2）电动机可以空载启动；

　　（3）体积小，安装调试方便；

　　（4）密封性能好，适合恶劣的工作环境；

　　（5）响应速度快，调速精度高；

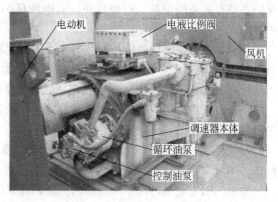

图 5-39　油压调速器实物图

（6）价格便宜，投资少。

5.6.3 除尘器本体电气控制工艺

5.6.3.1 PLC控制系统

布袋除尘器的自动化控制系统采用AB公司Logix5555控制系统和RSView32系统。由于现场电磁阀极易出现故障，为了减少这些电磁阀对输出模块的影响，采用增加中间继电器的方法，使输出信号与被控对象实现了安全隔离。为了更好地保证该控制系统的安全可靠性，系统设计时又采取如下措施：要求其接地电阻小于1Ω；系统供电除了正常供电外，另加UPS电源，掉电后可保证120min内持续供电；在系统软件编程中采取安全可靠性技术处理，如加模拟量滤波、增加缓存和互锁功能、增加对故障的判断功能。

5.6.3.2 布袋除尘器工作原理介绍

A 脉冲反吹控制系统

典型的脉冲反吹控制系统共有16个布袋室（也称为布袋除尘箱），每个布袋室分别有1个提升阀和6个脉冲阀，每个提升阀和脉冲阀均由电磁阀控制，而电磁阀是通过中间继电器由PLC直接控制。提升阀和脉冲阀的工作时间周期可以在上位机上进行设定，全部操作由PLC自动完成，每个箱体依次进行。

反吹-过滤自动运转程序：电源接通后，按照程序，第一个箱体先进行反吹。这时第一个提升阀启动，将第一室气体出口关闭，第一个脉冲阀启动，向一排滤满灰尘的布袋喷射压缩空气，完成一排滤袋的反吹清灰；第一个脉冲阀喷吹后20s（时间间隔可调），第二个脉冲阀动作，进行与第一个脉冲阀同样的动作，直到6个脉冲阀全部动作结束后，提升阀将气体出口打开，净化后的气体从这里排出，从而完成第一个箱体的反吹工作。再进行第二个箱体的反吹，反吹的程序与第一个箱体相同。直至16个箱体全部完成，然后周而复始。电气原理图见图5-40。

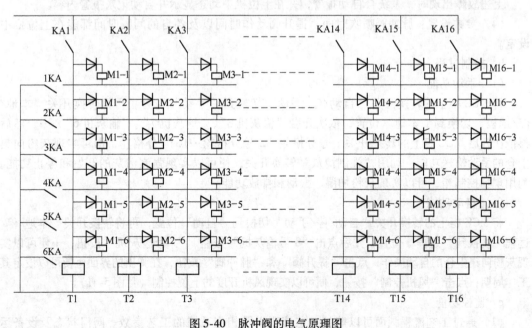

图5-40 脉冲阀的电气原理图

图 5-40 中，T1～T16 为 16 个提升电磁阀，KA1～KA16 为提升阀的控制继电器，M1-1～M1-6 为 1 号气室的 6 组脉冲电磁阀，依此类推，M16-1～M16-6 为 16 号气室的 6 组脉冲电磁阀，1KA～6KA 分别为 6 组脉冲电磁阀的控制继电器。工作时，KA1 先得电吸合，1 号提升阀 T_1 得电动作，1 号气室因出口被关闭而停止工作，然后，1KA～6KA 依次得电，使 1 号气室的 6 组脉冲电磁阀 M1-1～M1-6 依次瞬间得电打开，压缩空气冲入除尘布袋内，形成风锤，把布袋外侧的灰尘吹落（完成反吹）。1 号气室的 6 组布袋反吹完毕后，KA1 失电，1 号提升阀打开，1 号气室投入工作，接着 KA2 得电吸合，开始 2 号气室的反吹过程。16 个气室全部反吹完毕后，经过一定的延时后再自动开始下一个反吹循环过程。

B　卸灰系统

卸灰系统包括 16 台分格轮（电动机功率为 1.1kW）、3 台输送机（电动机功率为 2.2kW）、集尘仓、输灰机（电动机功率为 7.5kW）和加湿振动装置。布袋经反吹后，将抖落的灰尘积聚在相应的除尘室中，通过分格轮的运转，将灰排放至输灰刮板机上，输送到集尘仓。除尘工根据集尘仓的料位高度来安排灰粉的排放装车，排放时，通过加湿机将灰粉用水加湿，以防灰粉下落时四处飞扬，造成环境的污染。集尘仓的料位可以在上位机中进行动态显示。

C　布袋除尘器控制方式的实现

a　控制功能

系统实现了除尘器清灰系统与输灰系统的自动控制与监控，主要包括如下功能：

（1）多种控制方式：系统可以根据需要实现本地控制、远程控制、手动和自动控制。

（2）灵活操作方式：系统可以实现上位机操作、控制柜面板操作和现场操作箱操作。

（3）报警功能：

1）除尘风机、输灰机、分格轮电动机等设备不能正常启停；

2）高压电动机轴承温度、绕组温度超过设定温度；

3）灰仓达到高料位；

4）除尘阀打不开。

上述故障出现时，系统会自动报警，并在上位机中动态显示并自动记录报警内容。

（4）参数设置：脉冲阀喷吹时间、提升阀动作时间以及各自的间隔时间都能在上位机中设定。

b　控制过程

（1）手动功能

将 MCC 柜上的转换开关"自动/停/手动"切换到"手动"位置，再将转换开关"本地/停/远程"切换到"本地"位置，依次开启"输灰机 8"、"输灰机 7"、"输灰机 6"、…，然后再依次开启 MCC 柜上的转换开关 1 号分格轮、2 号分格轮…16 号分格轮，即可实现灰粉向集尘仓的手动输送功能；利用"强制清灰"转换开关，便可以实现强制清灰的开始和停止功能。利用现场控制箱，可以实现灰粉加湿、振动和排放功能。

（2）自动功能

将 MCC 柜上的转换开关"自动/停/手动"切换到"自动"位置，再将转换开关"本地/停/远程"切换到"远程"位置，先后点击"8 号输灰机"按钮、"7 号输灰机"按钮、…便可以实现灰粉向集尘仓的自动操作；点击"提升阀"和"脉冲阀"按钮，在弹出的界面里便可以设定其工作周期；点击"风机控制"按钮，便可以实现风机开度的上位控制（见图 5-41）。

c　监控功能

（1）通过工艺流程画面可以监控工艺流程以及相应系统的工艺参数、阀门状态及设备运

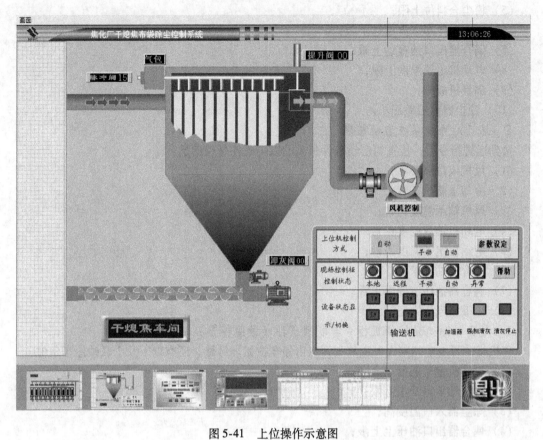

图 5-41 上位操作示意图

行情况；

（2）通过操作画面可以启停各种电气设备，实现手/自动的无扰动切换；

（3）通过联锁示意图可观察启动条件是否具备、引起停机的原因；

（4）通过趋势画面可以查看参数的历史记录，以便分析问题；

（5）通过组画面可以对阀门进行操作，如开、关阀门，或进行手动/自动无扰动切换等；

（6）通过显示画面，操作人员可以在主控室对各个工艺参数进行调节、启停设备、处理报警、分析参数趋势、查看历史记录和可以根据需要定时和随时打印报表等；

（7）当操作员将现场转换开关切到自动控制时，主控室操作员可直接在画面上操作各设备的启停；当现场转换开关切到手动控制时，由现场操作员直接在现场操作设备启停；

（8）主工艺画面：可显示整个工艺生产流程、相关的主要参数值、报警闪烁、设备运行状态、参数、切入其他画面的功能按钮等信息。另外，系统还有多级报警功能，包括参数画面闪烁报警，并伴有历史报警信息记录和历史趋势记录。对监控站设有多个安全级进行管理，每一个安全级均有不同的权限，防止侵权或误操作。

D　地面站除尘系统报警项目

（1）压缩空气压力低；

（2）除尘器前烟气温度高；

（3）风机轴承温度上限；

（4）风机轴振动值大；

（5）粉尘仓料位上限；

（6）偶合器冷却水流量达下限；

（7）偶合器出口油温达上限；

（8）电动机定子温度上限；

（9）刮板机故障；

（10）除尘器前后差压小。

E　地面站除尘系统启动程序

接到运转指令后，检查与启动条件相关的以下条件是否满足：

（1）风机入口阀关闭；

（2）冷却水流量正常；

（3）风机轴承温度正常；

（4）电动机轴承温度正常；

（5）电动机定子温度正常；

（6）偶合器油温正常；

（7）偶合器油压、温度正常；

（8）压缩空气压力正常。

F　地面站除尘系统停机指令与联锁条件（故障停车）

停机指令可由主控室人员工从画面点击停车按钮。另外，还有以下几个联锁停车条件：

（1）电动机定子温度上上限；

（2）风机轴承振动上上限；

（3）除尘器入口温度高；

（4）偶合器出口油压上上限；

（5）除尘风机故障停车；

（6）除尘风机过热保护；

（7）偶合器出口温度上上限。

以上联锁停车条件中任何一项达到上述设定数据，PLC 向电动机控制系统发出停车信号，通风机停止转动，同时风机入口阀自动关闭。

5.6.4　环境除尘电气设备的点检与维护

环境除尘电气设备点检与维护内容主要有以下几个方面，见表 5-10。

表 5-10　环境除尘电气设备点检标准与维护

序　号	点检部位	点检项目	点检标准	处理方法
1	PLC 柜	柜内部分	整洁、元器件上部无灰尘、无杂物	定期清扫
		散热性	散热效果好	开启顶部冷却风扇
		安全性	附近不得有导电、易爆炸、有腐蚀的气体和尘埃；相对湿度不得超过 85%，更不得有凝结水	否则必须安装防护措施
		PLC 电池	保证电池使用状况正常	更换电池

序 号	点检部位	点检项目	点 检 标 准	处理方法
2	断路器	进线端	无灰尘积聚，相间有隔离措施	定期清扫，相间增设隔离片
		压线螺丝	压线螺丝无松动、温度不能超过 50℃	紧固检查处理
		异 声	无异声	检查或更换
3	接触器	进线端	无灰尘积聚	定期清扫
		压线螺丝	压线螺丝无松动、温度不能超过 50℃	紧固检查处理
		内部触点	触点无磨损、无烧损、无开焊脱落	检查处理或更换
		辅助触点	动作灵活	检查处理或更换
		铁 芯	无异声	紧 固
		线圈接线	无虚接、开焊；温度不能超过 50℃	紧固或更换
4	继电器	压线螺丝	压线螺丝无松动、温度不能超过 50℃	紧固检查处理
		内部触点	触点无磨损、无烧损、无开焊脱落	检查处理或更换
		辅助触点	动作灵活	检查处理或更换
5	电磁阀	电磁阀底座	无灰尘、无破损	更 换
		电磁阀本体	无灰尘、引线或接头无接地现象	更 换
6	低压电动机	整体（包括轴承）	电动机（轴承）温度不能超过 65℃、无异声	停机检查处理
		接线盒	接线无松动	紧 固
		绝缘值	对地绝缘不能低于 0.5MΩ	定期摇测，低于标准值需更换电动机
7	高压电动机	电动机机体温度	机体温度不能超过额定温升值	检查处理
		电动机轴承温度	轴承温度不能超过 65℃	检查处理
		振 动	振动不能超标	检查处理
		噪 声	无噪声	检查处理
		绝缘值	对地绝缘不能低于 1MΩ/kV	检查或更换
		接线盒	密封性良好	密封处理

6 自动化控制系统

现代焦化行业自动化控制水平不断提高，逐步将整个生产过程看作一个整体来系统地设计控制系统，从而达到集中监控，提高劳动生产率，减少劳动定员，改善工人操作环境，有效地提高产品产量和质量，节能降耗，从而为企业创造可观的经济效益。本章主要介绍某焦化厂 150t/h、100t/h 干熄焦主要仪表及自动化控制系统。

6.1 干熄焦主要仪表

在干熄焦生产检测系统中，采用压力变送器、热电偶等仪表设备来检测现场的压力、温度、流量、物位工艺参数，同时依赖气体分析仪在线检测循环气体的成分，水质分析仪检测锅炉给水、锅水的 pH 值及电导率，从而依靠调节阀进行自动调节控制，达到安全稳定生产的目的。

6.1.1 料位计

某焦化厂 150t/h、100t/h 干熄焦采用了 AP-200PHN、AP-50PHN-20 型静电容料位计来测量干熄炉高料位、一次除尘料位，其中 AP-200PH 耐温达 1200℃，用于干熄炉极限料位的测量；AP-50PHN-20 耐温达 1000℃，用于一次除尘高料位的料位测量。γ（伽马）射线料位计用来测量干熄炉正常料位。

6.1.1.1 静电容料位计

A 组成及测量原理

AP-200PHN 型料位计由检测电路、测量探头、连接电缆、安装法兰四部分组成。

测量原理：将测量探头安装在料斗的仓壁上，探头与料仓周壁相对形成了一个电容场（如下图所示）。探头为正极，仓壁为负极。料位上下的变化使二极之间的电容量产生增、减。当干熄炉内料位到达探头位置时，电容量为最大值，检测电路中的继电器动作，输出一个开关信号。

B 外形尺寸及接线端子

料位计外形尺寸见图 6-1，接线端子见图 6-2。

C 安装方式

a 干熄炉高料位计 AP-200PHN 型料位计的安装

安装时探头部必须伸出炉内壁，如图 6-3 所示。

同时安装探头要固定在安装孔中心和安装孔同心，如图 6-4 所示。

b 一次除尘料位计 AP-50PHN-20 安装

该料位计是测量一次除尘后套管冷却部积尘的高度，当积尘达到一定高度时，就应该开启阀门放灰。在实际安装使用过程中，必须向下斜插安装，如图 6-5 所示。

注意：静电容式料位计电极端部绝缘体是陶瓷制造，因此在搬运和装卸时应注意以下事项：

（1）在搬运和堆放时不可对其施加冲击；安装和拆卸时注意不能对电极施加大的力量，以免损坏电极；

（2）在高温场所输入和抽出电极时，温度不能发生急剧变化（热冲击），需要用的时间 2h 慢慢推进或抽出。正常操作要求规定：电极推进或抽出速度为 10cm/min，而电极端部的抽、送速度为 30cm/min。

D　调试

（1）通入电源；

（2）把零位调整旋钮和灵敏度调整旋钮反时针方向调整至零（见图 6-6）；

（3）把 EP 信号线两端拆下，并用导线短接，此时报警指示灯亮；

（4）向上调整零位使报警灯灭，零位调整完毕；

（5）顺时针调整灵敏度，报警灯亮；

（6）再顺时针调整灵敏度一大格，灵敏度调整完毕；

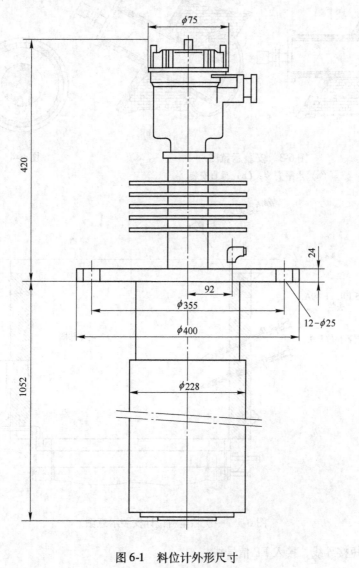

图 6-1　料位计外形尺寸

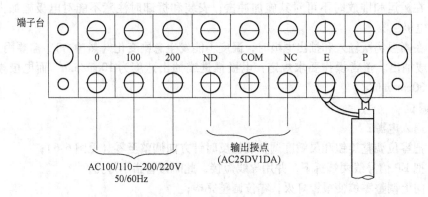

图 6-2　接线端子

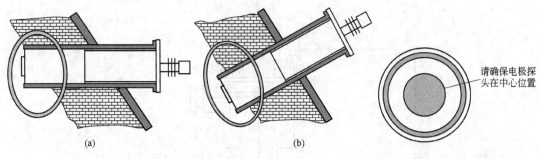

图 6-3　安装示意图
（a）水平安装；（b）垂直安装

图 6-4　安装示意图

请确保电极探头在中心位置

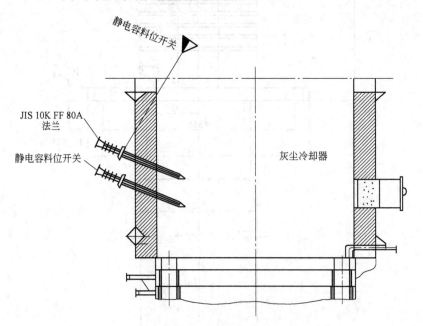

图 6-5　一次除尘料位计安装示意图

（7）拆下短接导线，接入 EP 信号线。

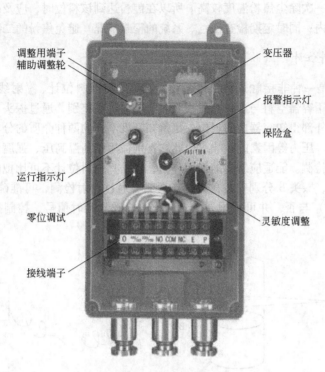

图 6-6 调试转换箱

注意事项如下：

（1）灵敏度调整旋钮顺时针方向调得越多，灵敏度越高，若调整太高容易引起假报警，反之太低也会不报警；

（2）EP 信号线必须可靠屏蔽接地，防止干扰。

E 常见故障

某焦化厂 150t/h、100t/h 干熄焦先后采用了 6 台静电容料位计测量干熄炉及一次除尘料位，其中 AP-200PHN 型 2 台、AP-50PHN-20 型 4 台。在使用过程中，有两台 AP-50PHN-20 型静电容料位计出现故障，故障现象为实际料位超过料位计位置，但料位计不显示。将料位计抽出后，发现探头已经烧损，如图 6-7。

a 故障分析

（1）在焦粉到达料位计的位置后，原则上应该开阀放灰，但是若长时间不放灰，致使沉积的焦粉越来越高，最终埋住了料位计。而焦粉的温度较高，长时间后，造成了 AP-50PHN-20 型料位计损坏。

（2）该位置为负压段，因此在安装料位计时，要注意法兰密封，否则漏入空气，造成焦粉二次燃烧，产生较高的温度，很容易将料位计烧损。

b 应对措施

由于一次除尘与干熄炉紧密联结，若操作不当，有可能将干熄炉内的红焦带入一次

图 6-7 烧损的探头

除尘灰仓内，造成一次除尘焦粉温度较高。所以在焦粉达到该料位时，应及时放灰，避免料位计长时间埋在焦粉内；同时定期检查法兰、系统的密封情况，避免焦粉的二次燃烧。

6.1.1.2　γ射线料位计

γ射线料位计是一种非接触式料位检测仪，又称为射线料位计、γ射线料位计、料封仪、料封控制仪。它利用容器空料与满料时射线吸收程度的明显差别，通过探头对射线强度变化的检测，便能在容器外部得知容器内的料位，也得知密度不同的两种介质的分界面。由于射线不受环境温度、湿度、压力等因素的影响，因此它特别适用于高温高压、强腐蚀性、易爆炸性等密封容器内的料位检测。能适应恶劣的使用环境，这是其他料位计不可比拟的。

仪器由源头 A、探头 B 分别安装在料位点两侧，通过辐射检测，可准确探知物料到达 AB 线（如料封管某处）与否，并可根据要求，给出空、满和延时信号，控制排料或进料，见图 6-8。

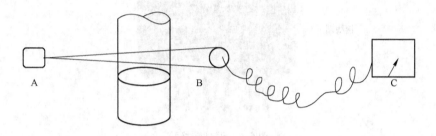

图 6-8　仪器组成示意图

A　测量原理

γ射线源是一种放射性同位素，它衰变时能发出 γ射线。γ射线也叫 γ光子、γ粒子。同可见光、X 光一样本质上都是电磁波。只是其波长更短，光子能量更大而已。

放射源在单位时间(1s)内发生衰变的原子核数度量称为源的活度。活度的国际制单位为贝克（Bq）：

1Bq = 1/s = 每秒一次衰变。

活度的常用单位是居里(Ci)，导出单位常用毫居(mCi)和微居(μCi)。

$$1Ci = 3.7 \times 10^{10}\ Bq;$$
$$1mCi = 3.7 \times 10^{7}\ Bq;$$
$$1\mu Ci = 3.7 \times 10^{4}\ Bq。$$

不同同位素每次衰变平均放出的 γ光子的个数不同。例如 ^{137}Cs 核每次衰变平均放出 0.851 个 γ光子；^{60}Co 核每次衰变平均放出 1.998 个 γ光子。

设某 Cs-137 源活度为 $A(mCi)$，则它每秒发射的 γ光子总数为：

$$A \times 3.7 \times 10^{7} \times 0.851 \quad 1/s$$

这些γ光子是各向同性向外发射的。设探头距离点为 $R(cm)$，则到达探头处的 γ光子通量为：

$$N_0 = A \times 3.7 \times 10^{7} \times 0.851/4\pi R^2 \quad 1/(cm^2 \cdot s)$$

这是源至探头之间没有任何吸收介质时的结果。如果源至探头之间存在吸收介质（料仓，物料）则到达探头处的 γ射线通量就会减少。通量减少的倍数 k 与吸收介质的厚度，密度有关，参见表 6-1 中所列 ^{60}Co 和 ^{137}Cs 源 γ 射线减弱 k 倍所需要几种材料的厚度(cm)。

表 6-1 射线减弱倍数与材料厚度的关系表 （cm）

材料种类	铅		铁		混凝土		水	
放射源种类	^{137}Cs	^{60}Co	^{137}Cs	^{60}Co	^{137}Cs	^{60}Co	^{137}Cs	^{60}Co
减弱倍数 K　2	0.78	1.58	2.94	3.60	11.7	13.2	26.7	28.3
5	1.68	3.36	5.46	6.96	20.6	24.7	45.3	51.7
10	2.34	4.62	7.18	9.24	26.5	32.3	57.3	67.1
50	3.81	7.45	10.9	14.1	39.1	48.8	82.7	99.9
100	4.43	8.63	12.4	16.2	44.3	55.6	93.0	113.3
500	5.86	11.3	15.8	20.7	55.8	70.8	116.5	143.5
1000	6.48	12.5	17.2	22.6	60.7	77.1	125.7	156.2
5000	7.88	15.1	20.4	27.0	71.7	91.7	147.8	185.3

设料仓和监测水平线上存在的物料使 γ 射线减弱 k 倍，则到达探测器的 γ 射线通量减弱为：

$$N = A \times 3.7 \times 10^7 \times 0.851/4\pi R^2 \times 1/k \quad 1/(cm^2 \cdot s)$$

显然，由于料仓内物料料位的变化，高于监测水平线 SD 还是低于监测线 SD，探头接收的 γ 射线数会有明显变化，因而其输出信号幅度也就明显有差异。LWJ-79Aγ 射线闪烁料位计就是根据这一原理工作的。

B 核料位点检维护要点（数值以 150t/h 干熄焦为例）

核料位点检维护要点如下：

（1）首先查看上位计算机显示的数值是否在 85t 以上；

（2）若计算机显示 85t 以上，观测现场二次表（150t/h 干熄焦现场控制柜内）电流指示；料较多时，二次表显示的电流数值为 0μA 左右，料在 85～100t 之间显示为 22μA 以下，指示灯为红色；料在 50～85t 之间，电流值显示为 22～45μA，指示灯为绿色；

（3）当料位排到 γ 射线时，干熄炉内的红焦为 85t，此时二次表指示灯由红色跳变为绿色，上位计算机模拟显示一条 γ 射线；反之，当装入红焦超过 85t，指示灯由绿色跳变为红色，上位计算机模拟显示的 γ 射线消失；

（4）点检时，注意测量二次表电压，测量点为二次仪表后高压、地两端子，正常电压为 600V 左右；

（5）检测接线端子是否存在松动的情况；

（6）检查冷却水阀门是否打开；

（7）在确保红焦在 γ 射线以上的情况下（在料满的情况下，接收端辐射基本为 0，但最好将核源关闭），打开接收端的冷却水套，检查探头是否有浸水的情况；

（8）检查接收端的高压、信号线接口是否有松动的情况；

（9）料位故障时，先检测二次仪表的高压，再检查信号线的各接线处。

6.1.2 气体分析仪

在干熄焦循环气体中，O_2、CO_2、CO、H_2 等微量气体的含量是通过气体分析仪进行在线分析检测的。因为这些气体中 CO、H_2 等属于易燃易爆气体，O_2 是助燃气体，所以它们的含量多少不仅影响红焦的熄灭，而且一旦达到爆炸极限，将直接威胁到安全生产。因此，循环气体分析仪在干熄焦系统中是非常重要的检测仪表。

某焦化厂 100t/h 干熄焦气体分析仪采用了 2 套 LGA-4100 激光气体分析仪分别测量 O_2、CO_2、CO 含量，为在线测量；采用热导式气体分析仪来测量 H_2 含量，为取样测量。

6.1.2.1　LGA-4100 激光气体分析仪

LGA-4100 激光气体分析仪能够在各种高温、高粉尘、高腐蚀等恶劣的环境下进行现场在线的气体浓度测量。

A　测量原理

LGA-4100 激光气体分析仪是基于半导体激光吸收光谱(DLAS)气体分析测量技术的革新，能有效解决传统的气体分析技术中存在的诸多问题。

半导体激光吸收光谱(DLAS)技术利用激光能量被气体分子"选频"吸收形成吸收光谱的原理来测量气体浓度。由半导体激光器发射出特定波长的激光束（仅能被被测气体吸收），穿过被测气体时，激光强度的衰减与被测气体的浓度成一定的函数关系，因此，通过测量激光强度衰减信息就可以分析获得被测气体的浓度。

a　单线光谱技术

"单线光谱"测量技术利用激光的光谱比较窄、远小于被测气体的吸收谱线的特性，选择某一位于特定波长的吸收光谱线，使得在所选吸收谱线波长附近无测量环境中其他气体组分的吸收谱线，从而避免了这些背景气体组分对该被测气体的交叉吸收干涉，图 6-9 是"单线光谱"测量原理图。

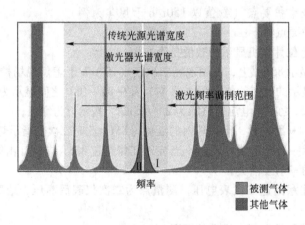

图 6-9　"单线光谱"测量原理图

b　激光频率扫描技术

LGA-4100 激光气体分析仪通过调制激光频率使之周期性地扫描过被测气体吸收谱线，激光频率的扫描范围被设置成大于被测气体吸收谱线的宽度，从而在一次频率扫描范围中包含有不被气体吸收谱线衰减的图 1.1 中的"Ⅰ"区和被气体吸收谱线衰减的"Ⅱ"区。从"Ⅰ"区得到的测量信号可以获得粉尘和视窗的透射率 T_d，从"Ⅱ"区得到的测量信号可以获得粉尘和视窗以及被测气体的总透射率 $T_{gd} = T_d \times T_g$。因此，激光现场在线气体分析系统通过在一个激光频率扫描周期内对"Ⅰ"、"Ⅱ"两区的同时测量可以准确获得被测气

体的透光率 $T_g = T_{gd}/T_d$，从而自动修正粉尘和视窗污染产生的光强衰减对气体测量浓度的影响。

c 谱线展宽自动修正技术

在气体温度和压力发生变化时，被测气体谱线的展宽及高度会发生相应的变化，从而影响测量的准确性。通过输入 4～20mA 方式的温度和压力信号，LGA-4100 激光气体分析仪能自动修正温度和压力变化对气体浓度测量的影响，从而保证了测量数据的精确性。

B 系统组成

LGA-4100 激光气体分析仪由激光发射、光电传感和分析模块等构成，如图 6-10 所示。由激光发射模块发出的激光束穿过被测烟道（或管道），被安装在直径相对方向上的光电传感模块中的探测器接收，分析控制模块对获得的测量信号进行数据采集和分析，得到被测气体浓度。在扫描激光波长时，由光电传感模块探测到的激光透过率将发生变化，且此变化仅仅是来自于激光器与光电传感模块之间光通道内被测气体分子对激光强度的衰减。光强度的衰减与探测光程之间的被测气体含量成正比。因此，通过测量激光强度衰减可以分析获得被测气体的浓度。

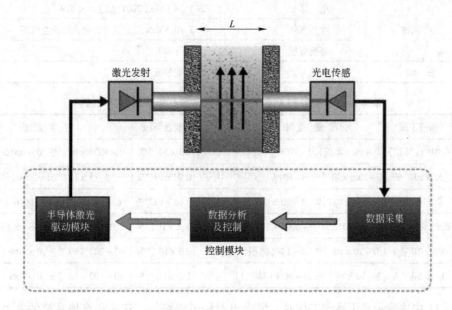

图 6-10 基于半导体激光吸收光谱（DLAS）测量技术系统组成示意图

C LGA-4100 激光气体分析仪系统特点

LGA-4100 激光气体分析仪由于采用了半导体激光吸收光谱（DLAS）技术，从根本上解决了采样预处理带来诸如响应滞后、维护频繁、易堵易漏、易损件多和运行费用高等各种问题，并具有如下特点：

(1) 原位测量，检测灵敏度高，响应速度快；

(2) 一体化设计，结构紧凑，可靠性高；

(3) 模块化设计，可现场更换所有功能模块；

(4) 智能化程度高，操作、维护方便。

D LGA-4100 激光气体分析仪系统指标

LGA-4100 激光气体分析仪的一些重要技术参数和测量种类及指标如表 6-2 和表 6-3 所示。

表 6-2　LGA-4100 激光气体分析仪规格和技术参数

	光通道长度	<15m
技术指标	响应时间	<1s
	线性误差	≤±1% 测量范围
	量程漂移	≤1% 测量范围
	维护周期	<2 次/a, 清洁光学视窗(无消耗品需要)
	标定周期	<2 次/a
	防护等级	IP65
	防爆等级	Expxmd Ⅱ CT5
接口信号	模拟量输出	2 路 4~20mA 电流(隔离、最大负载 500Ω)
	模拟量输入	2 路 4~20mA 电流(温度、压力补偿)
	数字输出	RS485/RS232/Bluetooth/GPRS
	继电器输出	3 路输出(规格:24V,1A)
工作条件	电源	24V DC(可选 220V AC),<20W
	吹扫气体	0.3~0.8MPa 工业氮气、净化仪表空气等
	环境温度	-30~60℃
安装	安装方式	原位安装或旁路安装

表 6-3　LGA-4100 激光气体分析仪常规气体测量种类及指标

种类	测量下限	测量范围	种类	测量下限	测量范围
O_2	0.01%(体积)	0~1%(体积),0~100%(体积)	CO	40×10^{-4}%	$0 \sim 8000 \times 10^{-4}$%,0~100%(体积)
CO_2	20×10^{-4}%	$0 \sim 2000 \times 10^{-4}$%,0~100%(体积)	H_2O	0.03×10^{-4}%	$0 \sim 3 \times 10^{-4}$,0~70%(体积)
H_2S	2×10^{-4}%	$0 \sim 200 \times 10^{-4}$%,0~30%(体积)	HF	0.01×10^{-4}%	$0 \sim 1 \times 10^{-4}$%,$0 \sim 10000 \times 10^{-4}$%
HCl	0.01×10^{-4}%	$0 \sim 7 \times 10^{-4}$%,$0 \sim 8000 \times 10^{-4}$%	HCN	0.2×10^{-4}%	$0 \sim 20 \times 10^{-4}$%,0~1%(体积)
NH_3	0.1×10^{-4}%	$0 \sim 10 \times 10^{-4}$%,0~1%(体积)	CH_4	10×10^{-4}%	$0 \sim 200 \times 10^{-4}$%,0~10%(体积)
C_2H_2	0.1×10^{-4}%	$0 \sim 10 \times 10^{-4}$%,0~70%(体积)	C_2H_4	1.0×10^{-4}%	$0 \sim 100 \times 10^{-4}$%,0~70%(体积)

　　图 6-11 中虚线示意了系统工作时,激光辐射经过的路径。安装和维护系统的发射和接收单元时,一定注意对激光束的防护。

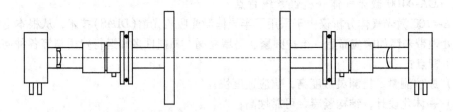

图 6-11　LGA-4100 激光气体分析仪测量探头光路示意图

E　LGA-4100 激光气体分析仪基本组成

LGA-4100 激光气体分析仪采用了集成化、模块化的设计方式,系统主要功能模块是由发射单元和接收单元构成（见图6-12）。发射单元驱动半导体激光器，将探测激光发射，并穿过被测环境，由接收单元进行光电转换，将传感信号送回发射单元，由发射单元的中央处理模块对光谱数据进行分析，获得测量结果。基于半导体激光吸收光谱（DLAS）技术的 LGA-4100 激光气体分析仪具有无须采样预处理系统，恶劣环境适应力强等诸多优势，可实现响应速度快、精度高的原位(In-Situ)测量。当 LGA-4100 激光气体分析仪采用原位安装形式时，发射单元和接收单元通过连接单元直接安装在管道上，系统的尺寸如图6-13所示。

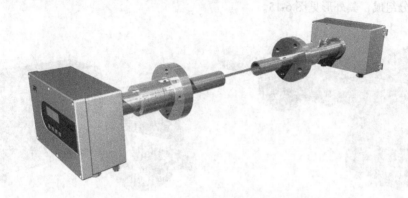

图6-12 LGA-4100 激光气体分析仪示意图

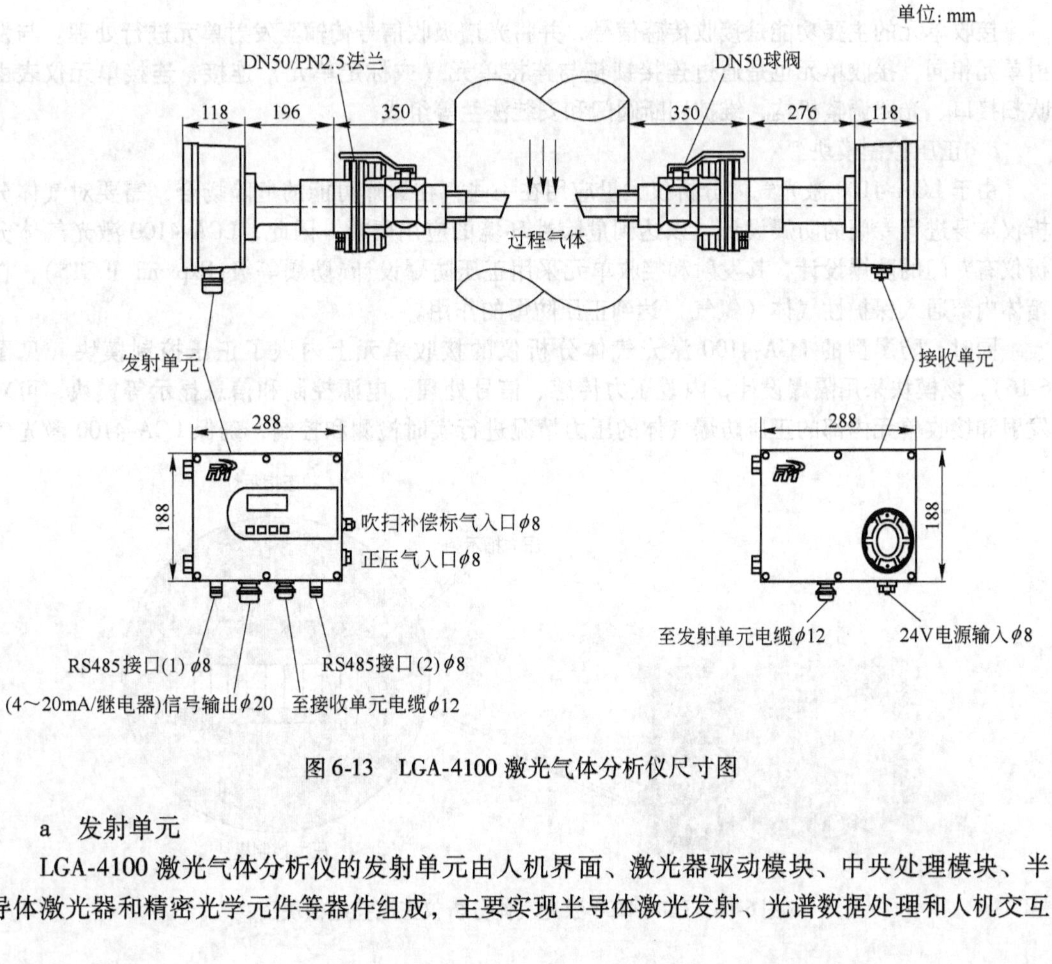

单位：mm

DN50/PN2.5法兰　　　　DN50球阀

118　196　350　　　　　350　276　118

过程气体

发射单元　　　　　　　　　　　　　　接收单元

288　　　　　　　　　　　　　　　288

188　　　　　　　　　　　　　　　188

吹扫补偿标气入口φ8

正压气入口φ8

至发射单元电缆φ12　　24V电源输入φ8

RS485接口(1)φ8　　　RS485接口(2)φ8

(4～20mA/继电器)信号输出φ20　　至接收单元电缆φ12

图6-13 LGA-4100 激光气体分析仪尺寸图

a　发射单元

LGA-4100 激光气体分析仪的发射单元由人机界面、激光器驱动模块、中央处理模块、半导体激光器和精密光学元件等器件组成，主要实现半导体激光发射、光谱数据处理和人机交互等功能，其外形见图 6-14。

发射单元通过连接锁箍与连接单元（或标定单元）连接，连接单元仪表由吹扫接口、光路调整机构、维护切断阀门和安装法兰等组成。在对发射单元进行清洁或其他维护时，维护切断阀门可起到隔绝过程管道和操作环境，防止危险气体泄漏的作用。

　　b　接收单元

LGA-4100 激光气体分析仪的接收单元由光电传感器、信号处理模块、电源模块和精密光学元件等部分组成，其外形见图 6-15。

图 6-14　LGA-4100 发射单元实物图　　　　　图 6-15　LGA-4100 接收单元实物图

接收单元的主要功能是接收传感信号，并将光谱吸收信号传输至发射单元进行处理。与发射单元相同，接收单元也是通过连接锁箍与连接单元（或标定单元）连接，连接单元仪表由吹扫接口、光路调整机构，维护切断阀门和安装法兰等组成。

　　c　正压控制模块

由于 LGA-4100 激光气体分析仪大量应用在一些存在爆炸可能的危险场合，需要对气体分析仪本身进行专门的防爆设计，以达到危险性环境的应用要求。因此，LGA-4100 激光气体分析仪有专门的防爆设计，其发射和接收单元采用正压防爆设计（防爆等级：Expxmd Ⅱ CT5），在箱体内部通入保护性气体（氮气）达到正压防爆的作用。

同时，防爆型的 LGA-4100 激光气体分析仪的接收单元上内嵌了正压控制模块（见图 6-16），该模块采用隔爆设计，内置压力传感、信号处理、电源控制和信息显示等模块，可对发射和接收单元内部的正压防爆气体的压力情况进行实时检测和控制，确保 LGA-4100 激光气

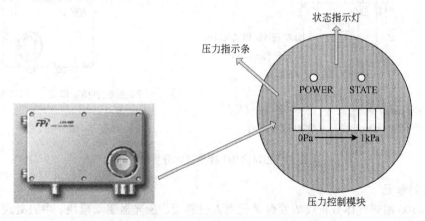

图 6-16　LGA-4100 激光气体分析仪正压控制模块图

体分析仪在危险场合的安全使用。

图 6-16 所示的正压控制模块主要有电源指示灯、状态指示灯和压力指示条组成，其中：

（1）压力指示条：用于指示正压压力数值，指示条共 10 格，代表 0 ~ 1kPa 的差压范围，每格代表压力 100Pa。

（2）电源（Power）指示灯：红色 LED 指示灯，用于指示正压控制模块的电源情况。红灯亮表示正压控制模块已经正常上电。

（3）状态（State）指示灯：能显示红、绿、黄的 LED 三色指示灯，其中：

1）指示灯不亮：发射和接收单元内部压力处于低压状态（低于 300Pa），正压控制单元不接通 LGA-4100 发射和接收单元的供电电源；

2）指示灯呈黄色：发射和接收单元内部压力已从低压状态进入正常工作状态（500 ~ 1000Pa），正压控制单元正处于换气延时（15min）等待中。此时，正压控制单元仍不接通发射和接收单元的供电电源；

3）指示灯呈绿色：发射和接收单元内部压力已经达到正常工作状态，并完成换气，此时正压控制单元接通发射和接收单元的供电电源，系统处于正常工作状态；

4）指示灯呈红色：发射和接收单元压力处于警告工作状态，此时压力可能处于欠压（300 ~ 500Pa）或者过压（高于 1000Pa）状态，此时正压控制单元仍会接通发射和接收单元的供电电源。

d　吹扫单元

在较为恶劣的现场测量的场合里，为了能够保证 LGA-4100 激光气体分析仪能够长期连续运行，LGA-4100 激光气体分析仪需用吹扫气体对发射和接收单元上的光学视窗进行吹扫，避免测量环境中粉尘或其他污染物对视窗造成严重污染（由于 DLAS 技术优势，一般视窗污染对测量无影响），影响测量。LGA-4100 激光气体分析仪的吹扫单元由过滤器、减压阀和稳流装置等组成，可为 LGA-4100 激光气体分析仪的吹扫气体和正压气体提供稳定流量的吹扫气源，图 6-17 是 LGA-4100 激光气体分析仪的吹扫单元的接口定义和尺寸图。

F　LGA-4100 激光气体分析仪标定

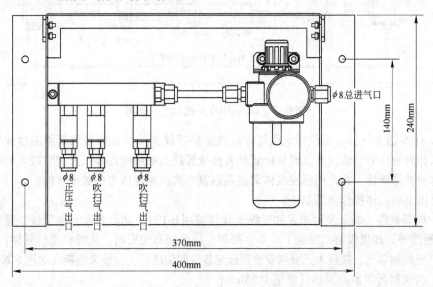

图 6-17　LGA-4100 激光气体分析仪吹扫单元接口定义和尺寸图

所有 LGA-4100 激光气体分析仪在出厂前均经过准确标定，初次使用时无须标定。但随着激光气体分析仪内部电子元器件老化，系统参数将会缓慢漂移，影响测量准确性，因此需要对分析系统进行周期性的标定。LGA-4100 激光气体分析仪基于半导体激光吸收光谱（DLAS）技术，其对粉尘干扰、激光光强变化等因素都有良好的遏制作用，因此系统与传统的红外分析仪器相比，它具有非常长（半年以上）的标定周期。

由于 LGA-4100 激光气体分析仪的准确测量与标定的准确性密切相关，在标定前需认真考虑是否确有必要进行标定。当确有必要进行标定时，一定要保证标定过程各步骤的准确性。建议使用厂家提供的标定单元进行标定，图 6-18 为该标定单元的示意图。标定可通过中央分析仪器操作面板上键盘来进行，也可使用 LGA-4100 服务端软件通过 RS485 接口与 LGA-4100 激光气体分析仪进行实时通信。

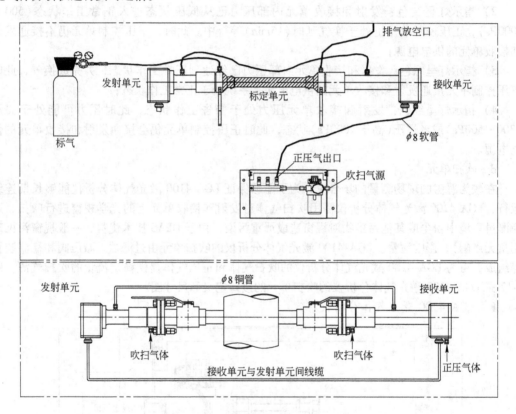

图 6-18　LGA-4100 系统标定示意图

LGA-4100 激光气体分析仪标定用气体的浓度要视仪器的量程和被测环境温度而定。浓度太高会饱和测量信号，浓度太低时标定管和各连接管线上的吸附现象以及相对较大的噪声会影响标定过程的准确性。标定用标准气体请使用以氮为底的相应浓度的被测气体。

系统标定的具体操作步骤如下：

（1）松开锁箍，卸下发射单元和接收单元（见图 6-19），认真查看光学元件上是否有裂痕或灰尘/污渍等，如果没有，继续下一步；否则，请参照有关资料，先维护光学元件；

（2）把发射单元、接收单元分别安装到标定装置两侧法兰上，旋紧锁箍（如图 6-20 所示）；

（3）在仪器标定前，预热仪器至少 15min；

（4）通过 LGA-4100 激光气体分析仪的操作面板正确设定标定管光程、温度和压力等参数

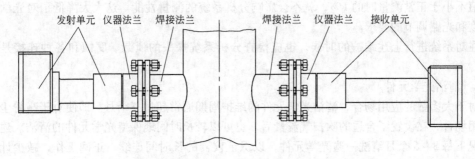

图 6-19　从仪器法兰上拆卸发射单元、接收单元

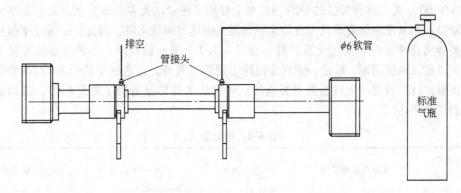

图 6-20　标定气体管路连接示意图

信息。为了得到较好的标定准确性，最好能用温度、压力传感器获得准确的标定气体的温度和压力；

（5）将调零用零点气体（建议采用高纯氮气）通入标定单元，等待一段时间，直至系统测量的气体浓度达到稳定。然后执行操作面板上的调零功能，对分析系统进行调零（由于 LGA-4100 激光气体分析仪自身零点漂移极小，该步骤往往可省略）；

（6）将标定用标准气体通入标定单元，等待一段时间，直至系统测量的气体浓度达到稳定。然后执行操作面板上的标定功能，对分析系统进行标定；

（7）将发射、接收单元从标定单元上卸下，重新安装到仪器法兰上；

（8）重新设定 LGA-4100 激光气体分析仪的测量光程、温度和压力参数。

G　维护

由于没有使用易磨损的运动部件和其他需要经常更换的部件，系统维护工作量非常小。日常预防性维护工作主要局限于：（1）检查和调整吹扫气体的流量；（2）目测检查和清洁光学元件；（3）优化系统测量光路。

a　吹扫单元

LGA-4000 激光气体分析仪设计了吹扫单元来保护发射、接收单元上的光学元件不受被测环境中粉尘等的污染，保持合适的吹扫气流量是实现这一目标的关键。另外，在长时间的运行过程中测量环境中的粉尘等污染物还是可能逐渐污染光学元件，使光学透过率下降，影响系统的正常工作，因此需要周期性地清洁这些光学部件。发射和接收单元的光路在长时间的工作后，也可能会漂离最佳工作状态，需要适时地优化光路调整。

LGA-4000 激光气体分析仪在信号处理电路上作了特殊的设计，只要传感器探测到的信号电压值不小于正常测量时的 1% ，就不会影响分析系统的测量性能。这大大降低了对光学元件清洁度和光路调节的要求。

在对系统进行上述维护的时候，也应检查分析系统探头的泄漏、腐蚀和各种连接是否松动等。

b　清洁光学元件

对于大多数的应用场合，清洁光学元件的维护周期通常超过三个月。即使对于高粉尘含量的应用场合，在设置了合适的吹扫气流量后，也可以较长时间地保持光学元件的清洁。建议一般情况下每 3 ~ 6 个月清洗一遍光学元件，以保证仪器的长时间连续、正确工作，减少计划外维护工作。如果吹扫系统出现故障，也应检查光学元件的污染情况。

LGA-4000 激光气体分析仪的 LCD 液晶屏上显示了测量激光束的透过率信息。光学元件清洁度下降以及测量光路偏离最佳位置均会导致激光束透过率的下降。因此，此透过率信息可以作为需要清洁光学元件或优化光路调整（参见 6.1.2.1 节）的指示。如透过率没有显著的下降，则可以延长维护周期，反之，则应缩短维护周期。另外，当透过率低于 3% 时，警告继电器就会报警，LCD 液晶屏上也会显示相应的报警信息（具体报警信息见表 6-4），提示需要进行相应的维护工作。

表 6-4　报警信息

LCD 液晶屏显示的报警码	可能的故障原因	继电器状态[①]	4 ~ 20mA 输出	相应的解决措施
001				
002				
003				
011				
012	LGA-4000 激光气体分析仪内部出现系统故障	a. 0；b. 0；c. -	2mA	记下报警码；若断电 1h 后，重启仪器，依然出现该报警，请与厂家的技术支持联系
013				
017				
018				
025				
026				
058				
005/006	LGA-4000 发射单元的温度过高/过低	a. 0；b. 0；c. -	2mA	关闭仪器；仔细检查仪器内外的环境温度是否异常；在确认已无异常后重启仪器，若依然出现该报警，请与厂家的技术支持联系

续表 6-4

LCD 液晶屏显示的报警码	可能的故障原因	继电器状态[①]	4~20mA 输出	相应的解决措施
008/009	激光器温度高/低于工作温度	a. 0; b. 0; c. —	2mA	关闭仪器;若断电 1h 重启仪器后,依然出现该报警,请与厂家的技术支持联系
010	显示板时钟读取失败	a. 0; b. —; c. X[②]	4~20mA, 具体数值由计算值决定	重启仪器,依然出现该报警,请与厂家的技术支持联系
020	在开机自检的过程中,出现过高的背景辐射	a. 0; b. 0; c. —	2mA	关闭仪器;若断电 1h 重启仪器后,依然出现该报警,请与厂家的技术支持联系
021/022	激光器温度高/低于存储温度	a. 0; b. 0; c. —	2mA	关闭仪器;若断电 1h 重启仪器后,依然出现该报警,请与厂家的技术支持联系
027	大气压力测量异常	a. 0; b. —; c. X	4~20mA, 具体数值由计算值决定	在此情况下,浓度计算采用大气压力以 101kPa 计算;请检测环境的大气压力情况(注:在此情况下,计算出来的浓度值可能存在较大误差)
031	测量气体温度超出 LGA-4000 激光气体分析仪工作允许范围	a. 0; b. —; c. X	4~20mA, 具体数值由计算值决定	在此情况下,浓度计算采用气体温度以 300K 计算;请检测测量环境中的被测气体压力情况(注:在此情况下,计算出来的浓度值可能存在较大误差)
035	测量气体压力超出 LGA-4000 激光气体分析仪工作允许范围	a. 0; b. —; c. X	4~20mA, 具体数值由计算值决定	在此情况下,浓度计算采用的气体压力以 101kPa 计算;请检测量环境中被测气体的温度情况(注:在此情况下,计算出来的浓度值可能存在较大误差)
038	吹扫浓度超出范围	a. 0; b. —; c. X	4~20mA, 具体数值由计算值决定	在此情况下,浓度计算采用的吹扫浓度以 0% 计算;请检查吹扫气体中被测量气体的浓度情况(注:在此情况下,计算出来的浓度值可能存在较大误差)

LCD 液晶屏显示的报警码	可能的故障原因	继电器状态①	4~20mA 输出	相应的解决措施
043	LGA-4000 激光气体分析仪的 EEPROM 出现故障	a. 0；b. 0；c. –	2mA	关闭仪器，与厂家的技术支持联系
045	在测量过程中，出现激光器功率过大或背景光太强	a. 0；b. –；c. X	4~20mA，具体数值由计算值决定	重启仪器，若持续出现该报警而被测管道内没有强光，请与厂家的技术支持联系
048	在测量过程中出现持续一分钟测量气体浓度大于 LGA-4000 激光气体分析仪的测量范围上限	a. 0；b. –；c. X	4~20mA 保持上次值不变	若持续出现该报警而被测气体中无浓度异常的被测气体，请与厂家的技术支持联系
059/060	由于光学窗口被污染（粉尘等），导致透过率过低；测量环境中粉尘超出正常测量范围	a. 0；b. –；c. X	4~20mA	关闭仪器。按照手册上维护章节中光学窗口清洁说明，对光学窗口进行清洁；若在清洁窗口之后，依然存在该报警，请与厂家的技术支持联系
061/062	接收单元上温度过高/低	a. 0；b. 0；c. –	2mA	关闭仪器；仔细检查接收单元内外的环境温度是否异常；确认已无异常后重启仪器，若依然出现该报警，请与厂家的技术支持联系
063	电源供电电压过低	a. 0；b. 0；c. –	2mA	关闭仪器；仔细检查供电电源是否异常；在确认已无异常后重启仪器，若依然出现该报警，请与厂家的技术支持联系
099	LGA-4000 激光气体分析仪内部通信故障报警	a. 0；b. 0；c. –	2mA	关闭仪器；若断电 1h 后，重启仪器，依然出现该报警，请与厂家的技术支持联系
201	气体 1 级浓度报警(高)	a. 0；b. –；c. X	4~20mA，具体数值由计算值决定	正常的浓度报警，不需要处理措施
202	气体 1 级浓度报警(低)	a. 0；b. –；c. X	4~20mA，具体数值由计算值决定	正常的浓度报警，不需要处理措施
205	气体 2 级浓度报警(高)	a. 0；b. –；c. X	4~20mA，具体数值由计算值决定	正常的浓度报警，不需要处理措施
206	气体 2 级浓度报警(低)	a. 0；b. –；c. X	4~20mA，具体数值由计算值决定	正常的浓度报警，不需要处理措施

①a. 警告报警继电器；b. 错误报警继电器；c. 浓度报警；0. 继电器断开；–. 继电器闭合；
②X 表示根据浓度值来确定。

检查并清洗光学元件前需要从仪器法兰上拆下接收单元和发射单元。如光学元件被污染，应使用酒精和乙醚的混合液（体积比1∶1）进行清洗；如发现光学元件有破裂或其他损坏，应立即更换光学元件。光学元件的清洁步骤如下：

（1）关掉维护切断阀门，确保测量管道的过程气体和大气环境隔绝；

（2）松开锁箍，把接收单元和发射单元从仪器法兰上分别拆下；

（3）检查光学元件的污染情况，认真查看可能的损坏（如裂痕）。若发现任何损坏，必须更换光学元件；

（4）用干净的擦镜布或擦镜纸清洁光学元件，确保光学元件表面无明显污迹；

（5）如果光学元件不能完全清洗干净，应该更换新的光学元件；

（6）重新安装好发射和接收单元，观察 LCD 液晶屏上的透过率信息。

c　光路优化

在完成 LGA-4100 激光气体分析仪的安装、初调和通电之后，发射单元的 LCD 将显示开

机、初始化和自检画面  。等待自检完成后，LCD 液晶屏上将

显示各种测量、状态信息，观察状态条中的透过率数据，如果透过率大于80%，则安装、调节完毕，可以开始正常使用。否则需按下述步骤优化分析系统发射、接收单元的光路调节：

（1）松开发射单元仪器法兰上的四颗紧定螺栓，调节四颗 M16 螺栓使 LGA-4000 发射单元 LCD 液晶屏上显示的透过率达到最大，然后锁紧四颗紧定螺栓。

（2）松开接收单元仪器法兰上的四颗紧定螺栓，调节四颗 M16 螺栓使 LGA-4000 发射单元 LCD 液晶屏上显示的透过率达到最大，然后锁紧四颗紧定螺栓。

H　系统报警信息

系统报警信息见表6-4。

I　常见故障及处理方法

（1）分析仪没有4~20mA 输出

1）打开发射端盖，检查接插件是否正常；

2）如果现场有振动，检查接口板及接线是否松动；

3）4~20mA 设置是否准确。

（2）分析仪无法上电

1）检查接收端的仪表电源有没有接好；

2）正压气压力是否正常；

3）供电电源功率（>20W）是否足够。

（3）分析仪透光率太低，出现59报警

1）检查现场光路有没有堵塞；

2）检查现场光路是否偏移；

3）吹扫 N2 是否正常；

4）把表装到标定管上，检查仪器是否正常。

（4）测量值不准

1）检查仪表中设置的光程、温度、压力测量方式是否正确；

2）仪表运行是否正常，是否有报警信息；

3）参考值（手工分析等）是否正常；

4）仪表在标定管上测量标气是否正常。

（5）测量值不变化

1）检查仪表中设置的光程、温度、压力测量方式是否正确；

2）仪表运行是否正常，是否有报警信息；

3）24V 电压是否正常；

4）气路是否含水。

注意事项：

（1）在拆下发射、接收单元前应关闭球阀；

（2）标定用标准气体请使用以氮为底的相应浓度的被测气体；

（3）在液晶屏上出现有错误或警告报警信息时，不能实施标定工作；

（4）激光气体分析仪停止工作时，请保持吹扫气流或关闭连接单元的维护切断阀门，否则测量环境中的粉尘等污染物会污染发射和接收单元中的光学元件；

（5）如仪器输出是联锁控制的，在标定前应先断开联锁，标定完成后再接回联锁；

（6）在标定前为了防止误操作，可以使用标定菜单中的备份功能；若在标定过程中出现意外情况可以使用标定菜单中的恢复功能；

（7）标准气体容器到标定管进气口之间应使用尽量短的连接管线；

（8）标定时人要站在上风处，尾气排放在通风、偏僻的地方。

6.1.2.2　热导式 H_2 气体分析仪

能够自动完成样气的多级处理过程，使分析仪器可以得到尽可能干净的样气，确保其能够工作得更加长久；系统可以自动分析样气浓度，监测的数据能够以 4～20mA DC 的形式输出到相应的二次仪表中，供控制室显示或控制；具有除尘、除水、校表等功能，并且能够自动完成取样、提速、反吹、排水等功能。

样气经采样探头和伴热取样管到达机柜内的预处理系统，经过除尘除水过滤后得到常温常压干净的样气，该样气可以送往仪表，分析出气体浓度后，样气通过排空管路排空。

A　系统组成

系统由采样探头、取样管线、预处理系统、PLC 自动控制系统、反吹和标定单元、分析仪表及其他配件等组成，预处理系统、PLC 自动控制系统及分析仪表等安装在机柜内。

（1）采样探头。采用叠加式填料过滤探头及微孔过滤技术，能在高粉尘及大水分的恶劣工况条件下工作，实现在高粉尘和高水分的工况中，探头不堵塞的优越功能。

（2）取样管线。取样管线采用在蒸汽伴热，温度控制在 100℃以上，保证样气不冷凝。

（3）预处理系统。预处理系统由气液分离器、过滤器、TEC 冷凝器、抽气泵、五通阀、针阀、流量计等组成，系统结构紧凑，气路短、反应快，实用、精致、美观。

（4）反吹和标定单元。反吹和标定单元由减压过滤器、储气罐、标准气等组成，可实现反吹、校准等功能。

（5）PLC 自动控制系统。PLC 自动控制系统由 SIEMENS 可编程序控制器、输入输出模块、电磁阀等组成，可实现自动分析、自动反吹、自动排水及提速排空等功能。

（6）分析仪表。分析仪表采用 JRD 分析 H_2，关于仪表的说明请参见相关的手册。

B　系统流程和控制工作原理

a　分析

在自动控制状态下的取样周期或手动取样状态下，开启取样泵，样气经过取样探杆，在伴热状态下，在采样探头中进行初步的大颗粒尘粒子过滤。经过伴热取样管线进入分析机柜，经过机柜入口电磁阀，在储水罐中利用室温滤除随样气进入的大颗粒水粒子，同时进一步滤除样气中的微小尘粒子。样气经过粉尘过滤器，除去线径大于 $5\mu m$ 的颗粒后，分为了两路：一部分经过流量计控制流量后提速排空；另一路经 TEC 冷凝器降低样气中的露点，进一步除去样气中的水蒸气含量，通过五通阀和针阀控制流量后（氢分析流量）进入 JRD 进行氢浓度的分析。样气分析后通过排气口高空排放或排至安全区域。分析浓度信号通过 $4\sim20mA$ 输出。

b 反吹

自动控制状态下采样探头定时进行尘粒子的反吹清扫。当采样探头的清扫周期到时，系统关闭采样电磁阀。很短的延时后，打开反吹电磁阀进行取样管线和采样探头的内反吹，将取样管线和采样探头中的尘粒子吹到工艺管道中。清扫周期结束后，系统先关闭反吹电磁阀，结束反吹。再经过很短的延时后，打开机柜入口电磁阀和取样泵，继续进行取样。手动反吹状态下，与自动控制流程相似，只不过与取样泵无关。

c 排水

在自动控制状态下系统定时进行排水控制。当系统冷凝水排放周期到时，首先，前储水罐排水电磁阀先打开，12s 后储水罐排水电磁阀关闭；再过 3s 后储水罐排水电磁阀先打开，15s 后储水罐排水电磁阀关闭。系统自动排水周期结束。

C 标定

把旋钮打到维护状态，按手动标定按钮，校准时先进行零点标定后进行量程标定。

（1）零点标定：把五通阀切换到零点标定阀位，慢慢旋开零点截止阀，在 H_2 分析流量为 $0.5L/min$ 时停止调节，等 H_2 零点稳定后慢慢用螺丝刀调节零点旋钮直到 H_2 分析仪指示值为 0；

（2）量程标定：把五通阀切换到零点标定阀位，慢慢旋开 H_2 流量调节阀，在 H_2 分析流量为 $0.5L/min$ 时停止调节，等 H_2 浓度稳定后慢慢用螺丝刀调节量程旋钮直到 H_2 分析仪指示值为量程标气值。

如果一次调节后零点和量程值不稳定，需要反复调节直到零点和量程值达到预期值后可继续测量。

D 维护

日常维护对于保持和提高高炉 H_2 分析系统的运行效率和使用寿命至关重要。其日常维护项目主要有以下 9 项：

（1）检查仪表风压力是否正常，如果不正常，检查气路连接是否漏气；

（2）每天检查时，应注意仪表间空气的气味，如发现异味，马上打开门窗通风并检查管路是否泄漏，电器元件是否有过热和烧损现象；

（3）查看仪表、温度控制器等的读数是否正常，如不正常，首先检查工况是否变化，如工况没有变化，对仪器进行一次标定，如还不正常，请联系我公司的技术支持部门；

（4）检查管道是否漏水，如有异常要进行检查维护；

（5）查看所有电磁阀是否正常动作，如果不动作或者动作异常，检查气路是否堵塞或者电磁阀是否损坏，如果损坏请停机，并及时更换电磁阀；

（6）查看预处理柜中的风扇是否转动，冷凝器风扇是否正常转动等；

（7）根据使用情况定期更换过滤器滤芯；

（8）在正常运行过程中，必须定时进行流量的检查，确保分析仪器能有相应的分析流量；

（9）在通电状态下，严禁系统长期处于待机状态（不取样），影响分析仪器的使用寿命。

6.1.3　水质分析仪

　　水质分析仪主要测量锅炉给水、锅水 pH 值、电导率等参数，为生产加药提供必要的参数，也是干熄焦安全生产中一个重要的分析仪表。以 150t/h 干熄焦配套发电水质分析为例简单介绍，图 6-21 左为 pH 值分析仪操作面板，右为电导率的面板。pH 值分析仪化学探头需要定期更换，一般周期为 0.5~1 年；电导率探头需要定期进行水垢的清洗。同时作为分析仪器，需要定期进行标定，标定步骤分别如下。

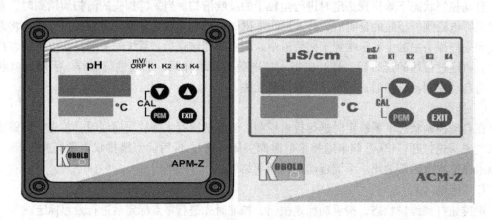

图 6-21　水质分析仪操作面板

6.1.3.1　pH 值分析仪标定

　　（1）解开操作锁，短按 PGM 键，进入操作级，连续短按 PGM，直到下行显示"CODE E"，用向下改变焦点位置，向上键改变相应位数值，将上行显示改为"0300"。按 EXIT 键退出；

　　（2）连续两次长按 PGM 键（超过 2s）；进入组态级，连续短按 PGM 键，直到下行显示"C111"，将上行显示最后一位改成 0，使用手动温度补偿；按 PGM 键，直到下行显示"C211"，将上行第三位改成 2，使用两点不冻结标定；

　　（3）准备好两瓶标定液，pH = 4.00 或 pH = 9.18；

　　（4）按 PGM 和向下键，下行显示"℃"；

　　（5）把 pH 探头浸入 pH = 4.00 的标定液，手动设定标定液的温度（25℃）；

　　（6）按 PGM 确认，下行显示"CAL1"；pH 值显示稳定后用向上和向下键设定 pH = 4.00。按 PGM 键确认，下行显示"CAL2"；

　　（7）取出探头用水清洗，浸入 pH = 9.18 的标定液，读数稳定后用向上和向下键设定 pH = 9.18；按 PGM 确认；

　　（8）仪表存储了新的零点和斜率，返回测量模式。

6.1.3.2　电导率的标定

　　每一个电导率探头的电极常数都会稍有不同，再加上使用的因素（沉积和磨损），会导致探头输出信号的改变，所以有必要对电极常数的偏离进行补偿，可以通过相应电极 Krel 常数的手动输入或自动进行校准，校准的间隔由探头使用的情况决定。溶液的电导率会因为温度的不同而不同，所以被测溶液的温度和温度系数必须要知道。温度可以用 Pt100 或 Pt1000 温度探头自动测量，也可以手动设定。温度系数可以由电导率变送器自动生成或手动输入。

温度补偿过程如下：

按 键两次，超过 2s，进入组态等级。下方显示栏显示"C111"，连续按下 键，直到下方显示栏出现"C211"，使用 键和 键设置组态参数按 确认。

自动标定步骤如下：

将电极的敏感部分以及温度探头或温度计插入标定液中，等待温度和电导率测量稳定按下 键和 键，下方显示栏显示"CAL.1"用温度测量值或手动设定值进行更改，使用 键和 键将显示的电导率值改为在 prevailing tem 下的实际的电导率值，按下 键（保存新的电极常数并返回到测量模式）。

6.2 干熄焦调节阀

6.2.1 气动调节阀

某焦化厂的 150t/h、100t/h 干熄焦调节阀全部为气动调节阀，分别采用了 DCV 3000、Fisher 等多种调节阀。100t/h 干熄焦锅炉给水调节阀、喷水减温阀、主蒸汽压力调节阀、主蒸汽放散阀全部采用了 Fisher 气动调节阀。调节阀在系统过程控制起着重要作用，调节阀正常工作时需要提供气(电)源、信号源，其气(电)源、信号源的正确提供是调节阀正常工作的基础。因此，在调节阀上要采取相应的保护措施，即调节阀的三断（断气源、电源、信号源）保护措施。

实际上，调节阀的控制方式有许多种，连接的附件又是多种多样的，那么，调节阀的三断保护措施及方案又会各有不同。一般情况下采取三断保护措施的调节阀大多需要有位置反馈装置，输出反馈信号，配有手轮机构，实现故障时的手动操作。以 100t/h 干熄焦气动调节阀智能电-气阀门定位器方案（调节阀配用智能电-气阀门定位器）为例介绍其硬件构成及工作原理。

主要由气动调节阀、智能电-气阀门定位器、失电(信号)比较器、单电控电磁换向阀、气动保位阀等组成。其工作原理如下（见图 6-22）：

（1）断气源：当控制系统气源故障(失气)时，气动保位阀自动关闭将定位器的输出信号压力锁定在气动调节阀的膜室内，输出信号压力与调节阀弹簧产生的反力相平衡，气动调节阀的阀位保持在故障位置。该保位阀应设定在略低于气源的最小值时启动。

（2）断电源：当控制系统电源故障（失电）时，失电（信号）比较器控制单电控电磁换向阀的输出电压消失，单电控电磁换向阀失电，单电控电磁换向阀内的滑阀在复位弹簧的作用下滑动，电磁阀换向，将气动保位阀的膜室压力排空，气动保位阀关闭，将定位器的输出信号压力锁定在气动调节阀的膜室内，输出信号压力与调节阀弹簧产生的反力相平衡，气动调节阀的阀位保持在故障位置。

（3）断信号：当控制系统信号故障（失信号）时，失电（信号）比较器检测到后，断掉单电控电磁换向阀的电压信号，单电控电磁换向阀失电，单电控电磁换向阀内的滑阀在复位弹

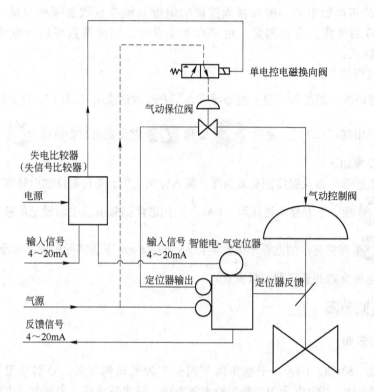

图 6-22   三断保护示意图

簧的作用下滑动，电磁阀换向，将气动保位阀的膜室压力排空，气动保位阀关闭，将定位器的输出信号压力锁定在气动调节阀的膜室内，输出信号压力与调节阀弹簧产生的反力相平衡，气动调节阀的阀位保持在故障位置。

位置反馈信号由智能电-气阀门定位器给出，无须配用阀位信号返回器。一般情况下，智能电-气阀门定位器本身自带或附加位置反馈模块即可实现位置反馈。

6.2.1.1   调节阀的点检(每日一次)

(1) 执行器、调节阀保持良好运行状态；
(2) 连杆、调节杆无弯曲、螺丝无松动；
(3) 查看气源压力是否达到额定值；
(4) 可动部分润滑良好。

6.2.1.2   检修方法及标准

A   检修方法
(1) 按操作规程配备必要的防护用品；
(2) 关掉气源，拆下定位器及气源管，把阀门从管道上卸下运到检修场所；
(3) 执行机构部件检查：打开膜室取出膜片，观察是否有细小裂纹或橡胶与纤维层脱离，或有明显撕裂，如有说明膜片已老化磨损，需更换新膜片，在上下膜头盖与硬芯周边接触的膜片部位，如发现有裂痕或硬伤应更换。膜头输出推杆密封 O 形圈外观检查是否有磨损、变脆现象，如有，须更换；

（4）密封部件检修：检查填料是否磨损，如有应全部清理更换，检查金属波纹管是否破裂，如有，须更换；

（5）阀芯阀座的检修：首先检查阀芯阀座的气蚀状况和磨痕，如气蚀或磨痕深度小于 0.5mm 时，可用细砂纸研磨，如气蚀或磨痕深度大于 0.5mm 时，应上车床光刀后再研磨。检查阀杆是否弯曲，如弯曲应在平台上矫直；

（6）阀体的检修：主要检查阀体内部冲蚀、腐蚀、气蚀及机械损伤情况，如严重需更换。

B 检修后阀门的组装

（1）组装前应对阀门的全部元件进行一次清理检查，组装顺序应自上而下，先组装阀体部分，再组装执行机构，然后组装整阀，膜头输出杆应与阀杆对中后再用连接件固定。加入的垫片应涂润滑脂，加入的填料要充实均匀；

（2）膜片与硬芯固定时螺丝帽处应加放松垫，保证膜片平整，防止窜气；

（3）所有紧固螺栓和填料装配前都应涂上润滑脂，利于下次检修和润滑。

C 阀门的调校

组装完毕后装上定位器、气源管进行调校。校准点不应少于 5 个点，0%、25%、50%、75%、100%。依次缓慢地将各点信号输入定位器，观察行程指针与标尺刻度是否对应，否则应进行反复调整，直至达到标准。

6.2.1.3 故障原因分析

A 阀不动作

（1）因调节器故障，使调节阀无信号；

（2）因气源总管泄漏，使阀门定位器无气源或气源压力不足；

（3）定位器波纹管漏气，使定位器无气源输出；

（4）调节阀膜片损坏；

（5）由于定位器中放大器的恒节流孔堵塞，压缩空气含水并于放大器球阀处集聚，导致定位器有气源但无输出；

（6）由于下列问题使调节阀虽有信号、有气源但阀仍不动作：阀芯与衬套或阀座卡死；阀芯脱落；阀杆弯曲或折断；执行机构故障；反作用式执行机构密封圈漏气；阀内有异物阻滞。

B 阀的动作不稳定

（1）因过滤减压阀故障，使气源压力经常变化；

（2）定位器中放大器球阀受微粒或垃圾磨损，使球阀关不严，耗气量特别增大时会产生输出振荡；

（3）定位器中放大器的喷嘴挡板不平行，挡板盖不住喷嘴；

（4）输出管线漏气；

（5）执行机构刚性太小，流体压力变化造成推力不足；

（6）阀杆磨损力大；

（7）管路振荡或周围有振源。

C 阀的动作迟钝

（1）阀杆往复行程时动作迟钝：阀体内有泥浆或黏性大的介质，使阀堵塞或结垢；石墨石棉盘根的润滑油已干燥。

（2）阀杆单方向动作时动作迟钝：膜片泄漏和破损；执行机构中 O 形密封圈泄漏。

D　阀全闭时泄漏量大

（1）阀芯被腐蚀、磨损；

（2）阀座外圈的螺纹被腐蚀。

E　阀达不到全闭位置

（1）介质压差很大，执行机构刚性太小；

（2）阀体内有异物。

F　填料部分及阀体密封部分的渗漏

（1）填料盖没压紧、没压平；

（2）用石墨石棉盘根处润滑油干燥；

（3）密封垫被腐蚀。

6.2.2　阀门定位器

随着生产控制精度要求的提高，智能数字阀门定位器得到了广泛的应用。智能阀门定位器的主要特点有：数字化显示阀门开度，控制精度高；使用调试简单，维护量小；对具有 HART 功能的定位器，其初始化数据可以读出并传送到另一个定位器。因此，更换一台故障定位器，不会因为初始化而中断生产过程。以某焦化厂 100t/h 干熄焦中应用的西门子 SIPART PS2 智能阀门定位器为例，介绍其调试方法及步骤。

6.2.2.1　调试

Sipart ps2 智能阀门定位器的调试方法有两种，可以自动进行初始化，也可以手动初始化。自动初始化是自动进行的，定位器顺序测定作用方向，行程或转角、执行器的行程时间，并配以执行器动态工况时的控制参数；手动初始化执行机构的行程或转角可用手动调整，其余参数同自动初始化一样自动测定，这一功能在软端停时需要。同时按下 🖐 键和 ▽ 键，可以返回前一参数。在调试时，杠杆比率开关的位置对定位器非常重要，具体数据见表 6-5。

表 6-5　参数对应表

冲程/mm	杠　杆	比率开关位置	冲程/mm	杠　杆	比率开关位置
5～20	短	33°（及以下）	40～130	长	90°（及以上）
25～35	短	90°（及以上）			

A　直行程执行机构自动初始化

正确移动执行机构，离开中心位置，开始初始化。

（1）下按方式键 🖐 5s 以上，进入组态方式。显示：| ¤AY / YFCT |

（2）通过短按方式键 🖐，切换到第二参数。显示：| 33° 2 YAGL | 或 | 90° 2 YAGL |

（3）用方式键 🖐 切换到下列显示：| OFF 3 YWAY |

如果希望在初始化阶段完成后，计算的整个冲程量用 mm 表示，这一步必须设置。为此，需要在显示屏上选择与刻度杆上驱动钉设定值相同的值。

(4) 用方式键  切换到如下显示： 

(5) 下按  键超过5s，初始化开始，显示： 

初始化进行时，“RUN1”至“RUN5”一个接一个出现于显示屏下行。有下列 

显示时，初始化完成。

在短促下压方式键  后，出现显示： 

通过下按方式键  超过5s，退出组态方式。约5s后，软件版本显示，在你松开方式键时，处于手动方式。

B 角行程执行机构自动初始化

通过正确调整角度，移动执行机构，离开中心位置，开始自动初始化：

(1) 下按方式键  超过5s，进入组态方式。显示： 

(2) 用  键调整参数到“turn”，显示： 

(3) 用短按方式键  切换到第二参数。第二参数自动设在90°。显示： 

(4) 用方式键  切换到下列显示： 

(5) 下按  键超过5s，初始化开始。显示： 

初始化进行时，“RUN1”至“RUN5”顺序出现在显示器下行。

出现 

显示，初始化完成。

在短按方式键  后，下列显示出现： 

下按方式键  超过5s，退出组态方式。大约5s后，软件版本显示。当松开方式键，单元处于手动方式。

6.2.2.2 常见故障

常见故障如表6-6所示。

表6-6　常见故障

故障描述	原因	正确做法
SIPART PS2 停在 RUN1	初始化从最后停止开始最大反应时间 1min，无等待网络压力没连上或太低	最多 1min，需要等待时间不要从最终停时开始初始化；确认网络压力
SIPART PS2 停在 RUN2	传送速率选择器和参数 2（YA-GL）与真实冲程不相符；杆上冲程设定不正确；压电阀没有切换	检查设置和参数 2 和 3；检查杆的冲程设置
SIPART PS2 停在 RUN3	执行机构定位时间太长	完全打开限流器和/或调整压力 PZ（1）到允许最高值；使用升压器
SIPART PS2 停在 RUN5，没达到 FINISH（等待时间 >5min）	定位器，执行机构、配件装配的操作	1. 直行程执行机构：检查耦合轮双头螺栓安装； 2. 角行程执行机构：检查杆在定位器轴上的安装； 3. 校正执行器与配件间的其他安装
执行器不能移动	压缩空气 $p < 0.14\mathrm{MPa}$	调整进口压缩空气 $p > 0.14\mathrm{MPa}$
压电阀不能切换（虽然在用手动方式按（+）（−）键时可听到柔软的"咔哒"声）	1. 限制器向下关闭（螺钉在右端停止）； 2. 阀支管脏	1. 打开限制器螺钉转向左端； 2. 用带过滤器的新装置
一个压电阀经常在固定的自动方式（固定设定点）和手动方式	1. 定位器，执行机构气路系统泄漏，在 RUN3 开始检验（初始化）； 2. 阀支管脏	1. 整修执行机构和气源管漏点；如果执行机构和气源管未受损更换新装置； 2. 用带过滤器的新装置
两个压电阀经常交替切换在固定的自动方式（固定设定点），执行机构绕中心点摆动	1. 配件填料盒上的静态摩擦力或执行机构太高； 2. 执行机构，定位器，配件的操作； 3. 执行机构动作太快	1. 减少静态摩擦力或 IPART PS2 的死区（参数 dEbA），直到摆动停止； 2. 直行程执行器检查耦合轮柱、螺钉的安装； 角行程执行器检查杆在定位器轴上的安装；校正执行器与配件间其他安装； 3. 通过限制器螺钉增加定位器时间；如需要快的定位器时间，则增加死区（参数 dEbA）直到摆动停止
SIPART PS2 不能驱动阀升到终端位置（20mA 时）	1. 供压太低； 2. 调节器负载太低或系统输出太低； 3. 需要可提供的负载	1. 增加供压； 2. 介质负载改变； 3. 选择 3/4 线制操作
零点偶然漂移（>3%）	通过碰撞和冲击发生这样高的加速度，摩擦夹紧单元位移	1. 断掉这种情况； 2. 定位器重新初始化； 3. 安装加固的摩擦夹紧单元
装置功能全部断掉：无显示	1. 不合适的电源供应； 2. 经过振动有非常高的连续的压力时，会发生：电气端子螺钉脱落；电气端子/电气模块被震脱落	1. 检查供电； 2. 上紧螺钉，用（密封胶）； 3. 防护：SIPART PS2 安装在橡胶材料上

6.3 自动化控制系统

随着自动化控制水平的不断提高，干熄焦现场实现了全自动控制，大大提高生产效率和控制精度，降低了人员的劳动强度，实现了高效稳定生产。本节以某焦化厂150t/h、100t/h干熄焦控制系统为例简单介绍。

6.3.1 系统硬件配置

150t/h、100t/h干熄焦主体控制系统采用E&I三电一体化控制，其中150t/h控制系统采用了AB公司的双冗余控制系统，包括中央I/O单元、扩展I/O单元、CPU模块、连接模块、各种I/O模块，实现数据采集、回路控制、顺序控制等功能。硬件采用了AB1756系列模块，配置如图6-23所示。

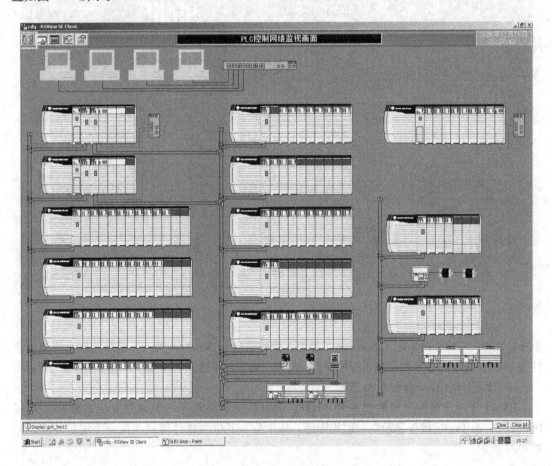

图 6-23　AB 控制系统配置图

100t/h干熄焦电气及仪表系统各采用1套ABB公司AC800F冗余控制器，硬件配置如图6-24所示。

6.3.2 系统软件配置

150t/h干熄焦上位监控软件采用了AB公司的网络版监控软件RSView Supervisory Edition 4.0,

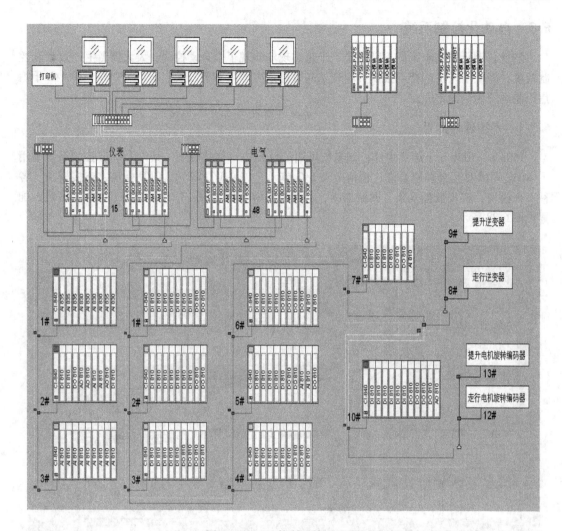

图 6-24　ABB 控制系统配置图

服务器、客户端计算机采用了 Siemens 工控机，操作系统为 Windows 2000，现场控制系统编程软件为 Logix 5000，用于下位控制系统的配置、组态、编程与调试。上位编程环境如图 6-25 所示。

下位编程调试环境如图 6-26 所示。

100t/h 干熄焦系统应用软件采用 ABB 公司的系统工程组态与调试维护工具软件 Control Builder F，由 Digvis 操作显示实时监控画面。该上位、下位的软件调试在同一个编程环境，如图 6-27 所示。

6.3.3　系统功能

本系统主要完成干熄焦各工段工艺设备的电气控制和仪表控制。其中电气设计范围主要包括本工艺设备配带电机以及电动阀、电磁阀等部分；仪表设计范围主要包括本生产工艺流程温度、压力、流量、液位、料位等检测与控制。最终通过 PLC 和 HMI 实现对现场在线设备及工艺参数的实时检测与监视、模型运算、逻辑控制、回路调节、保安联锁、事故信号记录与报警管理、历史数据存储、报表打印等功能。

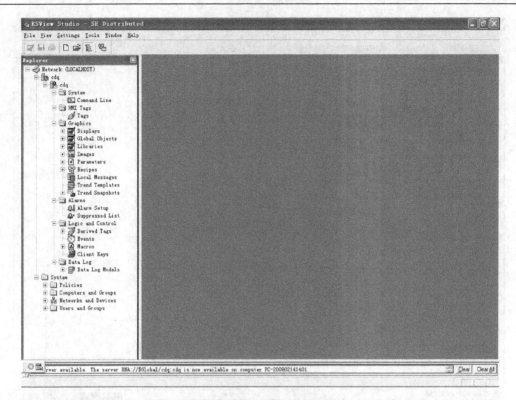

图 6-25 RSView Studio 编程环境

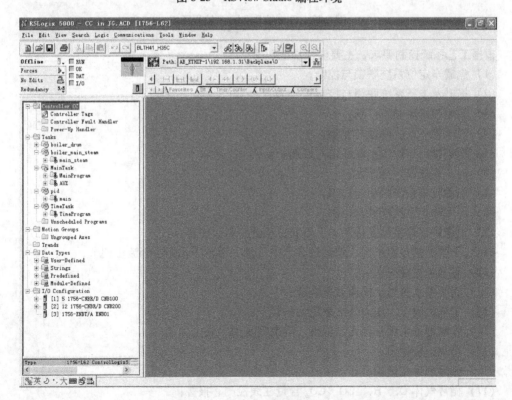

图 6-26 Logix5000 软件编程环境

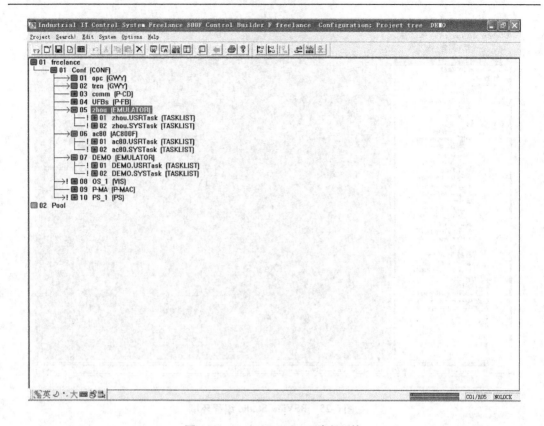

图 6-27　Control Builder F 编程环境

根据工艺系统控制要求，主要监控功能包括：

（1）焦罐车定位系统联锁与控制；

（2）提升及走行系统联锁与控制；

（3）装焦装置联锁与控制；

（4）气体循环系统联锁与控制；

（5）冷焦排出与输送系统联锁与控制；

（6）锅炉系统联锁与控制；

（7）焦粉收集系统联锁与控制；

（8）环境除尘系统联锁与控制；

（9）干熄炉预存室温度检测、上下料位检测与料位演算；

（10）干熄炉预存室压力、斜烟道导入空气量、循环气体旁通管流量调节；

（11）除盐水箱液位调节；

（12）锅炉给水流量、锅筒液位调节；

（13）主蒸汽温度、压力及放散压力的调节；

（14）除氧器给水预热器入水温度、除氧器压力、液位调节；

（15）排焦速度调节；

（16）循环气体流量调节；

（17）循环气体 O_2、H_2、CO、CO_2 含量在线检测、报警；

（18）干熄焦生产过程运行设备状态及工艺参数的检测、显示、报警。

6.3.3.1　冗余安全控制技术

（1）根据现场无人值守控制要求，150t/h、100t/h 干熄焦控制系统都采用了冗余控制器；

（2）该系统采用操作管理级工业以太网，网络设备选用了目前国际上较为先进的工业级产品，光纤、交换机采用冗余配置，现场控制网络冗余。同时利用网络管理软件对网络进行监视和控制管理，保证网络的安全性、可靠性和实时性；

（3）增强系统诊断与报警功能，及时消除系统隐患，减少故障率。

6.3.3.2　信号预处理与联锁确认技术

在干熄焦生产过程中，由于某些关键参数的变化可直接反应生产过程的变化规律和系统内部的相互联系，然而在传感器的测量过程中，不可避免地受到各种噪声、测量环境、测量位置等因素的影响，在实际应用中，对传感器测量信号进行滤波、温压补偿、多重信号综合评定等预处理措施。对引起提升、气体循环、锅炉、排焦等关键设备故障停机的联锁信号，需做记录、报警及联锁确认。通过实施上述措施，减少了系统故障率，提高了生产效率，对实现干熄焦生产的自动运行，保障生产的可靠、稳定运行具有深远的意义。

6.3.3.3　系统保安联锁控制技术

干熄焦生产过程中，装排焦、气体循环、汽水循环等子系统相辅相成，若某一环节出现异常，整个生产系统应尽快做出反应，否则将造成不可估量的损失。根据工艺生产控制要求，编制严密可靠的联锁控制程序，减少事故率，保障干熄焦生产的顺利进行。系统联锁保护逻辑关系见图6-28。

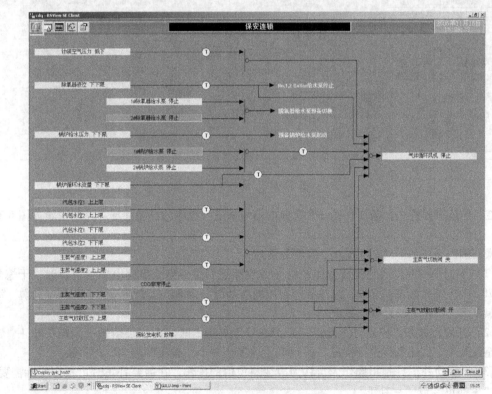

图 6-28　系统联锁保护逻辑控制关系

6.3.3.4　预存室料位模拟运算与自动标定

干熄焦正常生产情况下，系统装焦量与排焦量应保持一致。由于装焦量计量方法导致误差存在，排焦量设定与装焦量难免有偏差，需要参考干熄炉存料情况，因此预存室料位控制是控制干熄焦生产节奏，保障安全生产的重要因素。控制画面如图6-29所示。

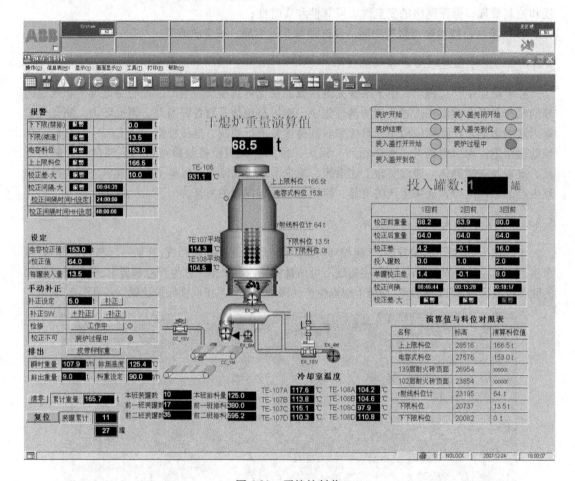

图 6-29　干熄炉料位

在料位演算过程中，需要现场几个重要的信号来进行程序的自动计算。控制逻辑如图6-30所示。

操作画面说明如下（以 150t/h 干熄焦为例）：

（1）干熄炉内的焦炭的数量为计算值（在设计过程中，当装焦到电容料位时，干熄炉内为207t，将不允许再装红焦；当达到 γ 射线料位计时，为85t），按照每一罐21.4t 计算，减去排焦皮带上皮带秤所计量的数值；

（2）画面左部有"校正时间设定"是指在设定规定的时间内，必须做一次料位校正。当计时超过该设定值还没有进行校正，则 HMI 上会产生一个"校正间隔大"的报警；

（3）"手动补正"是指操作人员认为改变料位值的操作，在需要补正时可根据实际需要，点击"＋补正"或"－补正"；

（4）"投入 TEST ON"是指提升机在检修过程时，焦罐门开的信号不带入装入量计算中。

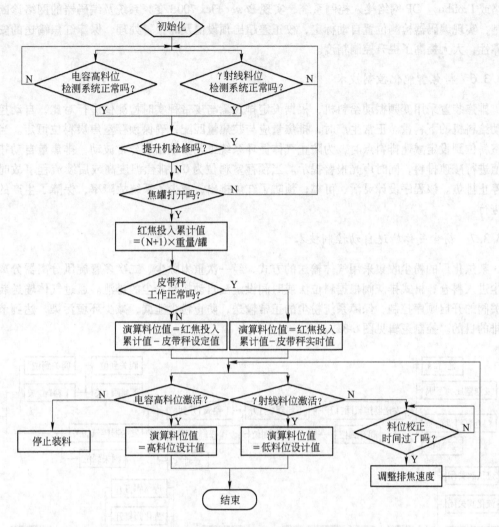

图 6-30 预存室料位演算逻辑框图

检修完毕后将该按钮恢复则料位继续正常运算；

（5）"排出 TEST ON"是指皮带秤如果出现故障需要处理时，用设定值代替皮带秤的流量值进行计算，皮带秤恢复后将该按钮恢复即可恢复到正常的运算。

6.3.3.5 提升—横移网络安全控制技术

提升—横移主驱动采用了 AB 公司 RGU 直流母线配 Power Flex 700S 逆变器的形式，该系统具有自动提升、自动走行、自动对位等全自动、无人操作功能。按照规定的速度曲线提升及横移，通过各检测点传达出变速、停车指令。设在提升塔井架和走行轨道上的检测元件在读取焦罐的位置后，根据高速提升、低速停车和快速走行、低速准确对位的原则不断向提升机发出运行、变速及停车的命令，以满足提升机运送红焦的工艺要求。

为了保证提升机的安全可靠运行，需对提升机当前运行趋势加以逻辑判断，比较提升机当前的操作方式、运行位置等参数是否与系统程序相吻合，并严格执行来自系统的指令，纠正或制止伪指令和错指令。提升—横移变频器以及 P + F 编码器可以通过 Device Net

网络或 Profibus_ DP 网络接入控制系统，实现 Power Flex 700S 变频系统及编码器的网络诊断与控制，实现编码器检测位置自动标定，校正差超出预设值及时报警处理，保障红焦输送的安全可靠性，大大提高了提升控制精度。

6.3.3.6　排焦智能化控制技术

排焦装置采用变频振动给料机，根据设定排焦量与皮带秤实时检测值进行对比，自动控制振动给料机的下料量。正常生产时，排焦量应与装焦量匹配，确保预存室焦炭料位恒定。当预存室料位到设定减速排料点时，为防止气体循环系统工艺参数出现异常波动，排焦量自动按预置值进行减速排料，同时声光报警提示。当预存室料位为 0、排焦温度高或后续流程事故时立即停止排焦。该程序设计灵活、可靠，预防了红焦排出，减少了系统故障率，保障了生产的顺利进行。

6.3.3.7　粉尘气体输送自动控制技术

某焦化厂的粉尘收集采用气体输送的方式，经一次重力除尘、二次多管旋风分离器分离出粉尘进入料仓，格式卸灰阀根据料位法或时间设定法自动控制粉尘的排泄。通过气体输送装置相关阀的开启顺序控制，保障系统粉尘的正常输送，防止粉尘泄漏，减少环境污染，达到节能减排的目的。控制逻辑见图 6-31。

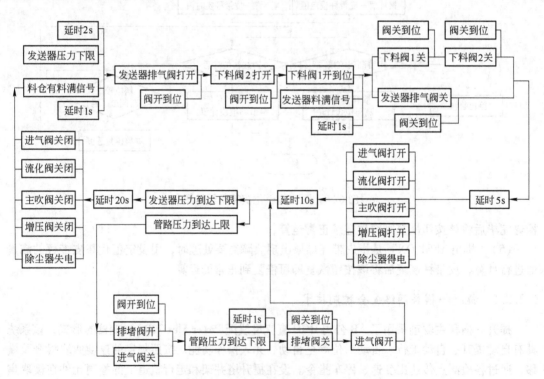

图 6-31　粉尘气体输送逻辑控制框图

6.3.3.8　预存室压力分级自动调节

预存室压力调节阀的作用是通过控制经过阀的气体流量来控制预存室压力。由于预存室压力为负压,因此阀开度越大,通过阀的气体流量越多,预存室负压越大(绝对值大)。阀的开度与压力关系为:阀开度大,负压升高;阀开度小,负压降低。调节阀选在手动时由操作人员设定阀的开度,此时阀与装入装置无联锁。当循环风机停止或仪表气源压力低于 0.2MPa,调节阀将强制关闭并锁住安全励磁阀,此时调节阀无法控制,当外部条件恢复正常,操作人员确认可以重新投入自动时,点击画面上调节阀下方的解锁按钮,解锁后才能重新使用调节阀。

A 焦炭装入时炉盖开闭点补正控制

在装焦过程中,由于干熄炉盖的开闭,造成预存段压力的大范围波动,如果仅仅通过调节阀本身的响应控制,会使预存段压力在炉盖开时波动大,无法满足工艺要求,因此对于预存段压力的控制采用补正 PID 调节控制方式。

如图 6-32 所示,在装入装置全关时,通过调节阀自动调节预存段压力。全关后,延时 T_1 时间(工艺要求),在调节阀最后输出的基础上,增加裕量 A 并保持输出,直到装入装置全开后 T_2 时间(工艺要求);在 T_3(工艺要求)时间内,将调节阀的输出量减少裕量 B 并保持。装入装置开始关时进行 PID 调节。

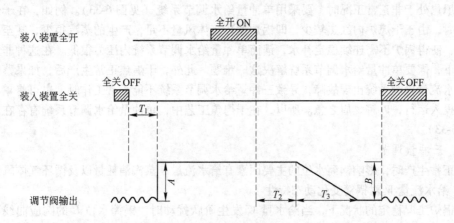

图 6-32 预存室压力调节阀阀位与装入装置开关对应关系示意图

B 循环气体风量

干熄炉预存室压力与循环气体风量有一定的关系,在现场实际运行过程中,根据实际的循环风量进行了调节,即 10 万 m^3/h 为分界点,大于 10 万 m^3/h 与小于 10 万 m^3/h 各为一个 PID 控制参数。

6.3.3.9 除氧器液位分程调节

除氧器液位稳定是保障锅炉水除氧效果及锅炉上水稳定的关键因素。除氧器液位调节阀的作用是通过控制进入除氧器的除盐水流量来控制除氧器液位。阀开度越大,进入除氧器的除盐水越多,除氧器液位越高。因此阀的开度与液位关系为:阀开度大,液位升高;阀开度小,液位降低。此外除氧器液位还设置了一个辅助调节阀,当除氧器液位过高时,将部分除盐水从除氧器下部排出以达到安全控制液位的目的。

6.3.3.10 锅炉给水泵保安联锁

锅炉系统设高压给水泵两台,互为备用。工作给水泵故障停机时,备用泵自动启动;生产过程中锅炉给水泵给水压力下下限时,备用泵自动启动;当锅炉给水压力达上上限时,原工作泵自动停止，从而保证锅炉汽水的平衡，确保干熄焦生产的正常进行。

6.3.3.11　锅筒水位智能控制

锅筒水位是影响锅炉安全运行的非常关键的因素。当锅筒水位过高，锅筒内容纳蒸汽的空间就变小，不利于蒸汽产生。并导致蒸汽带水增多，含盐浓度增大，从而加剧在过热器管道内及汽轮机叶片上的结垢，影响传热效率，严重时甚至会损坏汽轮机。当锅筒水位过低，蒸汽发生量小，因而过热器管道内的蒸汽流量偏小。一般锅炉的高温烟气量保持恒定，不能同步减少，这样就会使过热器管壁过热而爆管。此外，锅筒给水量不应剧烈波动。如果给水调节不好，频繁的给水波动，将冲击省煤器管道，降低锅炉寿命。总之，给水控制系统的任务就是保证给水流量适应于锅炉蒸发量的要求，维持锅筒水位在合适的范围内，以保证干熄焦装置的安全运行。

A　单冲量给水调节系统

给水调节器接收的反馈信号为锅筒液位，其控制输出信号送至给水调节阀调节锅筒给水量。干熄焦处于非正常工况时，要采用单冲量给水调节系统（见图6-33）。例如，在干熄焦开工调试时，由于干熄炉内红焦较少，即锅炉循环气体风量不足，产生的蒸汽很少，甚至可以忽略不计，使得锅炉不需连续稳定补水，锅筒单冲量给水调节系统内压力很低。在这种非正常生产情况下，需要单冲量给水调节系统解决这一难题。此外，干熄焦正常生产后，如果蒸汽发生量或给水流量检测系统出现故障，导致三冲量给水调节系统不能正常工作时，也可将单冲量给水系统投入运行，以解燃眉之急。所以，在干熄焦工艺中，单冲量给水调节系统有存在的必要（见图6-33）。

B　三冲量调节

在正常生产时，影响锅筒水位的主要因素有给水流量、蒸汽消耗量以及循环气体风量。

a　给水流量 W 对锅筒变化动态特性

在锅炉工况稳定的状况下，当给水量 W 发生阶跃扰动时，锅筒水位 H 的响应曲线可以用图6-34说明。

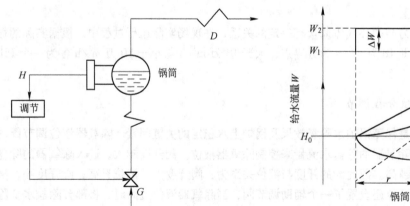

图6-33　单冲量给水调节系统示意图

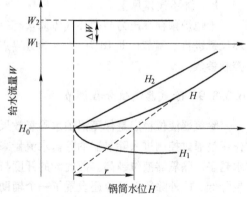

图6-34　锅筒水位的响应曲线

当加大锅炉给水量，锅筒水位理论应上升，水位的相应曲线如图6-34中的和 H_2 所示，水位与给水量成正比。但实际情况并非如此，这是由于锅炉给水温度低于锅筒内的饱和水温度，给水在进入锅筒后，吸收了饱和水中的部分热量，造成锅筒内的水温下降，从而使水面以下的气泡数量减少，气泡占据的空间减少，进入锅炉内的水首先填补因气泡减少而降低的水位。气泡对水位的影响可以利用图中的曲线 H_1 表示。锅筒水位的 H_1 和 H_2 实际响应曲线是 H 的综合。

b 蒸汽量 D 对锅筒水位变化动态特性

当蒸汽耗量突然增多，蒸发量高于给水量，锅筒内物质平衡状态被改变，锅筒水位无自平衡能力，使得水位下降。同时，由于耗汽量的增加，锅筒内的气泡增多。此时由于锅炉的其他工况没有发生变化，所以锅筒内压力下降，使水面以下的蒸汽气泡膨胀，气泡占据的空间增大，而导致锅筒水位上升。蒸汽量阶跃扰动下，锅筒水位 H 的实际响应曲线是 H_1 与 H_2 之和，在一段时间内，锅筒水位 H 不但不下降，反而明显上升。这种现象通常称为"假水位"现象，见图6-35。

c 排焦量 B 对锅筒水位的影响

当循环气体风量增加时，锅炉吸收的热量增加，从而使蒸发量增大。锅炉内气压增高，蒸汽流量增大，这时蒸发量大于给水量，水位理论上应下降。但由于在热负荷增加时蒸发强度的提高使汽水混合物中的气泡容积增加，而且这种现象必然先于蒸发量增加之前发生，从而使锅筒水位先上升，而引起"虚假水位"现象。当蒸发量与燃烧量相适应时，水位便会迅速下降，这种"虚假水位"现象比蒸汽量扰动时要小一些。蒸汽量对锅筒水位的影响，见图6-36。

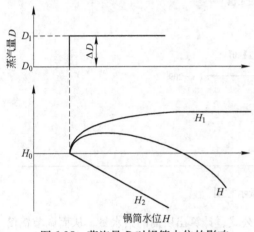 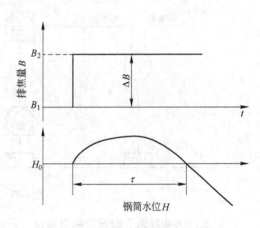

图 6-35 蒸汽量 D 对锅筒水位的影响　　　　图 6-36 排焦量 B 对锅筒水位的影响

根据锅炉的操作要求，锅筒中的水位应稳定在锅筒 1/2 处，此时锅炉出汽量最大，汽质最好。液位过高会影响汽水分离的效果，产生蒸汽带液现象，液位过低会破坏水循环，严重的会烧坏锅炉。当蒸汽负荷突然增大时，锅炉会出现暂时的压力下降，水的沸腾加剧。导致液位上升，这样就产生了虚假液位。这时应把给水加大，但是如果采用简单的单参数调节系统，就会根据这个假液位而错误地把锅炉给水调节阀关小，减少给水量，等到汽水达到新的动态平衡时，液位就下降了许多，远离给定值，甚至使锅炉发生危险。如果负荷减少，它的变化过程和结果与上述相反，从而使锅筒液位发生较大的波动。其他如循环气体风量变化或蒸发量变化也都可能引起虚假液位。影响锅炉液位的主要因素是锅炉的汽水平衡。为了克服负荷变化所引起水位的大幅度波动，消除假液位的影响，提前消除蒸汽对液位的干扰，所以除了液位主调节回路以外，还引入蒸汽流量（作前馈信号）和给水流量（作串级副回路为测量信号）两个辅助参数，构成了锅炉的三冲量调节系统。

三冲量调节就是与锅筒系统中相关的锅炉给水流量，减温水流量，主蒸汽流量，排污水流量，通过平衡其关系，减少在调节中的惯性环节（PID 调节时，当然在工况稳定的情况下更为准确，以锅筒液位为例，即是通过对给水流量的控制而实现的，但是，在生产过程中，锅筒的液位随着主蒸汽和排污水的输出而减少，PID 调节时增加了惯性环节，造成调节过程中误差的增加）。

如图 6-37 所示，以锅筒为基准，锅炉给水流量（FY207）＋减温水流量（FY208）＝主蒸汽流量（FY218）＋排污水流量（FY221），通过工艺的总结，得出以下公式：

$$S_V = (K_1 \times a + K_2 \times b + K_3 \times c) + K_4 \times d + K_5$$

式中，$K_1 \sim K_5$ 分别为系数（由工艺决定）；a 为减温水流量；b 为排污水流量；c 为主蒸汽流量；d 为锅筒给水流量（调节锅筒液位）。

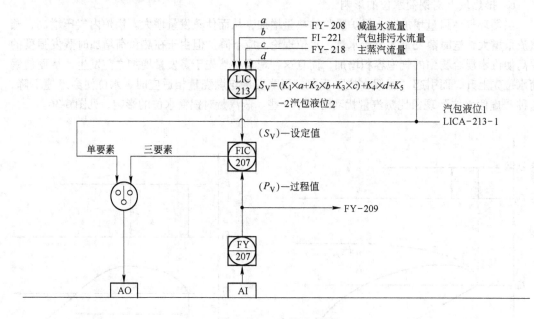

图 6-37　三冲量示意图

因此，三冲量调节即设定锅筒液位，通过以上公式，计算出所需的给水量，从而调节锅筒液位。

为防止因水位检测故障导致液位控制失调，发生安全生产事故，采用两套平衡容器差压变送器检测，而锅筒内饱和蒸汽密度随压力变化而变化（详见表 6-7），所以差压检测不能反应实际炉水液位，影响锅筒液位测量。

表 6-7　饱和蒸汽密度

绝对压力 /MPa	饱和蒸汽温度 /℃	饱和蒸汽密度 /kg·m⁻³	绝对压力 /MPa	饱和蒸汽温度 /℃	饱和蒸汽密度 /kg·m⁻³
0.1	99.7	0.5883	0.6	158.8	3.1692
0.2	120.1	1.1288	0.7	164.9	3.6665
0.3	133.4	1.6507	0.8	170.4	4.1616
0.4	143.5	2.1628	0.9	174.3	4.6544
0.5	151.8	2.6683	1.0	179.9	5.1451

绝对压力 /MPa	饱和蒸汽温度 /℃	饱和蒸汽密度 /kg·m⁻³	绝对压力 /MPa	饱和蒸汽温度 /℃	饱和蒸汽密度 /kg·m⁻³
1.1	184.1	5.6367	1.9	209.8	9.552
1.2	187.9	6.125	2.0	212.4	10.043
1.3	191.6	6.6143	2.1	214.8	10.535
1.4	195	7.1038	2.2	217.2	11.028
1.5	198.3	7.5928	2.3	219.5	11.521
1.6	201.4	8.082	2.4	221.8	12.016
1.7	204.3	8.5718	2.5	223.9	12.511
1.8	207.1	9.0616			

为解决这一难题，采用了水位温度、压力补偿程序，建立了炉压与液位的数学模型，通过实验确定比例因子，并采用制表法将每一点的压力、密度、差压与液位相对应，从而为锅筒水位的调节提供了正确的参考依据，见图 6-38。

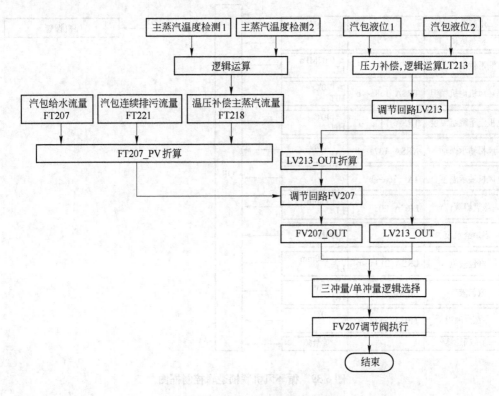

图 6-38　锅筒水位逻辑控制框图

6.3.3.12　主蒸汽温度前馈调节

为了保护蒸汽过热器和后续工序汽轮机等设备，主蒸汽的温度要保持在一定的范围内，这样就要在二级过热器入口前借助喷水减温对一级过热器出口温度进行控制。为了使控制效果达到最佳，依据二级过热器入口温度进行前馈调节。

6.3.3.13　主蒸汽压力调节与保安联锁

主蒸汽压力稳定是保障系统安全稳定生产的关键因素之一。正常生产时，通过控制主蒸汽压力调节阀、主蒸汽放散压力调节阀来稳定主蒸汽压力，当主蒸汽压力失控达不到设计要求时，关闭主蒸汽切断阀，打开主蒸汽放散阀。

6.3.3.14　循环风机的保安控制与风量调节

循环风机是干熄焦的心脏设备，为了确保循环风机稳定可靠地运行，要求联锁保护要严密可靠，减少事故的发生。联锁控制逻辑见图6-39。

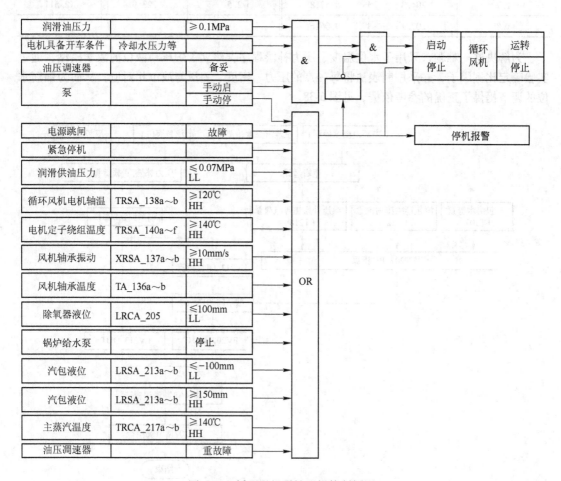

图 6-39　循环风机联锁逻辑控制框图

6.3.3.15　环境除尘风机分级控制

干熄焦装置采用了较完善的密封除尘措施：装入装置、排焦装置、预存室放散及循环风机后常用放散等处排出的烟尘均进入地面站除尘系统除尘后放散，根据除尘点的实际吸尘情况，分级控制除尘风机转速，达到节能环保的目的。

6.3.3.16 报表自动生成技术

干熄焦自动报表实现了重要参数的定时自动记录与查询，有利于生产人员对现场数据进行挖掘和深度分析，进一步优化生产工艺和操作管理。

6.3.3.17 上位监控画面报警功能

整个控制系统设计为现场全自动控制，为了能直观、及时了解、处理现场发生的故障，在上位监控画面中，当某一个现场设备出现故障时，单击故障提示，监控画面显示该设备故障的所有可能情况，现场故障标明红色，维检人员可以根据故障提示快速查找、处理故障，如图6-40所示。

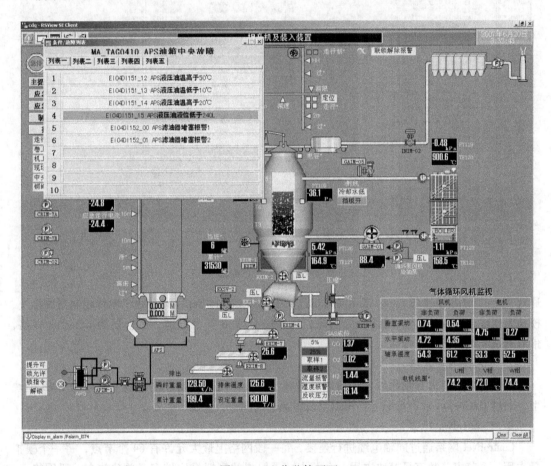

图6-40 上位监控画面

同时为了加强远程监控操作、事故调查分析，还汇总了重要操作信息、报警信息，进行画面声光报警如图6-41所示。

6.3.4 控制网络

6.3.4.1 AB控制系统网络

控制系统中存在三层网络，最底层为DeviceNet网络，分别为提升编码器、走行编码器，

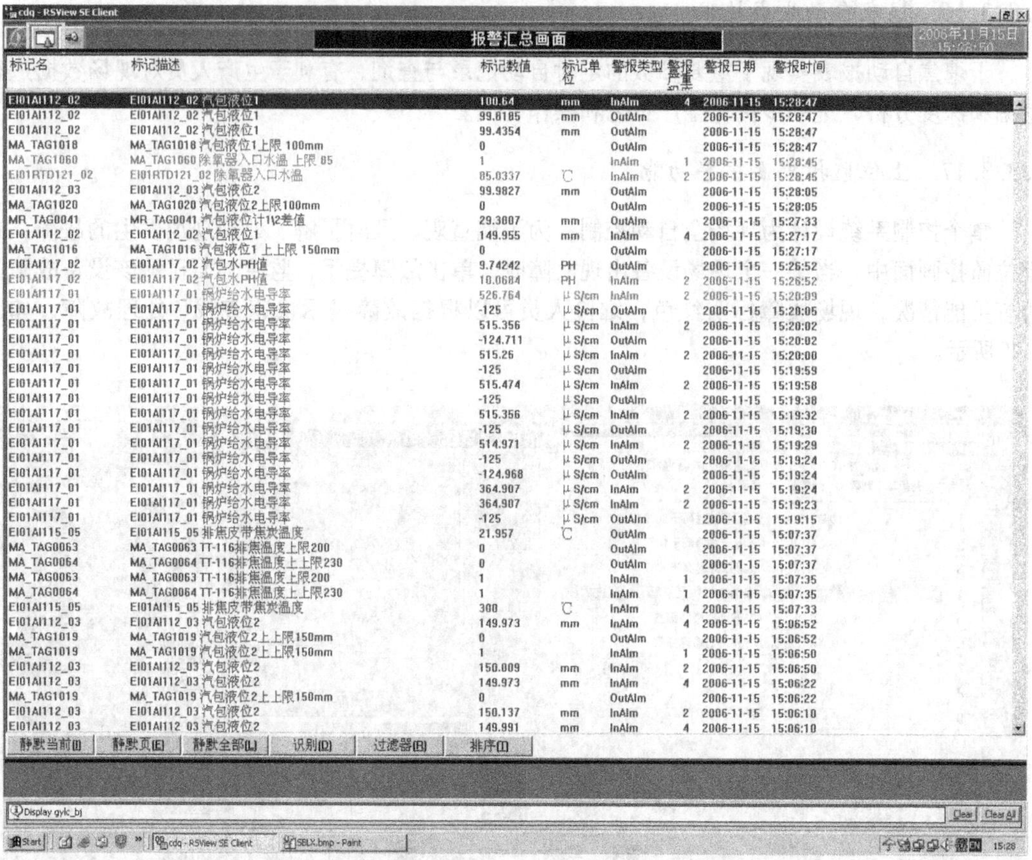

标记名	标记描述	标记数值	标记单位	警报类型	警报严重	警报日期	警报时间
EI01AI112_02	EI01AI112_02 汽包液位1	100.64	mm	InAlm	4	2006-11-15	15:28:47
EI01AI112_02	EI01AI112_02 汽包液位1	99.8185	mm	OutAlm		2006-11-15	15:28:47
EI01AI112_02	EI01AI112_02 汽包液位1	99.4354	mm	OutAlm		2006-11-15	15:28:47
MA_TAG1018	MA_TAG1018 汽包液位1上限 100mm	0		OutAlm		2006-11-15	15:28:47
MA_TAG1060	MA_TAG1060 除氧器入口水温 上限 85	1		InAlm	1	2006-11-15	15:28:45
EI01RTD121_02	EI01RTD121_02 除氧器入口水温	85.0337	℃	InAlm	2	2006-11-15	15:28:45
EI01AI112_03	EI01AI112_03 汽包液位2	99.9827	mm	OutAlm		2006-11-15	15:28:05
MA_TAG1020	MA_TAG1020 汽包液位2上限100mm	0		OutAlm		2006-11-15	15:28:05
MR_TAG0041	MR_TAG0041 汽包液位计1\2差值	29.3007	mm	OutAlm		2006-11-15	15:27:33
EI01AI112_02	EI01AI112_02 汽包液位1	149.955	mm	InAlm	4	2006-11-15	15:27:17
MA_TAG1016	MA_TAG1016 汽包液位1 上上限 150mm	0		OutAlm		2006-11-15	15:27:17
EI01AI117_02	EI01AI117_02 汽包水PH值	9.74242	PH	OutAlm		2006-11-15	15:26:52
EI01AI117_02	EI01AI117_02 汽包水PH值	10.0684	PH	InAlm	2	2006-11-15	15:26:52
EI01AI117_01	EI01AI117_01 锅炉给水电导率	526.764	μS/cm	InAlm	2	2006-11-15	15:20:09
EI01AI117_01	EI01AI117_01 锅炉给水电导率	-125	μS/cm	OutAlm		2006-11-15	15:20:05
EI01AI117_01	EI01AI117_01 锅炉给水电导率	515.356	μS/cm	InAlm	2	2006-11-15	15:20:02
EI01AI117_01	EI01AI117_01 锅炉给水电导率	-124.711	μS/cm	OutAlm		2006-11-15	15:20:02
EI01AI117_01	EI01AI117_01 锅炉给水电导率	515.26	μS/cm	InAlm	2	2006-11-15	15:20:00
EI01AI117_01	EI01AI117_01 锅炉给水电导率	-125	μS/cm	OutAlm		2006-11-15	15:19:59
EI01AI117_01	EI01AI117_01 锅炉给水电导率	515.474	μS/cm	InAlm	2	2006-11-15	15:19:58
EI01AI117_01	EI01AI117_01 锅炉给水电导率	-125	μS/cm	OutAlm		2006-11-15	15:19:38
EI01AI117_01	EI01AI117_01 锅炉给水电导率	515.356	μS/cm	InAlm	2	2006-11-15	15:19:32
EI01AI117_01	EI01AI117_01 锅炉给水电导率	-125	μS/cm	OutAlm		2006-11-15	15:19:30
EI01AI117_01	EI01AI117_01 锅炉给水电导率	514.971	μS/cm	InAlm	2	2006-11-15	15:19:29
EI01AI117_01	EI01AI117_01 锅炉给水电导率	-125	μS/cm	OutAlm		2006-11-15	15:19:24
EI01AI117_01	EI01AI117_01 锅炉给水电导率	-124.968	μS/cm	OutAlm		2006-11-15	15:19:24
EI01AI117_01	EI01AI117_01 锅炉给水电导率	364.907	μS/cm	InAlm	2	2006-11-15	15:19:24
EI01AI117_01	EI01AI117_01 锅炉给水电导率	364.907	μS/cm	InAlm	2	2006-11-15	15:19:23
EI01AI117_01	EI01AI117_01 锅炉给水电导率	-125	μS/cm	OutAlm		2006-11-15	15:19:15
EI01AI115_05	EI01AI115_05 排焦皮带焦炭温度	21.957	℃	OutAlm		2006-11-15	15:07:37
MA_TAG0063	MA_TAG0063 TT-116排焦温度上限200	0		OutAlm		2006-11-15	15:07:37
MA_TAG0064	MA_TAG0064 TT-116排焦温度上上限230	0		OutAlm		2006-11-15	15:07:37
MA_TAG0063	MA_TAG0063 TT-116排焦温度上限200	1		InAlm	1	2006-11-15	15:07:35
MA_TAG0064	MA_TAG0064 TT-116排焦温度上上限230	1		InAlm	1	2006-11-15	15:07:35
EI01AI115_05	EI01AI115_05 排焦皮带焦炭温度	300	℃	InAlm	4	2006-11-15	15:07:33
EI01AI112_03	EI01AI112_03 汽包液位2	149.973	mm	InAlm	4	2006-11-15	15:06:52
MA_TAG1019	MA_TAG1019 汽包液位2上上限150mm	0		OutAlm		2006-11-15	15:06:52
MA_TAG1019	MA_TAG1019 汽包液位2上上限150mm	1		InAlm	1	2006-11-15	15:06:50
EI01AI112_03	EI01AI112_03 汽包液位2	150.009	mm	InAlm	2	2006-11-15	15:06:50
EI01AI112_03	EI01AI112_03 汽包液位2	149.973	mm	InAlm	4	2006-11-15	15:06:22
MA_TAG1019	MA_TAG1019 汽包液位2上上限150mm	0		OutAlm		2006-11-15	15:06:22
EI01AI112_03	EI01AI112_03 汽包液位2	150.137	mm	InAlm	2	2006-11-15	15:06:10
EI01AI112_03	EI01AI112_03 汽包液位2	149.991	mm	InAlm	4	2006-11-15	15:06:10

图 6-41　报警信息汇总

通过机上的 DNB 模块与 ControlNet 网络相连；中间为 ControlNet 网络，由于本体控制系统模块、模拟量比较多，ControlNet 网络分为两段，每一段有 A/B 冗余通道；最上层为 EtherNet 网络，信号通过光纤传输至主控室。

A　DeviceNet 网络

该网络上只有提升编码器、走行编码器两台设备，通过硬线连接至机上机架的 DNB 模块上，通过 DeviceNet 来进行配置，可以修改编码器的属性，如图 6-42。

B　ControlNet 网络

ControlNet 网络通过同轴电缆进行连接，每一段网络上最大允许有 64 个节点，每一个模拟量占用一个节点，数字量模块占用一个节点。干熄焦的模拟量比较多，单独放在一段网络上，其余的放在二段网络上，如图 6-43、图 6-44 所示。其中通信模块是冗余的配置，任何一个 CPU 机架上的电源或 CPU 发生故障时，都不会影响下位信号的通信传输。

C　Ethernet 网络

其构成相对比较简单，采用了冗余光纤传输，连接控制系统与监控计算机。

6.3.4.2　ABB 控制系统网络

系统网络包括现场控制层和中央监控层。系统网络配置见图 6-24。

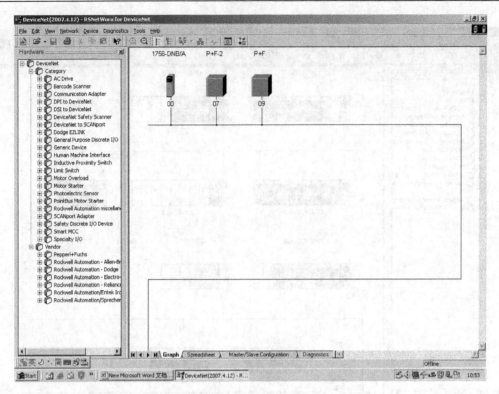

图 6-42　DeviceNet 网络

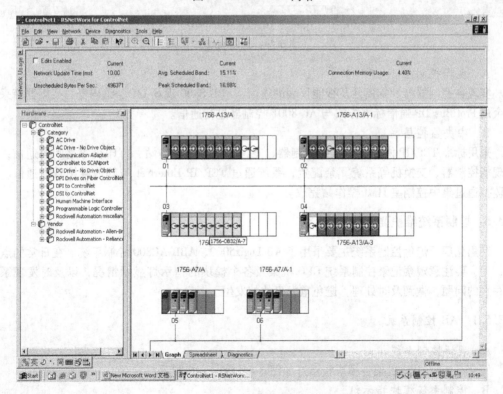

图 6-43　一段网络

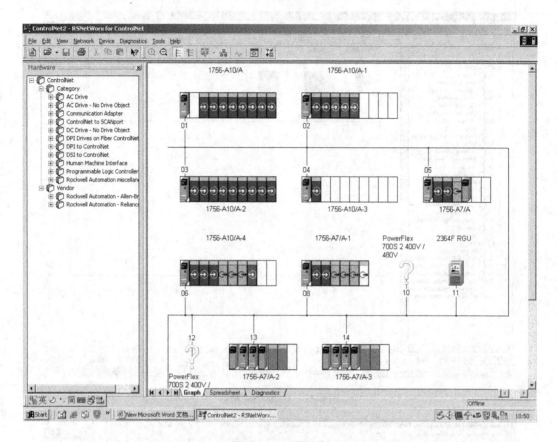

图 6-44　二段网络

A　现场控制层

实现各控制器与 I/O 模件及智能仪表的通信。ABB S800 现场 I/O、编码器、变频器等采用冗余的 ProfiBus DP 通信标准方式与 AC 800F 控制器进行通信。

B　中央监控层

采用标准 TCP/IP 协议实现系统控制器、工程师站、操作员站、打印机等之间的通信；实现现场控制器、交换机等系统冗余配置；系统通过 TCP/IP EtherNet 与其他系统数据通信。操作监控通过集中控制室 HMI 操作站完成。

6.3.5　控制系统维护要点

某焦化厂干熄焦控制系统主要采用了 AB Logix5000、ABB AC800 控制系统。在日常的点检维护中，要注意观察记录控制系统 CPU 机架及各个模块的指示灯显示情况，以及时发现系统中存在的问题，做到及时处理，避免重大事故的发生。

6.3.5.1　AB 控制系统

A　现场控制系统

冗余系统主 CPU 机架各模块指示灯如图 6-45、图 6-46 所示。

B　控制系统模块指示灯

AB 控制系统主从 CPU 机架模块指示灯对比见表 6-8。

图 6-45 主 CPU 模块指示灯

图 6-46 从 CPU 模块指示灯

表 6-8　冗余机架指示灯对比表

模块名称	模块指示灯	主模块	从模块	模块名称	模块指示灯	主模块	从模块
CPU	RUN	常绿	不亮	REDUNDANCY MODLE	PRI	常绿	不亮
	I/O	常绿	不亮		COM	常绿	常绿
	FORCE	橙色	橙色		OK	常绿	常绿
	OK	常绿	常绿		屏幕显示	PRIM	SYNC
	BAT	常绿	常绿	ENBT	LINK	绿闪	常绿
	RS232	不亮	不亮		NET	常绿	绿闪
					OK	常绿	常绿
					显示	192.168.1.31	192.168.1.32

C　控制系统模块指示灯详细说明

PLC 的 CPU 钥匙开关应转到"RUN"位置。"RUN"指示灯熄灭表示没有任务在运行或者控制器处于编程方式或测试方式，绿色表示有任务在运行或控制器处于运行方式；"I/O"指示灯熄灭表示没有组态的 I/O 或通信，绿色表示与所有组态的设备通信正常，绿色闪烁表示有一个或多个设备未响应，红色闪烁表示没有与任何设备通信或控制器出现故障；"RS232"指示灯熄灭表示该通信方式未激活，绿色表示正在接收数据或传送数据；"BAT"指示灯熄灭表示电池可以支持内存，红色表示电池已不能支持内存，需更换电池；"OK"指示灯熄灭表示未接通电源，红色闪烁表示控制器出现轻故障（不会导致停机），红色表示重故障（导致停机），绿色表示正常。

ControlNet 通信模块上的"A"、"B"指示灯对应各自通道的通信状态，绿色表示通信正常，红色表示通信中断；"OK"指示灯熄灭表示未接通电源，红色表示该通信模块出现故障，绿色表示通信正常，绿色闪烁则表示该通信模块出现故障或者网络需要重新规划。

I/O 模块上的"OK"指示灯熄灭表示该模块未被识别或已损坏，绿色表示模块处于正常工作中，绿色闪烁说明该模块没有被识别，红色表示该模块出现故障。

6.3.5.2　ABB 控制系统

AC 800F 的基础单元，即模件安装机架，包括 7 个槽位；槽位 P 只允许放置电源模件，槽位 E1 和 E2（冗余）用于放置以太网通信模件，槽位 F1-F4 用于放置现场总线模件。见图 6-47。

A　电源模件

电源模件为 AC 800F 上的 CPU 板及插槽中的模件供电，此模件必须放在左手的第一个插槽中（SlotP），否则会引起模件损坏。电源模件前面板上的 LED 灯用于指示 AC 800F CPU 板及其他模件的工作状态，前面板上的操作开关控制 AC 800F 的工作模式。见表 6-9。

表 6-9　ABB 控制系统主从 CPU 机架模块指示灯对比

指示灯	状态	正常状态	指示灯	状态	正常状态
Power	Green	On	Toggle	开，关	
Failure	Red, Orange, Green	Off	Reset	开，关	
Run/Stop	Red, Orange, Green	On	Run/Stop	开，关	
Prim/Sec	Red, Orange, Green	Off			

图 6-47　现场控制系统模块

详细说明：

（1）Power

Green　　　　　　　表示在 AC 800F 上的所有供电正常

（2）Failure

Red　　　　　　　　AC 800F 内部故障，使用诊断方式判断故障原因

Orange　　　　　　当自测时或模件冷启动或热启动后，模件会显示橘黄色，这段时间很短

（3）Run/Stop

Off　　　　　　　　AC 800F 没有准备运行，没有下装操作系统

Green static　　　　AC 800F 工作正常

Green flashing　　　AC 800F 停止工作后刚刚启动

Orange　　　　　　模件自测

Red static　　　　　模件停止工作

Red flashing　　　　AC 800F 处于运行状态，但是任务被停止工作

（4）Prim/Sec

1）非冗余

Off　　　　　　　　AC 800F 正常工作

Orange　　　　　　模件自测

2）主

Off　　　　　　　　没有发现冗余组态

Green static　　　　AC 800F 冗余工作正常

Green flashing　　　主/冗余模件间出现不同步

Orange static　　　　未发现冗余模件或冗余模件故障

Red static　　　　　冗余方式出错

3）从

Off　　　　　　　　没有发现冗余组态，或没有下装操作系统

Orange static　　　　同步运行中

Orange flashing　　　正在同步

Red static　　　　　冗余方式出错

B　以太网模块和现场总线模块

（1）以太网模块

state 状态灯为绿色，橙色闪烁说明以太网网线或交换机存在故障。

（2）现场总线模块

state 状态灯为绿色，橙色闪烁说明 profibus 总线存在故障。

6.4　故障处理及改进

在本节中，重点介绍了在 150t/h、100t/h 干熄焦自动控制系统实际运行、维护过程中重要的故障，包括自动控制系统故障、现场仪表故障以及改进措施。

6.4.1　控制系统通信模块故障

在 AB 控制系统中，每个子站上的 1756-CNBR 通信模块负责该站与 CPU 进行通信，一旦出现问题，该子站将无法正常工作。

6.4.1.1　故障现象

（1）在控制系统运行过程中，某一子站 1756-CNBR 通信模块"OK"指示灯绿色闪烁，同时该子站上所有的 I/O 模块"OK"绿色闪烁，影响到该子站上的现场控制。

（2）某一子站 1756-CNBR 通信模块"OK"指示灯红色，同时该子站上所有的 I/O 模块"OK"绿色闪烁，影响到该子站上的现场控制。

6.4.1.2　处理措施

（1）指示灯绿色闪烁说明该故障可以修复，重新插拔该通信模块，看是否恢复正常，若依旧闪烁，则需要重新对该通信模块进行版本的刷新或者对网络进行重新规划；

（2）指示灯红色说明该故障一般为硬故障，重新插拔或断电后若不能恢复，则需要更换该模块。

6.4.2　网络故障的判断与处理

在整个控制系统中，上位监控系统通过网络与下位的控制系统进行数据的交换，操作人员通过监控画面的监控操作实现远程的生产控制，现场的检测数据连续在上位监控计算机显示。在生产运行过程中，有可能出现网络的中断，导致上位监控计算机无法正常显示控制，容易引起生产事故。下面介绍实际的判断与处理方法。

（1）鼠标单击"start（开始）"，出现图 6-48 所示画面。

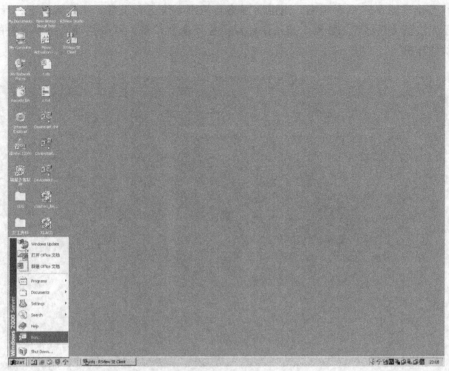

图 6-48 运行画面

（2）单击"run（运行）"，并输入"ping＊＊＊.＊＊＊.＊＊＊.＊＊＊-t"，回车，出现如图 6-49 所示画面。

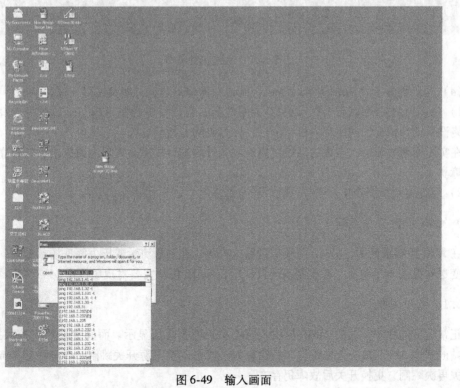

图 6-49 输入画面

（3）若出现图6-50所示画面，则说明网络及控制系统运行正常。在此情况下，计算机监控画面还无法正常显示现场数据，则是该计算机更新速度较慢，可以稍等或结束无关的任务，重新启动计算机。

图 6-50　网络正常画面

（4）若画面显示"Request time out"，则说明网络不通，可能存在以下两种情况：

1）现场控制系统运行正常，则只是网络故障，可以查看控制系统与上位监控计算机之间的网络设备运行情况、网络交换机指示灯、计算机网卡指示灯等。

在实际网络故障中，多数为网络交换机或光纤收发器故障，表现为通信指示灯不亮或者电源故障。

2）现场控制系统停止，则有可能现场全部停电、UPS 故障或 CPU 故障。

6.4.3　24V 电源开关跳闸

在 ABB 控制系统中，AI810 为模拟量输入模块，在测量流量或压力等现场参数时，需要对现场变送器提供 24V 电源。在控制系统设计中，AI810 模块需要对现场提供 24V 电源。

6.4.3.1　故障现象

正常运行过程中，某一 AI810 模块 8 路模拟量数据无法显示。而其他模块监控数据正常，该子站的其他 AI810 模块数据正常。经检查为该模块 24V 电源开关跳闸，合开关后 1min 左右，该开关再次跳闸，更换开关后故障仍存在。

6.4.3.2 原因及措施

根据该故障现场判断为现场接线存在问题，可能有短路或接地的情况；但紧固电源线、拆除所有信号线中的一路，故障仍存在，从而增加了其他中间环节故障的可能——模块或底座出现故障。

但在更换模块和底座后，故障仍然存在。排除了开关、电源、模块、底座的故障可能性，判断为现场接线存在问题。由于之前拆除所有信号线中的一路，故障仍然存在，所以只能用最简单直接的方法再次检验现场接线的问题。首先将所有的信号线全部拆除，一个通道接线没有问题后再接下一通道信号线。在接第三路时，开关跳闸。检查现场压力变送器后发现，该压力变送器其中一路信号线接地，处理后故障消除。

6.4.3.3 故障经验

该故障极为少见，检查时应该将所有的信号线解除，再逐通道接线。虽然该处理方法看似麻烦，但最快捷，避免了其他不必要的工作。

6.4.4 SE上位画面无法登录

6.4.4.1 故障现象

在运行过程中，无法登录操作画面，及时进行调节，导致了生产混乱。系统历史报警故障信息如图6-51所示。

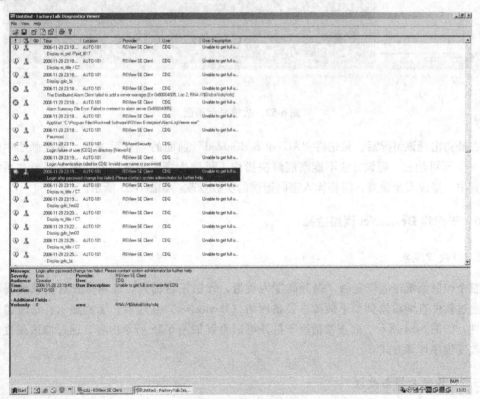

图6-51 报警信息画面

6.4.4.2　原因及处理措施

属性里面"Accout is disabled"被选中使能，如图 6-52 所示。

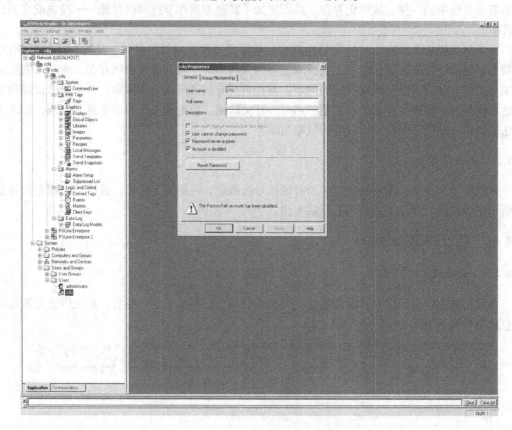

图 6-52　故障显示画面

在最初出现该情况后，只是将"Accout is disabled"前面的"√"去掉，系统画面中的红色"×"即可消去。但该方法不能彻底解决操作人员输入密码误操作的问题，需要在系统安全设置中，修改安全设置，需将输入密码错误的次数修改。如图 6-53 所示。

6.4.5　干熄焦 DeviceNet 网络故障

6.4.5.1　故障现象

整个控制系统停电恢复后，提升高度为负值，无法正常提升。现场排查后确认编码器正常，通过软件查询检测到如下故障，设备网络（DeviceNet）在线后，无法显示、修改编码器的属性，如图 6-54 所示。而正常情况下打开可以看到如图 6-55 所示内容，通过修改属性内容可以改变程序计算方式。

6.4.5.2　故障分析与处理

初步分析为编码器故障，而更换编码器后故障仍然存在。重新对 DeviceNet 网络进行配置、

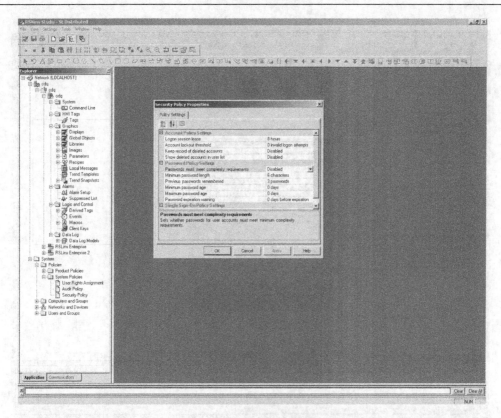

图 6-53 系统安全设置画面

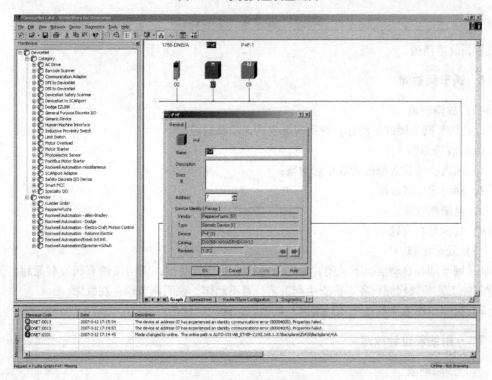

图 6-54 故障现象显示画面

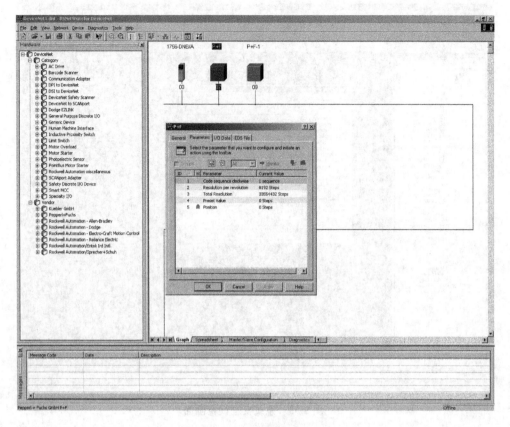

图 6-55　修改编码器属性画面

下载后，故障消失。

6.4.6　调节阀故障

（1）故障现象

气动调节阀关闭或不动作，导致现场生产无法及时控制。

（2）故障原因

1）压力变送器故障或者取压管堵塞；

2）阀门定位器故障；

3）电磁阀故障；

4）气源存在问题。

（3）处理措施

1）调节阀在自动情况下关闭，首先用远程手动，若动作，说明该调节阀没有问题，需要查看被控工艺参数检测设备、检查生产工艺；若不动作，说明调节阀存在故障；

2）按照顺序依次检查气源的情况、电磁阀、阀门定位器。

6.4.7　γ 射线料位计故障

（1）故障现象

1）干熄炉内料位超过 γ 射线，但料位计无信号输出；

2）料位计输出信号频繁动作，二次仪表电流无明显变化。

（2）故障原因

1）接收端传感器故障；

2）耐火砖或焦粉挡住射线通道。

（3）处理措施

1）料位计无信号输出，则需要关闭核源，检查接收端设备：打开水冷套管，查看是否存在漏水的情况。若漏水，则可能造成接收端设备损坏；若无漏水情况，用测试源靠近接收端，看是否有变化，若无变化则说明接收端故障，需要更换接收端设备。

2）料位计频繁动作，需要打开料位计两端盲板，检查是否有耐火砖或大量焦粉挡住射线通道。

6.4.8 干熄焦发电保护

（1）故障现象。在运行过程中，干熄焦主蒸汽压力调节阀突然出现关闭的情况，引起发电解列。

（2）原因分析。直接原因是主蒸汽压力调节阀关闭，根本原因是该检测点压力变送器故障。

（3）改进措施。为了能避免该情况的发生，在软件内部对调节阀阀位进行限制。在自动控制情况下，即使压力变送器出现问题，阀门也不完全关闭，而是保持一定的阀位，即设置自动状态下的阀位下限，来保障发电的正常运行。但在手动状态下，阀门可以全开全关。

6.4.9 150t/h干熄焦UPS状态在线监测改造

（1）现状。干熄焦系统采用了三电一体化控制，控制系统的电源由一台UPS供电。一旦UPS出现故障，将造成整个控制系统停电，现场所有设备停电，生产瘫痪。

（2）改进措施。在UPS内部增加一转换板，将旁路、电池故障等信号转换引出，接到控制系统的数字量模块，同时在程序内部修改增加报警显示。其工作原理见图6-56。

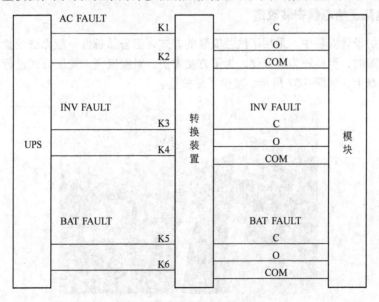

图6-56　UPS工作原理图

6.4.10 增加料位演算联锁，保障料位准确性

（1）现场情况。干熄炉内的料位根据装入量与排出量相减演算，从而得出实时的料位。在运行过程中，下游皮带故障引起整个皮带系统停止，排焦停止，但是计算机监控画面料位值仍按照一定的频率有规律下降。

（2）故障原因。在演算过程中，如果先停 gx_1 皮带（排焦口下的首条皮带），皮带将延迟一定的时间，等待皮带上的焦炭全部转出后停止，皮带处于无料停止的状态，对皮带秤计量而言也就没有瞬时重量，干熄炉的实时料位也就不下降。但在运行过程中，如果下游的皮带由于故障等原因停止，也将导致 gx_1 皮带连锁停。这时 gx_1 皮带上布满焦炭，皮带秤仍处于有负荷的状态，在程序运算过程中，只是按照皮带脉冲的数量进行料位演算，没有任何的连锁关系，皮带秤二次仪表仍然持续发出脉冲信号，也就导致在停止排焦的状态下，料位继续有规律下降，无法保证料位的准确性。

（3）整改措施。针对该情况，在运算逻辑上增加皮带运行信号，只有在 gx_1 皮带运行时才进行装入量与排出量相减演算，否则不进行减法计算。

6.4.11 控制系统 24V 电源改造

（1）现象。停现场网络交换机 24V 电源后，主控室监控画面无法显示，现场设备不停，但是送电后现场带连锁设备全部停止。

（2）原因。重新启动的瞬间，该柜内的模拟量信号隔离器有瞬时的闪灭，此时循环风机停止运行，锅炉给水泵停止运行，上位经过 1min 左右画面恢复正常。由于该柜内 24V 负载比较大，同时交换机启动的瞬时电压降较大，对整个柜内的 24V 冲击较大，而循环风机的连锁模拟量（振动、电流等）通过信号隔离器进入模块，瞬时断路，计算机内部显示最大量程的数值，连锁报警，循环风机、给水泵等进行保护动作，停止运行。

（3）改进措施。将 24V 电源分开，网络、现场、其他设备相互独立，避免了"以点带面"的情况。

6.4.12 热电阻、热电偶安装改造

在温度点的设计安装中，采用了法兰安装的方式，但备品备件一般无法兰盘，这样在热电阻、热电偶故障时，更换较为不方便，为了方便维护，对温度测点安装方式进行了改进，将丝座焊接到法兰盘上，如图 6-57 所示，减少了维护量。

图 6-57 丝座焊接

7 干熄焦环境建设

7.1 除尘的基础知识

7.1.1 粉尘的基本性质

尘粒具有形状多样、粒径小、密度小、比表面积大四大基本特性，还具有磨损性、荷电性、湿润性、黏着性以及爆炸等重要性质。

7.1.1.1 粉尘的颗粒形状

粉尘颗粒的形状是指一个尘粒的轮廓或表面上各点所构成的图像，在工业和自然界中遇到的粉尘形状千差万别，表 7-1 中定性地描述了尘粒的形状。

表 7-1 尘粒的形状

形 状	形状描述	形 状	形状描述
针 状	针形状	片 状	板状体
多角状	具有清晰边缘或有粗糙的多面形体	粒 状	具有大致相同量级的不规则形体
结晶状	在液体介质中自由发展的几何形体	不规则状	无任何对称性的形体
枝 状	树枝状结晶	模 状	具有完整的、不规则形体
纤维状	规则的或不规则的线状体	球 状	网球形体

7.1.1.2 粉尘的物理性质

由于粉尘与粉尘之间有许多空隙，有些颗粒本身还有孔隙，所以粉尘的密度有如下几种表述方法。

（1）真密度：这是不考虑粉尘颗粒与颗粒空隙的颗粒本身实有的密度。若颗粒本身是多孔性物质，则它的密度还分为两种：1）考虑颗粒本身孔隙在内的颗粒物质，在抽真空的条件下测得密度，称为真空度；2）包含颗粒本身孔隙在内的单个颗粒的密度称为颗粒密度。一般用比重瓶法测得，又称为视密度。

（2）堆积密度：粉尘的颗粒与颗粒间有许多空隙，在粒群自然堆积时，单位体积的质量就是堆积密封。

（3）假密度：假密度中粉尘颗粒质量与所占体积之比。

7.1.1.3 粉尘的化学物质

A 粉尘的成分

所谓粉尘的主要成分是指化学成分，有时指形态，一般说来，化学成分常影响到燃烧、爆炸、腐蚀、露点等，而形态成分常影响到除尘效果，见表7-2说明。

表 7-2　粉尘成分　　　　　　　　　　（%）

取样位置	固定炭	灰　分	挥发分	H_2O	SO_2
除尘器外	63. 7	12. 6	18. 8	3. 9	14. 4
除尘器外	34. 6 ~ 28. 7	24. 1 ~ 20. 6	24. 1 ~ 20. 6	14. 5 ~ 9. 5	26. 3 ~ 32. 3

B　粉尘的水解性

一些粉尘有易吸收烟气中水分而水解的性质，如硫酸盐、氯化物、氧化物、氢氧化钙、碳酸钠等，从而增加了烟尘的黏结性，对除尘设备正常工作十分不利。

粉尘的水解本质上是粉尘的化学反应，之后形态变黏、变硬，许多除尘器因粉尘水解工作不正常，形成袋式除尘器的糊袋现象，情况严重时会使袋式除尘器失效。

C　粉尘的爆炸性

达到一定浓度的某种粉尘遇有明火、放电、高温、摩擦等作用，在氧气充足条件下具有爆炸性，在堆放与输送等过程中要注意。粉尘的爆炸性可分为两大类。

（1）含灰分少的，堆积时不易燃烧，但它的悬浮物却易燃，按其爆炸强烈性次序排列为：细木屑、软木粉、细糖粉、细合成树脂粉、萤石粉、麦牙粉、合成橡胶粉、淀粉、植物纤维等。

（2）含灰分多的，堆积时不可能燃烧，其悬浮物只在高温长期作用下才会燃烧，但不爆炸，如合成赛璐珞、锌粉、天然树脂粉、炭黑、香料、肥皂粉、油漆雾等。

各种粉尘发生爆炸的最低质量浓度是不同的，如褐煤粉为 6 ~ 8mg/m³，石煤粉为 10 ~ 12g/m³，木屑为 12g/m³，铝粉为 7g/m³，合成橡胶粉为 8g/m³。

粉尘爆炸所需的最低氧体积分数（%）也各不同，如焦炭粉为 16%，褐煤粉为 14%，木屑、硫黄粉等为 10%，合成树脂、棉花等为 5%，部分可燃粉尘的爆炸极限见表7-3。

表 7-3　可燃粉尘的爆炸极限

粉　尘	爆炸下极限/g·m⁻³	起火点/℃	粉　尘	爆炸下极限/g·m⁻³	起火点/℃
合成橡胶	30	320	煤　炭	35	610
软　木	35	470	小　麦	60	470
木　屑	40	430			

7.1.2　气体中粒子分离机理

粉尘粒子从气体中分离出来有多种方法，这些方法都是以作用力为理论基础，由于力的性质不同，使得气体中粒子分离有不同的机理和方法。

7.1.2.1　气体中粉尘分离主要机理

A　粉尘的重力分离机理

粉尘在缓慢运动的气流中自然沉降从气流中分离出来，这是一种最简单、也是效果最差的机理。因为在重力除尘器中，气体介质处于湍流状态，故而粒子即使在除尘器中逗留时间很长，也不能企求有效地分离含尘气体介质中的细微粒度粉尘。

对较粗粒度粉尘的捕集效果要好得多，但这些粒子也不完全服从静止介质中粒子沉降速度为基础的简单设计计算。

粉尘的重力分离机理主要适用于直径大于 $100\sim500\mu m$ 粉尘粒子。

B 粉尘离心分离机理

由于气体介质快速旋转，气体中悬浮粒子达到极大的径向迁移速度，从而使粒子有效地得到分离。离心除尘方法是在旋风除尘器内实现的，但除尘器构造必须使粒子在除尘器内逗留时间短。相应地，这种除尘器的直径一般要小，否则很多粒子在旋风除尘器中短暂的逗留时间不能达到器壁。在直径约 $1\sim2m$ 的旋风除尘器内，可以十分有效地捕集 $10\mu m$ 以上大小的粉尘粒子。但工艺气体流量很大，要求使用大尺寸的旋风除尘器，而这种旋风除尘器效率低，只能成功地捕集粒径大于 $70\sim80\mu m$ 的粒子。

旋风除尘器的突出优点是，它能够处理高温气体，造价比较便宜，但在规格较大而压力损失适中的条件下，对气体高精度净化的除尘效率不高。

C 粉尘惯性分离机理

粉尘惯性分离机理在于当气流绕过某种形式的障碍物时，可以使粉尘粒子从气流中分离出来。障碍物的横断面尺寸愈大，气流绕过障碍物时流动线路严重偏离直线方向就开始得愈早。相应地，悬浮在气流中的粉尘粒子开始偏离直线方向也就愈早。反之，如果障碍物尺寸小，则粒子运动方向在靠近障碍物处开始偏移（由于其承载气流的流线发生曲折而引起）。在气体流速相等的条件下，就可发现第二种情况的惯性力相应地较大。所以，障碍物的横断面尺寸愈小，顺障碍物方向运动的粒子达到其表面的概率就愈大，而不与绕行气流一道绕过障碍物。

利用惯性机理分离粉尘，势必给气流带来巨大的压力损失。然而，它能达到很高的捕集效率，从而使这一缺点得以补偿。利用惯性机理捕集粗粒度粉尘时，粉尘的特征是惯性行程较大，可降低对气体急拐弯构件要求。在这种情况下可以用角钢制成百叶窗式除尘器以及各种烟道弯管作为这种构件，也可以在含尘气流运动路径中设置挡板，提高除尘效果。这种装置的效率较低，通常与重力沉降装置配合使用。

D 粉尘静电力分离机理

静电力分离粉尘的原理在于利用电场与荷电粒子之间的相互作用。虽然在一些生产中产生的粉尘带有电荷，其电量和符号可能从一个粒子变向另一个粒子，因此，这种电荷在借助电场从气流中分离粒子时无法加以利用。由于这一原因，静电力分离粉尘的机理要求使粉尘粒子荷电。还可以通过把含尘气流注入同性荷电离子流的方法达到使粒子荷电。

静电除尘器的一个主要缺点是由于保证含尘气流在电除尘器内长时间逗留的需要，电除尘器尺寸一般十分庞大，因而相应地提高了设备造价。而与外形尺寸同样庞大的高效袋式除尘器相比，其独特优点是静电力净化装置不会造成很高的压力损失，因而能耗较低。静电力净化的另一重要优点是，可以用来处理工作温度达 $400℃$ 的气体，在某些情况下可处理温度更高的气体。

7.1.2.2 除尘器的种类

（1）除尘器：用于捕集、分离悬浮于空气或气体中粉尘粒子的设备。

（2）沉降室：由于含尘气流进入较大空间速度突然降低，使尘粒在自身重力作用下与气体分离的一种重力除尘装置。

（3）干式除尘器：不用水或其他液体捕集和分离空气或气体中粉尘粒子的除尘器。

（4）惯性除尘器：借助各种形式的挡板，迫使气流方向改变，利用尘粒的惯性使其和挡板发生碰撞而将尘粒分离和捕集的除尘器。

（5）旋风除尘器：含气流沿切线方向进入筒体做螺旋形旋转运动，在离心力作用下将尘粒分离和捕集的除尘器。

（6）袋式除尘器：用纤维性滤袋捕集粉尘的除尘器。

（7）电除尘：由电晕极和集尘极及其他构件组成，在高压电场作用下，使含尘气流中的粒子荷电并被吸收、捕集到集尘极上的除尘器。

（8）湿式除尘器：借含尘气体与液滴或液膜的接触、撞击等作用，使尘粒从气流中分离出来的设备。

（9）水膜除尘器：含尘气体从筒体下部进风口沿切线方向进入后旋转上升，使尘粒受到离心力作用被抛向筒体内壁，同时被沿筒体向下流动的水膜所黏附捕集，并从下部锥体排出的除尘器。

（10）泡沫除尘器：含尘气流以一定流速自下而上通过筛板上的泡沫层而获得净化的一种除尘设备。

（11）颗粒层除尘器：以石英砂、砾石等颗粒状材料作过滤层的除尘器。

（12）水膜除尘器：含尘气体从筒体下部进风口沿切线方向进入后旋转上升，使尘粒受到离心力作用被抛向筒体内壁，同时被沿筒体内壁向下流动的水膜所黏附捕集，并从下部锥体排出的除尘器。

（13）卧式旋风水膜除尘器：一种由卧式内外旋筒组成的，利用旋转含尘气流冲击水面在外旋筒内侧形成流动的水膜并产生大量水雾，使尘粒与水雾液滴碰撞、凝集，在离心力作用下被水膜捕集的湿式除尘器。

（14）联合除尘：机械除尘与水力除尘联合作用的除尘方式。

（15）冲激式除尘器：含尘气流进入筒体后转弯向下冲击液面，部分组大的尘粒直接沉降在泥浆斗内，随后含尘气流高速通过 S 形通道，激起大量水花和液滴，使微细粉尘与水雾充分混合、接触而被捕集的一种湿式除尘设备。

（16）文氏管除尘器：一种由文氏管和液滴分离器组成的除尘器。含尘气体高速通过喉管时使喷嘴喷出的液滴进一步雾化，与尘粒不断撞击，进而冲破尘粒周围的气膜，使细小粒子凝集成粒径较大的含尘液滴，进入分离器后被分离捕集，含尘气体得到净化，也称文丘里洗涤器。

（17）筛板塔：筒体内设有几层筛板，气体自下而上穿过筛板上的液层，通过气体的鼓泡使有害物质被吸收的净化设备。

（18）填料塔：筒体内装有环形、波纹形或其他形状的填料，吸收剂自塔顶向下喷淋于填料上，气体沿填料间隙上升，通过气液接触使有害物质被吸收的净化设备。

（19）空气过滤器：借助滤料过滤来净化含尘空气的设备。

（20）自动卷绕式过滤器：使用滚筒状滤料并能自动卷绕清灰的空气过滤器。

（21）真空吸尘装置：一种借助高真空度的吸尘嘴清扫积尘表面并进行净化处理的装置。

（22）机械除尘：借助通风机和除尘器等进行除尘的方式。

（23）湿法除尘：水力除尘、蒸汽除尘和喷雾降尘方式的统称。

（24）水力除尘：利用喷水雾加湿物料，减少扬尘量并促进粉尘凝聚、沉降的除尘方式。

7.1.3 除尘器的性能表示方法

7.1.3.1 处理气体流量

处理气体流量是表示除尘器在单位时间内所能处理的含尘气体的流量，一般用体积流量 Q（单位为 m^3/s 或 m^3/h）表示。实际运行中除尘器由于不严密而漏风，使得进出口的气体流量往往并不一致，通常用两者的平均值作为该除尘器的处理气体流量，即

$$Q = (Q_1 + Q_2)/2$$

式中　Q——处理气体流量；

Q_1——除尘器的进口气体流量；

Q_2——除尘器的出口气体流量。

7.1.3.2 除尘器设备阻力

除尘器的设备阻力是表示能耗大小的技术指标，可通过测定设备进口与出口气流的全压差而得到，其大小不仅与除尘器的种类和结构形式有关，还与处理气体通过时的流速大小有关，用公式表示：

$$\Delta p = \xi(\rho u^2/2)$$

式中　Δp——含尘气体通过除尘器设备阻力，Pa；

ξ——除尘器的阻力系数；

ρ——含尘气体的密度，kg/m^3；

u——除尘器进口的平均气流速度，m^3/s。

7.1.3.3 除尘效率

除尘效率是指在同一时间内除尘装置捕集粉尘质量占进入除尘装置的粉尘质量的百分数，常用"η"表示。

7.1.3.4 排放浓度

当排放口前为单一管道时，取排气筒实测排放浓度为排放浓度。

7.2 干熄焦除尘

在干熄焦生产过程中，产生大量的粉尘等污染物，不但污染环境，还浪费了大量的资源，因此必须进行捕集与处理。在干熄焦系统及焦炭转运过程中设置了除尘环节，包括工艺除尘及环境除尘。

7.2.1 工艺除尘

干熄焦工艺除尘主要是指干熄焦本体系统中的一次除尘（简称1DC，重力沉降式）及二次除尘（简称2DC，多管旋风式），以某焦化厂 150t/h 及 100t/h 干熄焦为例介绍工艺除尘。

7.2.1.1 工艺除尘示意图

A　150t/h 干熄焦示意图（见图 7-1，图 7-2）

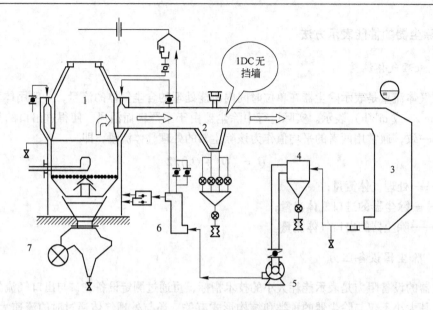

图 7-1　150t/h 干熄焦工艺除尘示意图

1—干熄炉；2—1DC；3—锅炉；4—2DC；5—循环风机；6—给水预热器；7—旋转密封阀

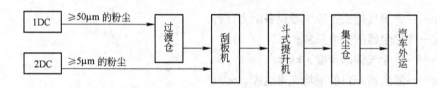

图 7-2　150t/h 干熄焦工艺除尘焦粉流程

B　100t/h 干熄焦示意图（见图 7-3，图 7-4）

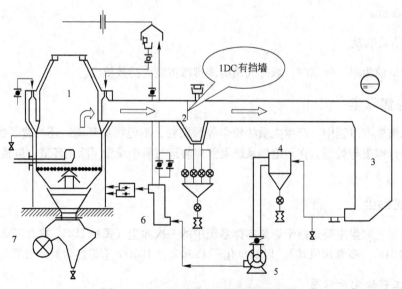

图 7-3　100t/h 干熄焦工艺除尘示意图

1—干熄炉；2—1DC；3—锅炉；4—2DC；5—循环风机；6—给水预热器；7—旋转密封阀

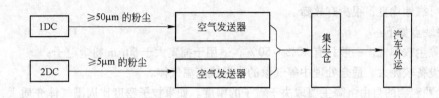

图 7-4　100t/h 干熄焦 1DC、2DC 焦粉流程

7.2.1.2　工艺除尘设备简介

A　一次除尘（重力沉降式）

干熄焦装置所采用的在重力作用下沉降灰尘的设备，是尺寸很大的矩形沉降室，在沉降室中气流运动速度大为减小，而气体停留的时间则较长。在重力作用下，悬浮的颗粒状粉尘自运动的气流中沉降下来。焦尘沉降室配置在高温区（600~800℃），干熄焦室到余热锅炉的过渡性气体通道如图 7-5 或图 7-6 所示。

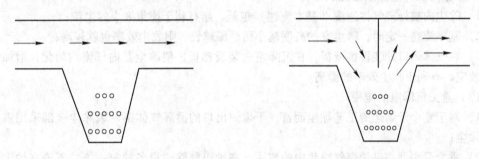

图 7-5　150t/h 一次沉降室示意图　　　　　图 7-6　100t/h 一次沉降室示意图

焦尘是磨蚀性很强的物质，所以对干熄焦装置各单元采取抗磨蚀的防护措施具有实际意义，保证熄焦装置操作可靠和耐久，故在干熄炉的出口与锅炉之间设置一次除尘器。从干熄炉出来的含尘量约 10~13g/m³ 的循环气体，经过重力沉降式除尘后含尘量降为 7~10g/m³，进入锅炉，此时含尘气体对锅炉内部磨损不大。

某焦化厂现运行的 150t/h 干熄焦一次除尘中间没有挡墙，这与工艺采用完全燃烧有关。另外，大于 1mm 颗粒粉尘因为自身力也可以沉降下来，而对于锅炉而言，大于 1mm 颗粒粉尘才会对其造成损害。并且没有挡墙的一次除尘器料仓可以小许多，可降低建设成本，此外维修也更方便，而同一个焦化厂运行 100t/h 干熄焦一次除尘器设置了挡墙。如图 7-5 与图 7-6 所示。

a　重力沉降的理论与应用

（1）重力沉降的理论　当气体由进风管进入重力除尘器时，由于气体流动通道断面积突然增大，气体流速迅速下降，粉尘便借本身重力作用，逐渐沉落，最后落入下面的集灰斗中。重力沉降除尘装置称为重力除尘器又称沉降室。

主要优点如下：

1）结构简单，维护容易；

2）阻力低，一般约为 50~150Pa，主要是气体入口和出口的压力损失；

3) 维护费用低，经久耐用；

4) 可靠性优良，很少有故障。

主要缺点如下：

1) 除尘效率低，一般只有 40% ~ 50% ，适用于捕集大于 50μm 粉尘粒子；

2) 设备较庞大，适合处理中等气量的常温或高温气体。

粉尘颗粒物的自由沉降主要取决于粒子的密度。如果粒子密度比周围气体介质大，气体介质中的粒子在重力作用下便沉降；反之，粒子则上升。

影响粒子沉降的因素还有：

1) 颗粒物的粒径，粒径越大越容易沉降；

2) 粒子形状，圆形粒子最容易沉降；

3) 粒子运动的方向性；

4) 介质黏度，气体黏度大时不容易沉降；

5) 与重力无关的影响因素，如粒子变形、在高浓度下粒子的相互干扰、对流以及除尘器密封状况等。

(2) 重力沉降室除尘器性能评价

1) 除尘内被处理气体速度（基本流速）越低，越有利于捕集细小的尘粒；

2) 基本流速一定时，降尘室的高度越小而纵深越长，则收尘效率也就越高；

3) 在气体入口处装设整流板，在沉降室内装设挡板，使除尘器内气流均匀化，增加惯性碰撞效应，有利于收尘效率的提高。

(3) 重力沉降室的应用

1) 对于整个干熄焦的工艺除尘而言，干熄炉出口的循环气体第一级除尘全部采用重力沉降式除尘；

2) 重力除尘器在高炉煤气净化中的应用，高炉煤气除尘设备的第一级，不论高炉大小普遍采用重力除尘器，因为从高炉引出的炉顶煤气中含有大量的灰尘，不能直接使用，必须经过除尘处理，收集下来后方可使用。

b　重力除尘器的构造

按气体流动方向可以分为水平气流重力除尘器和垂直气流重力除尘器两种；按除尘器内部有无挡板可分为无挡板除尘器和有挡板除尘器。

水平气流重力沉降室的构造　水平气流重力除尘器由气体入口、箱体、干净气体出口及卸灰装置组成，如图 7-7 所示。

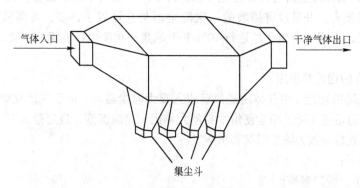

图 7-7　水平气流重力沉降室示意图

为了提高除尘效率，有的在室中加垂直挡板，如图7-6所示。某钢铁企业设计院自行研制开发的100t/h干熄焦系统中一次除尘中便设计了挡墙。其目的，一方面是为了改变气流的运动方向，这是由于粉尘颗粒惯性较大，不能随气体一起改变方向，撞到挡板上，失去继续飞扬的动能，沉降到下面的集灰斗中；另一方面是为了延长粉尘的通行路程，使它在重力作用下逐渐沉降下来。

B　二次除尘（陶瓷多管旋风分离式）

作为干熄焦本体系统中的第二级除尘，目前大部分采用陶瓷多管旋风分离式，多管旋风除尘器是指多个单旋风除尘器并联使用组成一体并共用进气室和排气室，以及共用灰斗，而形成的多管除尘器。多管旋风除尘器中每个旋风粒子大小适中，数量适中。陶瓷多管旋风除尘器的特点是：

(1) 因多个小型旋风除尘器并联使用，在处理相同风量情况下除尘效率高；

(2) 节约安装占地面积；

(3) 多管旋风分离除尘器比单管并联使用的除尘装置阻力损失小；

(4) 耐磨性能好。

单个旋风分离除尘器的优点是：结构简单、造价便宜、占地面积小、无运动部件、操作维修方便、压力损失中等、动力消耗不大；缺点是：除尘效率不高，对于流量变化大的含尘气体性能较差。旋风除尘器可以单独使用，也可以作多级除尘系统的预级除尘使用，捕集小于5μm尘粒的效率不高。

a　离心分离理论与应用

(1) 离心分离除尘器理论。当含尘气体由切向进气口进入旋风分离器时气流将由直线运动变为圆周运动。旋转气流的绝大部分沿器壁自圆筒体呈螺旋形向下、朝锥体流动，通常称此为外旋气流。含尘气体在旋转过程中产生离心力，将相对密度大于气体的尘粒甩向器壁。尘粒一旦与器壁接触，便失去径向惯性力而靠向下的动量和向下的重力沿壁面下落。进入排灰管。旋转下降的外旋气体到达锥体时，因圆锥形的收缩而向除尘器中心靠拢。根据"旋转矩"不变原理，其切向速度不断提高，尘粒所受离心力也不断加强。当气流到达锥体下端某一位置时，即以同样的旋转方向从旋风分离器中部，由下反转向上，继续做螺旋性流动，即内旋气流。最后净化气体经排气管排出管外，一部分未被捕集的尘粒也由此排出。

(2) 离心分离除尘器应用。旋风分离除尘器是应用最广泛的除尘器之一，在工农业生产中都有应用旋风除尘器的场合，这里仅举三个例子。

1) 干熄焦的二次除尘，即有多个单旋风除尘器并联使用组成一体并共用进气室和排气室，以及共用灰斗，而形成的除尘器；

2) 在垃圾焚烧炉内的应用，小型垃圾焚烧炉几乎都用旋风除尘器净化燃烧气体中的烟尘，把焚烧炉与旋风除尘器结合为一体既合理又经济。在良好燃烧的条件下排放浓度能满足环保要求；

3) 直流式旋风除尘器用于火花捕集，有些工艺生产时需要加入添加剂或采用不同的原料生产，使被抽走的烟气带有火花颗粒，如果不对除尘系统采取适当的措施，则将造成除尘器滤袋的破损，进而影响除尘效果。

b　离心分离除尘器的构造　旋风离心分离器由筒体、锥体、进气管、排气管和卸灰管等组成，如图7-8所示。

影响旋风除尘器除尘效率的因素如下：

（1）入口流速：旋风除尘器进口烟气流速增大，烟尘受到的离心力增大，旋风除尘器的 d_{c50} 临界粒径减少，收尘效率提高；但是，进口流速过高，旋风除尘器内烟尘的反弹、返混及尘粒碰撞被粉碎等现象反而影响收尘效率继续提高；尤其是旋风除尘器的流体阻力与进口流速的平方成正比；

（2）除尘器的结构尺寸：除尘器筒体直径尺寸愈小，在同样切线速度下，尘粒所受离心力愈大，除尘效率愈高；筒体高度的变化对除尘效率不明显。而适当加长锥体高度，有利于提高除尘效率；

（3）粉尘粒径与密度：大粒子比小粒子更易捕集；除尘效率随着尘粒真密度的增大而提高，密度小，难分离，除尘效率下降；

（4）气体温度和黏度；

（5）除尘器下部的气密性：除尘器内部静压从外壁向中心逐渐降低。即使除尘器在正压下运行锥体底部也可能处于负压状态。

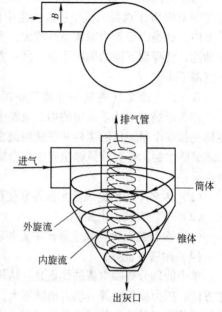

图 7-8　旋风分离器示意图

7.2.2　环境除尘

干熄焦在生产过程中会产生大量的颗粒污染物（主要是焦粉），为了减少扬尘以及符合大气污染物的排放标准，必须对含尘气体进行净化与处理。干熄焦的环境除尘主要是指收集干熄炉顶装入装置、常用放散口、预存段压力调节放散口、底部排焦、焦炭各转运点的粉尘。

7.2.2.1　工艺流程

环境除尘站通过除尘风机产生的吸力，推动整个系统的气体流动。来自装入装置的高温烟气、干熄炉炉顶常用放散口以及预存段压力调节处高温烟气与来自振动给料器、旋转密封阀、皮带转运点以及焦仓等的低温烟气，进入多管式冷却器或进入百叶式冷却器，将气体进行冷却并分离出含尘气体中的粗颗粒粉尘。经多管式冷却器或百叶式冷却器后进入布袋式除尘器，除尘完毕后由风机烟囱排放。环境除尘系统外排含尘量要求不大于 $50mg/m^3$。在管式冷却器或百叶式冷却器以及脉冲式布袋除尘收集下来的粉尘，经过格式卸灰阀到刮板机后外运。

含尘烟气除尘流程如下：

含尘烟气主要分为高温和低温烟气两种：高温烟气主要来源于干熄炉顶装焦系统以及部分放散点；低温烟气主要来自排焦部位、焦炭转运过程中产生的烟气。在干熄焦进行装焦时，干熄炉炉顶管道上的除尘专用电动阀门进行装焦时自动打开，除尘风量同时增加，保证了装焦除尘无含尘烟气扬起，降低大气污染。由于各个设计院设计的干熄焦的不同，在干熄焦的环境除尘中高温烟气有的采用了先进入管式冷却器或百叶式冷却器后再进入布袋式除尘器的流程，有的则直接进入布袋除尘器，以某焦化厂同时运行的 100t/h 与 150t/h 干熄焦环境除尘流程进行说明，如图 7-9 所示。

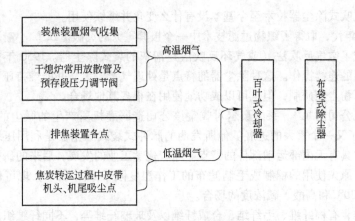

图 7-9 环境除尘流程图

7.2.2.2 主要设备简介

A 袋式除尘器

目前干熄焦的环境除尘广泛采用袋式除尘器。

a 袋式除尘器的基础知识

袋式除尘器是指利用纤维性滤袋捕集粉尘的除尘设备。滤袋的材质是天然纤维、化学合成纤维、玻璃纤维、金属纤维或其他材料。用这些材料织造成滤布，再把滤布缝制成各种形状的滤袋，如圆形、扇形、波纹形或菱形等。用滤袋进行过滤与分离粉尘颗粒时，可以让含尘气体从滤袋外部进入到内部，把粉尘分离在滤袋外表面，也可以使含尘气体从滤袋内部流向外部，将粉尘分离在滤袋内表面。含尘气体通过滤袋分离与过滤完成除尘过程。粉尘经滤袋被过滤分离所受到的力在各种除尘技术中是最复杂的。尽管有许多过滤器分离表达方程式，但不足以定量表示符合实际结果的除尘效率、过滤阻力等各种因果关系。所以说，袋式除尘技术是一种科学和实践经验完美结合的产物。

袋式除尘器的突出优点是除尘效率高，属高效除尘器，除尘效率一般高于99%。运行稳定，不受风量波动影响，适应性强，不受粉尘比电阻值限制。因此，应用中备受青睐。它的应用数量约占各类除尘器总量的60%~70%。袋式除尘器的不足之处，是对潮湿、黏性粉尘的含尘气体不如湿式除尘器。

织物过滤的雏形已存在几千年。沙漠旅行者用织物抵御沙流的侵袭；早期的医生用口罩防止病菌的传染；矿工和金属加工工人用织物过滤粉尘和烟尘，都是织物过滤保护人体健康的有效形式。

由于细粉尘带走了有价值的物质，在致力回收的过程中实施织物过滤。这种相当大的紧密编织的口袋把回收的物质阻留在袋中，随后进行人工振打和清灰。因清灰前需中断气流，故将布袋分成几组，分组交替除尘和清灰。为人工清灰，整理打扫问题，这些滤袋常被设置在单独的室中，"袋式集尘室"一词即由此而来。

早在公元1900年前，人们就开始使用端板或管板供安装和定位滤袋用。19世纪初，第一台自动振打器机械装置才得以问世。1881年，贝特工厂的机械振打清灰袋式除尘器取得德国专利权。早期的袋式除尘器几乎总是由需要和使用它们的工厂自行设计和制造的，因此滤布加工技术发展缓慢。

袋式除尘器的工业生产始于第一次世界大战前，制造公司将它们作为空气净化自己使用。有的厂家将自动清灰袋式除尘器作为各种组装设备的一部分出售。20世纪20~30年代开发的振打式和空气反吹式除尘器技术至今基本没有什么变化并继续使用。

20 世纪 40 年代，取得了织物过滤技术中一个极其重大的突破。H. J. 小赫西用一个大直径的毛毡立管制成了空气反吹法（或气环反吹法）清灰的袋式除尘器。1950 年气环逆吹清灰实现了袋式除尘器的连续操作。这种除尘器的特点是处理气量较大，并能维持压力降不变。它虽然原先是为硅石粉尘而研制，但也可以成功地使用在很多其他场合。

美国粉碎机公司的 T. V. 莱因豪尔对收集该公司造研磨机所产生的微尘的途径做了探讨，于 1957 年获得了又一个重大的进展。他所发明的脉冲式袋式除尘器是利用压缩空气的冲击力来净化滤布，并具有无内部运动部件的特点。随着化学工业的发展，后来的研究工作大多在于开发新的滤布，原先使用的棉制或毛制滤布的工作温度限于 80℃ 以下，现可使用的化纤滤布适于温度高达 220℃ 和高酸、碱浓度的场合。

滤料用纤维，有棉纤维、毛纤维、合成纤维以及玻璃纤维等，不同纤维织成的滤料具有不同性能。常用的滤料有 208 或 901 涤纶绒布，使用温度一般不超过 120℃，经过硅酮树脂处理的玻璃纤维滤袋，使用温度一般不超过 250℃，棉毛织物一般适用于没有腐蚀性；温度在 80 ~ 90℃ 以下含尘气体。

b　袋式除尘器的工作原理

将棉、毛或人造纤维等织物作为滤料制成滤袋，对含尘气体进行过滤的除尘装置。含尘气流由上箱体下部进入，因缓冲区的作用使气流向上运行。气流减速后到达滤袋，粉尘阻留在袋外，干净气体经袋口进入上箱体，由出风口排出。当含尘气体通过洁净的滤袋时，由于滤材本身的网孔较大，一般为 20 ~ 50μm，即使表面起绒的滤袋，网孔也在 5 ~ 10μm 之间。因此，新用布袋的除尘效率不高的，大部分微细粉尘随着气流从滤袋的网孔中通过，而粗大的尘粒被阻留，并在网孔中产生“架桥”现象，随着含尘气体不断通过滤袋的纤维间隙，纤维间粉尘“架桥”现象不断加强，经过一段时间后，滤袋表面积聚一层粉尘，称为粉尘初层，在以后的除尘过程中，粉尘初层便成了滤袋的主要过滤层，而滤布只不过起着支撑骨架的作用。随着粉尘在滤布上的积累，除尘效率和阻力都相应增加，当滤袋两侧的压力差很大时，会导致把已附在滤料层上的细粉尘挤走，使除尘效率下降。同时除尘器的阻力过大会使除尘系统的风量显著下降，以致影响生产系统的除尘效果。因此，除尘器阻力达到一定值后，为使阻力控制在限定的范围内（一般为 120 ~ 150kPa），除尘器设有差压变送器（或压力控制仪表）或时间继电器，在线检测除尘室与净气室压差，当压差达到设定值时，向脉冲控制仪发出信号，由脉冲控制仪发出指令按顺序触发开启各脉冲阀，使气包内的压缩空气由喷吹管各孔眼喷射到各对应的滤袋，造成滤袋瞬间急剧膨胀。由于气流的反向作用，使积附在滤袋上的粉尘脱落，脉冲阀关闭后，再次产生反向气流，使滤袋急速回缩，形成一胀一缩，滤袋胀缩抖动，积附在滤袋外部的粉饼因惯性作用而脱落，使滤袋得到更新，被清掉的粉尘落入分离器下部的灰斗中，除尘效率可达 99% 以上。

c　袋式除尘器的分类

按照清灰方法袋式除尘器分为人工拍打袋式除尘器、机械振打袋式除尘器、气环反吹袋式除尘器和脉冲袋式除尘器。

按照含尘气体进气方式可分为内滤式和外滤式（见图 7-10、图 7-11）。内滤式系含尘气体由滤袋内向滤袋外流动，粉尘被分离在滤袋内。某焦化厂 150t/h 干熄焦运行的三个焦炭转运站均采取内滤式除尘。外滤式系含尘气体由滤袋外向滤袋内流动，粉尘被分离在滤袋外；由于含尘气体由滤袋外向滤袋内流动，因此滤袋内必须设置骨架，以防滤袋被吹瘪。

按照含尘气体与被分离的粉尘下落方向分为顺流式和逆流式。顺流式为含尘气体与被分离的粉尘下落方向一致。逆流式则相反（见图7-10、图7-11）。

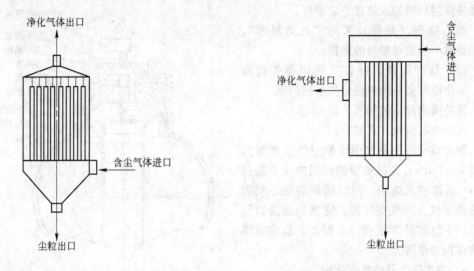

图7-10　内滤式袋式除尘器示意图　　　　图7-11　外滤式袋式除尘器示意图

　　按照动力装置布置的位置分为正压式和负压式。动力装置布置在袋式除尘器前面采用鼓入含尘气体的是正压式袋式除尘器，其特点是结构简单，但由于含尘气体经过动力装置，因此，磨蚀严重，容易损坏。动力装置布置在袋式除尘器后面采用吸出已被净化气体的是负压式袋式除尘器，其特点是动力装置使用寿命长，但需密闭不能漏气，结构较复杂。

　　按照滤袋的形状可分为圆袋和扁袋。一般采用圆袋，并往往把许多袋子组成若干袋组。扁袋的特点是可在较小的空间布置较大的过滤面积，排列紧凑。

　　某焦化厂同时运行的100t/h及150t/h干熄焦的环境除尘采用的是离线脉冲定时清灰、圆袋式布袋除尘。

　　d　袋式除尘器的结构

　　袋式除尘器由上箱体（净气室）、中箱体（含尘室）、下箱体（灰斗、支架）、清灰系统（喷吹装置）和过滤装置（滤袋、框架）等组成，如图7-12所示。

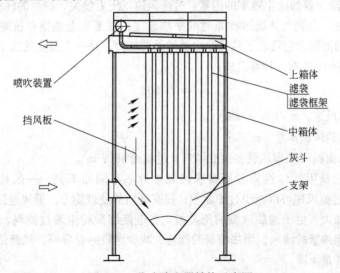

图7-12　袋式除尘器结构示意图

（1）在灰斗的一处设有格栅，目的是防止滤袋脱落后对卸灰装置造成损坏；

（2）袋笼（笼骨）采用"八角星形"，目的是减小袋笼对滤袋的磨损；

（3）脉冲阀是脉冲袋式除尘器关键部件，其使用寿命是用户最为关心的问题。

脉冲阀内部结构如图7-13所示。

脉冲喷吹清灰方式如下：

脉冲喷吹清灰是利用压缩空气（通常为0.15～0.7MPa）在极短暂的时间内（不超过0.2s）高速喷入滤袋，同时诱导数倍于喷射气流的空气，形成空气波，使滤袋由袋口至底部产生急剧的膨胀和冲击振动，造成很强的清落积尘作用。

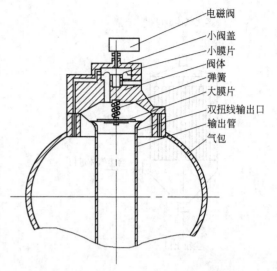

图7-13　脉冲阀内部结构示意图

电磁阀
小阀盖
小膜片
阀体
弹簧
大膜片
双扭线输出口
输出管
气包

e　袋式除尘器的性能指标

（1）技术指标：主要包括含尘气体处理量，除尘效率和压力损失等；

（2）经济指标：主要包括设备费、运行费、占地面积或占用空间、设备的可靠性和使用年限以及操作和维护管理的难易等。

f　袋式除尘器的优、缺点

袋式除尘器优点如下：

（1）除尘效率高，可捕集粒径大于0.3μm的细小粉尘，除尘效率可达99%以上；

（2）使用灵活，处理风量可由每小时数百立方米到每小时数十万立方米，可以作为直接设于室内机床附近的小型机组，也可做成大型的除尘室，即"袋房"；

（3）结构比较简单，运行比较稳定，初投资较少（与电除尘器比较而言），维护方便。

缺点：过滤速度较低，设备体积庞大，滤袋损耗大，压力损失大，运行费用较高等。

g　影响袋式除尘器的除尘效率的因素：过滤风速、压力损失、滤料的性质和清灰方式等。

（1）过滤风速　是指气体通过滤布时的平均速度，在工程上是指单位时间内通过单位面积滤布含尘气体的流量。它代表了袋式除尘器的处理能力，是一个重要的技术经济指标。一般袋式过滤风速在3m/s左右。计算公式：

$$v_f = Q/60A$$

式中　v_f——过滤风速，$m^3/(m^2 \cdot min)$；

　　　　Q——气体的体积流量，m^3/h；

　　　　A——过滤面积（处理风量÷过滤风速＝过滤面积），m^2。

过滤速度的选择因气体性质和所要求的除尘效率不同而不同，一般选用范围为0.6～1.0m/min。提高过滤风速可以减少过滤面积，提高滤料的处理能力。但风速过高会把滤袋的粉尘压实，使阻力加大。由于滤袋两侧的压差增大，会使细微粉尘透过滤料，而使除尘效率降低。并且还会引起频繁的清灰，增加清灰的能耗，减少滤袋的寿命等。风速低、阻力也低，除尘效率高，但处理量下降。

（2）压力损失　压力损失也是除尘效率的重要因素之一，它不仅决定除尘器的能量能耗，同时也决定装置的除尘效率和清灰时间间隔。

计算公式：

$$\Delta p = \Delta p_f + \Delta p_d$$

式中　Δp_f——清洁滤料的压力损失；

　　　Δp_d——过滤层的压力损失。

由于过滤风速很低，气体流动属于黏性流，清洁滤料的压力损失 Δp_f 与过滤风速 v_f 成正比，即：

$$\Delta p_f = \xi_f \cdot \mu \cdot v_f$$

式中　ξ_f——清洁滤料的阻力系数，m^{-1}；

　　　μ——气体黏度，$Pa \cdot s$；

　　　v_f——过滤风速。

h　除尘器设计选择

一般处理量为 140～150t/h 干熄焦使用的布袋除尘器的具体参数：

（1）处理风量：180000m^3/h；

（2）过滤面积：2550m^2；

（3）设备阻力：＜1500Pa；

（4）过滤风速：1.18m/min；

（5）滤袋规格：ϕ130×6000mm；

（6）工作温度：＜120℃；

（7）除尘效率：99.5%；

（8）压缩空气指标：0.3～0.5MPa(3.0m^3/min)。

i　除尘器的一般故障与判断

（1）除尘烟囱冒黑烟现象

1）滤袋破损

滤袋破损的判断：

①　停风机打开所有检修的气室，哪个滤袋口有冒直烟现象，可判断此滤袋为破损；如不好判断，可利用手动反喷相邻的气室使烟气从破损的滤袋中冒出，也可利用压缩空气吹起检修的气室灰斗内积灰进行判断；

②　根据各个滤袋口周围的灰尘积灰情况，可判断滤袋破损；

③　新除尘器根据各个滤袋口所对应的反喷管的磨损亮度，可判断滤袋破损；

④　新除尘器根据各个滤袋口所对应的反喷管的油漆磨损程度，可判断滤袋破损；

⑤　利用手电筒依次对各滤袋进行照射，从集尘灰斗中判断滤袋破损；

⑥　利用手电筒在灰斗底部依次对各滤袋进行照射，从净气室判断滤袋破损。

2）净气室与灰斗通气相连：

①　停机后进入到除尘器的风道内，根据各个焊缝与铁板之间的磨损亮度进行判断（判断出后进行焊接）；

②　进入风道也可利用肉眼来判断。

3）净气室花板与灰斗不密封：

利用肉眼来判断，进行焊接。

4）滤袋口与花板连接不密封：

利用肉眼来判断是滤袋口（有的滤袋口为钢边，无法全部卡好）的问题还是笼骨口破损造成的。

5）滤袋的材质不符合要求。

（2）影响除尘效果差的原因：

1）风量小的原因：

①风机的出口阀门没有全部打开；

②风机的入口阀门开度小；

③滤袋被水蒸气糊住，透气性差；

④反喷不及时或反喷间隔时间大。

2）除尘器的净气室的提升阀不动作：

①除尘器提升阀所用的压缩空气压力小于设计压力值；

②现场漏压缩空气；

③提升阀所用的电磁阀出现故障；

④提升缸与气室的盖板脱落；

⑤电气故障；

⑥提升阀机械故障。

3）除尘管道堵塞：

定期检查各吸尘点的吸力。

4）除尘风机风量不变，现场阀门调节不当。

（3）反喷系统故障：

1）脉冲阀本体故障：

①脉冲阀膜片破损；

②电磁阀失灵或排气孔被堵；

③控制系统无信号；

④膜片上的垫片松脱漏气。

2）脉冲阀喷吹无力：

①大膜片上节流孔过大或膜片上有砂眼；

②控制系统输出脉冲宽度过窄；

③电磁阀排气孔部分被堵。

3）电磁阀不动作或漏气：

①接触不良或线圈断路；

②阀内有污物；

③弹簧、橡胶件失效。

B　除尘风机

除尘风机是整个除尘系统的动力之源。根据生产要求选择合适的转速，既保证各除尘点无粉尘外逸，又要保证各除尘设备达到最高利用效率。在风机入口设置调节挡板，保证风机无负荷启动，经除尘后合格的烟气通过烟囱直接排放到大气。在烟囱出口安装有粉尘检漏器，用来判断布袋除尘器是否出现泄漏；也可以在每个除尘室安装灰尘检漏器，来判断布袋除尘器的每个除尘室是否出现泄漏。除尘风机调节方式可设置现场手动和中央自动，在干熄焦装焦和间歇时间内，其转速可通过控制系统进行自动调节，从而达到节能的目的。必须对风机电流、轴承振动以及轴承温度进行在线监测。除尘风机的转速调节可选用变频器或液力耦合器进行调速。

变频器调速比较方便，主要属于电气技术，占地面积小，投资稍大。生产时的维护主要以电气为主，损坏后主要以更换为主；在使用液力耦合器进行调速时，对液力耦合器的油压、油温有较高的要求，占地面积稍大，投资低。生产维护主要以机械为主，损坏后需专业人员进行维修，维修比较麻烦，启动过程也较繁琐。在调速方式上，各单位可以根据维护、投资等实际情况进行合适的选择。

C 百叶式预除尘器

为了提高除尘效率，减少烟气中粉尘对布袋的磨损，延长布袋的使用寿命，在布袋除尘器之前设置了预除尘器，将烟气中的大颗粒粉尘预先除去，使进入布袋除尘器的烟气含尘粒径小。主要就是利用重力作用沉降大颗粒粉尘，在下部灰斗安装了仓壁振动器，方便粉尘的排出。

一般处理量为 140 ~ 150t/h 的干熄焦除尘系统使用的百叶式预除尘器具体参数为：

(1) 处理风量约 150000 ~ 200000m³/h；

(2) 烟气温度 <60℃；

(3) 入口烟气含尘质量浓度 10 ~ 15g/m³；

(4) 除尘效率 >50%；

(5) 设备耐压 -5000Pa。

7.3 干熄焦除尘灰的收集与输送

干熄焦除尘灰主要是指工艺除尘及环境除尘产生的粉尘。焦粉收集系统主要设备有：刮板输灰机、斗式提升机、灰仓和加湿搅拌机、真空吸排车等一些附属配套设备。为了减少二次污染，这些设备都采用密封结构。根据干熄焦的生产能力和设计的排灰量来选择这些设备的生产能力，保证系统的正常运行。结合某焦化厂同时运行的 100t/h 与 150t/h 干熄焦粉尘收集系统介绍主要设备。

粉尘收集系统工艺流程见图 7-14，图 7-15。

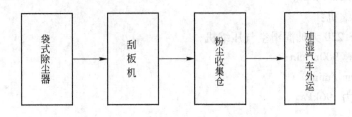

图 7-14 100t/h 干熄焦环境粉尘收集流程

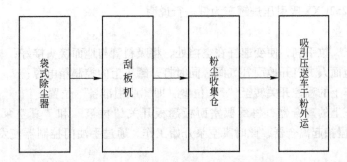

图 7-15 150t/h 干熄焦环境粉尘收集流程

7.3.1　粉尘吸引压送罐车

7.3.1.1　工艺原理

利用吸引压送罐车本体的发动机作为动力源，使罐车自备的真空泵工作，当承载罐体内的真空度达到 -0.06MPa，具备吸力的条件，对粉尘进行吸引作业，粉尘被吸引入到承载罐体时，承载罐体构成重力沉降室，借助重力作用，使含尘气流中的尘粒分离沉降从而实现初级除尘；然后含尘烟气依次进入罐车配置的旋风除尘器和滤袋除尘器，净空气以真空泵作为动力源排入大气。

利用吸引压送罐车本体的发动机作为动力源，使罐车自备的空压机工作，当承载罐体内处于正压状态，具备外排粉作业的条件后，对吸引压送罐车内吸集的粉尘进行外送作业。

7.3.1.2　主要参数

(1) 罐车型号：吸引压送罐车 WSH5252GXY；

(2) 有效装载容积 10kL；

(3) 最大装载质量 8600kg；

(4) 罐体工作压力 -0.7 ~ +0.2MPa；

(5) 设计内部压力 0.2MPa；

(6) 设计内外压力 0.1MPa；

(7) 吸引压送能力 30 ~ 60t/h；

(8) 真空泵：

　　型号 RE-200VT 型罗茨真空泵；

　　最大真空度 7.84MPa；

　　额定转速 1450r/min；

　　流量 58.2m³/min。

(9) 空气压缩机：

　　型号 VS.230 无油润滑空气压缩机；

　　额定转速 900r/min；

　　排量 10m³/min；

　　最大压力 196kPa。

7.3.1.3　操作流程

现以 WSH5252GXY 吸引压送罐车为例进行说明。

A　吸料作业

(1) 停称车，拉手刹，使变速杆在空挡处，将吸料管与地面接头接好；

(2) 通知地面人员打开地面补气阀，同时打开罐车上的控制箱电源；

(3) 将罐车上的程控开关转至"1"位置，即"吸引准备"位置；

(4) 踏罐车上的离合器、将驾驭室面板翘板开关"付箱"和"真空泵"打开，挂"3"或"4"挡，缓慢抬起离合器，此时真空泵开始工作，通过手油门控制器使发动机转速控制在 1700r/min 左右；

(5) 看控制箱的真空表，当表指针指向 -0.06MPa 时，通知地面人员打开供料器开始供料，将程控开关转至"2"位置，即"吸引状态"位置，开始吸料；

（6）当罐内的料位报警灯报警时，通知地面人员停止输灰，但不要关闭地面补气阀，停料 1 分钟后，停止供料，以确保管子内的粉尘吸空；

（7）将手油门缓慢调小，踏下离合器，摘挡使变速杆处于空挡位置，关上驾驶室内的"付箱"和"真空泵"开关，松开离合器；

（8）将程控开关旋至"3"位置，即"停止状态"位置，打开手动罐体释放阀；

（9）脱开吸料管放至车上，关闭气罐 3/8 手动球阀；

（10）关控制箱电源，关闭手动罐体释放阀，通知地面人员半闭补气阀。

B 排料作业

（1）停称车、拉手刹，打开两个罐体进气阀、关闭二次风阀，接好排料管，打开控制箱电源，将程控开关旋至"4"位置，即"正压准备"位置；

（2）踏下离合器，将驾驶室内的面板开关"油泵"打开，慢抬离合器，控制手油门使空压机转速表达到 900r/min 左右，观察控制箱中气压表，当表指针达到 0.18MPa 后，将程控开关旋至"5"位置，即"卸料状态"位置。打开二次风阀，通知地面人员开助吹风源；

（3）观察控制箱中气压表，当表针降至 0.05MPa 后，举升罐体 15°左右；当气压再次降至 0.05MPa 后，再次举升罐体到顶，约 38°；当气压降至"0"MPa 后，罐体回位；

（4）将程控开关旋至"7"位置，即"清理小罐"位置，关闭罐体进气阀和二次风阀；

（5）观察车身后边小罐气压表，当气压至 0.15MPa 后，分别打开两小罐清理阀。打开二次风阀，当气压降至"0"MPa 后将手油门减到最小，踏下离合器、关闭"油泵"开关、松下离合器，将程控开关旋至"0"处；

（6）关闭两小罐清理阀、关二次风阀，卸下排灰管，关控制箱电源，结束排灰流程。

7.3.2 加湿机

7.3.2.1 工艺原理

加湿搅拌机采用叶片旋转结构，由电机驱动。通过外界提供的水源向加湿机供水，调整合适的水量，保证在排灰的过程中基本无扬尘现象。

（1）操作前的准备

1）操作者必须持有操作牌方可操作；

2）操作前必须检查灰槽内有无异物，必须在空载状态下启动；

3）操作前必须检查减速机内是否缺油，其他部位是否润滑正常。

（2）操作顺序

1）运灰车定位后，将加湿机开启、并将喷洒水管打开；

2）开启自动卸料器卸灰；

3）当运灰车快满时，关闭自动下料器；料斗满时，关闭加湿机并将喷洒水管关闭。

7.3.2.2 主要参数

以 150t/h 干熄焦工艺除尘加湿机介绍：

型号 DSZ-80；

处理量 30t/h；

减速机型号 XL4-35；

电机功率 18.5kW。

7.3.2.3　注意事项

（1）设备使用中的安全注意事项

1）加湿机运转时发现机体内有异物时要立即拉闸，停机后取出；

2）设备运转中严禁加油、清扫和检修转动部位；

3）发现电机、减速机地脚螺栓松动要立即停机紧固处理，设备运转中不得处理设备缺陷；

4）停机供料后，加湿机仍要继续运转，直到物料全部排出机外后方可停车；

5）未经批准不得对设备的结构进行焊接或切割；

6）加湿机运行时，发现机内有异物应立即停机，切断电源取出异物；

7）严禁带电排除设备故障，严禁超负荷运转。

（2）设备运行中的故障排除

1）设备运行时发现搅翼螺母松动或脱落时，应立即停机，将螺母紧固或将脱落搅翼捡出，防止被车斗运走；

2）加湿机内有金属物时，要停机处理；

3）设备运行时发现杂声严重，振动剧烈应停机检查；

4）设备的各部轴承温度超过 65℃ 时应采取措施。如温度仍继续上升或冒烟着火，应紧急停机处理；

5）突然停电，应立即切断电源查明原因，等送电后，检查无问题，再重新开机。

7.3.3　刮板机

7.3.3.1　主要参数

以 150t/h 干熄焦工艺除尘刮板机说明：

型号 NGS310；

输送能力 4.8t/h；

减速机型号减速器：BWEY3322-187-5.5；

电机功率 5.5kW；

介质温度 200℃ 。

7.3.3.2　设备简介

刮板输灰机。刮板输灰机用于输送环境除尘系统排出的灰尘。它由箱体、刮板、链条、电机、传动链条以及检修孔等构成，整个输灰系统用电机驱动。设置了现场控制和中央控制两种方式，其输送能力由生产排灰量来选择。见图 7-16。

（1）操作前的准备

1）操作者必须懂设备的技术性能，并持有操作牌方可操作；

2）操作者必须检查机电设备是否完整齐全、连接部分是否牢固可靠、润滑是否良好、结构有无裂纹及损坏。无问题方可开机；

3）操作前要检查机箱内有无杂物及其他障碍物，无问题方可操作。

（2）开机操作

1）开机前，检查润滑部位的油量、油质是否符合要求、地脚螺栓有无松动；

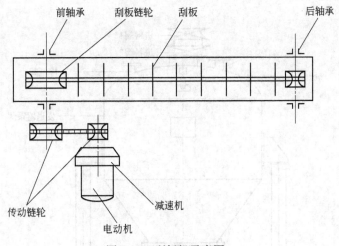

图 7-16　刮板机示意图

2）按操作堆积规定开机顺序操作；

3）开机后要检查下料情况，如下料不畅，可打开下料电振器；如刮板有卡阻现象应停机处理；

4）运行过程中，随时注意运转的声音、各轴承温度，如有异常应立即停机检查。

（3）停机操作

1）停机前应先关闭下料阀门，机箱内无料后再停机；

2）停机后应切断电源。

（4）设备使用注意事项

1）严禁任意拆除和更动设备的安全保护装置；

2）未经批准不得对设备的结构进行切割或焊接；

3）设备发生故障时必须停机处理，严禁设备在运行中处理故障；

4）严禁带负荷拉闸、合闸，严禁超负荷运转，严禁带电排除故障；

5）电气设备过热功当量着火时应立即切断电源，用干粉灭火器灭火，严禁使用水或泡沫灭火器来灭火。

（5）设备运行中故障的排除

1）设备的各部轴承温度超过 65℃ 时，要采取措施，如继续升温或电气线路冒烟，应紧急停机处理；

2）刮起板严重剐蹭或卡阻、噪声过大，应停机检查；

3）减速机振动较大、温度过高，应立即停机；

4）刮板机出口发生堵塞、机壳内堵料，应立即停机处理；

5）突然停电，要立即切断电源，送电后再重新开机。

7.3.4　空气发送器

某焦化厂 100t/h 干熄焦一次除尘与二次除尘的粉尘均采用气力（介质：压缩空气）输送方式，将气力输送粉尘的工艺介绍如下。

7.3.4.1　工艺原理

（1）系统组成。整个除尘焦粉输送系统由气源、发送器（如图 7-17 所示）、输送管道、防堵排堵管道、控制阀组、尾气处理、PLC 控制系统等组成。

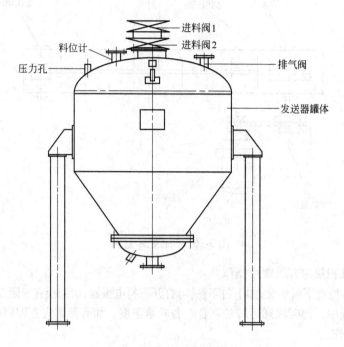

图 7-17　发送器结构示意图

（2）工艺流程：

首先打开排气阀→进料阀 2 打开→延时 3s→进料阀 1 打开→振动器打开→料满料位计发信号→振动器关→关闭进料阀 2→关闭进料阀 1→关闭排气阀→发送器进气阀打开→发送器压力到达上限→排料阀打开→增压阀打开→除尘器得电开始按照次序反吹→压力变送器到达下限延时 10s 关闭所有阀门→进入下一个工作循环。

7.3.4.2　主要参数

输送物料除尘焦粉；

物料堆积密度 0.4 ~ 0.7t/m³；

物料温度 ≤200℃；

输送量 3t/h；

输送距离 70 ~ 130m。

7.3.4.3　设备简介

A　气源部分

储气罐：每条输送管线设置一台 3m³ 储气罐，用于系统用气的储存和缓冲，以免因供气管网的压力波动和供气量不足造成控制阀动作不灵敏和送料失败等故障，为防止气体倒流，特在储气罐前设置一个止回阀，储气罐的容积是根据每输送一次的用气量来确定。

B　发送器

根据物料物性，选用 SF 型沸腾式发送器，该技术是 20 世纪 70 年代丹麦技术，它的工作原理是：在发送器底部设一沸腾床（用特殊材料制造），开始发送前，发送器底部进气，使物料呈流态化状态，当内部压力达到一定值后，排料阀突然打开，被送物料便高浓度地进入输料管。

选用此技术，与其他形式的发送器相比，主要优点是：混合浓度比高，一般为 50（kg 物料/kg 空气）最高可达 70，大大节省了压缩气体使用量，从而节约能源降低了设备运行成本，是输送此种物料的最佳方案（粉粒料的汽车罐车就是应用该技术设计的）。

为保证发送器的密封，在发送器上端特别设置了两台密封蝶阀，同时，为便于检修在储料仓下口处设置了插板阀，正常工作时，此阀是常开的，只有在检修时才关闭。

C 输送管道

输送管道采用无缝钢管，弯头采用 R1000，90°耐磨弯头，从而提高使用寿命。

输送管道上设有气力输送专用三通管以及专用气动截止阀，此阀在保证充分导通面积的同时，能有效地防止堵料及阀门卡死等情况。

在输送管道上每隔 10~15m 设置一台增压器（涡流式），用于给管内被送物料加压、助吹，从而保证了输送管道的畅通，不会产生堵塞。增压器的气源由另一路气路管供气。

D 控制阀组（总阀箱）

控制阀组的功能是系统实现自动化控制的机构，它包括手动减压阀、电磁阀、气动三联件、二位五通阀、截止阀、单向阀等。

E 防堵排堵管道

（1）助吹：在输料管上沿程每隔 10m 设一台增压器助吹，使输料管内的物料始终处于稳定的流动状态，防止出现物料在输料管内沉积而导致堵塞现象的发生；

（2）排堵：如遇意外事故而出现堵塞，此时装于输料管上的压力变送器采集的压力值达到上限值，控制单元发出指令，发送器所有阀全部关闭，排堵阀突然打开，堵塞的物料在压差下就会迅速反吹回储料仓上部。压力值到达下限时，再重新开启助吹阀，直到管道畅通，再继续输送；

（3）防堵：在输料过程中若出现压力值大于正常输送压力，且接近压力上限时，排料阀自动调小开度防堵，等到压力达到正常时重新开到位，若压力继续上升则进入排堵程序。

F PLC 控制系统的组成

控制系统主要由软件和控制设备组成。

a 软件

软件包括 PLC 控制软件和 HMI 组态软件。PLC 控制软件按照设备的生产工艺要求编写，实现设备的完全自动化控制。

HMI 组态软件实现对设备的运行过程可视化，具备一键式（傻瓜式）操作功能，即按下运行按钮后整个系统根据生产工艺设定的参数自动运行，操作方便。同时对运行过程中的数据进行归档保存，以便于后期的查询。并且具备故障报警功能。

b 控制设备

控制设备包括 PLC 控制柜和就地控制箱。

（1）PLC 控制柜 PLC 控制柜采用钢壳体结构。

PLC 控制柜具有足够的强度以便能经受住搬运、安装和运行期间产生的所有偶然应力。PLC 控制柜包含主要设备见表 7-4。

表7-4　PLC控制柜主要设备

CPU 模块	开关量输入模块	24V 中间继电器	220V 断路器
开关量输出模块	模拟量输入模块	380V 交流接触器	380V 热继电器
电源模块	接线端子		

可编程逻辑控制器（PLC）：

PLC 采用 Rockwell 公司的 Contrologix 系列，有利于模块的扩展，可以很灵活地对模块进行组态。如果设备以后需要再增加功能点数的话，只需要在原有的控制系统上再增加功能模块即可，设备改造非常方便。

开关量输入/输出模块采用24VDC 输入输出，现场的输入接点为无源接点。模拟量输入模块采用4～20mA 输入模块。

（2）就地控制箱　设置于发送器附近，内部装有各阀门的电控元器件，用以调试设备之用。

G　PLC 控制部分功能介绍

（1）采用 Rockwell 公司的 Contrologix 系列作为控制系统的核心控制单元。根据工艺的要求对系统中的料仓、发送器以及管路上的阀门进行控制。

（2）在发送器顶部上设置压力变送器，在输送物料的过程中，PLC 控制系统测量发送器内的压力，当压力达到设定上限后开始发送流程。在就地控制箱上设置就地控制方式和远程控制方式，同时设置操作指示灯，能够直观地显示各个阀门的工作情况。

（3）正常情况下，系统工作在远程控制方式下。

（4）远程操作方式是自动运行模式。该方式下，PLC 控制系统按照生产工艺的要求，分步操作，控制各个阀门的开和关，以达到安全输送物料的目的。

（5）就地控制方式是手动控制模式。

它是在非常情况下或者是系统试车的时候使用的。该方式下不实现整个系统的联动。对设备的操作是在现场的就地开关箱上通过相应的主令开关进行。可具体到对每个阀门的操作而不影响其他操作。

（6）就地控制箱的控制功能如下：

1）当手/自开关切换到手动位置时，则控制系统工作在手动运行模式下。在手动模式下，可以通过就地控制箱的各个手动主令按钮来控制管路上所有的开关阀，用于调试、检修；

2）当手/自开关切换到自动位置时，则控制系统工作在自动运行模式下。在自动运行模式下即使再按下就地控制箱上的各个手动主令按钮，手动控制也不会起作用了；

3）自动运行情况下，按下停止按钮的话，则整个系统的被控设备都将复位。

（7）PLC 控制系统的特殊功能：

如果系统在运行的过程中突然断电的话，设备的当前"运行状态"（包括在 HMI 里设置的压力等参数）被保存在 PLC 的存储器中。当再次来电的时候，不需要再对设定参数进行重新设置，PLC 控制系统可以接着断电前的设备状态继续运行。即 PLC 控制系统具备"断电保持数据的功能"。

（8）HMI 监控界面的功能：

1）HMI可实现手动和自动两种控制方式；

2）HMI界面里设置了启动软按键，停止软按键和急停软按键。按下启动软按键后，启动整个设备，按下停止软按键，设备停止运行。设备在运行过程中按下急停软按键的话，则停止当前设备的运行，当再次松开急停软按键后，设备又接着刚才"按下停止软按键前"的状态继续运行（即具有数据保持功能）。

7.3.5 斗式提升机

这里以150t/h干熄焦工艺除尘斗式提升机为例。

（1）主要参数

型号 DT30；

使用温度 120℃；

提升高度 24.02m；

处理量 4.8t/h。

（2）设备功能。斗式提升机用来连接刮板输灰机和灰斗，将刮板输灰机运送来的灰尘提升到灰仓顶部。斗式提升机由直立箱体、链条、检修孔以及提灰斗等组成，电机驱动。设置了现场控制和中央控制两种方式，在中央控制运转时可与刮板机、格式排灰阀等通过程序来控制。

8 干熄焦系统调试与开工

8.1 干熄焦系统调试

8.1.1 装入系统的调试

干熄焦红焦装入系统包括：装入装置、提升机、电机车及焦罐台车、APS定位装置等设备，以及各设备附属的一些极限装置。对红焦装入系统进行调试，首先应对各单体设备进行调试。包括检查各单体设备的安装质量是否达到设计要求，运行性能是否达到设计指标，空负荷、负荷以及超负荷运行状况是否稳定。在确认各单体设备运行性能稳定的前提下，然后进行整个红焦装入系统所有设备的联动调试。联动调试时，检查各单体设备运行的转换接点位置是否正确，各制动设施是否可靠、平稳，各单体设备之间结合位置的起止精度是否达到设计要求，整个运行程序及系统联锁条件是否达到设计要求并安全可靠。

8.1.1.1 装入装置单机调试

A 调试的目的

在红焦装入干熄炉的过程中，装入装置是支撑焦罐的载体，同时起着将装入干熄炉预存段的红焦均匀布料的作用。在干熄焦生产中，装入装置动作频繁，每一次装焦操作，装入装置都有一次开关的动作过程。对装入装置调试的目的，主要是检查其手动及自动操作、本体的走行及炉盖的升降有无异常；检查电动缸运行时的推力及行程是否达到设计要求；检查装入装置与焦罐的对位极限、焦罐底闸门开闭极限、炉盖的开闭极限、装入装置走行的减速及定位极限是否安全可靠，等等。

B 调试的基本方法

a 调试前的注意事项

装入装置单机调试前，要确认装入装置润滑系统各点的润滑油已加满；确认各部位固定螺栓无松动；确认电动缸的电气、仪表的配线施工完毕并清理好现场；确认干熄炉炉顶水封槽内已装满水，气源已通；确认控制仪表的设定值达到规定要求；确认装入装置周围无障碍物，等等。

b 调试项目

（1）手摇运行 切断装入装置的动力电源及控制电源，松开装入制动器。

采用手摇的方式操作装入装置进行开、关动作。装入装置运行过程中，要确认手动杆的力量达到设计要求；滑动吸尘管道的滑动台与焦罐台之间的间隙达到设计要求；确认滑动吸尘管道运行时无拱顶和异常声音；确认装焦漏斗防尘罩与水封槽之间的间隙在升降时达到设计要求。

（2）电动运行 将装入装置动力电源及控制电源接通，现场手动、自动选择开关选择为手动状态，在现场操作盘上手动操作装入装置进行开、关动作。装入装置运行过程中要确认电动缸电机的电流及走行时间达到设计要求；确认装焦漏斗在干熄炉炉口对中时的停止精度达到设计要求；确认炉盖及装焦漏斗防尘罩的水封深度达到设计要求；确认油缸的行程及速度达到设计要求。

（3）装焦漏斗与焦罐的结合点　当焦罐落在装焦漏斗上处于装焦状态时，确认焦罐密封罩裙边的金属板进入了装焦漏斗内；调整焦罐底闸门开闭的极限开关的高度，确认焦罐处于装焦状态时焦罐底闸门的开度达到设计要求；在焦罐底闸门打开时，确认焦罐的动作部位与装入装置的装焦漏斗接触时无异常声音；确认焦罐底闸门打开及关闭过程中与装焦漏斗不相碰撞；确认焦罐底闸门打开期间，炉顶除尘阀处于打开状态。

8.1.1.2 提升机单机调试

A　调试的目的

提升机是将装满红焦的焦罐从焦罐台车上运载到装入装置装焦漏斗上方装焦，然后又将空焦罐运回焦罐台车的大型起重设备。提升机单机调试的目的，主要是检查提升机提升井架、天车、提升电机（包括常用电机和紧急电机）、走行电机（包括常用电机和紧急电机）、提升电机和走行电机的吹扫风机、钢丝绳及吊具等单体设备以及各种极限装置是否达到设计要求；检查提升机中央自动、现场手动操作有无异常；检查切换至紧急提升电机和紧急走行电机运行时有无异常；检查提升机空负荷及带负荷运行时有无异常。

B　调试的基本方法

a　调试前的注意事项

提升机单机调试前，要确认提升机各检测极限配线施工完毕，限位开关安全可靠并且现场清理完毕；确认提升机挂吊用具如钢丝绳、吊钩等安装完毕并安全可靠；确认配线、集电装置、配线盘、开关以及控制器等无异常；确认提升井架垂直度和滑道间距等符合设计要求；确认井架以及横移钢轨周围无障碍物、钢轨上无油渍，确认各装置的联轴器、轴承、齿轮箱和电机等的安装螺栓无松动现象，确认报警装置能正常鸣叫，安全标识清晰。

b　调试项目

（1）空负荷调试　将提升机动力电源及控制电源接通，现场手动、自动选择开关选择为手动状态，在提升机现场操作室手动操作提升机提起空焦罐，进行提升、走行等各步动作。

观察并确认提升及走行电机电流正常；观察并确认各极限检测装置正常动作；观察并确认各接点定位精度达到设计要求；与装入装置配合调试，观察并确认焦罐底闸门的开、关动作到位；检测并确认提升及下降时低速、中速和高速以及走行时低速和高速等各挡速度达到设计要求；观察并确认提升机各传动机构、钢结构和走行机构等装置处于正常状态。

（2）带负荷调试　提升机空负荷调试完毕，确认没有问题后，方可进行带负荷调试。在焦罐内装入与一孔炭化室焦炭重量相等的配重，放置配重时应保证重量分布均匀，并进行提升机的提升及走行的带负荷调试。观察并确认电机电流、提升及走行速度、各极限的动作和各节点的定位精度处于正常状态，但要注意装有配重的焦罐不能落在装入装置上，更不能将焦罐底闸门打开，以防止配重掉入干熄炉内。

（3）超负荷调试　提升机带负荷调试完毕，确认没有问题后，要进行超负荷调试。超负荷配重的标准为一孔炭化室焦炭重量的1.25倍。超负荷调试的内容与带负荷调试的内容相同。

（4）装焦试验　在干熄焦烘炉前，要进行装焦试验，以保证干熄焦开工时，焦罐内的红焦能顺利装入干熄炉。装焦试验前，应预先从干熄炉烘炉入孔部位人工装入一定量的焦炭，焦炭的装入量以将底部风帽完全盖住为准。装焦试验时，应确认计算机显示干熄炉内焦炭的累加值与设计值一致，并人工确认干熄炉内焦炭实际上上限料位与电容料位一致，确认焦炭上上限料位与提升机装焦联锁条件达到设计要求。

（5）紧急电机调试　将提升机常用提升电机及常用走行电机切换至紧急提升电机及紧急走行电机，在提升机现场操作盘操作提升机。确认提升机紧急提升及紧急走行能正常运行，其电机电流正常，提升及走行速度及负荷达到设计要求。

（6）常用极限及超限极限的调试　提升机运行过程中，各部位极限起着非常重要的作用。因此每一个极限都要进行调试，确认各极限达到设计要求并能满足实际生产的需要。

8.1.1.3　APS定位装置单机调试

A　调试的目的

APS定位装置单机调试的主要目的是检查该定位装置的动作是否安全可靠，其夹紧油缸的推力是否达到设计要求，是否能保证焦罐台车的定位精度达到 ±10mm 的设计要求。

B　调试的基本方法

a　调试前的注意事项

APS定位装置单机调试前，应确认该装置各设备安装完毕，液压阀站油箱油位正常，油缸、液压阀、油管无泄漏，各接合部位固定螺栓无松动。

b　调试项目

（1）动作检测　启动油泵，空负荷操作 APS 定位装置，确认 APS 油缸打开和夹紧动作正常。

（2）推力检测　确认 APS 油缸夹紧的推力达到设计要求。

（3）定位精度检测　确认 APS 油缸夹紧时，能将焦罐台车的停车范围从强行夹至 ±10mm 的停车精度。

8.1.1.4　电机车及焦罐台车单机调试

A　调试的目的

电机车及焦罐台车单机调试的主要目的是：确认电机车和焦罐台车的安全性能可靠；确认电机车走行速度达到设计要求，能进行微速、低速、中速和高速的正常切换；确认其制动及保护装置达到设计要求；确认焦罐台车与拦焦车的对位、焦罐的旋转定位以及在干熄焦提升井架下的定位等限位开关达到设计要求。

B　调试的基本方法

a　调试前应注意的事项

电机车及焦罐台车单机调试前，要确认电机车、焦罐台车、焦罐、旋转电机及减速机、空压机和走行机构等设备已安装完毕；确认电机车制动装置、焦罐台车各定位极限开关施工完毕；确认车体结构件以及走行钢轨周围无障碍物、钢轨上无油渍；确认各装置的联轴器、轴承、齿轮箱和电机等的安装螺栓无松动；确认报警装置能正常鸣叫，等等。

b　调试项目

（1）基础设施调试　电源系统的检查。确认动力电源输入电压与输出电压达到设计要求，并且误差在 ±10% 以内；确认控制电源输入电压与输出电压达到设计要求，并且误差在 ±10% 以内；确认电源相旋转方向符合设计要求；确认空压机运转方向达到设计要求。

电机车控制程序的检查。确认继电器和各指令信号显示灯能正常运行，确认电机车的制动器指令、走行指令、走行方向指令、焦罐台车与焦炉设备或干熄焦设备的对位指令以及焦罐的动作指令等控制信号达到设计要求。

检测回路的检查。确认继电器和各检测状态显示灯能正常运行，确认空压机运行状态检测装置、储气罐空气压力检测装置、焦罐台车空气制动器动作检测装置、电机车"过走行"检测装置和圆盘制动器松弛检测装置等能正常运行并达到设计要求。

保护装置的检查。确认紧急制动器和声光报警装置能正常运行。

辅助回路的检查。确认灯具、排气扇、刮板、仪表灯、空调装置和电子报警装置等能正常运行并且达到设计要求。

制动装置的检查。确认圆盘制动器运行状态良好，确认加油器的滴下量达到设计要求。磨电道与电机车磨电刷磨滑状态的检查。确认磨电道与磨电刷之间无滑脱和接触不良等情况。

电机车与焦炉设备以及干熄焦设备配合尺寸的检查。确认电机车在全线走行时，与焦炉设备以及干熄焦设备无阻碍和碰撞、擦刷等现象。

（2）电机车空负荷调试 电机车走行速度的检查。确认电机车走行时切换微速、低速、中速以及高速四挡速度能达到设计要求并测定各挡速度的平均值。

磨电道与走行轨道的检查。确认磨电道与磨电刷的磨滑状态良好，磨电刷上无异常火花产生，确认走行轨道平滑，电机车无异常振动。

电机车"过走行"装置的检查。确认"过走行"装置的性能达到设计要求，确认"过走行"装置上的"左进"、"右进"、"过走行"等极限开关以及其他凸出物与电机车、焦罐台车无碰撞和擦刷等现象。

空负荷调试后的检查。确认电机车的控制装置和驱动装置没有异常发热和破损等现象。

（3）电机车带负荷调试 焦罐台车侧点制动器的检查。确认制动器在接收到电机车发出的信号后能正常动作。

电机车与焦罐台车的连接检查。确认连接杆已经接好和空气软管连接正常。

焦罐台车与拦焦车对位装置的检查。确认焦罐台车与拦焦车对位极限的位置，保证焦炭在焦罐内的均匀分布。

焦罐旋转定位装置的检查。确认圆形旋转焦罐转速达到设计要求，定位极限装置能正常工作，旋转电机运行过程中电流正常。

走行速度的检查。确认在电机车带负荷运行时各挡走行速度能达到设计要求。

走行时加、减速的检查。测定电机车由停止状态启动直至加速至高速走行的时间并确认其达到设计要求，测定电机车由高速走行状态减速直至停止的时间并确认其达到设计要求。

焦罐台车在提升井架下的定位装置的检查。确认"左进"、"右进"极限开关能正常运行，电机车操作盘面上"左进"、"右进"显示灯能正确显示定位状态。左、右两台焦罐台车的运行切换开关能正常动作，焦罐台车在提升井架下的定位范围要达到 ±100mm。

电机车与干熄焦设备信号传输的检查。确认电机车操作盘面上的各信号指示灯能正常运行。确认 APS 定位装置和旋转焦罐能接收到电机车发出的信号，并根据信号正确动作。同时电机车也能接收到 APS 定位装置和旋转焦罐动作的反馈信号。

8.1.1.5 红焦装入系统联动调试

A 调试的目的

在红焦装入系统各单体设备调试完毕，确认其单机运行正常后，应对红焦装入系统所有设备进行联动调试，以便检查该系统能否满足生产要求。由于红焦装入系统可按现场手动和中央自动两种方式进行操作，所以，红焦装入系统联动调试也分为现场手动和中央自动两种方式来进行。

B　调试的基本方法

a　现场手动调试

现场手动调试时，提升机、装入装置和 APS 定位装置选择开关应选择为手动状态，确认手动操作的所有条件满足。启动电机车走行装置，将装有满焦罐的焦罐台车牵引至提升井架下对准停车位置。在现场手动操作将 APS 夹紧，将焦罐台车从 ±100mm 的停车范围强行夹至 ±10mm 的停车精度。在提升机现场操作室手动操作将焦罐提升到规定高度。然后手动操作提升机向干熄炉顶走行，走行的停止位有极限信号显示，但靠人工对位停止。在提升机走行的过程中，在现场手动操作装入装置，将其打开，装入装置的停止位由极限控制。确认装入装置打开后，手动操作提升机。将焦罐落在装入装置的装焦漏斗上，焦罐底闸门靠重力作用自行打开，完成装焦动作。装焦动作完毕后按反方向操作提升机及装入装置，将空焦罐落在焦罐台车上。

现场手动调试时，一定要确认提升机及装入装置的每一步动作运行平稳、安全可靠；确认各检测极限及运行设备停止精度符合设计要求；确认焦罐底部与装入装置不相撞、焦罐与提升机吊钩不相撞；确认焦罐下降时在待机位准确停止。

b　中央自动调试

调试时应全部按干熄焦正常生产时的操作程序来进行，以便确认该运行程序能否满足干熄焦生产工艺的要求。中央自动调试时提升机、装入装置、APS 定位装置的选择开关都应选择为自动状态。启动电机车走行装置，将空焦罐台车对准停车位置，在电机车上发出空焦罐落下的指令，确认 APS 自动夹紧；停在待机位的空焦罐自动落在空焦罐台车上，APS 自动打开；再次走行电机车，将装有满焦罐的焦罐台车对准停车位，电机车发出满焦罐提升的指令，确认 APS 自动夹紧，提升机自动将焦罐提起；当焦罐上升到待机位时，APS 自动打开，此时电机车可以走行。确认当提升机上升到规定高度后自动停止，然后往干熄炉顶方向走行，在走行的过程中确认装入装置自动打开；当提升机自动走行到规定位置停止后自动落下，完成装焦动作。装完焦后确认提升机及装入装置自动按反方向运行，直到空焦罐下落到待机位自动停止，直至电机车司机再次发出空焦罐落下的指令。

8.1.2　冷焦排出系统的调试

干熄焦冷焦排出系统包括：检修用平板闸门、振动给料器、旋转密封阀、吹扫风机、自动润滑装置、排焦溜槽以及运焦皮带等设备。对冷焦排出系统的调试，首先应对各单体设备进行调试。包括各单体设备的安装质量是否达到设计要求，运行性能是否达到设计指标，空负荷和负荷运行状况是否稳定等。在确认各单体设备运行性能稳定的前提下，进行整个冷焦排出系统的联动调试。联动调试时，要检查各设备的运转是否平稳可靠，运行顺序是否符合设计要求，整个运行程序及系统联锁条件是否达到设计要求并安全可靠，以及进行排焦试验等等。

8.1.2.1　检修用平板闸门单机调试

A　调试的目的

检修用平板闸门单机调试的主要目的是检查该设备运行状况是否稳定，开、关行程是否达到设计要求。

B　调试的基本方法

a　调试前的注意事项

确认平板闸门装置系统固定螺栓无松动、电气配线施工完毕并清理好现场，并确认平板闸门内无异物等等。

b 调试项目

(1) 现场手摇运行 断开平板闸门的动力电源和控制电源，用手摇的方式操作平板闸门，确认平板闸门运行全程无异常声音和阻碍。

(2) 现场电动运行 将平板闸门的动力电源和控制电源接通，电动操作平板闸门，反复进行开、关动作，确认开、关方向与开、关指令相符合，确认全开和全关的位置达到设计要求；确认单次开、关时间、电动缸电机电压和电流达到设计要求。

8.1.2.2 振动给料器单机调试

A 调试的目的

振动给料器单机调试的主要目的是检查设备本身有无异常，并重点检查振动给料器的振幅与线圈电流的对应关系是否符合设计要求。

B 调试的基本方法

a 调试前的注意事项

确认振动给料器安装基础的固定螺栓无松动；确认振动给料器防震弹簧座镶嵌在弹簧里；确认振动给料器安装位置正确；确认振动给料器用吹扫风机试车完毕；确认振动给料器配线施工完毕并清理好现场；确认振动给料器附属的固定卡具等焊接完毕；确认振动给料器内无异物；确认平板闸门全关。

b 调试项目

(1) 确认振动给料器的安装状态如料槽倾斜角度、开口高度和防震弹簧左右长度差等达到设计要求。

(2) 确认振动给料器的振幅与线圈电流值的对应关系符合设计要求。

(3) 噪声测量。确认振动给料器在任何振幅时，距振动给料器 1m 处的噪声低于 8.5dB。

8.1.2.3 吹扫系统的调试

A 调试的目的

吹扫系统调试的主要目的是检查并调整吹扫系统吹扫风机、三通切换电磁阀、氮气或压缩空气减压阀等设备的运行状况，并使之达到正常使用状态。

B 调试的基本方法

a 调试前的注意事项

吹扫系统调试前，要确认该系统各单体设备及配管均安装完毕，各法兰接头无泄漏。

b 调试项目

(1) 调试吹扫风机 确认吹扫风机能正常启动、停止，并能正常供风，风压能达到设计要求。

(2) 调试三通切换电磁阀 确认当吹扫风机停机或吹扫风机供风压力低于设定值时，三通切换电磁阀能正常切换为氮气或压缩空气供风，但吹扫风机为优先供风通道。不管吹扫气体用的是吹扫风机送风还是氮气或压缩空气，在设备调试前应设定振动给料器及旋转密封阀所用冷却气体的吹扫压力，约为 7.35kPa。

(3) 调试氮气或压缩空气的减压阀 由于氮气或压缩空气的压力都在 0.4MPa 以上，远远大于设计吹扫压力，所以在三通切换电磁阀的氮气或压缩空气侧设置有减压阀来控制氮气或压缩空气的压力。减压阀的出口压力应根据设备本身的机械性能而设定，一般不超过 11.5kPa，不低于 6.0kPa。

8.1.2.4　自动润滑装置单机调试

A　调试的目的

自动润滑装置单机调试的主要目的是检查自动供油泵、电机和供油分配阀等单体设备是否达到设计要求，是否能满足正常生产的需要。

B　调试的基本方法

a　调试前的注意事项

确认自动供油润滑装置供油配管施工完毕，并清理好现场；确认供油配管排气作业完毕，管道内润滑油填充完毕；确认润滑油箱装油完毕，油位应在油箱容量的 2/3 以上；确认电动供油电机的运转方向正确。

b　调试项目

（1）用现场操作盘操作供油电机运行，确认供油量和供油油压达到设计要求。

（2）在供油电机运转时，确认无异常声音；确认供油切换压力达到设计要求；确认分配阀的动作正常。

8.1.2.5　旋转密封阀单机调试

A　调试的目的

旋转密封阀单机调试的主要目的是检查该设备能否正常运转，旋转时有无异常声音，旋转电机电流及旋转密封阀转速是否达到设计要求。

B　调试的基本方法

a　调试前的注意事项

确认旋转密封阀的固定螺栓无松动；确认电气配线施工完毕并清理好现场；确认各部位供油到位；确认旋转密封阀内无异物；确认吹扫风机及自动供油润滑装置的单机调试完毕；确认平板闸门全关。

b　调试项目

（1）手摇操作　切断旋转密封阀的动力电源和控制电源，用手摇的方式正反转动旋转密封阀，确认无异常声音，无阻碍物卡住。

（2）电动操作　将旋转密封阀的动力电源和控制电源接通，启动吹扫风机和自动供油润滑装置，电动操作旋转密封阀，确认其动作状态无异常；确认其转动方向与设计一致；确认其转速达到设计要求；确认旋转电机电压和电流达到设计要求。

8.1.2.6　排焦溜槽单机调试

A　调试的目的

根据设计的不同，有的干熄焦排焦系统为单溜槽，有的为双岔溜槽。对于单溜槽，只需检查溜槽内有无异物，是否影响焦炭的正常排出；而对于双岔溜槽，对其进行单机调试时还要检查双岔溜槽、切换挡板、挡板驱动用电动缸及挡板切换用限位开关等单体设备是否达到设计要求，能否满足正常生产的需要。

B　调试的基本方法

a　调试前的注意事项

对双岔溜槽进行单机调试前，要确认各单体设备的固定螺栓无松动；确认电气配线施工完毕并清理好现场；确认检修用平板闸门全关；确认双岔溜槽内无异物，并打开检修用人孔，以便调试时观察切换挡板的动作。

b 调试项目

（1）手摇操作 切断双岔溜槽动力电源和控制电源，用手摇的方式操作双岔溜槽，确认动作时无异常声音、无障碍物和指示棒上下动作正常。

（2）现场电动操作 将双岔溜槽动力电源和控制电源接通，在现场电动操作双岔溜槽，确认动作时无异常声音、无障碍物；确认切换方向与挡板实际运行方向一致；确认挡板切换时能在规定的位置停止；确认单次切换时间达到设计要求；确认驱动电机的电压和电流达到设计要求。

8.1.2.7 运焦皮带单机调试

A 调试的目的

运焦皮带单机调试的主要目的是检查红外测温装置、自动喷水装置、运焦皮带、皮带电子秤、皮带机头、防尘挡板、托辊、头尾辊、皮带清扫器和除尘阀等单体设备能否正常运行；检查运焦皮带启动的联锁条件和自动喷水装置启动的联锁条件是否符合设计要求。

B 调试的基本方法

a 调试前的注意事项

确认各单体设备全部安装完毕，各设备固定螺栓无松动；确认电气配线施工完毕并清理好现场；确认检修用平板闸门关闭；确认运焦皮带上无杂物；确认电子秤与皮带的净高度符合设计要求。

b 调试项目

确认红外测温装置与自动喷水装置能联锁运行。即当红外测温装置测定排焦温度达到设定上限值时，自动喷水装置能自动喷水。可模拟进行调试。

将运焦皮带系统的动力电源及控制电源接通，将皮带系统操作手动、自动切换开关选择为手动状态。现场依次启动皮带，确认各皮带系统设备运转正常，电机电压和电流正常。

将皮带系统手动、自动选择开关选择为自动状态，在主控室自动启动及停止皮带。确认各皮带的运转及停止顺序符合设计要求，并能满足正常生产的需要。

用链码校对皮带电子秤，确认符合设计要求。

确认皮带系统安全装置如拉绳开关能正常工作。

8.1.2.8 冷焦排出系统联动调试

A 调试的目的

冷焦排出系统联动调试的主要目的是检查排焦系统各设备在现场手动和中央自动两种操作方式下能否正常运行，能否达到设定好的排焦量。

B 调试的基本方法

a 调试前的注意事项

确认冷焦排出系统各单体设备调试完毕；确认干熄炉已装填足够做排焦试验用的焦炭；确认检修用平板闸门全关；确认振动给料器、旋转密封阀和双岔溜槽等设备内部无异物等。

b 调试项目

（1）空负荷手动调试 由于正常生产时有现场手动和中央自动两种操作方式，所以冷焦排出系统的联动调试也分手动和自动两种方式进行。

　　由于是空负荷调试,所以检修用平板闸门应关闭。在手动调试前,应将运焦及排焦各机构的手动、自动选择开关选择为手动状态。先启动运焦皮带,启动原则是先启动远方的皮带,然后依次启动靠近干熄炉排焦部位的皮带。运焦系统皮带启动后,再依次启动排焦系统各机构。先将双岔溜槽切换到已运行的皮带一侧,再依次启动吹扫风机和旋转密封阀,最后启动振动给料器。

　　在冷焦排出系统运行过程中,确认该系统各单体设备运行状态、动作程序及动作时间等达到设计要求。

　　(2) 空负荷联动调试　干熄焦运焦及排焦系统所有的设备以及所处的状态在主控室计算机画面上都有模拟显示,而且运焦及排焦系统所有的自动操作可直接在计算机画面上进行。在联动调试前,运焦及排焦系统各机构应选择到自动状态。先启动运焦系统,在计算机画面上发出运焦系统自动启动指令后,确认运焦皮带按设计好的先远端后近端的顺序依次启动。确认运焦系统两系列皮带可以同时运转,以便切换溜槽可以快速切换。启动排焦系统时,先将切换溜槽自动切换到运转的皮带一侧,再发出排焦系统自动启动指令,排焦系统将按照先启动旋转密封阀再启动振动给料器的顺序自动进行。

　　在冷焦排出系统自动运行过程中的检查确认项目除了手动运行时的项目以外,还应确认主控室计算机画面上运焦及排焦系统模拟显示处于正常状态,确认操作画面上的各项参数与现场数据一致。

　　(3) 排焦试验　干熄焦排焦试验的主要目的是检查确认冷焦排出系统在负荷状态时能正常运行,并且能正常控制排焦量。排焦步骤如下:1) 手动打开检修用平板闸门;2) 中央自动启动吹扫风机,三通切换电磁阀会自动切换至吹扫风机一侧;3) 中央自动启动运焦皮带;4) 中央自动启动排焦装置;5) 设定排焦量,在此之前应确认计量排焦量的皮带电子秤计量准确;6) 测量与振动给料器指令信号相对应的排焦量。其具体做法是,测定排焦量、振动给料器振幅和线圈电流值三项参数,最终要确定三项参数的线性关系并确定最大和最小排焦量及相应的振幅值。表 8-1 为振动给料器调试数据。

表 8-1　某焦化厂 150t/h 干熄焦振动给料器调试数据

设　定	20%	25%	40%	50%	60%	75%	80%	90%	100%
振幅/mm	0.2	0.3	0.57	0.74	0.9	1.12	1.18	1.31	1.42
排焦量/t·h^{-1}	3~7	3~15	15~30	30~60	60~75	90~100	100~120	120~135	150~160

　　在自动操作状态下,为了防止焦炭堵塞运焦及排焦系统,设计有以下联锁条件:当排焦装置远端的皮带停止运转时,近端的皮带立即停止运转,同时排焦装置联锁停机,停止排焦作业;当旋转密封阀因故障停止运转时,振动给料器立即停机;当干熄炉预存段焦炭料位达到下限时,为了防止气体循环系统工艺参数出现非正常波动,排焦系统立即停止排焦;当循环风机因故停机时,为防止焦炭因无法冷却而排出红焦,排焦系统也会立即停止排焦。上述联锁系统在排焦试验中都必须逐一加以确认。排焦试验期间,可视情况解除部分联锁,但排焦试验结束后应恢复联锁并确保以上联锁条件绝对可靠。

8.1.3　气体循环系统的调试

　　干熄焦气体循环系统包括:循环风机及其电机、风机入口挡板、干熄炉入口挡板、风机自动润滑装置及整个循环气体通道和附属的各个调节阀等设备。对气体循环系统的调试，应先进行气体循环系统气密性试验。试验合格后对各单体设备进行单机调试，在确认各单体设备运行稳定可靠后再进行气体循环系统设备的联动调试。要检查所有设备是否达到设计要求，运行顺序是否安全可靠，特别要确认循环风机的联锁条件是否达到设计要求并安全可靠。

8.1.3.1 风机入口挡板单机调试

A 调试的目的

风机入口挡板单机调试的主要目的是检查手动和自动两种操作状态下风机入口挡板能否正常运行。

B 调试的基本方法

a 调试前的注意事项

调试前要确认风机入口挡板固定螺栓无松动，并且对设备供油和供脂完毕。

b 调试项目

1) 手摇操作：切断入口挡板动力电源和控制电源，用手摇操作挡板开关。确认无异常声音，确认挡板现场开度与同步指示仪一致。

2) 将入口挡板手摇至中间开度，将入口挡板的动力电源和控制电源接通，用点动检查电动机的运转方向，确认与设计一致。

3) 在电动运行时，确认挡板现场开度与主控室指示一致。确认挡板全开及全关动作到位，确认电机电流及挡板开闭时间达到设计要求。

8.1.3.2 干熄炉入口挡板单机调试

A 调试的目的

干熄炉入口挡板一般设计为手动操作，调试的目的主要是检查该挡板开、关是否灵活，检查挡板实际开度与现场同步指示仪是否一致。

B 调试的基本方法

在干熄炉入口循环气体管道入孔封闭之前，对干熄炉入口挡板进行调试。手动转动中央风道及周边风道入口挡板，确认挡板实际开度与该挡板现场同步指示仪指示开度一致。确认挡板开、关灵活，开、关过程中无阻碍物卡住。

8.1.3.3 气体循环系统各调节阀单机调试

A 调试的目的

检查气体循环系统各调节阀如预存段压力调节阀、旁通流量调节阀、环形烟道空气导入阀、炉顶放散阀和紧急放散阀等是否达到设计要求，是否能正常使用。

B 调试的基本方法

a 调试前的注意事项

确认各气动或电动调节阀的固定螺栓无松动；确认电气配线施工完毕并清理好现场；确认仪表用压缩空气已到位，其压力和流量要达到设计要求；确认环形烟道上部各进气中栓能正常打开、关闭；确认炉顶放散阀、紧急放散阀的水封槽已进水，而且液位达到规定的高度。

b 调试项目

(1) 炉顶放散阀和紧急放散阀 炉顶放散阀和紧急放散阀一般为电动阀门，设计有现场手动（电动）和中央自动两种操作方式。因此调试时也分现场手动（电动）和中央自动两种情况进行。现场手动调试时，将相应阀门的动力电源和控制电源接通，将手动、自动选择开关选择为手动状态。用手动（电动）操作放散阀，确认阀门动作方向与设计一致；确认放散阀动作时电机无异常声音；确认阀门全开和全闭动作到位；确认电机电流以及开闭时间达到设计要求。

中央自动调试时，除手动调试时的检查确认项目以外，还必须确认主控室系统操作画面上电动阀门的动作信号和状态信号正确，并和现场实际情况保持一致等。

（2）预存段压力调节阀、旁通流量调节阀和环形烟道空气导入阀　预存段压力调节阀、旁通流量调节阀和环形烟道空气导入阀等一般为气动调节阀，只设计为中央自动和中央手动两种操作方式。中央自动是指输入调节目标值后，气动调节阀可根据控制程序设定好的目标值自动调节阀位，以达到自动调节的效果。因此，中央自动调试时，除确认各调节阀运行情况无异常外，还应确认调节效果即最终控制项目能达到要求。由于旁通流量调节阀的最终控制项目为锅炉入口温度、环形烟道空气导入阀的最终控制项目为循环气体中可燃成分的含量，因此，这两个气动阀的中央自动调节应在干熄焦红焦装入和工况稳定后进行。

中央手动是指操作人员根据经验在主控室操作画面上输入各气动阀门的阀位值，再根据控制项目（预存段压力、锅炉入口温度和循环气体中可燃成分含量等）的反馈情况，进行阀位的变动从而最终达到调节控制项目的目的。因此，中央手动调试时，除确认各阀门运行情况无异常外，还应确认主控室操作画面上的阀位与现场实际阀位能保持一致。

8.1.3.4　风机自动供油润滑装置单机调试

A　调试的目的

风机自动供油润滑装置单机调试的主要目的是检查该装置现场操作盘、油泵、电机、油箱及冷油器等单体设备是否达到设计要求，是否能满足正常生产的需要。

B　调试的基本方法

a　调试前的注意事项

确认供油配管焊接施工完毕并已进行循环冲洗；确认油箱内油位已达到油箱容积的 2/3 以上；确认冷油器的冷却水已接通。

b　调试项目

启动油泵，确认油泵运转方向正确；确认冷油器冷却水量、冷却水入口温度、出口温度和供油温度等达到设计要求；检查并调整风机轴承、电机轴承的供油油压和供油、供水温度；确认油泵、电机轴承的振动、电机的电流及电压等参数正常；确认供油配管及其他部位无漏油现象。

8.1.3.5　循环风机单机调试

A　调试的目的

循环风机单机调试的主要目的是检查确认循环风机及其运行状况达到设计要求，循环风机及其电机的轴承振动、温度的自动监控装置是否达到设计要求并安全可靠。

B　调试的基本方法

a　调试前的注意事项

确认电机与风机的联轴节已断开，风机启动联锁条件已解除；确认风机及其电机的外保护层和电气配线等施工完毕；确认各检修用人孔及各取样口都已关闭；确认风机入口挡板的运行准备已完毕；确认轴承润滑油泵及其冷却水已准备就绪；确认轴承振动监视装置及轴承温度计的警报设定（风机侧和电机侧振动监视的上限及上上限、风机轴承和电机轴承以及电机线圈温度警报的上限及上上限）完毕；确认轴封用氮气已冲入，压力达到设计要求（一般应在6000Pa以上）。

b 调试项目

（1）电机单机调试 在联轴节已断开的情况下，将循环风机电机的动力电源和控制电源接通，启动电机，确认电机运行时无异常声音和运行方向正确；确认不同转速下电机性能达到设计要求；确认电机轴承的振动和温度、电机线圈的温度正常；确认电机电流和电压正常。

（2）循环风机运行时的调试 循环风机运行即电机带负荷运行。调试步骤如下：1）连接风机与电机的联轴节；2）全关风机入口挡板；3）选用点动启动循环风机，确认风机运转无异常后再启动循环风机。风机启动后，慢慢打开风机入口挡板，确认风机转速、轴承振动、噪声、轴承温度和风道的振动等项目无异常；4）全开风机入口挡板，调整风机转速，测试与之匹配的循环风量，最大循环风量应与最大转速相匹配；5）确认各测压点压力达到设计要求；6）确认不同转速下电机的电流和电压正常。

8.1.3.6 气体循环系统联动调试

A 调试的目的

气体循环系统联动调试的主要目的是检查该系统各设备在现场手动和中央自动两种操作方式下是否能正常运行，是否能达到设定好的循环风量。

B 调试的基本方法

a 调试前的注意事项

确认气体循环系统各单体设备调试完毕；确认循环风机各启动联锁条件解除；确认气体通道内部无异物。

b 调试项目

将气体循环系统各设备的动力电源和控制电源接通，干熄炉中央风道及环形风道入口挡板开度均开至50%。各设备手动、自动选择开关选择到自动状态。启动循环风机冷却油泵，打开循环风机轴封氮气阀，将循环风机入口挡板全关。确认上述操作均能顺利进行。

在主控室EI系统计算机画面上启动循环风机，慢慢将风机入口挡板全开，调整循环风机的转速。逐步将循环风机的转速调至最大，确认在循环风机转速逐步增大的同时，循环风量亦逐步增大，直至达到最大的循环风量。

依次调节炉顶放散阀、紧急放散阀、预存段压力调节阀、旁通流量调节阀以及空气导入阀，确认各阀门调节灵活，现场开度与主控室计算机画面显示一致。

在计算机程序上模拟调试循环风机的各个联锁条件与循环风机的关系，确认循环风机运行的各个联锁条件达到设计要求并安全可靠。在实际状态下测试循环风机运行的联锁条件，确认各联锁条件达到设计要求并安全可靠。

8.1.4 锅炉系统的调试

干熄焦锅炉系统包括锅炉供水系统、锅炉汽水循环系统和锅炉蒸汽外送系统，主要由锅炉本体、泵类设备、阀类设备以及其他附属设备和管道等组成。

锅炉运转设备一般都有现场手动操作和中央自动操作两种方式。设备调试时现场手动操作，以检查设备运转状态是否正常，能否达到设计性能；中央自动操作则检查各设备在主控室是否能正常启动，检查锅炉相关联锁关系是否达到设计要求，是否满足正常生产的需要。

设备调试前，各管道、水箱、除氧器、给水预热器及板式换热器等应已冲洗干净。

锅炉设备单机调试如下进行。

8.1.4.1　现场手动调试

锅炉运转设备为泵及电动阀类，泵类设备现场调试以锅炉给水泵为例介绍。阀类设备现场调试以锅炉给水泵出口电动阀为例介绍。

A　锅炉给水泵

a　调试前的注意事项

准备听音棒、电压计、电流计、振动计和温度计等器材；确认锅炉给水泵电机单机调试结束；

确认锅炉给水泵过热防止阀调试结束；确认供水及供电条件具备；确认锅炉给水泵轴承箱加注适量润滑油脂；

关闭锅炉给水泵进、出口阀门，除氧器与锅炉给水泵进口间管路应畅通，锅炉给水泵出口到省煤器间管路应畅通；

关闭锅炉给水泵压力表与泵相连的阀门，开启循环冷却水进、出阀门，目测水流观察器内水流应正常；

运转除氧给水泵，给除氧器注水。

b　调试的项目

盘动锅炉给水泵的转子，确认泵轴转动灵活；将吸水管路上的阀门全部开启，将压力表阀开启到四分之一；要保证锅炉给水泵内充满水，泵及进水管路无空气残存。

将锅炉给水泵手动、自动开关选择到手动状态；当除氧器液位达到正常时启动锅炉给水泵，空载运行，确认各部位无异常，此运行时间不超过3min。

当锅炉给水泵的转速达到正常后，打开压力表的阀门，将进口阀全开，然后再逐渐打开出口阀门；如流量过大，适当关小出口阀门和开大过热防止阀门进行调节；流量过小，开大出口阀门和开小过热防止阀门进行调节，直到满足泵的设计要求；调试过程中要随时检查除氧器液位在正常范围；确认电机电流、温度、振动无异常和确认泵的轴头无泄漏；继续运转锅炉给水泵，直到轴承温度稳定，并确认无其他异常现象发生。

B　锅炉给水泵出口电动阀

a　调试前的注意事项

确认锅炉给水泵出口电动阀电机单机调试结束；确认传动部位已加注润滑油脂。

b　调试项目

将手动、自动选择开关选择在停止位置。朝开的方向摇动手轮，确认电动阀门朝相应的方向动作，确认开度表盘指针动作正常。然后试验手轮朝关的方向时，电动阀的运行情况。

将手动、自动选择开关选择为手动位置。电动操作全开阀门，确认阀门动作方向正确，确认开度指示达100%，全闭阀门确认开度指示为0。如有问题采取措施进行调整，直至其合格。

其余各泵（除氧给水泵、除氧循环泵、试压泵、加药泵及锅炉强制循环泵等）与其余各电动阀（锅炉给水泵过热防止阀、锅炉给水泵出口电动旁通阀、除氧循环泵出口电动阀、连排电动阀、定排电动阀、主蒸汽切断阀、主蒸汽切断旁路阀及主蒸汽放散阀等）参考以上方法进行现场手动调试。

8.1.4.2　中央自动及联锁调试

当所有泵及电动阀现场手动调试完毕后，即可进行中央自动调试及相关的联锁调试，主要调试泵的互为备用性能。

A　锅炉给水泵（两台泵分为1号泵、2号泵）

将两台锅炉给水泵手动、自动选择开关选择为自动状态。

确认除氧器液位在下下限时，锅炉给水泵应启动不了（若实际液位不在下下限时，可通过计算机程序模拟送假信号）。

确认过热防止阀没全开时，锅炉给水泵应启动不了。

与主控室联系由主控室自动启动1号泵，然后通过现场操作盘停1号泵，确认2号泵应自动启动。由主控室计算机模拟锅炉给水压力下下限，则在2号泵仍运转时，1号泵应自动启动，此时两台泵均运转；由计算机模拟压力上限，则先运行的2号泵应停止，1号泵继续运行。

B　除氧给水泵（两台泵分为1号泵、2号泵）

将两台除氧给水泵手动、自动选择开关选择为自动状态。

确认检查除盐水箱液位在下限时，除氧给水泵应启动不了（若实际液位不在下限时，可通过计算机程序模拟送假信号）。

除盐水箱液位正常时，与主控室联系由主控室自动启动1号泵，此时再与主控室联系由主控室自动启动2号泵，确认2号泵应启动不了。

通过现场操作盘停1号泵，确认2号泵应自动启动。由主控室计算机程序模拟除盐水箱液位下下限，确认2号泵自动停止。

C　阀类

将电动阀手动、自动选择开关选择为自动状态。与主控室联系由主控室自动启动及停止电动阀，现场确认阀门动作方向，确认开度表盘指针动作正常，指针刻度与主控室显示一致。

与主控室联系由主控室操作各自动调节阀（除盐水箱液位自动调节阀、除氧器液位自动调节阀、除氧器溢流自动调节阀、除氧器压力自动调节阀、给水预热器入口温度自动调节阀、锅炉给水流量自动调节阀、主蒸汽温度自动调节阀、主蒸汽压力自动调节阀和暖管用蒸汽自动放散阀等），现场确认阀门动作方向，确认开度表盘指针动作正常，指针刻度与主控室显示一致。由计算机程序分别模拟汽包液位上上限、汽包液位下下限、主蒸汽温度上上限和主蒸汽温度下下限，确认主蒸汽切断阀自动关闭，主蒸汽放散阀自动打开。模拟主蒸汽放散压力上上限，确认主蒸汽放散阀自动打开；再由计算机程序模拟主蒸汽放散压力低于上限，确认主蒸汽放散阀自动关闭。

8.2　干熄焦烘炉前准备

8.2.1　气体循环系统气密性试验

8.2.1.1　气体循环系统气密性试验的目的及试验准备

A　气密性实验的目的

干熄焦工艺是通过惰性气体的循环，在干熄炉冷却室里对高温焦炭进行灭火冷却，并利用此热量，在锅炉中产生蒸汽，以提供给发电设备等。为了避免泄漏空气进入到循环系统，使焦炭发生燃烧；也为了避免有害气体泄漏到系统外部，造成环境污染及危及人身安全，所以必须对施工完成的干熄炉及整个气体循环系统进行气密性试验，确保安全生产。

B　气密性试验的范围和条件

（1）试验范围

1）气体循环管路、干熄炉主体、一、二次除尘器和锅炉的整个气体循环系统；

2）气密性试验的检查部位是：系统所有的焊接部位及现场安装的法兰和密闭板部位。

（2）试验条件

以下设备安装结束后，方可进行本体试验：

1）干熄室顶部水封槽和装入装置；

2）干熄室内壁砌筑完，关闭人孔；

3）一、二次除尘和循环系统设备；

4）锅炉设备；

5）循环风机。

注意事项：

1）在整个气密性试验过程中，不能在循环鼓风机前后管路的法兰部位和焊接部位增设消声器材；

2）在整个气密性试验过程中，不能对锅炉设备的水冷壁和管道等处的法兰部位以及焊接部位进行保温和外壳施工；

3）必须将测试器械、仪表（温度计、压力计）安装在气体循环系统预先设计的位置上。

C　需要准备的器材

（1）计测器具类

U形压力计：3只（压力范围）最大量程：800kPa；常用量程：360～400kPa；安装位置：锅炉进气烟道及干熄炉上部；压力表：1个量程：1.0MPa，安装在气源入口控制阀门前。

（2）密封板：见密封部位配置图。密封板由施工单位设计、加工及实施（注意：无法安装测量器械的喷嘴的部位，应安装密封板）。

（3）器材：硅酸铝纤维毡，ϕ16陶瓷纤维绳，硅密封剂，肥皂水（发泡水），手拉葫芦，毛刷，便携式喷雾器。

8.2.1.2　气密性试验流程及步骤

A　试验流程

设备气密性试验的基本流程见图8-1。

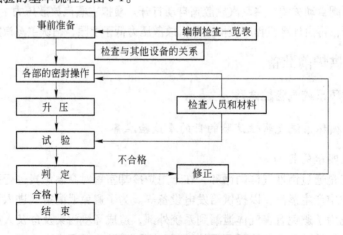

图 8-1　设备气密性试验的基本流程

B 气密性试验的方法

(1) 检漏法：给气体循环系统鼓入空气，在气体循环系统各设备表面焊缝、法兰处喷涂肥皂水（发泡水）查漏是否合格。

(2) 保压法：给气体循环系统鼓入空气，以系统在一定时间内压降的控制范围来判断系统气密性是否合格。

保压法采用系统鼓入压缩空气。当系统达到一定压力后，喷涂肥皂水（发泡水）检漏，并做好标记，漏点达一定程度后停风处理漏点。漏点处理完后，继续鼓风检漏，直至漏点基本处理完毕。然后再给系统鼓风，当压力达到一定值后关闭送风阀门，检查系统的压降控制范围是否合乎要求。若试验结果不合格，则需继续试验检漏，对漏点进行处理后再试，直至合格为止。

C 气密性实验前的最终确认检查

(1) 编制检查一览表：按照需要检查的项目，编制每项的检查一览表；

(2) 检查器械的安装状态：检查是否符合安装要求；

(3) 检查计测器械的安装状态：检查是否符合安装状态；

(4) 检查各进入口和法兰部是否处于封闭状态并记录；

(5) 水封阀、密封槽的状态检查：水封阀、密封槽应通过填充硅酸铝纤维毡达到良好的密封状态。可用手拉葫芦锁死，即当系统加压时，而不至上浮。

硅酸铝纤维毡，最高使用温度 1260℃，熔点 1760℃，真密度为 $2.6g/cm^3$。

对难以安装密封板的装入盖处和紧急放散管部位，应按图8-2所示进行相应的处理。

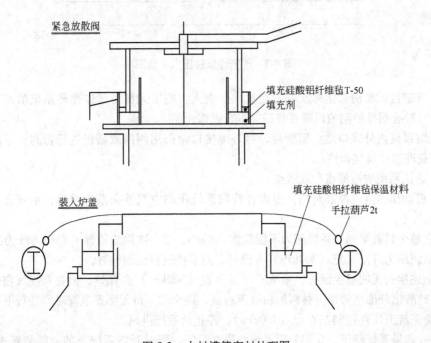

图8-2 水封槽等密封处理图

(6) 检查阀门部位是否处于关闭状态：检查阀门部位是否符合阀门开关表的要求，使阀门、挡板及密封板等处于完全关闭的状态。气密性试验前气体循环系统各阀门应处的正确开闭状态见表8-2。

表 8-2 气密性试验前各阀门状态

阀 门	状 态	阀 门	状 态
预存室放散管碟阀	关	排出装置插板阀加盲板	关
循环气体旁通流量调节管阀	开	预存室压力调节放散管阀	关
循环风机入口挡板	开	气体入口多板翻板阀	开
一次除尘紧急放散管	关	空气导入管蝶阀加盲板	关
一次除尘灰仓排灰阀	关	一次除尘水冷管排灰阀	加盲板
二次除尘排灰阀	关		

(7) 压缩空气供给设备的准备：准备压缩气管；

(8) 测定工具：便携式喷雾器、压力计；

(9) 对气体循环管路中的管道、设备内外进行检查，确认安装合格。

D 系统气密性试验步骤（见图8-3）

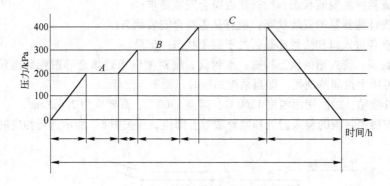

图 8-3 气密性试验压力示意图

(1) 气密性试验前总指挥及各专业技术负责人、施工人员对气体循环系统的所有焊缝做全面检查，对有明显缺陷的焊缝要登记并进行返修；

(2) 对系统内外接口做全面清理，对外部接口全部用阀门或堵板进行密封；系统内接口要全面检查连通性及气密性；

(3) 确认系统的检测点和放散点；

(4) 启动压缩空气控制阀门，由综合管网系统压缩空气管向系统鼓风，系统升压要稳步缓慢进行。

1）在整个试验期间，系统压力不能超过400kPa，以一次除尘顶部U形压力计为准；

2）系统压力升至A点（200kPa）并保持，对系统进行全面检查；

3）上述检查无明显泄漏时，系统升压至B点（300kPa）并保持，检查系统气密性，特别要检查以硅酸铝纤维毡等密封材料的临时密封点，逐个调节待无明显泄漏时可进行下一步；

4）将系统升压并控制在C点（400kPa），停止给系统供风。

注意：如果系统超压，立即关闭系统的进气阀门。同时开启系统上的放散装置进行放散，使系统压力降到试验压力。

E 用肥皂水（发泡水）对系统全面做检漏检查

发现漏点后须及时登记并处理，若系统压力降低，可开启压缩空气控制阀门给系统补压，直至各方共同检查确认没有漏点后，系统气密性试验合格。

F 校验

系统的气密性试验结束后可校验锅炉防爆门的动作值、校验二次除尘顶部防爆门的动作值，调整并确认防爆门达到设计规定的动作压力。

G 测定及判定

a 记录内容

(1) 测定部位；

(2) 时间，天气，气温；

(3) 气泡状况；

(4) 日期、时间和结果。

b 测定方法

通过便携式喷雾器均匀地涂抹肥皂水（发泡水）溶液：

(1) 检查是否有连续产生的气泡；

(2) 拧紧法兰后检查泄漏现象是否消除；

(3) 对通过施工实现密封的部位（炉盖、紧急放散阀等）做到完全密封是很困难的。因此，观察其泄漏程度，尽量使泄漏最少即可。

c 判定标准

(1) 泄漏程度为"螃蟹泡"状，即判定为合格（气泡的大小标准，应与当地的质量管理部门共同协商决定）；

(2) 合格与否，需要与有关部门共同协商。在对判定标准达成一致的基础上，采取相应的处理办法；

(3) 气密性试验全过程应请业主单位、监理单位全过程监督确认。

H 气密性试验的组织机构和管理办法

a 气密性试验的组织机构

(1) 成立气密性试验工作组，统一制定气密性试验时的指挥命令系统；

(2) 根据气密性试验方案制订实施计划，布置每日气密性试验的安排和人员配备，并组织检查和试验结果确认事宜；

(3) 布置检查气密性试验的安全操作及注意事项，做到防患于未然。

b 气密性试验的操作规定

对干熄焦设备中的气体循环系统进行气密性试验时，为避免对气密性人员及其他有关人员造成伤害，特制气密性试验的操作规定：

(1) 参加试验的所有人员必须加强纪律性，服从指挥；

(2) 在气密性试验的整个过程中，严禁非气密性试验人员进入气密性试验区域，非该设备操作人员严禁操作该设备；

(3) 送气阀门由专人操作监控，每次送、停气时间、压力都要做好记录；

(4) 按照气密性试验方案，除进行升压作业外，严禁开启送气阀门。

c 气密性试验的安全检查事项

气密性试验负责人应督促全体气密性试验有关人员遵守以下事项：

(1) 检查器械周围以及操作台附近的安全性；

(2) 对需要使用肥皂水（发泡水）进行检查的部位，进行彻底的清理、整顿和清扫；

(3) 在使用肥皂水（发泡水）进行检查的部位周围，设置临时脚手架和安全通道；

(4) 从临时脚手架探出身体进行检查时，必须系上安全带。根据实际情况的需要，还可

以装配上安全网;

(5) 进行气密性试验时,必须划出"禁止进入"范围、挂出"禁止进入"标志牌,并用安全绳将"禁止进入"区域圈起来;

(6) 送气阀门处应挂出"气密性试验中"标志牌。标志牌上应注明操作负责人的姓名和联系电话号码。

d　气密性试验的会议制度

(1) 根据气密试验方案和有关安全规定,确认当天的气密性试验内容和各专业和各分包单位的责任;

(2) 各分包单位在气密性试验之前,必须召开气密试验的专门例会上,传达气密性试验的会议精神,使所有参加气密试验人员,必须明确试验程序、方法和各自的岗位责任;

(3) 气密性试验过程中,如果出现需要进行试验以外的操作,必须报告指挥部专业工程师或总指挥,得到批准后方可实施。

8.2.2　干熄焦装冷焦

干熄焦装冷焦是为排焦试验及烘炉做准备,装冷焦总量约300t。对冷焦质量要求:块度均匀、水分小且粉焦少。装冷焦主要有以下几个阶段:

(1) 用人工方法从烘炉人孔处装冷焦至盖住风帽;(2) 提升机联动装冷焦至 γ 料位;(3) 排焦试验测定排焦量;(4) 冷焦造型及热电偶安装;(5) 装入矿石并造型。

8.2.2.1　人工装冷焦

首先在烘炉人孔处安装溜槽,然后用运载料斗的平板车装冷焦运至现场,再由吊车将料斗吊至烘炉人孔处溜槽上方,人工打开料斗底板使焦炭流入干熄炉。待焦炭装至人孔门时,进行人工平焦,经验收合格后,封闭人孔,进行提升机装冷焦作业。

A　装冷焦前的准备工作

装冷焦用工具全部准备到位:

(1) 方形料斗于装焦前制作完毕;

(2) 烘炉人孔处溜槽制作、安装完毕;

(3) 铁锹10把,运至现场;

(4) 准备块度均匀、水分小、粉焦少的焦炭若干。

B　人工装冷焦

(1) 焦仓岗位负责人员到位;

(2) 货车冷焦料斗吊装指挥;

(3) 料斗摘钩放料;

(4) 人工装焦、平焦;

(5) 装焦验收;

(6) 后勤保障。

8.2.2.2　提升机进行装冷焦作业

(1) 提升机装冷焦的准备工作

1) 提升机联动试车正常;

2) 准备块度均匀、水分小、粉焦少的焦炭若干;

3）装冷焦其他工作全部落实到位。

（2）提升机装冷焦。装焦至伽马射线位置后验收。

8.2.2.3　冷焦造型及矿石装入

排焦试验完毕后，炉内焦炭处于干熄炉人孔门底线以下30cm处，人工冷焦造型为"W"形。造型合格后在焦炭表层以下20~50cm不同深度埋入热电偶。最后装入约40t粒度为30~70mm的矿石，煤气烘炉时做阻燃用。

注意事项：

（1）冷焦造型时，装焦炉盖打开，专人监护；

（2）矿石厚度必须均匀约30~40mm。

8.2.2.4　安全注意事项

（1）装冷焦作业时，所用设备如吊车、运输车辆、提升机，必须由专人进行指挥作业，吊装前检查绳索是否可靠，周围有无障碍。

（2）牵车台及熄焦车作业时，确保轨道上无异物。

8.2.3　冷焦排出试验

8.2.3.1　排焦试验目的

排焦试验目的如下：

（1）通过冷焦排焦试验，完成排焦插板阀、振动给料器、旋转密封阀、皮带、吹扫风机的单机试车工作；

（2）通过冷焦排焦试验，检验振动给料器、旋转密封阀、皮带的联锁关系是否正确；

（3）通过冷焦排焦试验，检验振动给料器与旋转密封阀及皮带运行是否顺畅，及查验振动给料器与皮带秤的闭环衔接状况。

8.2.3.2　排焦试验具备条件

排焦试验应具备如下条件：

（1）干熄炉内冷焦料位在伽马射线以上位置；

（2）排焦插板阀、振动给料器、旋转密封阀、皮带、润滑油泵、吹扫风机等设备具备单机及联动运行条件；

（3）自动控制人员、生产操作人员、现场检测人员、组织指挥人员以及通信工具全部到位；

（4）焦台已停止放焦且皮带运转。

8.2.3.3　排焦试验步骤

排焦试验步骤如下：

（1）确认干熄炉内冷焦料位在伽马射线以上位置；

（2）确认排焦插板阀、振动给料器、旋转密封阀、皮带、润滑油泵等设备已具备单机及联动运行条件；

（3）将排焦插板阀关闭，由生产人员对排焦系统相关设备进行现场单机试车和联动（联锁）试车，并详细记录试车情况；

（4）焦台已停止放焦且皮带运转，将排焦插板阀打开由自动控制人员、生产操作人员、现场检测人员、组织指挥人员共同进行带负荷冷焦排焦试验。

8.2.3.4　排焦试验检测项目

排焦试验检测项目如下：

（1）各单机设备是否可现场自由开停；

（2）排焦系统各设备联锁是否符合设计要求；

（3）带负荷试车时排焦系统各设备是否运行顺畅；

（4）通过电机运转频率从低到高的调整，检验振动给料器与皮带秤的闭环衔接是否及时精确（30t/h、50t/h、70t/h、90t/h、100t/h、……设计最大值）并做好记录，由自动控制人员根据记录进行调整。

8.2.3.5　排焦试验注意事项

排焦试验注意事项如下：

（1）设备运行前要进行确认，确认无误后方可开车；

（2）实验全过程要服从统一指挥，不得私自行动；

（3）出现异常各方人员可立即停车，无需汇报联络。

8.2.4　锅炉清洗试验

8.2.4.1　概述

新建锅炉用板材、管材，一方面在轧制、加工过程中会形成高温氧化鳞皮及加工油污；另一方面，锅炉本体在制造、组装、运输、存放过程中又会产生焊渣、氧化垢和泥沙等污染物。这些杂质的存在，不仅会使锅炉蒸汽品质降低，增加开车时吹管时间，同时也为受热面水垢的产生提供了温床，使锅炉的运行效率下降。为避免上述情况发生，应依照 DL/T 794—2001《火力发电厂锅炉化学清洗导则》的相关规定，对锅炉进行化学酸洗及钝化。

　　A　锅炉概况

锅炉主要由锅筒、水冷壁、水冷壁下降管和上升管、光管/鳍片管蒸发器、光管/鳍片管蒸发器下降管和上升管、低温过热器、减温器、高温过热器、吊挂管。锅炉汽水循环为流程自然循环型，其流程如图 8-4 所示。

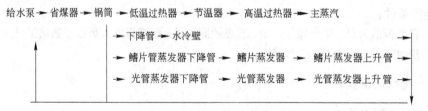

图 8-4　锅炉汽水循环流程图

　　B　清洗范围

清洗范围为：副省煤器、省煤器、锅筒、水冷壁（含上下集箱）、下降管、上升管、光管蒸发器、鳍片管蒸发器、含吊挂管、低温过热器、减温器、高温过热器及以上设备之间的连接管道。

副省煤器单独设立清洗系统。

锅炉清洗系统流程图如图 8-5 所示。

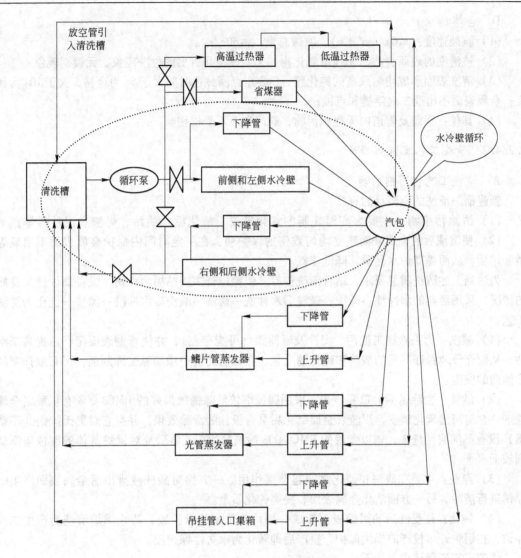

图 8-5　锅炉清洗系统流程图

C　方案编制依据

(1) 国家质量技术监督局[1999]215 号文件:《锅炉化学清洗规则》;

(2) DL/T 7 94—2001《火力发电厂锅炉化学清洗导则》;

(3) GB 8978—1996《污水综合排放标准》(见表 8-3)。

表 8-3　污水综合排放标准

受纳水域	污水排放执行标准	pH 值	悬浮物 SS /mg·L^{-1}	化学耗氧量 /mg·L^{-1}	氟化物	磷酸盐(以 P 计) /mg·L^{-1}
Ⅲ类水域或二类水域	一级	6~9	70	100	10	0.5
Ⅳ、V 类水域或三类海域	二级	6~9	200	150	10	1.0
二级污水处理城镇排水系统	三级	6~9	400	500	20	

注:1. Ⅲ、Ⅳ、V 类水域按 GB 3838—2002《地面水环境质量标准》划分。

　　2. 二、三类海域按 GB 3097—1997《海水水质标准》。

　　3. 排入未设置二级污水处理厂的城镇排水系统的污水。应根据受纳水域的功能要求,分别执行一级或二级标准。

D　合格标准

(1) 腐蚀速度：≤6g/(m²·h)，腐蚀总量：≤60g/m²；

(2) 被清洗的表面清洁，无残留氧化物，无金属粗晶析出的过洗现象，无镀铜现象；

(3) 清洗表面形成均匀致密的钝化膜，$CuSO_4$ 点滴显色时间大于5s为合格，大于10s为优良；金属表面不出现二次浮锈和点蚀；

(4) 其他：锅筒及管道内无存积污物，阀门和泵不受损伤。

8.2.4.2　清洗工艺及监测项目

A　清洗工艺和药剂的确定

新建锅炉清洗的主要目的有二：

(1) 清除污染物，主要为高温轧制的氧化鳞皮、氧化垢、油污、焊渣和泥沙等等。

(2) 使清洗后的金属表面建立均匀致密的保护膜，在一定时间内保护金属表面不出现返锈和结垢。从而提高炉水品质，降低能耗。

为达到上述清洗质量要求，结合清洗前打开锅筒检查主要结垢为铁锈，设备腐蚀情况良好的情况，采用经典的水冲洗→碱洗→碱洗后水冲洗→酸洗→酸洗后水冲洗→漂洗→钝化的清洗工艺。

(1) 碱洗：为去除加工油污、泥沙及锅筒漆（可能存在），并使管壁表面湿润以提高亲水性，从而充分地保证其后的酸洗和钝化的质量。在碱洗药剂中添加碱脆抑制剂，可有效抑制碱脆倾向的发生。

(2) 酸洗：去除锈垢的重要步骤，采用腐蚀率较低除锈效果好的 BMC3-008 有机酸络合清洗剂，它对高温氧化鳞皮、焊渣、金属氧化垢具有极佳的清除效果，并且它对奥氏体钢（不锈钢）没有晶间腐蚀危害，辅以专用的 BMC8-008 酸洗缓蚀剂，将酸洗对锅炉基体的腐蚀率降低到较低水平。

(3) 漂洗：主要在酸洗和钝化之间起衔接作用。一方面对酸洗液排出后金属表面产生的浮锈进行清除，另一方面活化金属表面，提高钝化质量。

(4) 钝化：使受洗后的锅炉表面形成一层均匀致密的保护膜，防止锅炉清洗后产生二次浮锈，在锅炉开车投产前提供保护，投产后即转化为永久性保护膜。

清洗工艺流程注意点如下：

为平衡水冷壁下降管和水冷壁管、蒸发器下降管和蒸发器内的清洗剂流速，在锅筒内下降管管口用特制的节流装置，将每一根下降管管口阻截，只留相当于 φ32mm 管径的通截面。注意截流装置必须安装牢靠，避免落入系统内。本设备为分散下水降管形式，需在每一个锅筒下降管口安置节流装置。

B　监测项目

所有检测项目应保证进出口同时取样，在酸洗时，应加强清洗浓度分析；

清洗每个步骤（特别是酸洗和钝化）中应保持系统满液位，以最高点放空管出水为准。

清洗工艺和监测项目见表8-4。

8.2.4.3　化学清洗系统设计

化学清洗系统设计需考虑以下几点：

1) 为避免其他系统内的杂质被带入到过热器内部，在循环清洗时过热器始终作为进口，并保持较大流量。

表 8-4 清洗工艺和监测项目

序号	工序	清洗介质	工艺参数				监测				备注
			pH值	温度/℃	流量/m³·h⁻¹	时间/h	项目	取样位置	频次/次·h⁻¹	终点	
1	水冲洗	除盐水或澄清水	—	常温	≥180	2~4	浊度	—	2	目测无污物	各单元单独进行
2	碱洗	碱洗主剂 非离子活性剂 碱脆抑制剂	—	80±10	150	2~4	温度 时间 碱度	各溢流口	1/4	满24h	大循环
3	水冲洗	除盐水或澄清水	—	常温	≥180	2~4	—	各溢流口	2	目测无污物	各单元单独进行
4	酸洗	BMC3-008 络合清洗剂 点蚀抑制剂 BMC8-008 缓蚀剂	3~4	80±10	150	10~12	清洗液浓度 [Fe³⁺] [Fe²⁺] 温度	进出口	2	相隔30min 清洗液浓度 变化;≤0.2% 铁离子稳定	大循环和水冷 壁循环切换
5	中和水冲洗	除盐水或澄清水	—	常温	≥180	2~4	浊度	各溢流口	2	目测无污物	各单元单独进行
6	漂洗	柠檬酸 pH调节剂	3~4	80±10	150	2	温度 pH值	进出口	2	满2h	大循环
7	钝化	钝化剂	9~11	50~70	150	6~8	pH	—	1	满6h	大循环+浸泡
8	废液处理	盐酸 片碱	6~9	常温	—	—	pH	—	—	6~9	—

注：以上工艺参数视实际情况可适当调整。

（2）锅炉本体水冲洗时各单元流速需不小于 0.2m/s，所有水冷壁管束应提供不小于 230m³/h 的流量，采用 2 台 37kW 泵可提供约 180m³/h 的流量，为达到清洗流速要求，在清洗时采取一侧水冷壁进另一侧水冷壁出（水冷壁循环），其他单元（包括省煤器、蒸发器、吊挂管）全部关闭，这样酸洗时提供约 150m³/h 的流量基本可满足流速要求。大系统循环时，以两侧水冷壁同时进（或出），其他单元出（或进）的方式循环，酸洗时水冷壁循环和大系统循环间隔切换进行。省煤器、鳍片管、光管蒸发器、吊挂管等间歇调整流量，以提高清洗流速。锅炉清洗项目见表 8-5。

表 8-5　锅炉清洗项目表

单元	水容积 /m³	管半径 /mm	数　量	总截面积 /m²	要求流速 /m·s⁻¹	流量 /m³·h⁻¹	进出口流量 /m³·h⁻¹
锅　筒	13.4	800	1	2.0096	0	0	
本体管路	10						
省煤器	4.2	18	42	0.04273	0.2	30.765	
鳍片管蒸发器		16	63	0.05064	0.2	36.4622	
光管蒸发器	8.5	16	64	0.05145	0.2	37.0409	175.8
吊挂管/上升管		13	52	0.02759	0.2	19.8679	
高温过热器	2	15	58	0.04098	0.2	29.5034	
低温过热器	1.6	13	58	0.03078	0.2	22.1604	
前侧墙水冷壁管		20.5	54	0.07126	0.2	51.3055	102.611
后侧墙水冷壁管	6.7	20.5	54	0.07126	0.2	51.3055	
左侧墙水冷壁管		20.5	66	0.08709	0.2	62.7067	125.413
右侧墙水冷壁管		20.5	66	0.08709	0.2	62.7067	
合　计	46.4					373.059	403.824

（3）副省煤器系统设计一进一出，采用 1 台 7.5kW，50m³/h 的泵即可满足系统流速要求。

（4）清洗泵进口前设置过滤器或过滤网。

8.2.4.4　资源准备

（1）需提供与锅炉材质相同的管段。锅炉设备上的管段作为试验管段和制作监测试片，用于监测腐蚀状况和清洗效果，化学清洗过程中腐蚀率以试片为准，数量及设置部位见表 8-6。

表 8-6　监测试片

试片/监视管段	材　质	清洗槽	系统内	备　注
1 号试片	20G	2 + 2 片	2 + 2 片	
2 号试片	12Cr1MoV	2 片	2 片	按国家标准制作
3 号试片	19Mn6	2 片	2 片	

监视管段以样管为准，接在临时系统循环回路上，清洗后观察清洗效果。

（2）水、电、汽的技术参数见表 8-7。

表 8-7 水、电、汽的技术参数

品　名	规　格	数　量	用　途
除盐水或澄清水	流量 > 100m³/h	约 1000m³	清洗，废液处理
电	380V	150kW	清洗泵等
蒸　汽	0.6 ~ 1.2MPa	若　干	清洗剂加热用

（3）安全教育。清洗施工正式开始前，应对公司现场施工人员进行安全教育，安全教育合格后公司人员方可在现场进行清洗作业。

（4）其他

1）锅炉本体及副省煤器的临时管道的安装、拆除和集箱闷头和管道割除及恢复、过热器出口总管割除及恢复；

2）锅炉酸洗前，监视试片重量和表面状况需经业主和监理人员确认，并提供合格的分析天平，配置合格的称重人员。

（5）清洗设备、试剂、仪器见表 8-8 ~ 表 8-10。

表 8-8 锅炉化学清洗工程用设备

序　号	名　称	型号及规格	数　量	备　注
1	循环泵	37kW	2 + 1 台	"+"后为备用
		22kW	1 + 1 台	
2	水冲泵	RPP-54-110	1 + 1 台	
3	压力表	0 ~ 1.6MPa	4 + 1 只	
4	温度计	0 ~ 150℃	6 + 1 只	
5	无缝钢管	DN150	130m	
		DN80	200m	
		DN65	120m	
		DN50	50m	
6	过滤器	Y 型 DN100	2 只	清洗泵进口
7	闸　阀	DN150	3 只	清洗总管
		DN100	2 只	清洗泵进口
		DN80	16 + 2 只	循环清洗用
		DN65	8 + 2 只	试压、流量控制用
8	流量计	涡轮流量计	2 台	
9	配电箱	常规	2 套	
10	橡胶管	DN40	100m	放空、排污用
11	循环槽	6m³	各 1 套	
		4m³		

表 8-9 锅炉化学清洗工程化学分析监督用试剂、仪器

序 号	名 称	等级或浓度	数 量	备 注
1	NaOH	AR，0.2mol/L	1000mL	[H$^+$]
2	酚酞	指示剂1%	100mL	
3	pH 试纸	广泛试纸	20 本	
4	H$_2$SO$_4$	AR，0.05mol/L	500mL	总碱度
5	氨水	AR，1:1	100mL	调 pH
6	磺基水杨酸	指示剂10%	100mL	
7	KCNS	指示剂40%	100mL	
8	溴百里酚蓝	指示剂0.2%	30mL	
9	EDTA	AR，0.01mol/L	1000mL	测 [Fe^{3+}]、[Fe^{2+}]
10	H$_2$SO$_4$	0.5mol/L	120mL	
11	过硫酸铵	10%	100mL	
12	HCl	AR，1:4	100mL	调 pH
13	硫酸铜溶液	1.3%	30mL	滴定钝化效果
14	高氯酸镁	5%	120mL	

表 8-10 分析仪器

序 号	名 称	数 量	备 注
1	酸碱式滴定管、滴定架	2 套	25mL
2	温度计	1 只	0~100℃
3	三角烧瓶、烧杯	各1只	250mL
4	胖肚吸管、吸管	各1根	1，2，5mL
5	吸耳球、取样杯	各4只	
6	干燥剂、滤纸	若干	
7	pH 计	1 台	
8	CNT-40 微型调温电热锅	1 台	加 热
9	插入式温度计	2 个	

锅炉本体系统的正、反循环清洗流程如图8-6、图8-7所示。

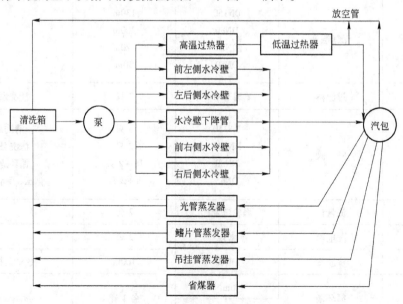

图 8-6 锅炉清洗流程示意图（正循环）本体清洗系统

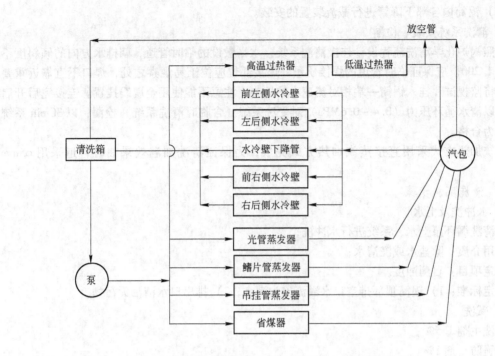

图 8-7 锅炉清洗配管示意图（反循环）本体清洗系统

8.2.4.5 清洗施工操作步骤

A 施工前准备及临时清洗系统配置

a 检查水、电、汽的规格或技术参数（流量、压力、温度等）

检查其是否满足方案要求，清洗结束后须将其恢复原样。

b 隔离、标记

将受洗锅炉本体受热面及汽水系统管路与各附件如水位计、平衡容器、压力表等，用盲板封死或关闭，并在隔离阀门和拆除部位设置明显标记。

对于锅筒内部的加药管及取样管应采取适当的措施（在底部开口）防止管道内残留清洗药剂。

c 拆除、盲板加封

（1）在副省煤器进出口阀门处连接临时清洗管道进行副省煤器清洗；

（2）水冷壁、光管、鳍片管蒸发器、吊挂管下部集箱清洗闷头割除，其中水冷壁前、后、左、右集箱各 1 个；光管、鳍片管蒸发器下集箱各 1 个，吊挂管左、右集箱各 1 个，省煤器下集箱 1 个，共计割除 9 个集箱闷头；

锅筒两端顶部放空阀侧引出接至清洗槽；

（3）将除盐水或澄清水接入清洗槽，以提供清洗用水；

（4）清洗前先清理锅筒内污物，锅筒内件装入锅筒内或置于清洗槽内同时清洗（能够拆除的）；

（5）清洗系统内所有安全阀进行有效隔离（法兰式安全阀用盲板隔离，焊接式安全阀将阀芯压死）；

（6）锅筒内各部下降管进行截流装置的安装。

d　清洗系统安装、检漏

按照锅炉化学清洗流程设计连接清洗系统，水平敷设的临时管道，朝排水方向的倾斜度不得小于 1/200。应保证临时管道的焊接质量，焊接部位应位于易观察之处，焊口不宜靠近重要设备。将监视试片挂入锅筒一端相对流速小的地方，注意不能使用金属线挂置。连接完后开启循环泵以清水循环压力（0.4～0.6MPa）对受洗系统（含临时清洗系统）检漏，以 30min 系统无渗漏为合格。

系统加热方式采用直接蒸汽加热方式完成，为保证清洗加温效果临时管道采用 65mm 铁管。

B　清洗实施步骤

a　水冲洗及上水

用清洗循环泵上水，系统进行水冲洗；

使用介质：除盐水或澄清水；

测定项目：目测浊度。

判定标准：1）锅筒顶部排空口水溢流出为满水；2）排出口水清洁无污物。

b　碱洗

碱洗主剂 1.5%；

碱脆防止剂 1%；

使用化学药品：碱洗主剂、碱脆防止剂、促进剂，包括浸润剂、渗透剂。

（1）系统升温加药剂：清洗按循环运行，开启加热蒸汽逐步升温至 50～60℃左右，流量控制在 150m³/h；

边循环边缓慢加入碱洗主剂、碱脆防止剂和促进剂，加入速度以立即溶解不产生沉淀为宜。

（2）操作程序：碱洗液流量控制适当，温度为 80±10℃左右，正循环 3～4h，反循环 3～4h，碱洗总时间 24h；碱洗时每 2h 打开各集箱和锅筒底部排污阀排污 1min；

化学分析：每 4h 测定一次碱度，当低于 45mmol/L（以碳酸钠计）需补充碱洗主剂；

（3）测定项目：温度、碱度；

（4）碱洗液排出：碱洗结束，打开所有排污阀，将碱洗液全部排出；废液经中和处理后排入指定地点。

c　水冲洗升温

开启相关部件排污阀门保持最大流量对各个循环系统进行水洗，直至冲洗水出口 pH 值低于 9，水质透明；

关闭所有排污阀门，对锅炉循环水进行加温，温度升至 70～80℃。

d　酸洗

酸洗是为去除受洗部件内部氧化物及焊渣的主要步骤。

（1）药剂：BMC3-008 络合清洗剂 4%；

（2）BMC8-008 缓蚀剂 0.4%；

（3）药品溶解及加入：将计量的 BMC8-008 缓蚀剂和点蚀抑制剂逐步加入循环系统中循环 1h；待上述溶液循环混合均匀后，在循环槽内加入 BMC3-008 络合清洗剂，边加边循环分步完成，加完后用 pH 值调节剂将清洗剂 pH 值调至 3～4。

注：在 BMC3-008 络合清洗剂加入循环槽之前，应将各试片挂在清洗槽中相对流速小的部

位，并自此时计时。

（4）操作程序：清洗剂加入后，即开始循环清洗，流量为150m³/h，继续加热后温度控制在80±10℃左右，每循环1h，切换成反向循环；每隔半小时测一次清洗液浓度，$c[Fe^{2+}]$、$c[Fe^{3+}]$、pH值、温度；清洗时间6~8h；酸洗时每2h打开各集箱和锅筒底部排污阀排污1min。

（5）测定项目：清洗剂浓度、$c[Fe^{2+}]$、$c[Fe^{3+}]$、pH值、温度。

清洗测定当$c[Fe^{3+}]\geqslant800mg/L$时，须加入还原剂。

（6）判定标准：清洗液浓度稳定，两次浓度绝对差值≤0.2%；铁离子浓度基本稳定；试样管段已清洗干净。

（7）清洗液排出，经中和处理后排入指定地点。

e 水冲洗

待清洗废液排尽，在清洗槽内上水，边上水边正反循环进行水冲洗，每15min测定一次出口水的pH值、酸浓度和电导率。冲洗接近终点时，每隔15min测定一次含铁量。直至出pH值为4~4.5，电导率小于50μS/cm，含铁量小于50mg/L，水质透明。

水冲洗结束后建立循环，加入循环水温度至70~80℃。

f 漂洗

加入漂洗主剂0.4%，除二次浮锈，为钝化做准备。

加入0.4%的除锈液后，用计量的pH调节剂将pH值调至3~4。保证总循环净时间2h，温度为80±10℃，流量为150m³/h。每隔0.5h测一次清洗液浓度、pH值、总[Fe]、温度；

当总[Fe]≥300mg/L时，须用热的除盐水或澄清水更换掉一部分漂洗液，直至铁离子含量小于该值，方可进行钝化。

g 钝化

加入钝化主剂13%。

漂洗结束停止加热，在漂洗液中徐徐加入计量pH调节剂，调pH值至9~11，循环均匀。加入的钝化剂，循环流量为150m³/h，时间不小于6h，温度保持在50~70℃。

每小时测定钝化剂浓度和pH值。

钝化结束，废液排入中和处理槽。

h 恢复与保护

清洗结束后将临时清洗系统拆除，另外包括锅筒内部的截流装置；恢复所割除的封头。

锅炉化学清洗后，如在一个月内不能投入运行，应进行防腐蚀保护。气体保护法是用充氮法保护。使用的氮气纯度应大于99.9%，锅炉充氮压力应维持在0.020~0.049MPa。

8.2.4.6 化学监督

（1）测定项目：按测定要求及测定项目认真做好清洗化学监督工作，做到及时准确。

（2）酸洗和钝化：酸洗时定期（2次/h）观察清洗槽中试片的表面状况，并记录于《化学分析与化学监督报告》。

（3）记录：如实填写《化学分析与化学监督报告》和《工艺流转卡》等相关记录。

8.2.4.7 安全、环保措施

A 安全措施

（1）遵守建设单位的规章制度，做好安全生产三级教育。

（2）清洗前，所有人员必须学习清洗安全和操作规程，熟悉清洗用药的性能和灼伤急救方法。

（3）现场应挂上安全字样及清洗区域标志，禁止无关人员进入。

（4）清洗现场严禁吸烟，动火办理动火证，动火完毕清理现场，消灭火种。

（5）用水、电、汽（气）必须经厂方同意后，在指定的地点使用。

（6）高空作业或危险作业时，必须佩戴安全带，施工中严禁高空坠物。

（7）清洗中，禁止在清洗系统上进行其他工作，尤其不准明火作业。

（8）清洗中必须有检修人员，随时检修清洗设备。

（9）所有清洗人员必须穿戴好劳动保护用品。

1）进入厂区必须戴安全帽；2）进入施工区，工作服、乳胶手套、防酸胶鞋必须穿戴整齐；3）加注清洗剂时，必须戴好防护眼镜，以防药液飞溅伤人。

（10）搬运清洗剂，严禁肩扛、手抱。

（11）在夜间施工行走时，注意扶梯、孔洞、地面盖板等是否可靠，防止滑倒、坠落。

（12）清洗中，应注意用电、用气安全。

（13）清洗现场配置急救水源、毛巾、药棉及其他医药用品，以备急救时使用。

（14）按照厂家 ISO9001 规定的作业程序文件实施各施工步骤。

（15）遵守厂家《化学清洗安全操作规程》。

　　B　环保措施

锅炉清洗废液经处理并达标后排放，严禁采用渗坑、渗井和漫流的方式排放废液。

锅炉化学清洗废液的排放根据顾客受纳水域功能的要求，按 GB 8978—1996《污水综合排放标准》的规定控制排放浓度（见表 8-3）。

8.3　干熄焦烘炉与开工

8.3.1　干熄焦烘炉

干熄焦系统在筑炉工程结束后，干熄炉内的耐火砖、灰浆，浇注料以及干熄炉底部的冷焦含大量水分，这些水分若不很好地除去，将会影响干熄焦今后的生产安全及使用寿命，因此必须将这些水分除去。

烘炉作业是通过温风干燥及煤气加热的方法使干熄炉的温度保持均匀平稳地上升，最后将干熄炉内耐火材料的温度逐步上升到与红焦温度相接近，直到转入正常作业。

烘炉升温作业分为三个阶段：

烘炉前准备工作阶段；温风干燥作业阶段；煤气烘炉作业阶段。

整个烘炉作业所需要的时间大约为 15 天。

温风干燥阶段以干熄炉入口温度 T_2 为主要管理温度、煤气烘炉升温作业以预存室温度 T_5 为主要控制温度。烘炉参数见表 8-11 所示，烘炉曲线如图 8-8 所示。

表 8-11　烘炉参数

温度范围	所要天数	总天数	升温速度
常温→120℃	5 天	5 天	10℃/h
120→800℃	9 天	14 天	95℃/d
800℃	1 天	15 天	保温

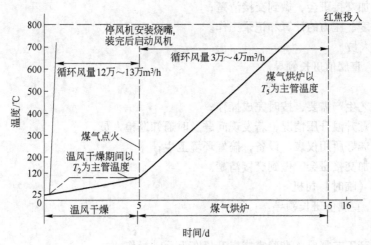

图 8-8　干熄焦烘炉升温曲线图

8.3.1.1　烘炉前应具备的条件

A　烘炉人员岗位职责

干熄焦烘炉与开工是一项重要而复杂的工序，要求有严密而有效的人员组织。烘炉与开工需要在总负责人的领导下，由技术人员、实施人员、后勤服务人员（生活服务、保卫、安全、消防、医务及维修）相互配合，共同完成。各岗位人员必须有极强的责任心并且熟练掌握本岗位工作。

a　值班长岗位

（1）职属：直属车间主任领导，执行其工作命令。

（2）职责：

1）负责组织开好班前班后会，布置本班任务，小结当班工作；

2）必须严格按计划升温，红焦投入后，负责和炼焦车间联系出炉计划，及时掌握皮带运输情况；

3）发生事故时，负责统一指挥，及时处理，及时上报；

4）检查升温、蒸汽及煤气情况；

5）负责本班的安全教育，烘炉开工工具完好情况，交接班必须清楚；

6）负责掌握现场动态，要经常检查干熄炉各部分情况，发现问题及时汇报处理，重大问题要向车间主任汇报；

7）搞好环境卫生，做到文明烘炉开工；

8）负责检查本班各种报表的填写情况、工作情况，是否按烘炉开工方案工作。

b　测温测压人员（临时）岗位

（1）职属　直属值班长领导。

（2）职责：

1）按时完成测温、测压任务；

2）发生事故，负责指挥及时处理；

3）若发现升温升压偏离升温升压曲线时，要协助调节；

4）掌握大气温度变化对烘炉温度压力的影响，提出预防措施；

5）维护保养好所用仪表、设备，搞好环境卫生；

6）按时参加交接班会，做到交接清楚；

7）负责温度、压力的计算和记录工作。

c 主控室人员

（1）职属 直属值班长领导。

（2）职责：

1）根据工艺生产需要，按时完成操作；

2）密切注意升温升压情况，若发现问题及时通知巡检人员；

3）维护保养好所用仪表、设备，搞好环境卫生；

4）按时参加交接班会，做到交接清楚。

d 提升机（临时）司机

（1）职属 直属值班长领导。

（2）职责：

1）根据生产工艺需要，准确完成提升机车上手动操作；

2）保持与干熄焦主控室人员联系；

3）发生事故，负责指挥及时处理；

4）维护保养好所用仪表、设备，搞好环境卫生；

5）按时参加交接班会，做到交接清楚。

e 三班工作细则

（1）按照车间主任或技术人员指示升温与工作管理。

（2）交接班制度

1）在下班前向班长进行工作汇报；

2）交班班长与接班班长进行工作交接签名；

3）交接班交接清楚，交班班长汇总交给接班班长，经允许后方可离开。

交班时应做好如下工作：

1）打印整理好各种温度、压力记录，并在记录本上说明升温情况；

2）在交班前所负责的地区应清洁整齐；

3）记录本班指定地点的温度和压力；

4）先检查各种工具及仪表，如有损坏应修理好或更换后再交给下班，以保证烘炉升温的正常加热管理；

5）将本班各种记录整理好交给接班者。

接班者做好如下工作：

细心听取上班的汇报，并询问上班的升温、升压、燃烧情况。投入红焦后，要询问干熄炉内红焦料位。

详细检查下列情况：

1）各种工具及仪表是否有损坏和缺少现象；

2）检查烘炉蒸汽供应和煤气燃烧情况。投入红焦后，检查确认红焦料位；

3）检查干熄炉设备情况；

4）检查各种记录是否齐全；

5）检查环境卫生是否清洁；

6）对下班者的意见及要求。

（3）由车间安全管理人员烘炉前向工人做一次烘炉安全教育。各班必须遵守安全注意事项。

B 所有准备工作

所有准备工作应在烘炉前一周完成并进行确认, 如表 8-12 所示。

表 8-12 烘炉前的准备工作

序 号	工 作 内 容	负责人
1	能保证连续供应合格的除盐水	
2	各系统上的设备（锅炉及辅机、提升机、装入装置、排出装置、气体循环系统、除尘系统等）单体、联动试车完成, 具备投产条件	
3	干熄炉系统内部检查完, 36 个斜道上的调节砖布置正确	
4	烘炉所需要的管道、设备、安装调试完	
5	干熄焦系统上的所有温度、压力、流量、料位计、气体分析仪、记录仪等仪表安装完毕, 具备投产条件	
6	锅炉酸洗作业完, 水压试验, 各安全附件齐全、可靠	
7	烘炉开工及正常生产所需要的各种记录、报表、升温曲线器具、材料准备齐全	
8	开工组织体系建立, 人员安排到位。生产操作、检修人员到位	
9	PLC、EI 系统调试结束	
10	运焦皮带系统达到运行条件, 能源动力介质（水、电、N_2、蒸汽、焦炉煤气、空气）合格工程收尾, 现场清理工作结束	

8.3.1.2 温风干燥

A 干燥前的工作

温风干燥开始时应确认的工作, 如表 8-13 ~ 表 8-15 所示。

表 8-13 干熄炉、气体循环系统

序 号	工 作 内 容	负责人
1	先用人工的方法将冷焦盖住中央风帽; 再将烘炉用盖板封上, 用提升机进行装焦作业, 将焦炭装到伽马料位以上, 供排焦试验用; 对冷焦的要求: 块度要均匀, 水分要少, 粉焦要少; 排焦试验完成后, 要预留一部分焦炭（将中央风帽盖住）	
2	对冷焦进行造型, 原则是靠炉墙高、炉墙与中央风帽之间稍低一点	
3	在冷焦上部铺设块矿, 铺设要均匀、全面	
4	安装煤气烘炉用燃烧器和观察火焰燃烧用监视器, 准备点火棒, 做点火试验, 测定煤气最小流量（点火试验根据现场情况商定）	
5	在冷焦表面测温采用红外线测温枪测温	
6	在下列部位安装温度计: ①干熄炉顶部　　　　　3 点; ②干熄炉冷却室上部　　4 点; ③干熄炉冷却下部　　　4 点; ④一次除尘器　　　　　2 点	
7	安装温风干燥用（1DC 紧急放散）空气导入用调节板	
8	一次、二次除尘器格式旋转阀拆除上法兰并安装防水板	

序　号	工　作　内　容	负　责　人
9	在温风干燥时应拆除下列电容式料位计并装上盲板： ①干熄炉上限料位　　　　　1 个（红焦投入后安装）； ②1DC 灰斗料位计　　　　2 个（煤气烘炉时安装）； ③2DC 灰斗料位计　　　　2 个（煤气烘炉时安装）； 注：②③拆除后盲板恢复安装时分次推进，以防止损坏	
10	各阀门调整到温风干燥开始状态 ①紧急放散阀　　　　　　　开，设置导入空气调节板； ②干熄炉入口挡板　　　　　开； ③炉顶放散阀　　　　　　　开； ④空气导入阀　　　　　　　关； ⑤炉顶压力调节阀　　　　　关； ⑥气体放散旁通阀　　　　　关； ⑦集尘挡板　　　　　　　　关； ⑧一次除尘器排灰阀　　　　停止； ⑨二次除尘器排灰阀　　　　停止； ⑩冷却室排水孔　　　　　　开； ⑪排出底部放水阀　　　　　关，每班开一次； ⑫燃烧器一、二次进风挡板　关； ⑬排出检修用闸门　　　　　关，每班开一次； ⑭仪表导压管　　　　　　　关，每班开一次； ⑮气体分析仪一次阀　　　　关； ⑯排出旋转密封阀下疏水阀　关，每班开一次； ⑰循环气体均压管疏水阀　　关； ⑱旋转密封阀　　　　　　　停止； ⑲锅炉出口风量调整板　　　关； 其他仪表阀　　　　　　　　关	
11	下列各人孔应处于关闭状态： ①锅炉上各人孔门； ②循环气体系统上各人孔门； ③一次、二次除尘器各人孔门； ④干熄炉上各人孔门； ⑤排出装置各人孔门	
12	将水封槽内充满水	
13	斜道上的中栓全部关闭	
14	将紧急放散阀上的调节板开度设在 1/2 左右（紧急放散上的水封满水）	

表 8-14 锅炉系统

序 号	工 作 内 容	负责人
1	通过除氧器给水泵上常温加药除盐水,使锅筒水位约在 -100mm	
2	锅炉各附属设备处于随时可投用状态: ①锅炉给水泵; ②除氧器给水泵; ③除氧器循环泵; ④加药泵(药品应配置好); ⑤取样装置; ⑥各检测仪表; ⑦锅筒紧急放水阀; ⑧主蒸汽切断阀; ⑨连排、定排电动阀; ⑩各气动调节阀	
3	锅炉系统各压力表、水位计投用	
4	循环风机要解除下列联锁: ①锅筒液位　　　LL 及 HH; ②主蒸汽温度　　HH; ③除氧器液位　　HH 及 LL; ④给水压力　　　LL	

表 8-15 其他准备工作

序 号	工 作 内 容	负责人
1	γ 料位计关闭(投红焦时再开)	
2	进行炉内燃烧试验;进行烧嘴装拆演习,人孔预砌演习	
3	进行综合联动试运转: ①提升机(手动); ②装入装置(手动); ③电机车(手动); ④集尘系统(自动); ⑤整个装入系统的模拟运转; ⑥在确认排出检修用闸门关闭的情况下,排出装置可参加联动运转(含皮带机)	
4	升温曲线、记录报表准备齐全	
5	确认循环风机用 N_2 压力正常	
6	确认各能源介质能正常供应(N_2、煤气、仪表用风、低压蒸汽、除盐水、循环水等)	
7	通过 EI 系统测量的各有关温度、压力、流量等仪器、仪表处于测定状态	

B 温风干燥加热工艺流程

温风干燥加热工艺流程操作步骤和测定项目见图 8-9 和表 8-16、表 8-17。

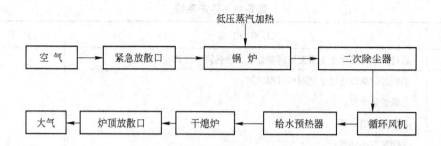

图 8-9 温风干燥加热工艺流程

表 8-16 温风干燥操作步骤

序 号	工 作 内 容	负 责 人
1	低压蒸汽暖管	
2	锅筒液位控制在 0 ~ -100mm	
3	副省煤器具备投运条件，并注满水	
4	锅炉加药用药品准备齐全（氨、联氨、Na_3PO_4）	
5	确认锅炉系统各阀门处于正常的开闭状态	
6	甩开副省煤器，利用除氧器循环泵给除氧器升温	
7	除氧器加热过程中，开始给锅炉上水，将锅炉中的常温水逐渐替换	
8	打开锅筒低压蒸汽阀门，开始吹入低压蒸汽进行升温作业（注意：除氧器升温速度要快于锅炉本体升温速度），当锅筒压力达到 0.6MPa 开始给锅筒泵通入蒸汽	
9	当锅筒温度升至 95℃时，停止除氧器向锅炉的炉水置换。改由锅筒及锅筒泵低压蒸汽的通入为锅炉升温，锅炉排污量减小	
10	启动循环风机	
11	锅筒 95℃以上温升正常后，停锅炉给水泵，除氧器保温操作	
12	温风干燥的主要调整项目及基准： ①锅炉升温≤30℃/h； ②干熄炉升温 T_2：10℃/h，最大不超过 20℃/h，到 160 ~ 170℃保持； ③锅筒水位 0 ~ -100mm； ④炉水水质：pH：8.8 ~ 9.5，电导率 60μS/cm，$SiO_2 < 0.03 \times 10^{-4}\%$； ⑤预存室压力 0 ~ -50Pa； ⑥导入空气量根据升温的情况逐步增加； ⑦循环风量根据升温的情况逐步增加	
13	在升温作业中主要的调节手段： ①低压蒸汽的吹入量（常用）； ②导入空气量（常用）； ③循环气体量（常用）； ④装入炉盖的开度； ⑤系统压力的调整	

序 号	工 作 内 容	负责人
14	升温操作方法： ①T_5 温度上升过快(超过 10℃/班)时,可采取减少低压蒸汽吹入量,增加循环风量,增加导入空气量,炉盖开度增加; ②T_5 温度上升缓慢(低于 5℃/班)时,可采用增加低压蒸汽吹入量减少导入空气量; ③锅炉炉水温度上升,而循环气体温度不上升时可关小导入空气量; ④T_5 温度及循环气体温度上升快时,可采取增加放出空气量,增加导入空气量; ⑤T_2 温度、T_5 温度温差变大时,若循环气体温度大于 T_5 温度,则增加循环风量,当 P_1 压力低时,关小排出气体量; ⑥当 P_1(0~50Pa)压力低于基准,可增加循环风量,若作用不大时,可关小炉顶放散阀或降低炉盖开度; 注意：风量增加应遵循的原则是：每次增减风量(标态)≤10000m^3/次,风量调整间隔在 30min 以上	
15	锅炉的升温、升压 ①锅炉水位的控制可用连排或紧急放水阀来控制; ②随锅炉入口温度的上升,要随时调整放空阀的开度; ③各放空阀、疏水阀调整结束后,锅炉开始升压; 注意：锅炉升温、升压按升温升压曲线进行	
16	在温风干燥期间应对各放水点进行放水作业(1DC 排出部,2DC 排出部、锅炉出口部、循环风机底部、干熄焦各放水点,排出各放水点)等	

表 8-17 温风干燥时测定项目

管 理 项 目			管 理 方 法		
内 容	设 备	测定点	测定温度	测定者	管理资料
温 度	干熄炉	T_2、T_3、T_4、T_5	1 次/60min	三班操作工	升温曲线
压 力	干熄炉	P_1	1 次/60min	三班操作工	岗位记录
	锅 炉	低压蒸汽、锅筒压力	1 次/60min	三班操作工	岗位记录
流 量	循环气体量	F_1	1 次/60min	三班操作工	岗位记录
分 析	炉水水质	pH,电导率	2 次/班	化验室	

C 温风干燥烘炉的特殊操作

温风干燥期间,如果突然停供蒸汽或突然关停风机,应遵循以下指导原则(参见表8-18):

原则 1：如遇以上两种情况,首先要进行系统的保温保压;

原则 2：在降温最低点开始升温,升温速度可适当加快(原速度的 1.2~1.5 倍),注意在晶体转化点时放慢升温速度,严格遵循升温曲线。

表 8-18　特殊操作管理措施表

项　目	系　统	采　取　措　施	项　目	系　统	采　取　措　施
突然关停风机	锅　炉	①时间短锅炉无需做调整;②时间长可减少锅炉蒸汽通入量,维持锅炉炉水温度即可	突然停供蒸汽或压力波动	锅　炉	①减少锅炉疏水;②保持锅炉压力
突然关停风机	循环系统	①关闭炉盖;②关闭常用放散;③关闭空气导入处闸板	突然停供蒸汽或压力波动	循环系统	①关闭炉盖;②关闭常用放散;③关闭空气导入处闸板;④适当降低循环风量

8.3.1.3　煤气烘炉

A　烘炉前的准备工作

当 T_5 温度达到 100℃ 以上时即可,即温风干燥作业结束后,可进行煤气烘炉作业。在进行煤气烘炉前要做的工作,如表 8-19 ~ 表 8-22 所示。

表 8-19　温风干燥结束后的工作

序号	工　作　内　容	负责人	序号	工　作　内　容	负责人
1	低压蒸汽继续吹入		4	拆除紧急气体放散阀上的临时盖板,关闭紧急气体放散,水封槽充水	
2	装入炉盖关闭,水封槽的水要保持流通		5	一次除尘器冷却套管进水	
3	关小炉顶放散蝶阀		6	循环风机暂停运行	

表 8-20　各阀门开关状态的确认

序号	工　作　内　容	负责人	序号	工　作　内　容	负责人
1	紧急气体放散阀:关		8	炉顶集尘管:关	
2	干熄炉入口挡板:中央进风全关,周边进风开 5%		9	一次、二次除尘器格式卸灰阀:停止运转	
3	炉顶放散阀:先关或关小,循环风机启动后再开		10	干熄炉冷却室各放水点:开	
4	空气导入阀:关		11	循环气体系统放水阀:常开	
5	P_1 压力调节阀:50% 开度(风机启动后调整)		12	煤气燃烧器一、二次进风口:关	
6	P_1 压力调节阀的旁路阀:关		13	排出检修闸门:关	
7	循环出口旁通阀:关				

表 8-21　锅炉系统准备工作

序号	工 作 内 容	负责人	序号	工 作 内 容	负责人
1	除氧器给水泵、锅炉给水泵、除氧器循环泵随时可启动状态,并启动相关电气联锁		5	加药装置,取样装置投入正常运行状态	
2	除盐水箱水位正常		6	锅炉给水系统、减温水系统的阀门按规定开闭	
3	板式换热器,副省煤器进水		7	1SH、2SH 疏水阀微开,确保蒸汽流通	
4	除氧器投入正常运行				

表 8-22　燃烧器点火准备工作

序号	工 作 内 容	负责人	序号	工 作 内 容	负责人
1	仪器、仪表准备: ①废气分析; ②点火棒; ③燃烧器空气导入调节装置		2	煤气管道 N_2 置换合格后通入煤气	
			3	煤气点火后可安装电容式料位计	
			4	循环风机启动有关各项准备工作完毕	

B　煤气干燥

煤气干燥阶段的工作内容和测定项目见表 8-23、表 8-24;烘炉流程见图 8-10。

表 8-23　煤气干燥阶段工作

序　号	工 作 内 容	负责人
1	启动循环风机,将风量调整到最小	
2	设定预存室压力	
3	燃烧器点火 <table><tr><td rowspan="4">人员配备</td><td>现场指挥监护</td></tr><tr><td>点火</td></tr><tr><td>阀门操作</td></tr><tr><td>主控室</td></tr></table> 当点火失败时切勿立即再点火,循环风机在大风量抽引 5～10min 后再点火	
4	煤气烘炉升温标准: T_5:4℃/h (96℃/天),最高到800℃; T_3:最高不超过 320～350℃	
5	严格控制各点温度: T_3:320～350℃以下;T_4:400～440℃以下;T_e:220～260℃以下(冷焦表面)	
6	煤气燃烧器的调整: ①火焰偏红:调整空气导入量; ②火焰偏亮:调整空气导入量和煤气量; ③火焰脉动:适当增加循环风量,且有专人在现场监视燃烧情况,以防熄火; ④T_3、T_4 温度上升过快:适当调整循环风量; 注意:煤气烘炉时可能发生突然熄火的情况,一定不能立即点火,循环风机要大风量运行,同时往系统内冲 N_2,对系统进行置换作业,30min 后在常用放散口取样,当 O_2 含量合格时,方可再点火	

序 号	工 作 内 容	负责人
7	当锅筒压力与低压蒸汽压力相同时可关闭低压蒸汽	
8	当锅炉入口温度达到要求时，锅炉给水、锅炉压力放散调节阀可投入自动控制状态	
9	主蒸汽温度达到 430～460℃时，减温器要投用	
10	当 T_5 达到 800℃，锅筒压力维持在 3.5MPa	
11	循环风量（标态）40000m³/h	
12	COG 流量（标态）最大 1500m³/h	
13	锅筒水位 0～±75mm	
14	除氧器水位 0～±100mm	
15	给水基准： pH8.8～9.5；硬度≤2μmol/L 电导率≤0.5μS/cm，$w(SiO_2)$≤0.02×10^{-4}%	
16	炉水基准： pH 9.0～10.5； 电导率 60μS/cm 以下； SiO_2<0.03×10^{-4}%	

表 8-24　煤气干燥时测定项目

内 容	设 备	测定点	测定温度	测定者	管理资料	负责人
温 度	干熄炉	T_6	1 次/60min	三班操作工	升温曲线	
		T_5	1 次/60min	三班操作工	升温曲线	
		T_4	1 次/60min	三班操作工	岗位记录	
		T_3	1 次/60min	三班操作工	岗位记录	
		冷焦表面	1 次/60min	三班操作工	岗位记录	
压 力	干熄炉	P_6	1 次/60min	三班操作工	岗位记录	
	锅 炉	锅筒压力	1 次/60min	三班操作工	岗位记录	
流 量	循环气体量	F_1	1 次/60min	三班操作工	岗位记录	
分 析	炉水水质	pH	2 次/班	化验室		
		电导率	2 次/班			
		SiO_2	2 次/班			
		PO_4	2 次/班			

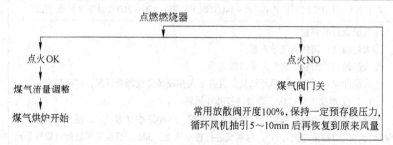

图 8-10　煤气烘炉流程

C 煤气烘炉的特殊操作

煤气烘炉特殊操作的工作内容见表8-25。

表 8-25 煤气烘炉特殊操作的系统措施调整表

项 目	系 统	采 取 措 施
突然停风机	锅 炉	①为保持锅炉压力，减少锅炉蒸汽放散； ②水位控制在 −50mm 左右； ③锅炉喷水减温阀关闭
	循环系统	①火苗熄灭应立即关闭煤气，系统置换合格后，再进行点火； ②立即减少烧嘴煤气量，使火焰高度维持尽量低，风机运转后缓慢增加煤气量与风量； ③风机调节门关闭； ④预存室压力调节阀关闭
停煤气或熄火	锅 炉	①为保持锅炉压力，减少锅炉蒸汽放散； ②水位控制在 −50mm 左右； ③锅炉喷水减温阀关闭
	循环系统	①火苗熄灭应立即关闭煤气，系统置换合格后，再进行点火； ②循环风量降低，减少降温幅度

注：操作原则 1. 如遇以上两种情况，首先要进行系统的保温保压；
　操作原则 2. 在降温最低点开始升温，升温速度可适当加快（原速度的 1.2 ~ 1.5 倍）；注意在晶体转化点时（117℃、163℃、180 ~ 270℃、573℃），升温速度放慢，严格遵循升温曲线。

烘炉完毕时的设备状态如图 8-11 所示。

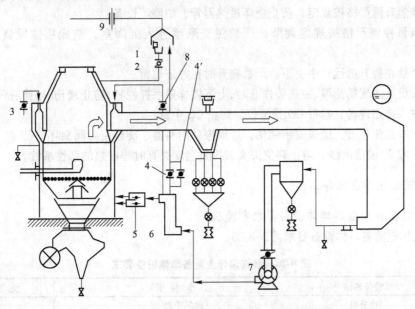

图 8-11　设备流程图（烘炉完毕时）

1—炉顶放散管：全开；2—手动挡板：调整开（使烘炉用人孔部位的压力调整到所定的压力）；

3—S/F 空气导入调整阀：全闭；4、4′—炉顶压力控制阀、旁通阀：全闭；5—中央配风挡板：全闭；

6—周边配风挡板：全闭；7—循环风机入口挡板：全闭；

8—旁通流量调节阀：全闭；9—集尘罩后的插板阀：微开

8.3.2   干熄焦装红焦开工

当 T_5 温度达 800℃，煤气烘炉作业结束，就要进入装红焦的作业中去，从燃烧器熄火到红焦装入有一系列的工作要做。要尽力保持炉温，避免锅筒的压力剧降。

装红焦作业的基本思路如下：

（1）从保护干熄炉内耐火材料的角度出发，有必要首先考虑温度的恢复，即在耐火材料允许的升温范围内尽量使 T_5 温度上升到 800℃。因此，在装红焦的初期，要遵循升温的原则，即：从抽烧嘴到装红焦时温度降低到的最小值开始升温，至 800℃ 时为止。这一温度恢复段，属于红焦烘炉、升温阶段。

（2）当焦炭埋没斜道支柱后，主管温度由 T_5 改为 T_6，进入到排焦阶段。这一过程，属于升温升压阶段。升温升压，必须严格按升温曲线进行升温。

（3）烘炉完毕后，因给锅炉的热量减少，蒸汽放散要停止，为防止烧坏过热器管，将二次过热器的疏水阀微开，尽力使锅筒的压力下降保持在最小程度。

（4）装红焦时锅炉热负荷会发生急剧变化，因此对锅筒压力水位的控制尤其重要，锅炉的升压也必须严格按计划进行升压。

装红焦作业的安全要点如下：

（1）煤气红炉结束后，干熄炉内存有 CO 等可燃成分，因此，必须等到气体置换合格后方能装红焦，防止装焦时产生爆炸，$\varphi(CO) < 6\%$，$\varphi(O_2) < 5\%$；

（2）$T_6 > 650℃$ 时，要控制好空气导入量，避免在可燃气体超标时导入大量空气而引起爆炸；

（3）装焦升温严格按规定，防止烧坏过热器管、炉墙等设备；

（4）风量控制严格按规定调节，严禁焦炭悬浮进入沉降室，造成顶锥段烧损的恶性事故；

（5）严禁在提升机运行中上下，严禁提升时在井下逗留；

（6）人员进入现场测温、装焦等作业时，上下楼梯要手抓栏杆，防止碰伤、摔伤、挤伤、砸伤；

（7）进入排焦现场，携带 CO 报警仪，防止 CO 中毒；

（8）严禁红焦排出，造成皮带烧伤，造成振动给料器、旋转密封阀损坏；

（9）注意 T_6 温度曲线，防止料位失真、排焦温度失真时排红焦的恶性事故。

8.3.2.1   装红焦作业准备工作

A   装红焦作业前各单体设备要求和流程

装红焦作业前各单体设备要求见表 8-26。

表 8-26   装红焦作业前各单体设备要求

序　号	设备名称	工　作　要　求	负　责　人
1	提升机	现场手动	
2	装入装置	现场手动	
3	粉焦排出	可设定自动	
4	集尘装置	自　动	
5	皮带输送机	运　转	
6	排出装置	开始排焦时手动操作，料位达上限时自动排焦	

B 红焦装入前各单元工作要求

红焦装入前各单元工作要求见表 8-27。

表 8-27 红焦装入前各单元工作要求

单元名称	工 作 要 求		负责人
干熄炉	常用放散阀	全 开	
	空气导入孔	全 关	
	N₂	吹入中	
循环气体系统	风机出口挡板	调整中央、周边配风	
	风机入口挡板	全 关	
	水封槽	炉顶水封槽连续进水	
		紧急气体放散阀进水	
		炉顶气体放散阀进水	
锅炉系统	SH 疏水阀	微 开	
	除氧器给水泵	连续运转	
	锅炉给水泵	连续运转	
	除氧器循环泵	连续运转	
	除氧器液位	正 常	
	锅筒压力	$0 \sim -100kPa$	
	定期排污	全 关	
	连续排污	微 开	
	加药泵	连续运转	
	给水调节阀	"手动"	
	2SH 压力调节阀	"手动"	
	减温器调节阀	"手动"	
	蒸汽切断阀	全 关	

C 红焦装入前作业项目

红焦装入前作业项目见表 8-28。

表 8-28 红焦装入前作业项目

序号	工作内容	负责人	序号	工作内容	负责人
1	煤气燃烧器熄火作业		4	系统清扫作业（N₂ 置换）	
2	燃烧器取出作业		5	红焦装入作业	
3	烘炉用人孔门砌砖作业				

a　煤气燃烧器熄火作业（见图 8-12）

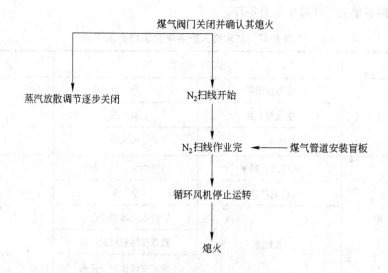

图 8-12　熄火作业流程

b　煤气燃烧器取出作业（见图 8-13）

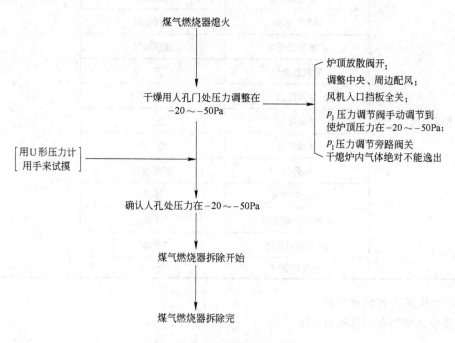

图 8-13　燃烧器取出作业流程

c　烘炉用人孔门砌砖作业（见图 8-14）

d　系统清扫作业

循环风机启动作业。系统内氮气置换作业状态见图 8-15。

系统 N_2 置换作业流程见图 8-16。

e　装红焦前需要完成的工作

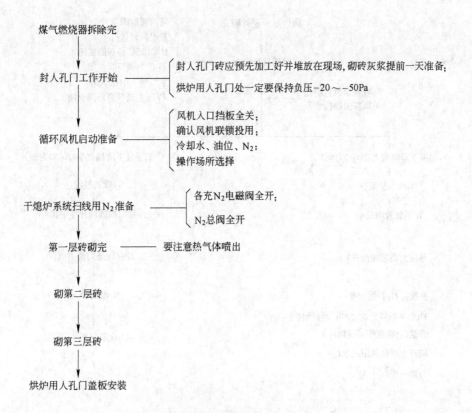

图 8-14　烘炉用人孔门砌砖作业流程

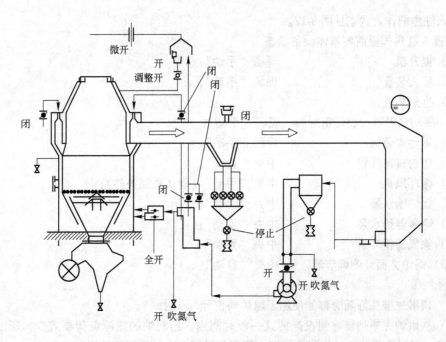

图 8-15　系统内氮气置换作业状态

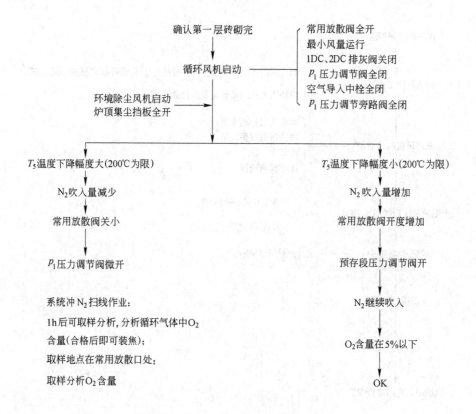

图 8-16　系统内氮气置换作业流程图

投入红焦前作业状态见图 8-17。

f　投入红焦作业前各单体设备状态

（1）提升机　　　　　　　　现场"手动"；

（2）装入装置　　　　　　　现场"手动"；

（3）排焦装置

　　振动给料器、旋转密封阀　现场"手动"；

（4）排焦皮带机　　　　　　现场"手动"；

（5）焦粉排出装置　　　　　中央"自动"；

（6）循环风机　　　　　　　中央"手动"（确认联锁条件）；

（7）锅炉给水泵　　　　　　中央"手动"；

（8）除氧器给水泵　　　　　中央"手动"；

（9）除氧器循环泵　　　　　中央"手动"；

（10）锅炉方面计测调节器　　中央"自动"。

其他：

（1）请事先准备好随时都能使用干熄炉料位计（γ 射线）；

（2）从烘炉完毕到转移到投产的这一段时间内，给锅炉的热源负荷要减少，所以要停止蒸汽放散，同时为了防止过热器管烧坏，要事先微开 2 次过热器的排污阀。

（注意：要采取行动，尽量最小限度保持锅筒压力下降）。

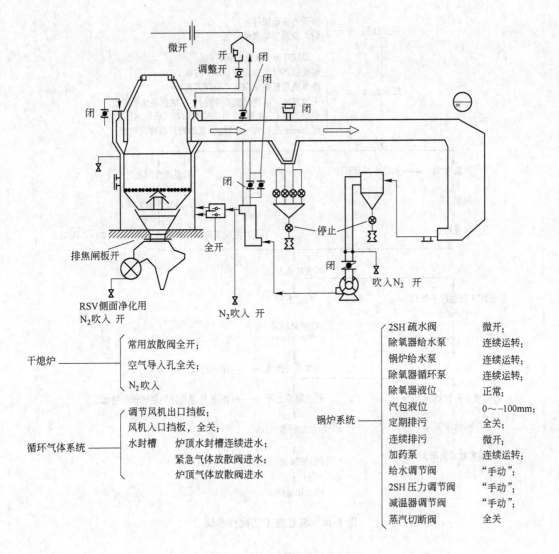

图 8-17　投入红焦前的作业状态

8.3.2.2　红焦装入作业

A　装红焦工艺操作步骤

装红焦工艺操作步骤如图 8-18 所示

B　装红焦时密切关注事项

(1) 随着红焦的装入，锅炉入口温度会发生急剧变化，要注意锅筒液位的变化；

(2) 手动排焦时要注意防红焦排出；

(3) 密切注意循环气体的变化，当锅炉入口温度 ≤650℃，CO、H_2 超标，可充入氮气稀释；

(4) 当锅炉入口温度 >650℃时，可采用导入空气法来降低循环气体中的可燃成分；

(5) 锅筒压力控制在 3.5MPa，产生的蒸汽放散；

(6) 当主蒸汽温度达到 420℃时，减温器应投入运行。

C　红焦投入时 T_5、T_6 温度与循环风量之间的关系（见图 8-19）

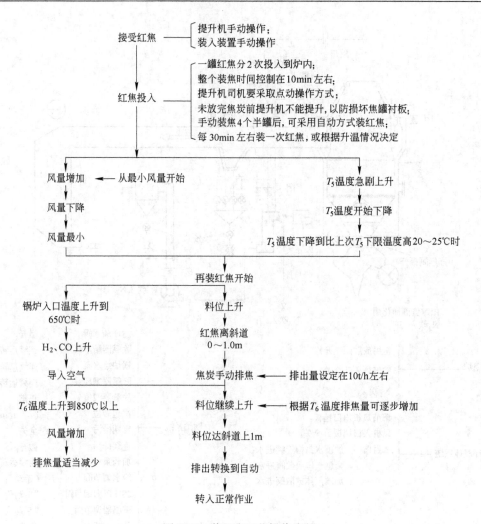

图 8-18　装红焦工艺操作步骤

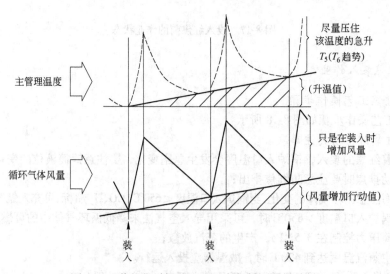

图 8-19　装红焦时锅炉入口温度与循环风量关系

D 装入红焦升温要点

（1）允许 T_5 升温的平均温度为 50℃/h。

（2）盖住斜道底部后开始手动排焦，主管理温度由 T_5 改为 T_6，T_6 升温的平均温度为 30℃/h，因此要充分把握好红焦装入的时机和合适的循环风量。启动循环风机的最小风量（标态）为 35000m³/h，随着红焦的装入过程，风量精心调整，调整风量（标态）单元量为 5000m³。

（3）随着红焦装入量的增多、T_6 温度的升高，依次增加风量，增加风量（标态）单元量为 5000m³/h。

（4）调整 T_5、T_6 升温曲线，保持曲线趋势一致。

8.3.2.3 装红焦时锅炉的操作

装红焦时锅炉的操作流程如图 8-20 所示。

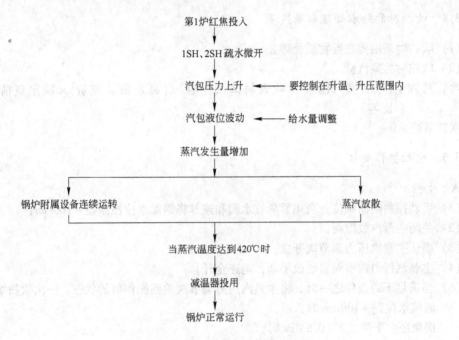

图 8-20 装红焦时锅炉的操作流程

8.3.3 干熄焦锅炉管道吹扫

8.3.3.1 准备工作

干熄焦锅炉管道吹扫准备工作如下：

（1）检查消音器的安装状况是否良好；

（2）靶板是否已提前准备好；

（3）逆止阀是否已经修复好；

（4）相关人员的联络关系、安全措施是否到位；

（5）吹扫用记录纸、秒表是否已准备好。

8.3.3.2 吹扫时系统所处的状态

蒸发量：20~25t/h；

主蒸汽压力：2.45MPa(25kgf/cm^2)；

主蒸汽温度：450℃；

锅炉入口气体温度：800~900℃；

循环风量（标态）：(8~9)×10^{4}m^3/h。

8.3.3.3　控制与操作

控制与操作如下：

(1) 锅筒压力控制在3.0MPa，采用主蒸汽压力调节阀及主蒸汽放散阀进行控制；

(2) 一次过热器入口联箱排水阀调整一定开度，其他排水阀全闭；

(3) 锅筒水位控制在-100mm，通过手动调节锅炉上水阀调节；

(4) 注意通过连续排污阀对锅炉水质进行必要的管理。

8.3.3.4　吹扫时的给水处理和蒸汽量

(1) 吹扫时采用挥发性物质处理。

(2) 吹扫时的蒸汽量

吹管系数 = (吹管蒸汽流量^2 × 吹管时蒸汽比容)/(额定负荷流量^2 × 额定负荷时蒸汽比容)

吹管系数 > 1

8.3.3.5　吹扫操作要领

A　吹扫

(1) 手动控制锅筒水位，利用紧急放水阀和连排将锅筒水位控制在-100mm；

(2) 关闭主蒸汽放散阀；

(3) 确认主蒸汽压力调节阀开度；

(4) 主蒸汽压力调节阀自动改手动，迅速全开；

(5) 当满足下列条件之一时，将主蒸汽压力调节阀关到操作前的状态，一次吹扫结束：

锅筒水位到+100mm时；

锅筒压力下降0.3~0.5MPa时；

吹扫时间60~90s时。

(6) 每隔20min左右吹扫一次，主蒸汽管路及旁路至少各吹扫50次。

注意：吹扫过程中，随着锅筒压力下降，锅筒水位会急剧上升，需要及时调整锅筒水位，主要通过手动调节锅炉上水阀、紧急放水阀和连排及时进行调整。

B　靶板的安装

(1) 将循环风量调整至最小；

(2) 主蒸汽切断阀全关；

(3) 密切注意主蒸汽压力的变化，安装靶板。

C　判定工作

(1) 对主蒸汽压力调节阀的压力进行设定；

(2) 循环风量按照所规定的风量缓慢增加，主蒸汽切断阀手动调节；

(3) 控制主蒸汽压力调节阀，将蒸汽压力设定在2.45MPa；

(4) 吹扫；

(5) 拆靶板；

(6) 判定吹扫效果。

D 吹扫的记录项目

(1) 锅筒压力；

(2) 主蒸汽压力；

(3) 主蒸汽温度；

(4) 一次过热器出口温度；

(5) 循环水流量；

(6) 锅炉给水流量；

(7) 操作阀的开闭时间、开度；

(8) 锅筒水位；

(9) 主蒸汽流量；

(10) 循环气体流量；

(11) 锅炉入口气体温度。

E 吹扫合格标准

根据国家行业标准规定进行判断（在保证吹管系数的前提下，连续两次更换靶板检查，靶板上冲击斑痕粒度不大于 0.8mm 且斑痕不多于 8 点，即认为吹洗合格）。

吹扫记录样表如下：

次数	时间	锅炉入口气体温度/℃	循环气体量（标态）/m³·h⁻¹	放散阀开度/%	锅筒水位/mm	锅筒压力/MPa	主蒸汽压力/MPa	主蒸汽温度/℃	主蒸汽流量/t·h⁻¹	锅炉给水流量/t·h⁻¹	循环水流量/t·h⁻¹	主给水	旁路	备注

8.3.4 烘炉、开工故障案例

8.3.4.1 温风干燥时锅筒泵不运行、锅炉自然循环无法实现

A 故障现象

温风干燥，锅筒泵一直无法正常运行，锅炉升温受阻，干熄焦温风干燥停滞。

干熄焦温风干燥要使锅炉通入蒸汽，通入蒸汽分为两路进入锅炉，一路通入锅筒，另一路则通入锅炉的锅筒泵。等到开启锅筒泵的蒸汽后，锅炉自然循环不能实现，锅炉无法继续升温，而且在蒸汽通入锅筒泵时，锅筒水位也极难维持，特别是在低压蒸汽疏水时水位下降很快，两天时间曾因水位过低四次开启锅炉给水泵上水，单独开启锅筒泵的蒸汽时，无流量。起初，以上问题的出现判断为低压蒸汽压力偏低，蒸汽无法进入锅筒泵。可是将低压蒸汽压力提高至 0.8MPa 以上，锅筒压力在 0.3MPa 左右时，仍然没有蒸汽流量，锅筒水位依然下降，锅炉自然循环仍然不能实现。

B 故障原因

单独开启锅筒泵的蒸汽时，没有蒸汽流量，锅炉自然循环不能实现。经过分析有两种可能：流量表坏或没有蒸汽进入。经仪表检查后，流量表无故障，且在给锅筒通入低压蒸汽时，流量有显示，第一种可能被排除。

现场没有听到通汽时的水流声及蒸汽流通的声音。将进入锅筒泵最后一道低压蒸汽阀门关闭，并在前面接一疏水阀，打开低压蒸汽总阀，观察疏水阀无水汽流出。于是将进入锅筒泵最后一道低压蒸汽阀门打开，放出锅炉内的大量汽水。巡检人员及时沿途查看管道，发现低压蒸汽总阀门后的逆止阀阀体标示与阀芯相反，低压蒸汽不能通过，无法进入锅筒泵。

C　整改措施

根据蒸汽流向，调整逆止阀安装方向。

8.3.4.2　锅炉给水泵突然自动停泵故障处理

【故障经过】

干熄焦的锅炉给水泵突然停机，备用泵没有按工艺设计要求立即起车。后来在现场启动备用泵失败，因主控不能停止循环风机，遂到高压室停止风机运转。经检修、电气人员对高低压系统仔细检查处理后，启动了备用泵。

【故障原因】

检修人员在现场检修备用泵的轴承漏油问题，将给水泵操作方式选在了现场，不能在主控室自动起车。

在用泵停机后，调试人员在上位机检查给水泵故障报警记录没有发现任何记录，据此分析停机可能是某个信号丢失，例如：线路接触不好或假信号等。由于锅炉给水泵的联锁信号非常多，主要包括：润滑油泵运行、电机三个绕组温度、电机前后轴承温度、冷却水流量低、水泵轴承温度、漏水检测、除氧器水位等，这众多的联锁信号有一个发出假信号都会造成停机，这种可能性是很大的。同时某些联锁信号是两台给水泵共用的，停机原因同样也是不能开机的原因，因此导致现场起备用泵不起车。通过以上分析，可以初步判定是由于某个信号导致停机，等该信号恢复以后才能开机。

【整改措施】

在PLC程序中没有对这些信号的状态记录。建议修改程序，增加对重要参数（包括循环风机）的连续监视记录，以便在发生故障后能够查明原因，有针对性地采取措施。

8.3.4.3　循环风机高压柜故障

【故障经过】

干熄焦停产检查调试，检修完毕，开循环风机时发现不能起车，电气调试人员通过PLC程序检查确认不起车原因为润滑油泵油压低，使启车条件不能全部满足。经有关人员检查处理，0.5h后再次起车，但电机转动后又立即停止，经对高压开关柜检查处理后，开车运行。

【故障原因】

根据电机转动片刻又立即停止的现象可以断定是高压开关跳闸所致，电气调试人员立即到高压室将该开关进行空试，证实开关合闸后立即跳闸。说明跳闸回路由跳闸信号传送所致。

跳闸信号来源可能是PLC或综合保护继电器，为了判断该跳闸信号来源，将综合保护出口的连接片断开，进行合闸试验，合闸正常。由此判定跳闸信号来自综合保护继电器。

对综合保护继电器进行系统检查，发现内有故障记录（该故障需在电脑综保系统安装运行后才能详细检查），并且故障状态未被复位，将其复位后再试车，合闸、跳闸均正常。推进开关，联系主控室启动循环风机电机，运行正常，恢复正常生产。

【整改措施】

高压值班室人员通过综保电脑检查故障原因并予以复位，根据故障原因处理采取相应措施。

8.3.4.4 焦罐托轮脱槽、底板卡在装焦漏斗内

【故障现象】

提升机装红焦因焦罐底闸门未彻底打开，红焦只装入一半；手动连续三次操作进行装焦，焦炭仍没有装入；红焦装入后，焦罐一侧底闸门因托轮脱槽而卡在装焦料斗中。经过采用倒链吊起底闸门，将托轮恢复到位。

【故障原因】

提升机横移定位存在偏差，使焦罐卡在装焦料斗边缘板上，托轮下降，而底闸门没有同时下降，导致托轮脱槽。

焦罐在装焦料斗上存在倾斜，经测量，焦罐倾斜6cm左右，足以导致料斗卡罐现象的发生。

托轮拉杆活动范围大。

【整改措施】

(1) 割除装焦料斗边缘防尘挡板；

(2) 调整焦罐在装焦料斗上的倾斜；

(3) 增加托轮挡板的厚度，减少托轮拉杆的活动范围；

(4) 进一步研究改造，使托轮与底闸门同时动作，即使临时脱离也不会脱槽。

8.3.4.5 预存室压力调节阀放散处着火

【故障现象】

主控室电脑死机，巡检工发现预存室压力调节阀冒火、预存室放散阀的操作箱着火，立即通知主控室，10min后，锅炉给水泵自动跳闸、循环风机联锁跳闸，现场迅速开启锅炉给水泵，20min后，开循环风机，恢复生产。

【故障原因】

循环气体自动分析仪氧含量从0%～10%波动较大（管路堵塞所致），操作工交班发现循环气体自动分析不准确，循环气体中的CO、H_2超标，主控工没有及时进行调整；之后，预存室压力调节阀坏，预存室压力显示500Pa，不能起到很好的调节作用，10min后，经过主控工调整，预存室压力微正压。装焦时，在正压及炉口热浮力的作用下，超标的可燃气体与空气急剧燃烧，缓慢开启炉盖的瞬间，火苗四射，将附近预存室压力调节阀放散的气体引燃（或直接引燃预存段放散阀的操作箱及电缆），造成预存室压力调节阀冒火、预存段放散阀的操作箱着火事故。操作箱被烧，24V短路，遂引起锅炉给水泵自动掉闸、循环风机联锁跳闸。

着火时，主控室电脑死机，所有数据监测不到，调节手段失效。装焦仍然继续；发现预存室压力调节阀冒火后，继续装入焦炭，加剧了火情。

焦炭成熟度不够，焦罐在提升的过程中，从焦罐的缝隙中冒很大的黄烟，经技术研究所确认并监督整改。

【整改措施】

(1) 加强重要仪表点检制度；

(2) 强化操作培训。

8.3.4.6　提升机走行故障处理

【故障经过】

提升机井上提升时停车，变频器有故障显示。此时为红罐，为了避免长时间烧焦罐，操作人员切换到了应急状态，将红焦装入。此时根据故障编码查出故障的原因是变频器与 PLC 之间通信失败，使主干不能投入，通信失败的原因是 PLC 瞬间死机（原因为 24V 电源短路）。将故障复位后，用空罐试车，提升正常，但走行时发现异常：走行 2s 左右立即停车，同时主控室报警：走行制动器超时。

【故障原因】

根据故障报警提示，电工分组到走行制动器现场观察，在试车时制动器工作正常，都能全部打开，走行 2s 左右又立即停车。

根据变频器控制要求，制动器打开后必须有确认信号反馈给 PLC，变频器才能继续工作，否则就会停车报故障；再次试车，并注意观察反馈接近开关的动作情况，发现一侧制动器反馈开关动作正常，但另一侧开关没有动作。停机后对其进行了调整，调整后试车正常。

【整改措施】

(1) 发生故障后，主控室操作人员应立即在电脑上检查故障原因并及时告知电工；

(2) 加强电气人员对各个设备工作原理的掌握，发生故障时应根据原理及主控室通报的故障原因做出初步判断，并应立即到现场检查相关设备；

(3) 加强设备点检，对安装不够精准、配合间隙大的设备应及时进行调整或改造。

8.3.4.7　24V 电源短路造成锅炉给水泵停机故障处理

【故障经过】

电脑数据丢失，造成风机、锅炉给水泵、除氧器给水泵等跳闸停机，20min 后重新启动；3h 内四次出现数据丢失，严重影响生产。

【故障原因】

装焦口润滑油泵现场操作箱被火烧毁后，控制电缆也被同时烧毁，造成了 EI3 柜内的 24V 电源发生不完全短路（接触不良），由于 EI3 柜内 24V 用电设备比较多，主要是 PLC 输出继电器、网络交换机以及一些重要模拟量的配电器，这些设备直接关系到 PLC 及其上位机的正常运行。24V 电源短路时，会造成 PLC 死机、交换机失电使上位机数据丢失或造成锅炉给水泵的联锁信号丢失导致锅炉给水泵、风机等停机。

【整改措施】

(1) 移动润滑泵操作箱，使之远离紧急放散口；

(2) 相关控制电缆进行防火处理，缠绕防火带。

8.3.4.8　锅炉给水泵及循环风机联锁跳闸故障处理

【故障经过】

在用锅炉给水泵自动停，循环风机联锁跳闸。15min 后开启锅炉给水泵，40min 后开启循环风机。

【故障原因】

锅炉给水泵停止前 20min 处于手动状态，上水量 50t/h 左右，停止前 3min，由于水位偏低，于是加大上水量至 100t/h 左右，上水压力达到 12.8MPa，需要联锁启动备用锅炉给水泵，但是备用锅炉给水泵防过热阀无显示状态，备用锅炉给水泵没有开启；在用锅炉给水泵电流达47A，超出额定电流10%，因过流而跳闸停车。

【整改措施】

（1）操作方面：锅炉给水泵上水负荷增加要缓慢，不能调节过大。在备用泵备用的状况下，锅炉给水泵上水选自动；

（2）设备方面：防过热阀维修要及时，备用泵时刻备用。

8.3.4.9 锅炉给水泵停机

【故障经过】

锅炉给水泵突然停机，备用泵自动开启。主控室电脑显示故障：在用锅炉给水泵压力开关故障。

【故障原因】

查询PLC程序后确认该压力开关断开。经过仪表及电气人员对现场进行检查，没有发现压力开关，对照图纸和继电器柜检查，发现该"压力开关"的继电器（KT14）标示为"给水泵冷却水进口压力检测"，重新反复检查现场没有发现该检测装置。

为了排除故障使给水泵备用，对照相关图纸，仔细查找，发现图纸上有压力开关，但现场冷却水管上没有电接点的压力表。扩大检查范围，打开循环油管压力、温度传感器的三个接线盒，依次检查，发现循环油管压力检测开关的接线颜色与压力开关输入线颜色相同，但开关失电，经核对线号找到继电器柜（AR32）的端子接线处，检查发现JX—20端子螺丝松动，使该端子与接线接触不上，造成开关失电。压紧端子后，油管压力检测开关得电，同时经主控工确认，电脑上的报警信号消失。

【整改措施】

（1）继电器标识、图纸与现场不附，给故障查找造成困难，须对所有重要标识进一步确认；

（2）设备试运行一段时间后，应对所有压线进行紧固。

8.3.4.10 工艺刮板机堵灰、减速机脱落

【故障经过】

巡检工发现工艺刮板减速机脱落，基础螺栓孔已撕裂，刮板机自首轮至尾轮前槽内积灰已满，组织抢修恢复；次日又出现同样问题。

【故障原因】

经分析发现，一、二次除尘卸灰阀与刮板机的输灰能力不同，卸灰阀的输灰能力大，而刮板机的输灰能力小。若同时运转，时间设定过长，则易导致刮板机堵料，从而导致事故的发生。减速机安装基础强度差，刮板机若发生堵料，电机的负荷加大，没有过热保护，因此电机未受影响，而刮板减速机的基础被撕裂。

【整改措施】

（1）根据现场试验，重新确定卸灰阀的间隔时间；

（2）加强该部位巡检；

（3）刮板机基础加固。

8.3.4.11 焦罐倾斜

【故障经过】

焦罐在待机位降至台车上，另一装满红焦的焦罐准备提升。在红焦罐台车向北横移对位过

程中，提升机北侧吊钩与焦罐上沿发生碰擦现象。停车检查，发现空焦罐西侧未落入定位槽中，西侧底门略有开启。焦罐向东倾斜，导致西侧焦罐被抬高，焦罐高度超过西侧吊耳部分的高度。及时联系检修人员进行处理。

【故障原因】

在处理完毕后，对事故可能原因进行了分析，同时仔细观察后发现，焦罐台车上对位盘的焦罐定位开关存在偏差，定位销北侧已磨损严重，焦罐定位槽内侧也已磨损严重。焦罐在装红焦时，有异物（可能是焦炭，也可能是小铁器如螺栓类）卡在底门一侧，在关底门过程中将底门卡住，使焦罐倾斜，当焦罐下降到台车上时，因底闸门未关到位，定位槽外移，定位槽内侧卡在定位销上，导致事故的发生。

【整改措施】

在台车上安装检测开关，检测底闸门是否关到位，只有关到位台车才能动作；若关不到位，需查明原因，将焦罐提至装焦料斗模拟装焦，提起后察看底闸门是否已关闭，再返回台车。

8.3.4.12　干熄焦提升机坠罐事故案例分析

A　事故概况

提升机将装满红焦的焦罐提升至上极限后开始横移，横移大约2m时，机上巡检工发现提升机停止横移，同时发现焦罐开始下坠，于是按紧急停车按钮，同时主控室也发现异常情况，并按下了紧急停车按钮，但是这些措施都没有产生作用，焦罐迅速坠落，巡检工几乎同时听到了机械室有巨大的响声以及焦罐砸在框架的声音。然后巡检工赶到机械室，发现起升机构减速器一侧的电机、制动器、联轴器已经损坏破碎并散落在室内，而坠落焦罐斜倚在变形的框架上，焦炭散落一地，据现场巡检工估计，整个事故过程不超过5s。提升机构的概述：提升机构安装在车架上部，通过钢丝绳与吊具相连，带动焦罐进行上升或下降运动。起升机构采用变频调速，以适应提升机不同区段的不同速度要求。该起升机构由两台电动机驱动一台行星减速器，它的输出轴为两侧输出，通过联轴器驱动两个卷筒工作，卷筒为双联卷筒。吊具有两套滑轮装置，起升机构倍率为2，承载钢丝绳的总支数为8根起升绳为4根8头，每根钢丝绳一端固定于平衡臂，一头固定于卷筒，电动机与减速器之间分别装有两台电力液压盘式制动器，见图8-21。

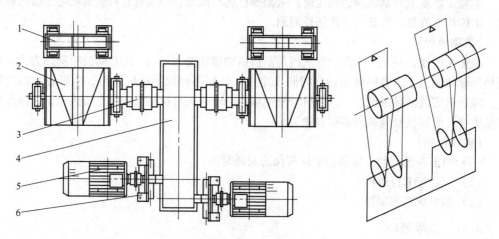

图 8-21　起升机构图

1—平衡臂；2—卷筒装置；3—联轴器；4—行星减速器；5—电动机；6—制动器

　　行星减速器有两个输人轴，两轴不同心，为不同的轴，分别从行星包的太阳轮和外齿圈输入动力；有两个输出轴，为同心同一轴，原理见图8-22。

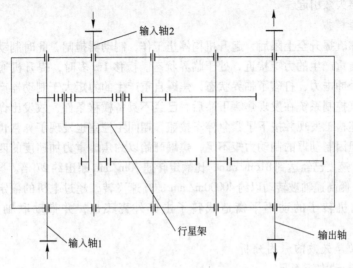

图 8-22　行星减速器

　　从图中可以看出，输入轴1与输入轴2可以同时转动，速度可以叠加；也可以一轴转动，而另一轴静止，也即该减速器有三个自由度。

　　在该起升机构中，每一个输入轴连接的制动盘上安装有两台盘式制动器，只要其中一台盘式制动器能够正常工作，就能够有足够的制动力矩将该轴制动住，俗称双保险；但是如果某一个轴上的两台制动器同时有故障时效，不能正常工作，则该轴不能被制动住，假设此时另一个输入轴上的盘式制动器能够正常工作，吊具会因其中之一的输入轴处于自由状态，吊具就会处于自由状态，在重力的作用下自由回落。因此，必须保证每个输入轴上制动器至少有一个能够正常工作。

　　B　用排除法分析事故

　　事后经过仔细查看事故现场，并用排除法分析事故的原因如下：

　　a　可以排除电气控制系统的问题

　　从事故过程分析看，提升机横移后焦罐下坠，随后停止横移，证明电气控制系统在发现焦罐下坠后，已经不具备横移条件，故发出命令，停止提升机横移，但此时提升机构制动器并没有通电打开。在巡检工按下了紧急停车按钮后，此时全车已经断电，制动器自然也处于断电状态，而此后电气控制系统已不参与控制，其后发生的事故与电气控制系统无关。

　　b　可以排除减速器的问题

　　虽然并没有打开减速器察看，但从现场情况看，焦罐下坠带动卷筒转动后，将转速传递到了两个高速轴，其中之一被制动器抱住，而另一高速轴被动高速转动，并最终导致事故发生。证明减速器的传动链能够完成动力传递，可以排除减速器的问题。

　　c　可以排除电动机的问题

　　其原因与第一条相同，在按下了紧急停车按钮，此时全车已经断电，电动机也处于断电状态，其后发生的事故与电动机无关。

　　d　可以排除制动盘、联轴器的问题

　　如果制动盘、联轴器有问题，将切断减速器与电机的连接，也不会造成电机的损毁，因此可以排除制动盘、联轴器的问题。

从以上情况可推断出只能是事故轴侧的制动器失效，才能与事故现场情况相吻合，可以确认该事故由制动器失效引起。

C　事故过程模拟

提升机将满焦罐提升至上限后，起升机构停止工作，制动器抱闸，此时制动器的制动力产生的力矩与焦罐自重产生的力矩接近，处于临界状态。横移1m多时，提升机通过了一个轨道接头，产生了一个冲击力，打破了临界状态，焦罐自重产生的力矩大于制动器产生的力矩，焦罐开始下坠。电气控制系统在发现焦罐下坠后，已经不具备横移条件，故发出命令，让提升机停止横移。这时巡检工发现并按下了紧急停车按钮，期间主控室也发现了异常情况，并按下了紧急停车按钮，但因制动器的制动力矩不足，焦罐开始以约焦罐重力加速度的四分之一加速坠落，到最低点时，速度已经达到816m/min，比额定转速30m/min超出约27倍。这时因一侧制动轴被制动住，另一侧高速轴被转动以约40000m/min的高速飞转，超过电机的额定转速742r/min约54倍。此时电机转子的动不平衡造成转子击碎外壳飞出，并带动联轴器、制动器等飞出。

D　造成制动器失效的原因分析

a　排除设计制动力矩不足

该提升机的总起重量为71t，承载钢丝绳为8根，卷筒半径为0.675m，减速器的速比为104.9，制动安全系数取1.65。

单个制动器所需制动力矩为：

$$M \geqslant 1.5 \times 71 \times 10000 \times 9.81 \times 0.675 \times (2 \times 104.9) = 3361 N \cdot m$$

所选制动器的额定制动力矩为5750N·m，按照GB3811《起重机设计规范》的要求，每侧高速轴上各设置两套制动器，且每套制动器均能制动住额定载荷。因此，可以排除这种设计缺陷的问题。

b　排除制动器本身制造质量有问题

通过该焦化厂近半年的正常运行可以证明制动器没有质量问题。在正常使用时，制动器推动器应有规定的补偿行程10mm以上，但是在使用过程中，随着闸瓦的磨损，补偿行程会减小，当补偿行程小于3mm时，应及时调整横拉杆将制动器推杆拉出，至10mm的补偿行程，如果没有及时调整，当补偿行程消失后，随着闸瓦的继续磨损，制动力会急剧减小直至消失，造成制动器失效。

c　排除制动器的电控出现问题

事故经过说明，刚发现焦罐下坠后，巡检工按下了紧急停车按钮，而下降速度无变化，因此时制动器原本处于断电抱闸状态，整车再断电对制动器已无影响，因此与制动器的电控问题无关。

d　制动器作用在制动盘上的制动力不足，造成制动器失效

在正常使用时，制动器推动器应留有规定的补偿行程10mm以上，但是在使用过程中，随着闸瓦和制动盘的磨损，补偿行程会减小。当补偿行程小于3mm时，应及时调整横拉杆将推动器拉杆拉出，至10mm以上的补偿行程。如果没有及时调整，当补偿行程消失后，随着闸瓦的继续磨损，制动力会急剧减小直至消失，造成制动器失效。

从事故现场看，没有造成损坏一侧高速轴上的制动器其中之一已经不起作用，经现场测量，其中一台制动器的闸瓦与制动盘的间隙为零，另一台制动器的闸瓦与制动盘的间隙为

0.4mm，该侧已完全依靠单台制动器来抱闸，且两个制动器的推动器补偿行程已经为零，没有达到制动器推动器补偿行程为10mm以上的要求，可以推断另一侧的两个制动器的推动器补偿行程可能同样没有达到要求，造成该侧制动器的制动力不足，最后造成恶性事故。

综上所述，制动器在正常磨损后，推动器的补偿行程没有及时调整至要求范围，使作用在制动盘上的制动力不足造成制动器失效，导致本次事故发生。

E　如何预防事故发生

从另外两次焦罐坠落事故现场情况看，都是因为制动器在正常磨损后，推动器的补偿行程没有及时调整至要求范围，是作用在制动盘上的制动力不足造成制动器失效，并导致发生恶性事故。可以从以下几个方面预防类似事故发生：

（1）认真阅读提升机说明书及其图纸，制定关于起升机构的合理的维护检修规程及工作制度；

（2）定人定期定量对起升机构的整个传动链，如电机、联轴器、行星减速器、制动器、平衡臂、卷筒装置按要求进行检查，确保整个传动链安全有效工作；

（3）定期对起升机构的电控系统进行维护检修，确保各开关、元器件有效工作；

（4）针对制动器问题，首先应熟读说明书，熟知制动器的安装、调试、维护、检修方法，其次应定期定量检查，特别是应检查闸瓦与制动盘是否有间隙和推动器补偿行程是否在正常范围之内。如有不理解的问题，应及时与提升机厂家或制动器厂家联系，以便正确的安装、调试、维护好制动器，使之能正常有效工作。

8.3.4.13　干熄焦钢丝绳均衡器张力杆断裂事故案例分析

A　事故现象

某焦化厂自投产以来，多次发生提升机钢丝绳均衡器张力杆断裂的情况，不仅对特种设备提升机造成损伤，耗费了大量的人力和财力进行维修，而且对干熄焦系统的稳定顺行造成较大影响。

B　均衡器张力杆断裂原因分析

干熄焦提升机钢丝绳均衡器张力杆断裂的原因可以归纳为三个方面：均衡器张力杆受力不均匀，导致径向拉力过大；张力杆的直径过小，达不到生产所需要的强度要求；张力杆使用寿命超出设定周期，导致张力杆疲劳受损。具体分析如下：

a　均衡器张力杆受力不均

正常情况下，张力杆分布在平衡梁的两端，如图8-23所示。

钢丝绳上端通过楔套式接头与张力杆连接（见图8-23），下端通过导向轮及横梁与焦罐盖连接。两钢丝绳之间的距离：上端即为两张力杆之间的距离为650mm，下端距为两导向轮之间的距离为200mm。

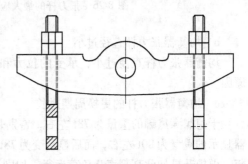

图8-23　正常状态下张力杆的状态

当焦罐在提升机最下面时，此时钢丝绳完全伸展开（长度为30m，称此时的状态为Ⅰ状态），单个张力杆所受钢丝绳拉力 T_1 分解成 T_2 和 t 两个方向的力，如图8-24所示。当焦罐提到装入装置上时，此时钢丝绳为收缩最短的状态（长度为4m，称此时的状态为Ⅱ状态），张力杆所受钢丝绳拉力 T_1 分解成 T_2 和 T 两个方向的力，如图8-25所示。

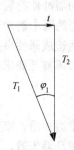

图 8-24　状态Ⅰ时张力杆受力分析图　　　　图 8-25　状态Ⅱ时张力杆受力分析图

比较可知，状态Ⅰ时钢丝绳的长度远大于状态Ⅱ时钢丝绳的长度，而在两个状态下张力杆的间距是相等的，张力杆在Ⅰ状态时受的力与重力方向之间的夹角 φ_1 远小于Ⅱ状态时之间的夹角 φ_2，即是张力杆在Ⅰ状态时受的径向切向力远大于在Ⅱ状态时受的径向切向力。如果焦罐装满焦炭在往上运行时，水平方向处于上下倾斜的状态，四根钢丝绳受力不均衡，导致张力杆受拉力不均衡，就会出现一根张力杆受力过大的情况，从而张力杆在焦罐提起时受的径向切向力比焦罐平衡时张力杆受的径向切向力要大，所以这个时候张力杆就容易被拉断。

焦罐在提升机上下运行过程中，张力杆受到的力为变力，此时张力杆的疲劳特性采用张力杆的最大应力 σ_{max} 和应力循环次数 N 来描述，如图 8-26 所示。

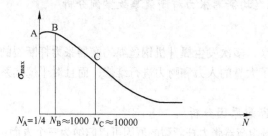

图 8-26　张力杆的最大应力 σ_{max} 和应力循环次数 N 的关系

b　均衡器张力杆直径过小

均衡器张力杆直径过小，承受的拉力和强度相对也较小，这也是导致张力杆断裂的一个原因。

c　均衡器张力杆的更换周期过长

干熄焦满焦罐的重量为 78t 左右，特别是在提焦罐的瞬间，受加速度的影响，均衡器传感器显示的重量为 80t 左右，而后显示变为 78t，每天提升机往复 140 多次，设计的更换周期为一年，但提升机如此高频率高负荷运行，加剧了张力杆的疲劳受损，在这种情况下，应缩短更换周期。

C　改进措施

（1）当提升机在运行过程中，张力杆间距越大，张力杆受力方向与重力方向夹角 φ_2 越大，即所承受的切向力也就越大。建议缩短两张力杆之间的间距为 500mm，可以减少张力杆在运行过程中所受的切向力。

（2）张力杆仅通过两个螺帽与均衡梁连接，钢丝绳传送的切向力全部转移到张力杆上。可以在张力杆和均衡器之间增加销轴连接（如图8-27），张力杆有左右摆动的空间，在接受钢丝绳切向力时，通过左右摆动减小切向作用力，减少断裂的可能。

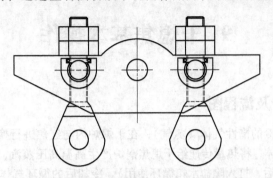

图 8-27 采用直径大的张力杆并且增加销轴装置

（3）同样材质条件下，采用直径较大的张力杆，增加作用强度。

（4）均衡器张力杆的更换周期由一年改为半年。

通过对干熄焦提升机钢丝绳均衡器张力杆断裂故障的分析，找出了改进方法，不仅节约了大量的人力和财力进行维修，争取了检修时间，更重要的是为干熄焦生产安全顺行做出了重要保障。

9 干熄焦基本操作

9.1 生产工艺简介及流程图

干熄焦工艺是利用冷的惰性气体（氮气），在干熄炉内与红焦进行换热，从而冷却焦炭，吸收了红焦热量的惰性气体，将热量传递给干熄焦锅炉产生高温高压蒸汽，蒸汽再被送至汽轮机进行发电（蒸汽冷凝成水后，打入除盐水箱循环使用）。冷却后的循环气体再由风机加压，鼓入干熄炉内循环使用。干熄焦系统主要由焦炭物流系统（干熄炉、装入装置、排焦装置、提升机、电机车及焦罐台车、焦罐）、气体循环系统（循环风机、干熄炉、一次除尘器、二次除尘器、锅炉）、干熄炉系统、除尘地面站、自动控制系统、发电系统等组成。干熄焦工艺流程如图 9-1 所示。

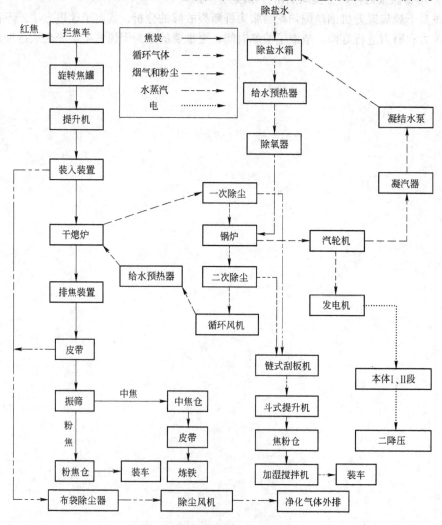

图 9-1　干熄焦系统工艺流程图

9.2 干熄焦中控操作

9.2.1 工艺流程

干熄焦锅炉系统工艺流程见图9-2。

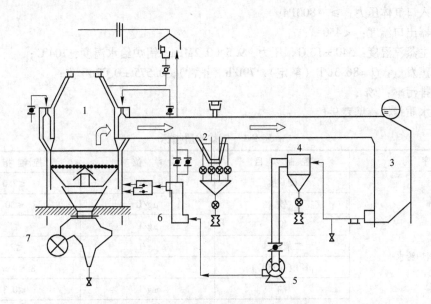

图 9-2 干熄焦锅炉系统工艺流程图
1—干熄炉；2—1DC；3—锅炉；4—2DC；5—循环风机；6—给水预热器；7—旋转密封阀

9.2.2 工艺技术指标

以某焦化厂 150t/h 干熄焦为例。

（1）工艺技术指标

每孔炭化室全焦产量：21.4t/炉；

红焦温度：950～1050℃。

（2）温度

排焦温度：≤200℃；

干熄炉出口循环气体温度：800℃以上；

干熄炉熄焦风（标态）料比：≤1250m³/t 红焦；干熄炉最大风量（标态）：214000m³/h；

锅炉出口循环气体温度：160～180℃；

循环气体成分（体积分数）：CO<6%；H_2<3%；O_2<1%；CO_2<15%；N_2>66%；

焦炭烧损率：≤0.9%；

干熄炉预存室压力：0～-50Pa；

干熄炉入口循环气体温度：115～130℃。

除盐水箱水位：

有发电回水时：5.5～6.5m；仅有动力供水时：6.5～7.0m；

除氧器水位：0±100mm；

锅筒水位：0 ± 50mm；

副省煤器入口水温≥60℃；副省煤器出口水温≤120℃；

除氧器入口水温：≤85℃；

除氧器压力：0.02MPa；

仪表用气及 N_2 压力：≥0.4MPa；低压蒸汽压力：≥0.6MPa；

锅炉入口气体压力：≥ -800Pa；

减温器出口温度：<450℃；

锅炉主蒸汽温度：540 ± 10℃，压力：9.5 ± 0.2MPa，锅炉给水温度：104℃；

锅炉蒸发量：$Q = 86.3$t/h（额定），79t/h（正常），0.575 ± 0.02t/t 焦；

锅炉排污率：2%；

锅炉水质指标：见表9-1。

表 9-1　锅炉水质指标

序　号	控 制 项 目	单　位	控 制 指 标
锅炉给水	硬　度	μmol/L	≤2.0
	铁	μg/L	≤30
	铜	μg/L	≤5
	二氧化硅	μg/L	≤20
	pH 值（25℃）		8.8 ~ 9.5
	油	mg/L	≤0.3
	电导率	μS/cm	<0.2
	联氨	μg/L	10 ~ 50
锅炉炉水	pH（25℃）		9.0 ~ 10.5
	总含盐量	mg/L	≤100
	电导率	μS/cm	<150
	磷酸根离子	mg/L	2 ~ 10
	二氧化硅	mg/L	≤2

9.2.3　工艺设备

干熄焦主要工艺设备见表9-2。

表 9-2　干熄焦主要工艺设备

序　号	设备名称	型　号	数量	主　要　参　数	备　注
1	焦　罐	T607B15	3	形式：钢板焊接圆筒形；有效容积：42.8m³；耐热时间：310min，外形尺寸：φ4820 × 3850；焦罐旋转用减速机：PVD9060R4-LR-112	
2	提升机	66t 钳式带钩子特殊起重机	1	额定负荷：64.3t；提升负荷：79.3t；提升高度：35m；提升正常电机：400kW；提升应急电机：75kW；走行正常电机：75kW；走行应急电机：7.5kW	

序 号	设备名称	型 号	数 量	主 要 参 数	备 注
3	装入装置	T607B3	1	形式：炉盖、料斗联动开闭式；装焦能力：最大 150t/h；每炉装入量：22.4t；装焦平均粒度：55mm；料钟尺寸：1206mm；行走时间：20s；电动推杆：LPTB3000D16XLJ-TK，推力：29.4kN，5.5kW，4P；料钟形状：吊挂型	
4	振动给料器	F-88BDT	1	给料能力：最大约165t/h，额定约150t/h，最小约30t/h；处理材料：焦炭；电源：AC380V/50Hz；重量：约6000kg	
5	旋转密封阀		1	转子外形尺寸 $\phi 1800 \times 1428$；叶片个数：12 个；转子转速：5r/min；驱动装置：带有离心减速机的发动机，3.7kW×4P×460V	
6	干熄炉	T607B7	1	焦炭处理能力：最大 150t/h；焦炭排出温度：200℃以下；预存室公称容积：350m³（有效）；冷却室公称容积：540m³	
7	循环风机	S05W033401	1	入口温度：170℃；风量（标态）：214000m³/h；全压：12.3kPa 配套电动机：鼠笼式三相交流感应电动机 60034-1 功率：1650kW，最大电流：114A	
8	余热锅炉	Q193/980—79-9.8/540	1	额定蒸发量 79t/h，最大 86.3t/h，额定蒸汽压力 9.80MPa	
9	锅炉给水泵	IDG-11	2	流量：102.6m³/h；扬程：1320m 电动机：YKS450-2 稀油站：XYZ-80GS	
10	除氧器给水泵	150AY$_{Ⅲ}$-150B	2	流量：130m³/h；扬程：117m 电动机：Y280S-2，75kW	一用一备
11	除氧器循环泵	50AY$_{Ⅱ}$-60×2	1	流量：15.7m³/h；扬程：118m 电动机：Y160M$_2$-2，15kW	
12	除氧器	YQ130	1	额定处理量：130t/h；工作压力：0.02MPa；配水箱容积 $V=50m^3$	
13	除盐水箱			有效容积：300m³，$D=6200$，$H=7200$	
14	联氨加药装置		1	压力×容量：1.4MPa×10L/h；药液槽：200L，不锈钢制；泵形式：柱塞式	
15	Na$_3$PO$_4$加药装置		1	压力×容量：11.5MPa×10L/h；药液槽：200L，不锈钢制；泵形式：柱塞式	
16	加氨装置		1	压力×容量：1.4MPa×10L/h；药液槽：200L，不锈钢制；泵形式：柱塞式	

续表9-2

序　号	设备名称	型　号	数　量	主　要　参　数	备　注
17	一次除尘器	T607B10	1	旋转阀：XS200　3台，无锡山宁机械有限公司 水冷管：武汉博诚机械有限公司	
18	二次除尘器		1	济南环保	
19	刮板输送机	NGS310	1	输送能力：4.8t/h；介质温度：200℃ 减速器：BWEY3322-187-5.5 中心高240mm 电动机：5.5kW	
20	斗式提升机	DT30	1	处理量：4.8t/h；马达容量：7.5kW；使用温度：120℃；提升高度24.02m	
21	加湿机	JS400	1	处理量：30t/h；无锡山宁机械有限公司 出厂日期：2006.5；编号：05391；给水量4.5t/h 减速器：XL4-35 电动机：$Y200L_1$-6，18.5kW	

9.2.4　基本工艺操作

9.2.4.1　主控工现场操作

A　循环风机操作

a　风机启动前的检查

(1) 确认风机电机及机械部分的检修工作全部结束；

(2) 检查集中润滑装置油箱油位大于240L，冷却水流量大于60L/min；

(3) 察看各轴承油位在标示的最低和最高油位线之间；

(4) 启动循环风机集中润滑装置，调节出口压力为0.6MPa，回油管道有油通过；

(5) 打开风机轴封氮气阀，调整压力为10kPa；

(6) 风机入口挡板应在关闭位置；

(7) 投入循环风机各项联锁。

b　启动

(1) 联系电器人员送电，做现场及中央"空投"试验；

(2) 将现场操作箱中的转换开关切换到"现场"，按启动按钮启动循环风机；

(3) 观察电动机电流指示，电流降至40A左右时，缓慢打开入口挡板，开始进行风量调节；

(4) 按照风（标态）料比为1250m³/t红焦来调节风量。

c　停止

(1) 按停止按钮，停止循环风机运行；

(2) 确认关闭循环风机入口挡板；

(3) 当风机轴温高于环境温度3～5℃时，关闭冷却水入口阀，停冷却油泵及风机轴，封氮气阀。

d　循环风机运行中的停机联锁

（1）风机前、后轴温度上上限85℃；

（2）锅炉给水泵全部停止，延迟30s；

（3）风机轴承振动上上限，100mm/s；

（4）锅筒水位上上限250mm，延迟30s；

（5）锅筒水位下下限 -250mm，延迟30s；

（6）二过出口主蒸汽温度上上限553℃，延迟30s；

（7）除氧器水位下下限 -1000mm；

（8）仪表用压缩空气压力低0.4MPa；

（9）风机电机线圈温度上上限100℃；

（10）冷却、润滑油泵显示重故障；

（11）风机油箱油位低240L；

（12）气体循环风机加热器过负荷；

（13）气体循环风机油泵过负荷；

（14）气体循环风机给油泵停止，延迟30s；

（15）循环风机电机定子U、V、W相温度上上限100℃；

（16）循环风机电机轴承前、后轴振动检测上上限160mm/s。

B　除氧器操作

a　运行

开工运行：

（1）投入所有计控仪表，全开除氧器顶部排气阀，确保除氧器在正常压力下工作；

（2）开除氧器给水泵，向除氧器供水；

（3）当水位升至 ±100mm后，调整除氧器水位调节阀，保持除氧器水位；

（4）当锅炉开始升温时，打开除氧器压力气动调节阀，开始升温；

（5）除氧器升温速度控制在不超过10℃/h；

（6）待锅炉运行正常且上水量大于30t/h，除氧器水位为 ±100mm、压力为0.02MPa，水温达到104℃且水质化验合格后，将除氧器水位、压力调节装置投入自动运行。

短期检修时的运行：

（1）当副省煤器入口水温小于60℃时，开启除氧器循环泵，关闭除氧器给水泵，给除氧器保温保压；

（2）保持除氧器水位在 ±100mm、温度为104℃；

（3）当锅炉开始连续用水，开启除氧器给水泵的同时，开大除氧器压力调节阀；

（4）恢复除氧器正常运行。

b　停止运行

（1）逐渐减小除氧器压力调节阀开度，按除氧器降温10℃/h控制，直至将调节阀全部关闭，之后关闭调节阀前手动阀；

（2）关闭除氧器进水阀。当除氧器的压力未降到零，操作人员应继续监控除氧器状况，直到压力降到零；

（3）检修或冬季，待水温冷却到20℃以下后，将水放净。

C　副省煤器操作

（1）确认副省煤器各疏水、放空阀全部关闭；

（2）除氧器液位调节阀微开（10%以下），除氧器溢流阀打开；

（3）除氧器循环泵启动，除氧器液位调节阀慢慢地开至 10% ~ 20%，将除氧器入口温度控制在 85℃ 左右；

（4）循环风机启动后，要注意副省煤器入口温度不可低于 60℃；

（5）随着干熄炉负荷的增加，调整除氧器循环泵出口电动阀开度，控制副省煤器的入口温度在 70℃ 左右，出口温度小于 120℃。在副省煤器的出入口温度差在 40℃ 左右时，关闭除氧器循环泵出口电动阀，停止除氧器循环泵运行；

（6）锅炉给水量在 10 ~ 20t/h 以上时，将除氧器液位调节阀投入自动运行，除氧器溢流阀关闭；

（7）当副省煤器入口温度稳定在 60℃ 左右时，缓慢关闭除氧器入口温度调节阀，投入自动运行；

（8）开工初期，副省煤器入口温度可利用其调节阀旁通阀进行调节；

（9）各点控制温度：　　副省煤器入口水温：≥60℃；

　　　　　　　　　　　　副省煤器出口水温：≤120℃；

　　　　　　　　　　　　除氧器入口水温：≤85℃。

D　锅炉排污

a　定排

（1）每班接班后 1h 内进行排污；

（2）排污前通知主控室，注意监视给水压力与水位，维持在正常水位 ±50mm；

（3）排污一次阀始终全开状态；

（4）开排污二次阀 15s，然后关闭。

b　连排

正常生产时，调整连排电动阀开度为 15%，保持 2% 的排污量。

E　水位计冲洗

在锅炉运行中至少保持两台锅筒水位计完整可靠（一台现场液位计，一台远传液位的平衡容器），指示正确、清晰、易见、照明充足，当班校对、冲洗水位计一次，运行中发现指示异常应及时冲洗，冲洗水位计操作如下：

（1）同时关闭汽联管手阀和水联管手阀；

（2）开疏水阀；

（3）开汽联管手阀，冲洗汽管及水位计，然后关闭；

（4）开水联管手阀，冲洗水管及水位计，然后关闭；

（5）关疏水阀，缓慢交替打开汽联管手阀和水联管手阀；

（6）冲洗后与另一台水位计校对，若水位显示值差 20mm 以上，再重复上述操作。

F　锅炉加药操作

a　加氨的操作（中和水中的 CO_2，调整锅炉给水 pH 值，减缓给水系统酸腐蚀，降低给水中的含铁量和含铜量）

计量泵的投运只能就地操作，启动、停运通过泵间操作箱上的操作按钮来完成。加药量可通过泵上的调节钮来调节。

（1）泵的投运：先开计量箱的出液阀，再开计量泵的入口阀，最后启动计量泵。启动时响声过大，或者安全阀有回液应及时停泵，找检修人员检查。

（2）泵的停运：首先停止计量泵的运行。然后关闭计量泵的进出口阀，关闭药箱的出口阀。

（3）加药量及浓度的调整：根据化验结果或在线检测结果，调整加药量及加药浓度。先加 3/4 的水，然后加药，药液含量一般为 5%，确保锅炉给水 pH 值为 8.8～9.5。加氨时需要将液氨出口放置加药箱水位以下。药液浓度高于 5% 时加水，药液浓度低于 5% 再加药。加药量可通过调节计量泵的冲程数旋钮来完成。只有在计量泵运行情况下调整，严禁在泵停运情况下调节。根据运行需要，调整冲程旋钮到合适位置，将锁母拧紧。

b 联氨加药操作

加联氨的操作（除氧剂，降低除盐水箱出水的氧含量）计量泵的投运只能就地操作，启动、停运通过泵间操作箱上的操作按钮来完成。加药量可通过泵上的调节钮来调节。

（1）泵的投运：先开计量箱的出液阀，再开计量泵的入口阀，最后启动计量泵。启动时压力过高，响声过大，或者安全阀有回液应及时停泵，找检修人员检查。

（2）泵的停运：首先停止计量泵的运行，然后关闭计量泵的进出口阀，关闭药箱的出口阀。

（3）加药量及浓度的调整：根据化验结果或在线检测结果，调整加药量及加药浓度。先加 3/4 的水，然后加药，药液含量一般为 0.2%～0.3%。加联氨时需要将液体联氨出口放置加药箱水位以下进行。药液浓度高于 0.3% 时加水，药液浓度低于 0.2% 再加药。边加药边搅拌。加药量可通过调节计量泵的冲程数旋钮来完成。只有在计量泵运行情况下调整，严禁在泵停运行情况下调节。根据运行需要，调整冲程旋钮到合适位置，将锁母拧紧。

c Na_3PO_4 加药操作

加 Na_3PO_4 的操作（除垢剂，降低锅炉垢层）计量泵的投运只能就地操作，启动、停运通过泵间操作箱上的操作按钮来完成。加药量可通过泵上的调节钮来调节。

（1）泵的投运：先开计量箱的出液阀，再开计量泵的入口阀，最后启动计量泵。启动时压力过高，响声过大，或者安全阀有回液应及时停泵，找检修人员检查。

（2）泵的停运：首先停止计量泵的运行。然后关闭计量泵的进出口阀，关闭药箱的出口阀。

（3）加药量及浓度的调整：根据化验结果或在线检测结果，调整加药量及加药浓度。先加 3/4 的水，然后加药，药液含量一般为 10% 左右，边加药边搅拌。药液浓度高于 10% 时加水，药液浓度低于 10% 再加药。加药量可通过调节计量泵的冲程数旋钮来完成。只有在计量泵运行情况下调整，严禁在泵停运行情况下调节。根据运行需要，调整冲程旋钮到合适位置，将锁母拧紧。

G 锅炉汽水取样操作

（1）先开给水、炉水、蒸汽取样器冷却水入、出口阀，确认冷却水畅通；

（2）打开锅炉给水、炉水、蒸汽取样一次阀，再开取样器取样入口阀；

（3）给水、炉水、蒸汽取样应保持常流状态，水样流速稳定；

（4）初次取样时应先冲洗取样管；

（5）取样结果送至化验室进行化验。根据化验结果进行加药操作。

H 系统输灰操作

a 1DC、2DC 现场输灰操作

（1）确认中央无报警；

（2）将输灰操作方式选至"现场"，其相应指示灯亮；

（3）开启斗式提升机；

（4）开启刮板机；

（5）操作 5 号、6 号卸灰阀的"正转"、"反转"、"停止"按钮进行输灰。注意：5 号、6 号卸灰阀不可同时启动输灰，避免刮板机损坏。当灰仓高料位、2DC 灰仓低料位时禁止输灰，因现场手动卸灰无任何联锁。

b　1DC、2DC 中央输灰操作

（1）将现场各设备操作箱中操作场所切换至中央；

（2）确认无中央报警；

（3）启动粉尘排出系统自动运行；

（4）启动一、二次除尘自动运行。

I　系统卸灰操作

将 1 号、2 号卸灰阀选择开关选至现场，操作指示灯亮。通过"正转"、"反转"、"停止"按钮卸灰阀进行卸灰，同时与主控室联系当中间仓高料位时，停止卸灰。

J　除氧器给水泵操作

a　启动前的准备

（1）联轴器手动盘车正常；

（2）检查各轴承油质清洁，油量在标准位置；

（3）确认纯水罐水位应不低于 4m；

（4）关闭水泵出口阀；

（5）全开水泵入口阀、最小流量阀。

b　启动

（1）按启动按钮，启动水泵；

（2）缓慢开水泵出口阀，向外供水。

c　停止

按停止按钮，停止给水泵运行。

d　倒备用泵

（1）备用泵随时处于热备用状态，水泵出入口阀全开；

（2）倒用时，先按在用泵停止按钮，在用泵停车；再按备用泵"启动"按钮，备用泵运行。

K　除氧器循环泵操作

a　启动前的准备

（1）联轴器手动盘车正常；

（2）检查各轴承油质清洁，油量应在标准位置；

（3）确认除氧器水位在 ±100mm；

（4）确认关闭水泵出口阀；

（5）全开水泵入水阀。

b　启动

（1）按启动按钮，启动水泵；

（2）待电机电流、水泵水压正常后，开出口电动阀调整水泵出水量。

c　停止

按停止按钮，停止给水泵运行，关水泵出口阀。

L　锅炉给水泵操作

a　启动前的准备

(1) 联轴器手动盘车正常；

(2) 检查各轴承油质清洁，油量应在油位上下限之间；

(3) 检查各轴承冷却水畅通；

(4) 确认除氧器水位应在±100mm；

(5) 关闭水泵泄水阀、出口阀；

(6) 打开对应锅炉给水泵的防过热阀；

(7) 全开水泵入口阀；

(8) 启动锅炉给水泵集中润滑装置，调节到正常运行状态。

b 启动

(1) 联系调度，经同意后联系电气送电；

(2) 按启动按钮，启动水泵；

(3) 调整水泵出入口平衡压力阀，压力高于入口压力0.15~0.2MPa；

(4) 慢开水泵出口阀，向外供水。

c 停止

缓慢关闭出口阀，按停止按钮，停止给水泵运行。

d 倒用

(1) 备用泵随时处于热备用状态，水泵出入口阀全开；

(2) 倒用时先开备用泵，正常后再停在用泵。

e 锅炉给水泵运行中的停机联锁

(1) 锅炉给水泵电机前、后轴温上上限：90℃；

(2) 锅炉给水泵轴承温度上上限：90℃；

(3) 除氧器液位低：-900mm；

(4) 锅炉给水泵连接超时；

(5) 锅炉给水泵的电机定子U、V、W相温度上上限：150℃。

M 提升机、装入装置操作

a 运转前的检查

(1) 确认中央故障报警盘中无故障报警显示；

(2) 确认提升机操作盘中电源指示灯显示正常。

b 提升机单独操作

(1) 提升机现场单独往行操作：

1) 确认提升机在提升井架中心位置，吊具夹钳在下限打开位置，机上操作DESK盘的"卷上塔下限"指示灯亮，"卷上塔定位置"指示灯亮；

2) 将提升机操作场所开关旋向"现场单独"；

3) 确认提升机升降指示中"解除"指示灯亮；

4) 按下运转准备的"入"按钮，"入"指示灯亮；

5) 将提升机卷上选择开关旋向"常用"；

6) 确认常用卷上"现场单独操作可"指示灯亮；

7) 将"常用卷上"开关旋向"卷上低速"或"卷上中速"位置；

8) 提升机升至上限"走行可"指示灯亮；

9) 将提升机走行选择开关旋向"常用"；

10) 确认常用走行"现场单独操作可"指示灯亮；

11）提升机"常用走行"开关旋向"往行低速"或"往行中速"位置，方向指示灯亮；

12）提升机走行至干熄炉的中心点时，"冷却塔定位置"指示灯亮；

13）确认装入装置的"装入盖开限"指示灯亮；

14）提升机"常用卷上"开关拨向"卷下低速"或"卷下中速"位置，焦罐开始下降；

15）焦罐下降至装入装置停止位，"冷却塔下限"指示灯亮。提升机停止下降；

16）焦罐底部闸门打开，"BUCKET开限"指示灯亮，红焦投入干熄炉中。

（2）提升机现场单独复行操作：

提升机现场单独复行操作，过程同往行相反，操作同往行相同。

检修时更换钢丝绳的操作：

1）确认提升机在检修中，检修、点检、生产三方安全联络确认完成，确认三方安全牌已挂好；

2）"CRANE"升降操作盘中操作场所旋向"CRANE机上"，并按"走行禁止"按钮，其指示灯亮；

3）机上"ROPE交换用现场操作盘"中的提升机操作场所开关旋"ROPE交换"的位置，机上操作DESK盘操作场所开关旋向"ROPE交换"的位置；

4）确认机上"ROPE交换用现场操作盘"操作可指示灯亮；

5）按下运转准备的"入"按钮，其指示灯亮；

6）操作人员听从交换钢丝绳的检修负责人员和电气人员的指令进行具体的提升机"升"或"降"操作。

（3）提升机现场紧急往行操作：

1）"ROPE交换用现场操作盘""BRAKE TEST"选择开关旋向"非常卷上"，按"UNLOCK"按钮，其指示灯亮；

2）将提升机电机切换板把切至紧急提升电机一侧；

3）将提升机操作场所开关旋向"现场单独"；

4）确认提升机升降指示中"解除"指示灯亮；

5）按下运转准备的"入"按钮，"入"指示灯亮；

6）将提升机卷上选择开关旋向"非常用"；

7）确认非常用卷上"现场单独操作可"指示灯亮；

8）将"非常用卷上"开关旋向"卷上"位置；

9）提升机升至上限"走行可"指示灯亮；

10）将提升机走行选择开关旋向"常用"；

11）确认常用走行"现场单独操作可"指示灯亮；

12）提升机"常用走行"开关旋向"往行"方向指示灯亮；

13）提升机走行至干熄炉的中心点时，"冷却塔定位置"指示灯亮；

14）确认装入装置的"装入盖开限"指示灯亮；

15）提升机"常用卷上"开关拨向"卷下低速"或"卷下中速"位置，焦罐开始下降；

16）焦罐下降至装入装置停止位，"冷却塔下限"指示灯亮。提升机停止下降；

17）焦罐底部闸门打开，"BUCKET开限"指示灯亮，红焦投入干熄炉中；

18）如走行电机故障，应先在"ROPE交换用现场操作盘"中的"BRAKE TEST"选择开关旋向"走行2"，按"UNLOCK"按钮，其指示灯亮，将切换板把旋向非常用走行电机；

19）将提升机走行选择开关旋向"非常用"；

20）确认非常用走行"现场单独操作可"指示灯亮；

21）提升机"非常用走行"开关旋向"往行"方向指示灯亮；

22）其余操作步骤与"常用走行"时相同。

（4）提升机现场紧急复行操作：

提升机现场紧急复行操作，过程同往行相反，操作同往行相同。

c　装入装置现场手动操作

（1）将装入装置及集尘挡板运转选择开关转向"单独"；

（2）打开集尘挡板；

（3）确认提升机对好干熄炉停止中心后，打开炉盖，开始装焦；

（4）装焦结束后，确认提升机提升至冷却塔"走行可"位置，关闭炉盖；

（5）关闭集尘挡板。

d　装入装置现场紧急操作

（1）装入装置中央自动和现场手动都不能操作时，将自动揭盖装置电液推杆电机前端的机械闸松开，即按逆时针方向旋转8圈；

（2）将电液推杆电机后端摇把接口保护罩打开，根据实际情况用摇把将干熄炉炉盖打开或关闭。

e　提升机、装入装置自动操作

投入自动前的检查：

（1）确认现场提升机、装入设备及各附属设备运转正常；

（2）确认中央故障报警盘中无故障报警显示；

（3）将装入装置机旁选择开关切至"中央自动"；

（4）将集尘挡板机旁选择开关切至"中央自动"；

（5）确认提升机停在可以投入自动的五个位置之一（A、B、C、D、E）处，且其位置指示灯亮；

（6）提升机操作场所切换至"中央自动"；

（7）在提升机上或主控室 CRT 操作画面上投入"主干切"，指示灯亮；

（8）确认提升机"现场自动操作可"指示灯亮或中央 CRT 画面的提升机"操作可"指示灯亮；

（9）根据提升机所处的位置投入自动"往行"或"复行"，指示灯亮；

（10）确认无问题后，操作提升机"开始"或中央"运转"指示灯亮，提升机开始自动运行。

N　排焦系统的操作

排出装置是设置在冷却室下部、把冷却的焦炭向冷却室外持续地而且是持续保持密封地排出的装置。排出装置由送料装置的振动给料器和旋转密封阀构成。冷却的焦炭由振动给料器送到旋转密封阀，通过转子旋转而连续地被送出。被连续定量地送出的焦炭由传送带运送到系统外面。

a　运转前的检查

（1）确认现场无检修人员；

（2）确认中央故障报警盘中无故障报警显示；

（3）确认排出装置操作盘中电源指示灯显示正常；

（4）确认氮气、压缩空气压力显示正常（＞0.5MPa）；

（5）检查并调整好排出装置处各除尘阀开度；

（6）旋转密封阀给油泵油缸内油位正常，选择开关为"远传"；

（7）确认各皮带已开启。

b　现场手动作业

（1）将排焦装置控制箱内选择开关选至"现场"，其指示灯亮；

（2）主控室开启旋转密封阀润滑油泵，全关吹扫风机出口阀。开启吹扫风机，清扫风机现场控制箱内按"风机运行"按钮，并逐渐打开吹扫风机出口挡板直至全开。若无异常则正常使用，有异常，将吹扫风机侧切换至氮气或压缩空气侧进行清扫，将振动给料器、线圈管路及旋转密封阀密封压力调至 5～8kPa；

（3）通过按"正转""反转""停止"按钮，点动旋转密封阀，确认点动试验正常；

（4）将电磁振动给料器手动速度设为最低；

（5）按旋转密封阀"正转"按钮，指示灯亮后，启动旋转密封阀；

（6）按"给料器运行"按钮，启动振动给料器；

（7）通过振幅调节器，调整排焦量的大小。

c　现场停止排焦系统的操作

与主控室联系好后，先按给料器"停止"按钮，指示灯亮，停止振动给料器。待旋转密封阀内无焦炭时，按旋转密封阀"停止"按钮，指示灯亮，停止旋转密封阀，最后停止附属设备运行。

9.2.4.2　主控室操作

A　保持运行调整的主要任务

（1）保持锅炉的蒸发量稳定；

（2）保持蒸汽温度 540±10℃、蒸汽压力 9.0MPa；

（3）均衡给水，并保持正常水位 ±50mm；

（4）保持循环风量的稳定，提高锅炉效率；

（5）保证锅炉机组安全、稳定运行。

B　控制及调整项目

a　给水及锅炉系统

（1）锅炉给水泵。

1）两台锅炉给水泵、防过热阀，均应选择为"自动"；

2）选择启动 1 号或 2 号泵，点击对应的"启动"按钮，给水泵运行；

3）当运行的电机因故障而停机时，另一台备用电机会立即自动启动投入运行；

4）当锅炉给水压力低于 10.5MPa 时，另一台备用泵将自动启动，待其给水压力升至 13.5MPa，原先工作的给水泵，则自动停运。

（2）防过热阀。

当选择对应的锅炉给水泵单独运行且给水总流量在 30t/h 以下时，过热防止阀自动开；当对应的锅炉给水泵停止运行时过热防止阀自动开；当两台给水泵同时运行时过热防止阀自动开。当选择对应的锅炉给水泵单独运行且给水总流量正常时过热防止阀自动关。

（3）除氧器液位调节。

除氧器液阀控制除氧器液位，阀开度大，液位升高；阀开度小，液位降低。除氧器液阀自动模式下，当除氧器液位高于 550mm 时，阀自动开 20%；当除氧器液位低于 400mm 时，阀自动关闭。

(4) 主蒸汽压力调节。

主蒸汽压力调节阀的作用是通过控制外送主蒸汽流量来控制主蒸汽压力。阀开度越大,外送主蒸汽流量越多,主蒸汽压力越低。阀的开度与压力的关系为:阀开度大,压力降低;阀开度小,压力升高。

(5) 主蒸汽放散阀的操作。

此阀门调节开度与实际状态相反,需加大放散时,应关小阀门开度;反之,加大阀门开度。该汽动阀只能手动调节,仪表气源低于 0.2MPa 时,阀位状态保持。

(6) 锅筒水位调节。

锅炉给水要均匀,保持锅炉水位在允许的变化范围。在正常运行中,严禁中断锅炉给水。

锅炉给水应根据锅筒水位计指示进行调整(同时参考给水流量、减温水流量、排污水流量及蒸汽流量),并应保证锅筒水位三冲量自动调节装置始终处于良好的运行状态。

当锅筒水位处于自动调节状态时,仍需监视锅筒水位的变化,并经常对照给水及蒸汽流量是否相吻合。

锅筒水位调节操作方式有单冲量和三冲量调节。在锅炉投入运行的初期,锅炉入口气体温度、主蒸汽温度等参数未达到投入三冲量调节的条件,此时应选择单冲量调节控制锅筒液位。在锅炉以额定负荷的 75% 以上运行时,可以投入三冲量调节。当锅炉工况不稳定时可以将三冲量转为单冲量调节,等锅筒液位稳定后再投入三冲量调节。当锅炉给水压力过低时,三冲量的调节也可能不太理想。

锅筒液位计 1、液位计 2 的选择:

锅筒液位设有液位计 1、2 的选择,选定其一后,锅筒上水阀以其为修正值进行调整。如其液位显示有误后,应及时选用另一液位值。

b　焦炭物流系统

(1) 干熄炉料位的控制:

1) 干熄炉料位排至 γ 射线,强制校正为 85t,每 24h 料位至少校正一次,如生产允许,每班至少校正一次;

2) 料位装至电容式料位计时,提升机联锁不能装焦(提升至提升井顶部不能横移);

3) 当料位演算值达到 202t,提升机联锁无法装焦;

4) 干熄炉料位排至演算值 0t 时,联锁停排焦。

(2) 预存室料位画面调节:

校正差/投入回数 = 单罐料位差值,当投入回数大于 100,单罐料位差值大于 0.10t 时,应在设定"装入量"一栏中,手动修正装入量。计算方法:如差值为正,修正值为原装入量 - 单罐料位差值;差值为负,则增加。

手动补正的使用:

当料位演算值达到 202t 以上,未到电容式料位,而仍需装焦时,可设定补正值后,选择"- 补正",将演算值降至 202t 以下。

当料位演算值到达 0t,而实际料位未到下料位,仍需排焦时,可设定补正值后,选择"+ 补正",将演算值增至 0t 以上。

(3) 提升机及装入装置主干的投入与切断

中央投主干:

首先启动提升机走行用给油泵。

开启提升机提升电机冷却风机。

如主提升走行报警，点击报警项目，确定无故障后，点击"复位"。

无故障报警后，在主提升走行列表中，点击"操作"，弹出"提升机自动运转主干"对话框。

点击"投入"确定，"操作可"指示变绿色。选择"复行"或"往行"，最后选择"启动"确认。中央自动变绿色。

提升机的自动投入只有：A（提升井底）、N（待机位）、B（提升井顶部）、C（干熄炉室顶部）、D（干熄炉）才能实现。

中央主干的切断：点击"主提升走行"，弹出"提升机自动运转主干"，选择"切断"，最后点击"启动"确认。如遇情况需紧急停车时点击"急停"确定停车。

（4）排焦操作：

1）与现场操作人员联系，确认排焦及下游皮带可以开启；

2）在"排焦量"设定一栏中，设定所需排焦量；

3）确认旋转密封阀自动给油泵开启；

4）点击排焦画面，在弹出的"排焦装置"操作窗口中，点击"开启"并确认；

5）排焦皮带报警器开启后，依次开启下游皮带及排焦皮带、旋转密封阀、振动给料器；

6）密切观察主控室排焦监视画面，皮带焦炭流量分布正常，且瞬时量与设定量基本相符。

　c　循环气体系统

（1）循环风量、排焦量的调整

1）依据焦炉的出炉计划，在保证焦炉生产出的红焦全部的装入到干熄炉中不发生排出红焦事故的同时，还要保证排焦量及循环风量的稳定；

2）根据发电要求，保持锅炉产生蒸汽的气温、气压、蒸发量的稳定；

3）保持锅炉入口气体温度的稳定，并保证锅炉入口气体温度不超过980℃；

4）加减风量（标态）要缓慢，每次加减应控制在300m³/h以内；

5）加减排焦量要缓慢，每次加减应控制在10t/h以内。

（2）系统内部可燃气体成分的控制

1）当锅炉入口气体温度大于600℃、小于980℃时，应采取导入空气的方法，使系统内的可燃成分完全燃烧；

2）当锅炉入口气体温度小于600℃、大于980℃时，应采取充入氮气的方法，调整系统内的可燃成分含量；

3）当系统内可燃成分异常升高，不能通过导入空气的方法降低时，应采取充入氮气的方法，调整系统内的可燃成分含量。

（3）1DC、2DC操作

点击1DC、2DC焦粉操作画面，设置T_1和T_2时间，T_1为格式排灰阀运转时间，T_2为间隔时间（搬运时间）。如需卸灰时，点击"启动"确认。停止时，点击"停止"确认。当"低料位"信号显示时，卸灰阀自动停止。当高料位时，应该及时卸灰，如第一个T_1时间内仍有高料位时，需停止后再重新启动卸灰。

1DC中间仓与2DC不可同时输灰。只有其一输灰操作全停后，另一输灰操作方可执行。

（4）斜烟道导入空气流量调节

斜烟道导入空气流量调节阀，只要求手动操作。当循环风机停止或仪表气源压力低于0.2MPa，调节阀将强制关闭，此时调节阀无法控制，当外部条件恢复正常，点击画面上调节阀下方的解锁按钮，解锁后才能重新使用调节阀。

(5) 预存室压力调节

预存室压力调节阀的开度与压力的关系为：阀开度大，负压升高；阀开度小，负压降低。当循环风机停止或仪表气源压力低于 0.2MPa，调节阀将强制关闭。当外部条件恢复正常时，点击画面上调节阀下方的解锁按钮，解锁后才能重新使用调节阀。

(6) 干熄炉旁路气体流量调节

干熄炉旁路气体流量与干熄炉入口压力及温度的关系是：在阀开度一定的情况下，干熄炉入口压力越大，空气流量越多；干熄炉入口温度越高，导入空气流量越少。当循环风机停止或仪表气源压力低于 0.2MPa，调节阀将强制关闭。当外部条件恢复正常，操作员确认可以重新投入调节阀时，点击画面中调节阀下方的解锁按钮，解锁后才能重新使用调节阀。

(7) 锅炉入口温度的控制

运行中要保证锅炉入口温度在 700～980℃之间，同时，调整时密切注意系统内部的压力平衡，具体的调整方法主要有：

1) 排焦量不变，增减循环风量，见表 9-3。

表 9-3 循环风量

循环风量	排焦温度	锅炉入口温度	循环风量	排焦温度	锅炉入口温度
增 加	下 降	下 降	减 少	上 升	上 升

2) 循环风量不变，增减排焦量，见表 9-4。

表 9-4 排焦量

排焦量	排焦温度	锅炉入口温度	排焦量	排焦温度	锅炉入口温度
增 加	上 升	上 升	减 少	下 降	下 降

3) 增减空气导入量，见表 9-5。

表 9-5 空气导入量

空气导入量	排焦温度	锅炉入口温度	备 注
增 加	不 变	上 升	循环气体成分中 CO、H_2 浓度低时，效果下降
减 少	不 变	下 降	此时应注意将循环气体成分中 CO、H_2 控制在基准值内

4) 增减循环气体旁通量，见表 9-6。

表 9-6 旁通风量

旁通风量	排焦温度	锅炉入口温度	备 注
增 加	上 升	下 降	因减少了冷却风量，要注意排焦温度的上升
减 少	下 降	上 升	因增加了冷却风量，调整时要避免造成环形风道部位的漂浮

(8) 气体循环系统内部压力的控制

在运行中要随时注意各控制点压力及差压的变化，发现问题时及时进行处理，见表 9-7。

表 9-7　内部压力

差　压	波 动 的 原 因
$p_6 \sim p_2$	压力损失增大：锅炉内部有小块焦炭及焦粉堆积
$p_2 \sim p_3$	压力损失增大：2DC 内部以及风道内部发生了焦粉堆积，发生堵塞；压力损失减少：2DC 内套磨穿，循环气体短路
$p_4 \sim p_5$	压力损失减少：给水预热器内部有小块焦炭或焦粉发生堵塞
$p_5 \sim p_6$	压力损失减少：冷却室的焦炭可能发生了搭棚现象

9.2.5　年修工艺操作

9.2.5.1　停工前的准备

A　停工前的准备工作

a　降温所需的工具材料

(1) 年修降温曲线，记录表。

(2) 便携式气体检测仪、水银温度计（0~100℃：10 支；0~300℃：20 支；0~500℃：10 支）。

(3) 低压安全照明灯。

(4) 手锤、扳手、管钳、撬棍等工具及其他安全防护用品。

b　准备工作的具体实施

(1) 检查锅炉各处膨胀指示器完好无损、刻度清晰。

(2) 将降温方案、操作要点及注意事项发放至班组，并组织认真学习。

(3) 检修配合人员对降温期间的工作分工明确。

(4) 在焦库内存炭足够开工时使用的干熄焦炭。

(5) 提前安排好主体、除尘管道、环境除尘、辅机室等处的清理工作。

(6) 准备好人孔砌筑、炉体修补所需的耐火砖及泥料。

(7) 停工前 8h 应进行如下操作：

1) 得到领导停工通知后通知汽轮机停机，得到汽轮机通知停机完成后关闭主蒸汽遮断阀及旁路阀，停止外供高压蒸汽。

2) 关闭后，打开前后水阀。

3) 打开主蒸汽遮断阀与汽轮机入口总阀门之间的疏水阀。

4) 干熄焦主体开始降负荷操作，即逐渐减小排焦量、减小循环风量，并在计划停工时间前将焦炭降至 "0" 料位。

5) 在降低负荷的过程中，要注意如下事项：

及时与焦炉联系装焦，避免因联系不及时而影响焦炭产量；

降负荷要在 8h 内缓慢进行，不可对排焦量及风量进行大幅度地增减；

降负荷时必须先降排焦量再降风量，并且保持干熄炉料位在 80t 以下；

及时通知除盐水站注意供水量，保持纯水罐水位，避免造成纯水溢流；

注意对锅炉系统的控制（包括除氧器及锅炉本体系统），当自动控制不能进行时及时倒用手动进行控制。

9.2.5.2　降温降压操作

A　降温标准

（1）温度控制以年修降温曲线为准进行，每 1h 记录各部数据一次。

（2）降温以 T_5 为准，每 0.5h 在曲线的相应位置记录一次，当出现偏差时，要及时进行调整。

（3）降温幅度如下：

　　　　1000~450℃　　　17℃/h　　所需时间约为 32h；

　　　　450~200℃　　　11.5℃/h　　所需时间约为 22h；

　　　　200~50℃　　　4.8℃/h　　所需时间约为 31h。

（4）在排焦过程中，主操作手要严格监督温度，保证排焦温度在 230℃ 以下。

（5）降温结束标准：

　　　　T_5 及各部人孔附近温度达 50℃ 左右；

　　　　炉顶放散处对循环气体取样，进行检测，以达到如下数据为合格：

　　　　CO　　　　50×10^{-6} 以下；

　　　　H_2S　　　10×10^{-6} 以下；

　　　　O_2　　　　18% 以上。

B　降温操作步骤

（1）在降温操作的初期，应将干熄炉内的焦炭排到斜道口下沿以下 1m 左右，停止排焦后通知焦炉全部改用湿法熄焦。

（2）联系电气人员解除如下循环风机的联锁保护：

　　锅炉汽包水位下下限及上上限；

　　主蒸汽温度上上限；

　　除氧器水位下下限及上上限；

　　锅炉给水泵运转中。

（3）开始降温操作

1）炉顶温度 T_5 在 1000~400℃ 期间，要向气体循环系统内导入大量的 N_2，这样既可以降低循环气体中 H_2、CO 等可燃成分的浓度，也可加速干熄炉内红焦窒息和冷却的速度。另外，干熄炉正常生产中干熄炉入口中央风道及周边风道上挡板的开度各为 60%，在干熄炉降温操作期间中央风道挡板开度可设定为 90%，周边风道挡板开度可设定为 30%。

①将空气导入阀门全部关闭（但要根据循环系统内部气体成分及锅炉入口温度决定阀门的开启）。

②利用耐热蝶阀调整时，预存压力也将随之变化，此时应用阀进行调节；

③预存段压力调节阀及循环气体回流阀手动全部关闭。

④将循环风机出、入口、排出装置处充氮阀打开。

⑤当改变氮气充入量时，预存段压力也将随之变化，此时应用阀进行调节；

⑥当降温速度过快时，可采取如下方法进行调节：

　　缓慢降低循环风量；

　　减少氮气充入量；

　　停止焦炭的排出。

⑦当降温速度过慢时可采取如下方法进行调节：

缓慢提高循环风量；

增加氮气充入量；

进行间断排焦。

⑧随着蒸发量的减少，锅炉系统各运行设备、控制方式也要进行相应的调整：

当排出装置停止运行后即可根据水质化验结果间断向炉内加药；

随着锅炉入口温度的降低，主蒸汽温度及压力也随之降低，此时可将主蒸汽压力调节阀全部打开，使用主蒸汽压力放散调节阀控制汽包压力；

为避免温度降低过快，将减温水调节阀手动全部关闭，若发现减温器前后蒸汽温度相差较大，则手动将其前手动阀全部关闭；

降温、降压速度与升温、升压速度相同，即汽包温度下降速度不得超过30℃/h。注意利用除氧器10℃/h为准，直至手动将除氧器压力调节阀全部关闭，之后关闭其前手动阀；

将锅炉给水泵运行场所切换至现场，确认其最小流量阀打开。

⑨焦炭的排出方法及焦炭在库量的调整按照年修降温曲线进行。

⑩按照下面的操作顺序确认干熄炉内的焦炭是否全部熄灭。

确认时间：当T_5降至450℃时，现场手动将炉盖打开；

现场手动将提升机移动至干熄炉上方；

从提升机上向干熄炉内目视焦炭是否全部熄灭，确认后移开提升机关闭炉盖；为确保炉内焦炭全部熄灭，还应在运焦皮带处进行确认。

⑪确认焦炭完全熄灭后，将风机前后两个充氮阀关闭。

⑫干熄炉内的焦炭继续按计划进行排出。确认全部排出后，关闭排出装置处的充氮阀，排出系统停止运转，但是吹扫风机继续运行。

2）T_5在450~250℃期间通过向系统内导入空气的方法降温（在进行此步操作前必须确认系统内部焦炭完全熄灭）。

①将干熄炉顶部预存段炉顶放散阀（耐热蝶阀）全部打开。

②手动移动装入装置将炉盖打开。

③将锅炉入口处的非常用放散阀全部打开。

④打开1DC两侧及灰斗中部的3个人孔盖并将内部砌体全部拆除（当打开人孔盖时，要进行气体成分的安全确认）。

⑤向系统内导入空气进行冷却。在导入空气进行冷却降温操作的1h之内，必须严密注意冷却段及预存段温度的变化，以防止干熄炉内的焦炭再次燃烧。一旦发生焦炭再次燃烧的现象，应立即停止导入空气，迅速打开各N_2冲入阀往气体循环系统冲入N_2，并保持循环风机的运行，直到将干熄炉内红焦完全熄灭后再关闭各N_2冲入阀，转为导入空气对干熄炉内的焦炭进行冷却。

⑥当降温速度过快时，可采取如下方法进行调节：

缓慢降低循环风量；

缓慢降低空气导入量。

⑦当降温速度过慢时，可采取如下方法进行调节：

缓慢提高循环风量；

缓慢增加空气导入量。

⑧锅炉系统继续降温、降压，并应进行如下操作：

当上水量很小时，可间断向锅炉上水，并停止给水加药泵、副省煤器、除氧器循环泵运行；当系统压力低于 0.2MPa 后，注意各点的疏水排放，以保持蒸汽的流动及避免系统内部积水腐蚀；根据用水量及纯水罐水位，及时通知除盐水站停止除盐水供应。

3）当 T_5 由 250℃降至 50℃时采用大量导入空气进行系统冷却。

①装入炉盖全开；一次除尘器上部的紧急放散阀全开；锅炉系统的人孔门全开。

②二次除尘器人孔门、检查孔全开；中央风道、周边风道人孔门全开；炉顶放散阀全开。

③预存段压力调节阀全开；预存段压力设定为 10Pa 左右；继续采用大风量运转。

④将二次除尘器检查口及其上部防爆口全部打开。

⑤手动将二次除尘器内的粉尘放净。

⑥进行气体循环系统内死角的清扫：

预存段压力调节阀全部打开；

空气导入阀全部打开。

⑦当 T_5 达到目标温度（50℃）时，进行气体成分检测，合格后，降温结束。

停止循环风机，停止排出装置吹扫风机运行。

⑧停止环境除尘风机运行；停止外供除盐水。

⑨全部设备停止运转后 2h，停止各机组冷却水供应。冷却水停用后，要密切监视机组轴温升高情况。每 0.5h 检查一次，并做好记录。当发现温度异常升高时，要及时开启冷却水，直至温度不再上升为止。

⑩通知循环水站停止供水，停止所有水泵的运行。

⑪降温操作结束。

C 降温注意事项

（1）在降温全过程中要力求做到全系统均衡降温，即：T_2、T_3、T_4、T_5、T_6 同步降温，以减少因温差过大而对耐火砌体造成损坏。

（2）随着循环气体温度的降低及风量的增加，要密切注意循环风机电机的电流值，避免发生电机过电流事故的发生。

（3）现场排焦时，要在运转皮带处确认无红焦排出。

（4）间断排焦过程中要提前与贮运焦工联系，得到其同意后方可开机，避免造成拥炭事故。

（5）锅炉汽包压力降至"0"前，要充分考虑蒸汽流动，避免造成蒸汽停滞，对系统降温造成影响。

（6）确认干熄炉内红焦熄灭后方可进行导入空气操作。确认时，应注意安全，避免发生人身事故。

（7）进入循环系统内部前，必须在关闭 γ 射线后且对某气体成分进行检测，合格后方可进入。

D 降温后检修前应做的工作

（1）副省煤器的人孔全部打开。

（2）排出装置处的人孔全部打开。

（3）锅炉各部的人孔全部打开。

（4）干熄槽下部及上部烘炉用人孔全部打开。

（5）除尘管道各处人孔全部打开。

（6）氮气总阀处堵好盲板，以免氮气漏入系统中，造成人身伤害。

（7）联系射线班维护人员，关闭 γ 射线料位计并确认干熄炉可以进入检修。

（8）联系各相关专业人员对检修设备拉闸断电，交检修人员进行检修。

（9）关闭水封槽上水阀门，停止向水封供水。

（10）锅炉本体及管道、除氧器、副省煤器内水放净，交检修人员进行检修。

9.2.5.3　年修开工及升温升压操作

A　开工前的准备工作

a　升温所需的工具

（1）年修升温曲线、记录表。

（2）便携式气体检测仪、水银温度计（0～100℃：10 支；0～300℃：20 支；0～500℃：10 支）。

（3）手锤、扳手、管钳、撬棍等工具及其他安全防护用品。

b　开工前的检查工作

（1）检查锅炉各处膨胀指示器完好无损、刻度清晰。

（2）将升温方案、操作要点及注意事项发放至班组，并组织认真学习。

（3）检修配合人员对升温期间的工作分工明确。

（4）除盐水具备正常供水条件。

（5）环境除尘系统检修完成，试车正常，并且正常开启。

（6）提升机、装入装置检修结束，单独、联动试车正常。

（7）排出装置、皮带运输系统检修结束，单独、联动试车正常。

（8）1DC、2DC 及输灰设备检修完毕，单独、联动试车正常。

（9）锅炉系统检修完毕并进行如下检查。

c　锅炉内部检查事项

（1）炉墙完整，严密。

（2）各孔门、防爆门完整无缺，严密关严。

（3）水冷壁管、过热器管、省煤器管等外形无损坏现象，内部清洁。

（4）各测量仪表和控制装置的附件位置正确完整，严密畅通。

（5）无积灰及杂物，脚手架已拆除。

d　汽、气、水管道检查

（1）支吊架完好，管道能自由膨胀。

（2）保温完整，表面光洁。

e　各阀门、风门、挡板检查

（1）管道连接完好，法兰螺丝紧固。

（2）手轮完整，固定牢固，门杆洁净，无弯曲或锈蚀现象，开关灵活。

（3）阀门的填料应有适当的压紧间隙，丝堵已拧紧，需保温的阀门保温良好。

（4）各电动阀门、风门、挡板做电动开关试验指示行程一致，传动装置的连杆，接头完整，各部销子固定牢固，电动控制良好。

（5）各阀门、风门、挡板标志，开关方向、位置指示正确。

f　汽包上的水位计检查

（1）汽水联通管保温良好，无泄漏现象。

（2）水位计严密，水位清晰，照明充足。

（3）来汽门、来水门、放水门严密不漏，开关灵活。

（4）水位计的安装位置及其标尺正确，在正常及高低极限水位处有明显标志。

g　压力表检查

（1）表盘清晰，指示为零。

（2）汽包和集汽联箱上压力表在额定工作压力处画有红线。

（3）检查合格，加铅封。

（4）照明充足。

h　安全阀检查

（1）排汽管和疏水管完整畅通，装设牢固。

（2）安全阀的附件完整，管道保温完整。

（3）防止误动作的措施完整，校验记录完整。

i　承压部件的膨胀指示器检查

（1）指示板牢固焊在固定支架上，指针指示零位。

（2）刻度清楚。

（3）指针不得被外物卡住，指针与板面垂直，针尖与板面距离 3～5mm。

B　现场清理工作

（1）确认锅炉高低压系统水压试验合格。

（2）锅炉、副省煤器、1DC、2DC、干熄炉内部检查，确认无人、无杂物后，将人孔封闭，利用循环风机进行"气密性"试验。

（3）气体循环系统"气密性"试验合格后，听通知装入开工前备好的冷焦直至将斜道口覆盖为止。

（4）将氮气总阀盲板拆除。

（5）干熄炉本体各水封通水。

（6）γ射线料位计投用。

（7）电气、仪表系统检修完毕，试验正常，指示准确。

C　清理后的准备工作

操作人员对系统进行全面检查同时做好开工前的各项准备工作，内容如下：

（1）干熄炉系统：

1）预存段压力调节阀及其旁通阀关闭。

2）系统冲氮阀全部关闭。（除循环风机轴封用氮气）

3）36 个空气导入口的塞子全部关闭。

4）循环风机出口阀全开，入口阀关闭。

5）预存段炉顶放散阀（耐热蝶阀）全开。

6）炉顶集尘挡板关闭，以避免水汽进入环境除尘系统。

7）非常放散阀风量调节装置安装完毕。

（2）锅炉系统：

检查所有阀门并置于下列状态：

1）蒸气系统：主蒸汽遮断阀及旁路阀、主蒸汽放散压力调节阀关闭。

2）给水系统：除氧器给水泵出口阀、除氧器水位调节阀关闭，锅炉给水泵出口电动阀及旁路阀关闭。

3）减温水系统：减温器注水阀、调节阀、疏水阀关闭。

4）放水系统：各联箱的放水阀、连续排污电动阀、定期排污电动阀、事故放水电动阀关闭。

5）疏水系统：给水管道、省煤器、蒸发器疏水放空阀关闭，汽包放空阀、主汽管、过热器疏水阀开启。

6）蒸汽及炉水取样阀、汽包加药阀开启，加药泵出口阀关闭。

7）汽包水位计的来水阀、来汽阀开启，泄水阀关闭。

8）所有压力表一、二次阀开启，压力显示正常。

9）所有流量表一、二次阀开启。

（3）以上准备工作完毕通知除盐水站送水。

1）待纯水罐水位达到4m，开启除氧器给水泵，除氧器水位达0水位后，开启锅炉给水泵向锅炉上水。

2）上水应缓慢进行，锅炉从无水至水位达到汽包水位计 - 100mm 处所需的时间，夏季不少于2h，冬季不少于4h，水温一般不超过40～50℃。

3）上水过程中应检查汽包及各部阀门、压兰等是否有漏水现象，当发现漏水时，应停止上水，并进行处理。

4）当汽包水位升至水位 - 100mm 处时，停止上水。此后，由于加热用低压蒸汽冷凝，汽包液位会有所上升，可通过水冷壁排污控制液位。

（4）升温前各相关设备调试：

1）各气动调节阀、电动遮断阀试验正常，开关灵活。

2）除氧器给水泵、除氧器循环泵、锅炉给水泵、锅炉循环泵试车正常，随时可以开启。

3）低压蒸汽送至烘炉用手动阀及除氧器压力调节阀前手动阀前（压力保持在0.6～0.8MPa之间），参见气泡泵运转要领。

D　升温升压操作

a　升温标准

（1）温度控制以年修升温曲线为准进行，每1h记录各部分数据一次。

（2）升温过程中温风干燥阶段以 T_2 为准，红焦烘炉以 T_6 为准，每0.5h在曲线的相应位置记录一次，当出现偏差时，要及时进行调整。

（3）升温幅度

常温～约160℃以 T_2 温度为准，升温幅度10℃/h，所需时间约为10h；达到160℃后，保持38h；当砌体进行大面积修补后，时间应适当延长。

160～180℃以 T_6 温度为准，升温幅度控制在15℃/h。到300℃后升温幅度开始提高，以30℃/h的升温幅度保持。所需时间约为44h。

（4）温风干燥后的 T_3、T_4、T_5 均应在100℃以上。

（5）温风干燥结束后，应进行氮气置换作业，保证氧气浓度不超过5%。

（6）T_6 温度在600℃以下时采用调节氮气充入量的方法调节系统内的氧气含量，达到600℃以上时方可采用导入空气量的方法调节系统内的氧气含量。

（7）红焦开始装入初期，间隔不应少于1h，应以 T_6 温度开始下降为基准，来决定装焦，且1h后方可开始排焦，开始的排焦量应小。

（8）为保证锅炉系统的安全运行，锅炉的升温、升压不可过快，应严格监视汽包外壁温度，将升温速度控制在30℃/h以内。

（9）当主蒸汽温度到达450℃以上时，开始投入减温器调节，适当进行升温速度控制，主蒸汽温升每1h不应超过30℃。

　b　温风干燥

温风干燥时系统的状态见表9-8。

表 9-8　温风干燥时的状态

序　号	项　目	开启情况			备　注
		开	关	调整开	
1	耐热蝶阀	○			
2	非常用放散阀			○	
3	循环风机入口挡板			○	
4	干熄炉入口阀	○	○		
5	预存室压力调节阀		○		
6	空气导入阀		○		
7	风机前氮气吹扫阀		○		
8	风机后氮气吹扫阀		○		
9	炉顶集尘翻板		○		
10	干熄炉底部氮气吹扫阀		○		
11	空气导入氮气吹扫阀		○		
12	风机轴封用氮气			○	
13	炉顶放散氮气吹扫阀		○		
14	预存室压力调节阀旁路阀		○		

（1）通入低压蒸汽，利用水冷壁排污及汽包阀将锅炉汽包液位控制在0～-100mm。

（2）启动气体循环风机，控制在最小风量，在风机启动后，应将循环风机入口挡板逐步全开，利用循环风机的入口挡板开度来调节循环风量，干熄炉入口挡板开度以保证干熄炉内通过焦炭层的气流均匀分布为目标，一般情况下可将中央风道入口挡板打开60%，环形风道入口挡板打开50%～60%。

（3）打开干熄炉炉盖，利用耐热蝶阀调节预存段压力，使其保持正压。

（4）利用非常放散阀调整吸入的气体量，以保持炉内气体压力的平衡同时将系统内的水分排出。

（5）调整低压蒸汽手动阀的开度，根据升温曲线，开始温风干燥。

（6）随着低压蒸汽的吹入，锅炉的压力逐渐升高，应对锅炉进行如下调整。

1）当汽包压力升至0.2MPa时，将汽包放空阀关闭，以保持锅炉内部蒸汽的流动。同时冲洗汽包水位计，并校对水位计指示的正确性。

2）当压力升至0.2～0.3MPa时，通知热工人员冲洗仪表管道，并检查各处管垫、焊口等有无泄漏。

3）当汽包压力升至0.3～0.4MPa时，依次以锅炉下部联箱进行疏水。

4）当汽包压力升至0.4MPa时，通知检修人员，对各处法兰、人孔、手孔的螺栓进行热紧固，此时应保持气压稳定。当汽包压力达到0.5MPa时，一次、二次过热器放空阀关闭、疏水阀微开。此时，水冷壁联箱、省煤器、汽包要经常排污。

5）锅炉的升温、升压参照（锅炉启动升温升压曲线温风干燥用）曲线进行，不可过快。

c　红焦烘炉

红焦投入前系统的状态见表9-9。

表9-9　投入红焦前的状态

序　号	项　目	开启情况			备　注
		开	关	调整开	
1	耐热蝶阀	○			
2	非常用放散阀		○		
3	循环风机入口挡板			○	
4	干熄炉入口阀	○			
5	预存室压力调节阀		○		
6	空气导入阀		○		
7	风机前氮气吹扫阀	○			
8	风机后氮气吹扫阀	○			
9	炉顶集尘翻板		○		
10	干熄炉底部氮气吹扫阀	○			
11	空气导入氮气吹扫阀	○			
12	风机轴封用氮气			○	
13	炉顶放散氮气吹扫阀	○			
14	预存室压力调节阀旁路阀		○		

（1）温风干燥结束后，进行循环气体系统内部的气体置换，充入氮气，使氧含量降低到5%以下。

（2）取下紧急放散阀处临时调节板，并将其关闭。

（3）手动关闭干熄炉炉盖，关闭耐热蝶阀，投用预存段压力调节阀，将压力设定为正常运行压力。

（4）将气体循环风机入口挡板全开，根据升温情况调节风量。

（5）依次开启除氧器给水泵、锅炉给水泵，控制除氧器及汽包水位。

（6）将给水热交换器、副省煤器内充满水。

（7）确认给水、炉内加药装置及各取样器处于随时投用状态。

（8）提前与焦炉方面联系，待系统内氧含量不小于5%时，手动投入第一炉红焦，开始按照升温曲线升温。

（9）关闭低压蒸汽手动阀，停止向锅炉内通入低压蒸汽。

（10）升温过程中，当温升出现偏差时，应及时采取调节循环风量及排焦量的方法进行校正。

（11）当 T_6 温度达到600℃，开始导入空气时，调整打开空气导入阀处的8个中栓。

（12）随着 T_6 温度的上升，锅炉系统也应进行相应的调整，逐步投入正常运行状态。

1）随着不断地装焦，T_6 温度不断上升，锅炉汽温、汽压、蒸发量不断上升，当蒸发量较高时，使用锅炉给水泵出口电动阀旁路阀上水，控制锅炉水位调节阀上水。

2）在锅炉开始上水的同时，开启给水加药装置；全开除氧器压力调节阀前手动阀，调节除氧器压力调节阀开度，除氧器开始升温。

3）除氧器升温速度严格控制在10℃/h以内。

4）锅炉汽压调节采用主蒸汽调节阀全开，而主蒸汽放散压力调节阀进行自动调节。

5）随锅炉蒸发量的增大，给水量随之增大，当锅炉给水泵出口电动阀旁路阀不能满足上水要求时（汽包压力达到2.5MPa时），改用锅炉给水泵出口电动阀上水，即锅炉给水泵出口电动阀全开，之后关闭锅炉给水泵出口电动阀旁路阀。

6）当各参数达到额定值后，依次投入各自动调节装置运行。

7）投入各汽水取样装置运行。

8）开启各加药泵，并根据水质化验结果，调节好加药量。

9）若副省煤器入口温度低于60℃，则开启除氧器循环泵，调节除氧器循环泵出口电动阀，控制好相关温度。

10）待系统全部正常后，联系点检人员恢复各联锁保护装置。

11）得到领导通知后开始对主蒸汽管道进行暖管（时间不少于1.5h），准备送汽。

12）暖管结束，接领导通知后，开主蒸汽遮断阀向外供汽。

E 升温注意事项

（1）温风干燥初期，增加低压蒸汽的量不要过快，以免造成升温速度过快。

（2）温风干燥结束后，氮气置换要彻底，使氮气浓度确实降到5%以下，并且置换时间不少于2h。

1）红焦工作要提前做好准备，操作人员提前同焦炉工确认出焦时间，及时通知干、湿熄焦，避免影响焦炉生产。

2）系统内部气体成分的控制：

①T_6在600℃以下时，应采用向系统内充入氮气的方法调整系统内气体成分。

②T_6在600℃以上时，方可进行导入空气的操作。

10 干熄焦常见故障与处理

10.1 装入及排出系统故障

10.1.1 APS故障处理

10.1.1.1 APS在中央自动时不能自动夹紧

在接到电机车在按"送焦罐"或"接空罐"时APS不能自动夹紧时，须到APS现场进行确认，巡检工必须把提升机操作开关由中央自动状态打到零位；同时通知检修人员赶到现场。

到APS现场后，需确认以下内容：是送焦罐还是接空罐；电机车是否对中；旋转焦罐是否旋转到位；APS工作是否正常（只是观察，不要动APS操作箱按钮或开关）。等巡检工把操作开关打到零位后，APS操作箱打到手动状态，进行手动夹紧，提升机进行手动提升或下降。如APS无法手动夹紧则请检修人员解决。

查明原因故障排除后，要进行自动提升或下降试车一次。

10.1.1.2 APS在中央自动时不能自动松开

提升机在提升过待机位或焦罐着床后吊钩打开后APS不能自动松开时，需到APS现场进行确认，巡检工必须把提升机操作开关由中央自动状态打到零位；同时通知检修人员赶到现场。

到APS现场后，需确认以下内容：APS工作是否正常（只是观察，不要动APS操作箱按钮或开关）；观察焦罐车运行是否正常。等巡检工把操作开关打到零位后，APS操作箱打到手动状态，进行手动松开。如APS无法手动松开则请检修人员解决。

查明原因故障排除后，要进行自动提升或下降试车一次。

10.1.1.3 APS故障

通知检修人员赶到现场并配合检修人员。如有满罐并确认短时间无法修复时可手动进行提升操作。

如APS故障短时间无法修复时，干熄炉料位较低需要连续运行时可手动操作与电机车、巡检工配合进行人工装焦，但要注意联系通畅，在收到明确回答后方可进行下一步操作。

查明原因故障排除后，要进行自动提升或下降试车一次。

注意：

提升机在中央自动状态时可遇紧急情况操作开关打手动、零位或紧急停止；提升机只有在吊钩完全打开时并与APS操作人员确认安全后才可由手动、零位打到中央自动状态。手动提升或下降时与电机车、巡检工联系使用规范语言，并进行确认后方可进行下一步操作。

10.1.2 装入装置故障处理

10.1.2.1 装入炉盖动作异常

(1) 故障引起的现象

1) 现场对装入装置操作无反应；

2) 现场装入炉盖"开"或"关"不能到位；

3) 装入炉盖做"开"或"关"动作后，"开"或"关"的限位检测器动作不良；

4) PLC 程序异常，画面显示"装入装置故障"。

(2) 故障引起的原因

1) 装入支座两侧斜边处焦炭过多，造成与漏斗两侧合拢时轧住；

2) 装入漏斗底部滑动置于炉口时与水封槽内的水管相碰；

3) 装入漏斗底部滑动罩链条销子脱落或链条断，使滑动罩向下斜落动作时，与装入炉口相碰；

4) 装入炉口水封槽内焦粉、焦炭积存过多，炉盖无法正常插入。

(3) 处理方法

1) 进行现场确认故障原因，把装入装置开关调为手动操作，进行点动操作，观察装入装置运转情况；

2) 确认故障原因，属原因2)、3) 时，通知检修人员，共同配合，进行处理；

3) 控制好干熄炉的料位，调整好排焦量、风料比，炉口压力设定为 -50Pa；

4) 处理故障时，作好安全防范措施，现场与中央加强联络，通知停止干熄，装入选择开关切换至现场，控制好干熄炉的运行工况；

5) 故障处理完，现场手动操作运转正常后，重新投入"中央自动"运转；

6) 处理故障原因，属原因1)、4) 时，现场清扫焦炭或水封槽内焦粉时，应有2人以上，其中一人负责监视联络，处理时，装入装置开关打至"手动"，清扫完好，重新投入"联动"，观察运转情况。

10.1.2.2 装入炉盖故障

(1) 故障引起的现象

1) 装入炉盖在作"关"或"开"的过程中故障；

2) 装入炉盖在关闭后或打开后故障；

3) 低配室装入装置电源信号指示灯不亮（通知检修人员确认）。

(2) 故障引起的原因

1) 低配室电源跳闸；

2) 装入炉盖开、关电动动力缸内，开或关的极限限位开关动作；

3) 装入炉盖电动动力缸电气热保护继电器动作（电气室内）；

4) 装入炉盖大摇杆弯曲变形后，强制操作使动力缸极限限位开关动作；

5) 电动动力缸内极限限位开关设定不良；

6) 装入炉顶水封槽内积粉过多，炉盖手动强制关闭后，引起动力缸内极限限位开关动作。

(3) 处理方法

1) 进行故障复位后，现场检查确认故障原因，装入装置操作开关切换至"手动"，停止干熄；

2）属电气故障，通知电气人员来处理，现场炉盖在打开状态时，炉顶现场组织好人员解除动力缸内闭锁开关，人工手摇关闭炉盖后，投入闭锁，调整排焦量，配合电气人员做好故障处理；

3）属机械故障，通知机械检修人员共同配合处理，调整好排焦量，控制好锅炉入口温度等。掌握故障处理时间，若修理时间长，不能控制料位，锅炉入口温度不能维持，报厂调，经同意后，可作停炉保温、保压处理。

10.1.2.3　装入炉盖链条断

（1）故障引起的现象

1）装入炉盖在作开或关的动作中，引起炉盖链条断限位开关动作而停止动作；

2）装入炉盖在作关闭后，链条断限位开关动作；

3）低配室装入装置电源信号指示灯不亮（通知检修人员确认）。

（2）故障引起的原因

1）装入漏斗底部滑动罩在进入炉口水封槽内，与水封槽管碰轧，造成动力缸大摇杆上的链条断，限位开关弹簧压缩，使炉盖链条断限位开关动作；

2）装入炉口水封槽内积焦粉过多，炉盖放不到正常位置或现场手动操行强制放下，使炉盖链条断限位开关动作；

3）炉盖支吊链脱落。

（3）处理方法

1）查明故障原因，装入装置操作开关切换至"手动"，现场、中央保持联络；

2）解除链条断限位开关的紧固螺丝，松开限位开关，炉顶手动操作，关闭炉盖，重新装好链条断限位开关；

3）根据故障原因，通知检修人员处理；

4）预存段压力调整为 -20Pa，清除水封槽内焦粉；

5）调整好排焦量，风料比，控制好锅炉入口温度；

6）故障处理完，现场手动试运行正常后，投入"中央自动"。

10.1.2.4　装入超时

（1）故障引起的现象

1）吊车在干熄炉顶装入红焦，超过设定时间后，不做提升，"主干切"指示灯亮；

2）低配室装入装置电源信号指示灯不亮（通知检修人员确认）。

（2）故障引起原因

1）装入炉顶焦罐底座闸门插板式限位开关动作不良；

2）PLC 程序异常；

3）装入时间设定继电器不良。

（3）处理方法

1）故障复位成功，提升机操作开关切换至"手动"操作完成装焦作业；

2）如电气设备故障，需修理或调整时，提升机由"车上手动"操作完成装焦作业，现场与中央加强安全联络；

3）配合电气人员处理好故障设备，必要时，通知暂停干熄；

4）故障处理完，提升机"机上手动"操作至"自动"位置投入"联动"运转；

5）观察"中央自动"运转 2 个周期。

10.1.3　红焦从干熄炉中溢出的处理

在提升机、装入装置向干熄炉装入红焦时，有时由于干熄炉预存段料位计的故障，提升机以及装入装置极限的故障或者操作失误等原因，红焦会从干熄炉口或者装焦漏斗中溢出，造成装入装置不能正常运行。此时应立即停止干熄焦的装焦操作，迅速组织人员进行处理。

10.1.3.1　红焦溢出的原因

干熄炉预存段上上限料位故障会造成红焦溢出。

在干熄焦正常生产情况下，干熄炉预存段焦炭料位与提升机存在联锁关系。即当预存段焦炭料位达到上限时，主控室的计算机画面会闪烁提醒操作人员；当焦炭料位达到上上限时，主控室的计算机画面会显示现场电容式料位计信号，直到干熄炉预存段焦炭上上限料位信号消除。但在两种情况下会因为料位的原因而造成装入的红焦溢出干熄炉口：一种情况是当预存段焦炭料位达到上上限时料位联锁不起作用（有可能电容式料位计坏没有报警指示），提升机未收到主控室计算机发出的停止装焦指令，继续往干熄炉内装入红焦，此时红焦已高出干熄炉口。当装焦完毕装入装置往关闭的方向移动时，就会造成红焦溢出干熄炉口；另一种情况是预存段焦炭料位长时间保持在高料位，没有进行校正。当预存段实际焦炭料位达到甚至超过上上限料位时，显示料位还没有到上上限料位，如果干熄炉没有设计强制检测的上上限料位计或者强制检测的上上限料位计因故障停止使用，那么计算机就不会向提升机发出停止装焦的指令。提升机会继续往干熄炉内装入红焦，同样会造成红焦溢出干熄炉口。

10.1.3.2　红焦溢出后的处理

（1）一旦发生红焦溢出干熄炉，立即到现场进行确认，同时停止装焦。通知电机车停止作业；

（2）在排焦温度允许的范围内，适当增加排焦量，增大循环风量，尽快降低干熄炉内焦炭的料位；

（3）清除妨碍装入装置运行的焦炭，用手动将装入装置运行到全关位置。携带 CO 报警仪，在上风侧，对红焦洒水进行冷却，然后将装入装置周围冷却的焦炭清理干净。注意不要将水洒进干熄炉内，避免被红焦及蒸汽烫伤；

（4）对炉顶部位相关的设备进行检查，清除干熄炉顶水封槽内的焦炭；

（5）检查装入装置以及周围仪器、润滑油管、水管等设备有无损坏，并立即对损坏的部件进行修理；

（6）组织检修人员对装入装置各部位充分加油润滑，使其恢复正常；

（7）对提升机及装入装置手动试车 3 ~ 4 次。确认装入装置开、关动作及极限信号正常，确认提升机与装入装置的位置吻合以及焦罐底闸门的开、关动作及极限信号正常。检查干熄炉预存段焦炭的料位；

（8）通知焦炉停止湿法熄焦作业，并采用手动方式操作提升机及装入装置装入 2 ~ 3 罐红焦，确认一切正常后投入装焦自动运行。

10.1.4　焦炭漂浮的处理

10.1.4.1　影响焦炭漂浮的原因：

（1）循环风量增加过快；

（2）循环风量过大，超过环形风道的通风能力；

（3）焦炭粒度过小；

（4）由于装入的焦炭在干熄炉圆周的分布不均，造成气流在圆周方向的分布不均，流速变化过大；

（5）干熄炉底锥段不光滑，造成周边焦炭不下料；

（6）一次除尘粉尘多，造成锅炉入口负压大。

10.1.4.2　焦炭漂浮现象

（1）锅炉入口循环气体比正常值增加 -50~100kPa 或更多；

（2）一次除尘下部灰尘冷却装置内有小块焦炭堆积，堵住旋转阀，使焦炭不能排出；

（3）循环风量不能正常的减少；

（4）通过环形风道上部的空气导入口观察可以看到焦炭漂浮现象。

10.1.4.3　处理方法

（1）现场确认焦炭的漂浮现象。

（2）根据焦炭的漂浮程度可以分别采取以下措施：

1）当程度较轻，发现较早时，可采取减少焦炭排焦量和循环风量，待漂浮现象消失再缓慢地增加焦炭排焦量和循环风量，恢复到原来的运行方式。

2）漂浮现象严重时：

①通知焦炉停止出焦；

②在保证排出焦炭温度在180℃以下的情况减少循环风量，并且使焦炭连续排出，降低干熄炉料位；

③保持干熄炉料位在环形风道底部下 300mm 以上，超出时停止焦炭的排出；

④将环形风道处堵塞的焦炭清除掉；

⑤缓慢增加焦炭排焦量及循环风量，恢复原来的运行方式。

10.1.4.4　注意事项

（1）当焦炭漂浮现象发生时，应立即采取措施予以消除，避免对设备的损害；

（2）从空气导入口进行观察时，空气将被吸入，应密切注意锅炉入口的温度变化，使之始终处于上限值以下。

10.1.5　排出装置故障处理

10.1.5.1　旋转密封阀堵塞

（1）故障引起的现象

现场旋转密封阀无焦炭排出。

（2）处理方法（到排出装置现场需携带 CO 报警仪）

1）通知主控室人员停止振动给料器，进行保温保压；

2）排出装置旋转密封阀选择"现场手动"；

3）换向阀切换至压缩空气，打开振动给料器防护罩上方设置的人孔门，进行通风冷却，气体检测合格后，将焦炭从人孔口扒出；

4）取出堵在旋转阀口的异物。异物取出后，将旋转密封阀、振动给料器内余焦排出；

5）人孔口封闭，换向阀切换至氮气，充氮气恢复。通知主控室升温升压。

（3）注意事项

1）充分考虑锅炉的运行工况；

2）操作人员进入排焦装置，要进行含氧量的测定以及温度的冷却。

10.1.5.2 旋转密封阀被异物卡住，停止运转

（1）故障引起的现象

排焦异常停止，确认溜槽下后续皮带运行正常，现场正反转点动旋转密封阀无法实现转动，明显听出有异物卡住的声音。

（2）处理方法

1）旋转密封阀选择"现场手动"；

2）反转点动，正转点动几次，使异物松动；

3）确认正转、反转是否正常，如正常继续投入生产，如不能正常运转，则通知中央控制室人员，进行保温保压作业；

4）三通换向阀切换至压缩空气，旋转密封阀人孔门打开；

5）振动给料器、旋转密封阀进行通风冷却，气体检测合格后，方可进入取出异物；

6）异物取出，将旋转密封阀、振动给料器内余焦排空；

7）人孔口封闭，换向阀切换至氮气，充氮气恢复。通知主控室升温升压。

（3）注意事项

1）充分考虑锅炉的运行工况；

2）事故未处理结束，不得将操作场所选择开关到"中央自动"；

3）操作人员进入排焦装置，要进行含氧量的测定，以及温度的冷却。

10.2 锅炉系统故障处理

10.2.1 锅炉给水管破裂故障处理

发现泄漏点后，首先确认其管路系统，若是低压管路且为给水预热器侧，则将给水预热器短路，除氧器给水泵给水直接进除氧器；若是高压给水管路或是低压主给水管路，则应对干熄焦系统进行保温保压操作。

10.2.1.1 低压管路在给水预热器侧给水管路故障的处理

（1）除氧器水位调节阀改为手动调节；

（2）微开给水预热器疏水阀；

（3）慢开给水预热器同直通管路相连的三个阀门；

（4）开给水预热器的疏水、放空阀，将水放净后交检修人员进行检修；

(5) 检修结束开始恢复前确认各阀的状态；

(6) 微开给水热交换器入口阀，其后的疏水、放空阀见水后依次关闭（给水预热器疏水阀始终保持全开）；

(7) 待确认温度、压力正常后，缓慢将给水热交换器入出口阀全部打开，关闭给水预热器疏水阀，关闭直通阀；

(8) 根据除氧器水位、省煤器入口温度，适时将除氧器水位调节阀、除氧器给水入口温度调节阀设入自动运行；

(9) 系统恢复正常；

(10) 注意事项：

1) 现场与主控室保持密切联系，避免造成除氧器供水困难；

2) 主控室操作人员密切监视除氧器水位，减小除氧器水位的波动；

3) 开关各阀要缓慢进行，以避免造成其他故障；

4) 给水预热器断水后，主控人员密切监视排焦温度，根据温度上升和实际生产情况，可采取增加循环风量、充入氮气量及减少排焦量的方法进行处理，以保证排焦温度在规定范围内。

10.2.1.2　高压给水管路或低压主给水管路故障的处理

(1) 汇报厂调和车间，汇报具体泄漏部位及影响（蒸汽发生量）；

(2) 通知除盐水站操作人员，适当增加供水量；

(3) 当泄漏不严重，能够满足除氧器及锅炉正常用水时，听从领导安排，按正常的保温保压程序进行停炉操作。

10.2.1.3　保温保压停炉操作

(1) 停炉操作

1) 接上级通知，方可进行保温保压停炉操作；

2) 根据焦炉出焦计划、料位、排焦量以及预计停炉检修与恢复的时间决定干熄炉数，并提前通知焦炉，避免影响焦炉生产；

3) 同厂调联系，在取得调度同意后，关闭蒸汽切断阀，停止外供蒸汽，改为本体放散；

4) 缓慢降低排焦量、循环风量，同时将锅炉入口温度降低至600℃以下；

5) 锅筒水位、主蒸汽温度、除氧器水位改用手动控制；

6) 当锅炉入口温度降低到600℃以下后，停止空气导入，将循环风机前后充氮阀打开。预存室压力调节阀改为手动控制，改用耐热蝶阀控制预存室压力；

7) 将干熄炉料位控制在 30~40t，排焦量降至 15~20t/h，循环风量（标态）降低到 30000m³/h 以下；

8) 停止排出装置运行，停止循环风机运行；

9) 及时关闭主蒸汽放散阀，控制锅筒水位，保持在 50~100mm；

10) 关闭连续排污及蒸汽、炉水取样阀；

11) 停止给水、炉水加药泵运行；

12) 当锅筒水位达到目标值后，关闭锅炉给水泵出口电动阀及其旁路阀；

13) 停止锅炉给水泵、除氧器给水泵；关闭除氧器压力调节阀；

14) 将检修锅炉泄压、放水，交检修人员进行检修；

15) 控制预存室压力在 0~50Pa，密切监视 T_3、T_4 温度变化；

（2）检修后恢复操作

1）检修后开启氧器给水泵，锅炉给水泵试压正常后开始恢复；

2）将锅筒水位降低至 -50 ~ -100mm；

3）开启循环风机，一、二次除尘装置投入运行，将循环风量（标态）控制在 30000m³/h，开启排出装置；

4）开启给水及炉水加药泵，蒸汽及炉水取样器投入使用；

5）根据炉水水质投入连续排污；

6）依据实际压力、水位、温度，将除氧器水位、压力，锅炉蒸汽压力、温度，锅筒水位投入自动运行；

7）系统稳定后，联系调度，缓慢开启主蒸汽切断阀，恢复外供高压蒸汽。

（3）注意事项

1）加减风量、排焦量要缓慢，以免造成系统大的波动，每次加减风量（标态）≤2000m³/h；每次加减排焦量≤5t/h；

2）系统恢复前要进行全面检查，做到分工明确，停工前设备处于何种状态，恢复后要进行确认；

3）由于干熄焦现场设备复杂，现场同主控室要保持密切联系，经双方确认后，方可对设备进行操作；

4）停水后要确认管路压力回零，无水放出后，方可交检修人员进行检修。

（4）非常停止操作

当泄漏严重，不能够满足除氧器及锅炉正常用水时，按非常停止按钮操作，具体步骤如下：

1）通知车间、厂调，停止干熄，停止外供高压蒸汽，若红焦在半途中，则迅速到现场，手动将其装入到干熄炉中；

2）检查各调节阀、电动阀阀位及开度；

3）迅速关闭主蒸汽放散压力调节阀，锅炉给水泵出口电动阀及其旁路阀，力求将锅筒水位稳定在 50 ~ 100Pa，并力求保持系统温度、压力的稳定；

4）关闭除氧器压力调节阀，避免除氧器超压；

5）停止导入空气、充氮阀全开，利用耐热蝶阀调整预存压力，保持在 0 ~ 50Pa；

6）关闭连续排污及蒸汽、炉水取样阀；

7）停止给水、炉水加药泵运行；

8）停止锅炉给水泵，除氧器给水泵；关闭除氧器压力调节阀；

9）检查泄漏部位，确认后逐级向领导汇报，并将检修锅炉泄压、放水，准备交检修人员进行检修。

10.2.2 干熄焦锅炉炉管破损

干熄焦锅炉气流通道是循环气体通道的一部分，锅炉炉管内走水、汽、锅炉炉管间走循环气体。当炉管破损后，漏出的水或汽随循环气体进入干熄炉，与红焦发生水煤气反应，造成循环气体中 H_2 和 CO 含量急剧上升。如果不立即采取相应的措施，会发生爆炸事故，损坏设备并危及操作、检修人员的人身安全。

10.2.2.1 锅炉炉管破损的原因

造成干熄焦锅炉炉管破损的原因很多，有锅炉设备本身缺陷的原因，有生产操作不当的原因，也有外部条件不良的原因，主要有以下几个方面：

（1）锅炉炉管在制造、焊接、安装或酸洗中存在缺陷，经受不住干熄焦生产的正常波动而磨损；

（2）锅炉炉管材质存在问题，或炉管局部材质存在缺陷，造成炉管内壁腐蚀后变薄而破损；

（3）锅炉供水水质不良造成炉管管壁结垢后受热超温而破损；

（4）锅炉给水溶解氧量长期超标，对锅炉低温区产生氧腐蚀而造成炉管破损；

（5）循环气体的高温腐蚀或其中夹带焦粉对炉管磨损使其强度下降而破损；

（6）锅炉水压试验压力过高、次数过多或持续时间过长造成隐患，经过一段时间生产后破损；

（7）锅筒及二次过热器出口蒸汽压力过高，安全阀动作失灵时造成炉管内压力超过承受能力而破损；

（8）锅炉炉管断水或局部水循环不良造成炉管超温而破损；

（9）锅炉入口温度过高造成炉管超温而破损；

（10）锅炉出口循环气体温度长期处于低温状态，造成锅炉下部省煤器炉管因低温腐蚀而破损。

10.2.2.2　锅炉炉管破损的判断

在干熄焦正常生产中，锅炉的工艺参数和循环气体中可燃成分的浓度应该是有规律变化。一般不会出现大起大落的波动，与锅炉相关的外部条件也不会出现异常的变化。当锅炉炉管发生破损时，虽然不能直接看见，但可以从以下一些异常现象进行判断：

（1）循环气体中 H_2 含量突然急剧升高，靠正常的导入空气燃烧的方法难以控制循环气体中 H_2 的浓度；

（2）锅炉蒸汽发生量明显下降或锅炉给水流量明显上升，而且给水流量明显大于蒸汽发生量；

（3）预存段压力调节放散管的出口有明显的蒸汽冒出；

（4）锅炉底部、循环风机底部有明显的积水现象；

（5）二次除尘器格式排灰阀处有水迹或排出湿灰；

（6）气体循环系统内阻力明显变大，系统内各点压差发生明显变化，循环风量明显降低；

（7）干熄炉预存段压力大幅度波动；

（8）锅炉外壁有表皮剥落或变色现象。

10.2.2.3　锅炉炉管破损后的处理

（1）确认锅炉炉管破损后，为防止事态扩大而损坏其他设备，应当根据干熄焦系统所出现的一些异常情况，迅速对干熄焦系统的相关阀门、仪表进行调整。并采取一些特殊的操作方法，尽量将干熄焦各系统的异常波动降到最小，然后对锅炉破损的炉管进行处理。

（2）锅炉炉管破损后，漏出的水汽随循环气体进入干熄炉，与红焦发生水煤气反应生成大量的 H_2 和 CO，造成循环气体中可燃成分特别是 H_2 浓度急剧上升。此时采用正常的导入空气燃烧的方法已无法对其进行有效的控制。可打开气体循环系统 N_2 吹入阀，往循环气体中吹入 N_2，以降低循环气体中 H_2 等可燃成分的浓度。炉管破损后，在气体循环系统内会存在大量的蒸汽。造成气体循环系统阻力大幅度增加，干熄炉预存段压力大幅度上升或波动，可适当打开干熄炉炉顶放散阀进行控制。当炉管破损造成锅炉底部积水时，应打开锅炉底部排水口阀门进行排水。如因气体循环系统阻力大造成锅炉入口处于正压状态，应打开一次除尘器上的紧急放散阀进行放散。锅炉炉管破损后大量的水蒸气会从干熄炉顶吸尘导管抽至地面除尘站，严重影响除尘布袋的工作效率，因此要关闭干熄炉顶吸尘挡板。此外，循环气体将水蒸气带入二次除尘器，会造成湿灰堵塞二次除尘器灰斗格式排灰阀，要及时组织人员将其掏通。锅炉炉管破损造成气体循环系统阻力变大或循环气体中 H_2、CO 等可燃成分浓度升高，严重时可能会冲开锅炉系统防爆口。因此操作及检修人员此时要尽量远离防爆口区域，以免伤人。

(3) 锅炉炉管破损后应对锅炉进行全方位的检查处理。

1) 先检查锅炉外部集箱，将干熄炉料位排到下限料位，慢慢将锅筒压力降低。如果检查确认锅炉炉管破损部位在集箱处，而且可以在锅炉外部进行焊补。可以不将干熄炉内红焦完全熄灭，只是将锅炉入口温度降到300℃以下，停止循环风机运转，将炉水排空，在锅炉外部对破损的炉管进行焊补。焊补完后进行水压试验，确认完好后进行锅炉、干熄炉的升温操作，直至转入干熄焦的正常生产。

2) 如果判断锅炉炉管破损发生在锅炉内部，必须进入锅炉做进一步的检查和处理，则应将干熄炉内红焦完全熄灭。此时可将干熄炉预存段焦炭料位排到下限料位以下 20~30t，以缩短红焦熄灭的时间。待干熄炉内红焦完全熄灭，锅炉入口温度降到300℃以下后，停止循环风机运行。打开锅炉各处人孔门以及一次除尘放散管通风，必要时可在锅炉底部人孔处用鼓风机强制通风进行气体置换，然后在锅炉各人孔处检查漏点。如要进入锅炉内检查确认炉管损坏部位，必须降低锅炉压力，检测确认锅炉内部 CO 及 O_2 的浓度对人体没有危害，并采取可靠的安全措施后再进行。锅炉炉管破损部位确认后根据情况采取相应的焊补或堵管措施。处理完毕，对锅炉进行水压试验合格后，封闭各处人孔，进行锅炉、干熄炉的升温操作，直至转入干熄焦的正常生产。

10.2.3 锅炉满水、缺水和汽水共腾的处理

10.2.3.1 锅炉满水的处理

(1) 事故现象

1) 锅筒水位高高报警（≥150mm）；

2) 现场水位计指示大大超过正常值；

3) 给水流量不正常增大；

4) 满水严重时，主蒸汽温度下降，主蒸汽管发生水冲击、法兰处跑汽。

(2) 事故原因

1) 给水自动调节阀失灵；

2) 蒸汽流量或给水流量指示不正常；

3) 操作人员误判断造成操作失误；

4) 锅炉负荷增长太快；

5) 给水压力突然升高；

6) 操作人员疏忽大意，对水位监视不够，自动和手动调整不及时或误操作。

(3) 事故处理

1) 当锅炉气压及给水压力正常，而锅筒水位超过正常值时，应采取以下措施：

①验证锅筒水位计指示的正确性，必要时冲洗水位计；

②若因给水自动调节失灵而造成水位升高时，应在画面上手动关小调节阀，减少给水；

③当调节阀不能控制水位时，应关小手动给水阀；

④如水位继续升高，应开启紧急放水阀和省煤器排污阀。

2）经上述处理后，锅筒水位仍继续上升，应根据情况加大放水量，蒸汽温度下降应立即开一次、二次过热器及蒸汽管道各处疏水阀。

3）如锅筒水位超过可见水位时，立即采取如下措施：

①立即停止循环风机运行；

②停止锅炉给水泵；

③关闭主蒸汽切断阀及旁路阀，开主蒸汽放散压力调节阀及旁通阀；

④加强锅炉放水，并密切注意锅筒水位计上部可见水位的出现；

⑤向厂调和车间汇报；

⑥锅筒水位计上部达可见水位时，中央水位与现场水位一致后，关闭紧急放水阀和省煤器排污阀；

⑦对锅炉系统进行全面检查。

10.2.3.2　锅炉缺水的处理

（1）事故现象

1）锅筒现场水位计指示负值增大，锅筒水位低低报警（≤ −150mm）；

2）给水流量不正常，小于蒸汽流量（爆管除外）；

3）严重缺水后，过热器温度高于正常值；

4）干熄焦内部可燃气体成分迅速异常升高。

（2）事故原因

1）自动给水调节阀失灵；

2）所有水位计失灵；

3）操作人员误操作；

4）给水泵、给水管路故障、水压下降；

5）炉管爆破。

（3）事故处理

1）当水位降低时，应立即校对水位计，经判断确实缺水，在画面上解除自动，手动加大给水，迅速恢复正常水位；

2）如果水压低，联系启动备用锅炉给水泵。检查原运行给水泵运行情况，检查管路是否有泄漏；

3）经上述处理后，水位继续下降，各水位表显示一致，确实水位不可见，应立即停循环风机，禁止锅炉上水，组织停炉；

4）向厂调和车间汇报，恢复运行，需经上级批准；

5）锅炉叫水程序：

①开启锅筒水位计放水门；

②关闭汽侧门；

③关闭放水侧门注意水位是否在水位计中出现；

④叫水后开启气门，恢复水位计运行；

⑤叫水时先进行水位计部分的放水是必要的，否则可能由于水管存水而造成错误判断。

10.2.3.3　锅炉汽水共腾的处理

（1）事故现象

1）锅筒现场水位计的水位发生急剧的波动，看不清水位；

2）过热蒸汽温度急剧下降；

3）严重时蒸汽管内发生水冲击和法兰处向处冒汽，溅水花；

4）饱和蒸汽含盐增大。

（2）事故原因

1）炉水品质不合乎标准；

2）未按规定进行排污；

3）增加负荷过快。

（3）事故处理

1）加大表面排污，严重时进行下部排污，并注意水位计水面变化；

2）蒸汽温度下降时开过热器及管道上各疏水阀；

3）将炉内水位调整到正常水位稍低一些；

4）通知除盐水站化验人员取样化验；

5）必要时降低锅炉蒸发量；

6）在炉水品质改变前不准增加负荷；

7）经以上处理，仍不能恢复正常，停炉处理。

10.2.4　干熄焦锅炉爆管事故处理

干熄焦锅炉气流通道是循环气体通道的一部分，锅炉炉管内走水、汽、锅炉炉管间走循环气体。当炉管破损后，漏出的水或汽随循环气体进入干熄炉，与红焦发生水煤气反应，造成循环气体中 H_2 和 CO 含量急剧上升。如果不立即采取相应的措施，会发生爆炸事故，损坏设备并危及操作、检修人员的人身安全。

（1）锅炉炉管破损的原因

造成干熄焦锅炉炉管破损的原因很多，有锅炉设备本身缺陷的原因，有生产操作不当的原因，也有外部条件不良的原因，主要有以下几个方面：

1）锅炉炉管在制造、焊接、安装或酸洗中存在缺陷，经受不住干熄焦生产的正常波动而磨损；

2）锅炉炉管材质存在问题，或炉管局部材质存在缺陷，造成炉管内壁腐蚀后变薄而破损；

3）锅炉供水水质不良造成炉管管壁结垢后受热超温而破损；

4）锅炉给水溶解氧含量长期超标，对锅炉低温区产生氧腐蚀而造成炉管破损；

5）循环气体的高温腐蚀或其中夹带焦粉对炉管磨损使其强度下降而破损；

6）锅炉水压试验压力过高、次数过多或持续时间过长造成隐患，经过一段时间生产后破损；

7）锅筒及二次过热器出口蒸汽压力过高，安全阀动作失灵时造成炉管内压力超过承受能力而破损；

8）锅炉炉管断水或局部水循环不良造成炉管超温而破损；

9）锅炉入口温度过高造成炉管超温而破损；

10）锅炉出口循环气体温度长期处于低温状态，造成锅炉下部省煤器炉管因低温腐蚀而破损。

（2）锅炉炉管破损的判断

在干熄焦正常生产中，锅炉的工艺参数和循环气体中可燃成分的浓度应该是有规律变化。一般不会出现大起大落的波动，与锅炉相关的外部条件也不会出现异常的变化。当锅炉炉管发生破损时，可以根据以下一些异常现象进行判断：

1）循环气体中 H_2 含量突然急剧升高；

2）锅炉蒸汽发生量明显下降或锅炉给水流量明显上升，而且给水流量明显大于蒸汽发生量；

3）预存段压力调节放散管的出口有明显的蒸汽冒出；

4）锅炉底部、循环风机底部有明显的积水现象；

5）二次除尘器格式排灰阀处有水迹或排出湿灰；

6）气体循环系统内阻力明显变大，系统内各点压差发生明显变化，循环风量明显降低；

7）干熄炉预存段压力大幅度波动。

（3）锅炉炉管破损后的处理

确认锅炉炉管破损后，为防止事态扩大而损坏其他设备，应当根据干熄焦系统所出现的一些异常情况，迅速对干熄焦系统的相关阀门、仪表进行调整。并采取一些特殊的操作方法，尽量将干熄焦各系统的异常波动降到最小，然后对锅炉破损的炉管进行处理。

锅炉炉管破损后，漏出的水汽随循环气体进入干熄炉，与红焦发生水煤气反应生成大量的 H_2 和 CO，造成循环气体中可燃成分特别是 H_2 浓度急剧上升。

1）立即停止装、排焦，停止除尘风机；

2）降低锅筒压力，压力大于 5.0MPa，可以适当加大降压速度，按照 0.3MPa/min，压力降至 5.0MPa，按照正常降压速度降压，减少泄漏；

3）往循环气体中吹入 N_2，以降低循环气体中 H_2 等可燃成分的浓度；

4）调节空气导入量（一般要加大空气导入量），控制循环气体成分（如果锅炉入口压力为正压、预存段压力持续上升、可燃气体成分持续上升时，可以开炉盖进行泄压；5min 之后关闭炉盖）；

5）炉管破损后，在气体循环系统内会存在大量的蒸汽。造成气体循环系统阻力大幅度增加，干熄炉预存段压力大幅度上升或波动，应开大预存段压力调节阀，控制好预存段压力，控制炉口冒火；

6）锅炉炉管破损后大量的水蒸气会从干熄炉顶吸尘导管抽至地面除尘站，严重影响除尘布袋的工作效率，关闭干熄炉炉顶吸尘挡板；

7）逐步减少循环风量为正常风量的 70%；

8）当炉管破损造成锅炉底部积水时，应打开锅炉底部和副省煤器底部排水口阀门进行排水；

9）循环气体将水蒸气带入二次除尘，会造成湿灰堵塞二次除尘器灰斗格式排灰阀，停止斗式提升机；

10）锅炉炉管破损造成气体循环系统阻力变大或循环气体中 H_2、CO 等可燃成分浓度升高，严重时可能会冲开锅炉系统防爆口。因此操作及检修人员此时尽量不要靠近防爆口区域，以免伤人；

11）如果有红焦罐没有装入，待预存段压力和可燃气体成分正常时，将红焦装入；

12）将干熄炉料位排到下限料位，按降温降压操作进行降温。

10.2.5 蒸汽管路破裂故障处理

蒸汽管路易发生下列几种故障：

蒸汽管路爆破、管路发生水击和振动、螺丝断裂和法兰漏气。

(1) 蒸汽管路爆破的原因

1) 投入蒸汽管路时，暖管和疏水作业不充分；

2) 管路的支架安装不当；

3) 管路本身在安装上有缺陷或材质不对；

4) 蒸汽管路的情况监视不够；

5) 焊接质量差；

6) 蒸汽管路被腐蚀。

(2) 现象

1) 管路破裂有严重的响声；

2) 节流孔板后有破裂时，蒸汽流量大于给水流量，如节流孔板前有破裂时，给水流量大于蒸汽流量；

3) 蒸汽压力下降；

4) 瞬时水位升高。

(3) 处理方法

1) 有轻微漏气而影响不大，不需紧急停炉，但应报告班长，视故障点发展情况而定；

2) 若炉管爆破时，应紧急停炉，这时应特别注意水位；

3) 管路发生水击时，报告班长，将所有疏水门开启。

10.3 故障状态特殊操作

10.3.1 干熄焦保温保压操作

干熄焦锅炉的保温保压是指尽量维持干熄炉的温度和锅筒的压力，或者尽量延缓干熄炉温度及锅筒压力下降的速度。当干熄焦因红焦装入系统设备发生故障，在短时间内不能装焦时，或因冷焦排出系统设备发生故障而无法排焦时，应对干熄焦装置进行保温保压操作。

当干熄焦系统因故无法装焦时，首先应尽量确定停止装焦的时间，以采取相应的处理措施。如果确认在较短的时间内即可恢复装焦时，应在保证主蒸汽流量的情况下减小排焦量。减少锅筒排污量，关闭主蒸汽放散阀，关闭旁通流量调节阀和循环风量视情况减小，尽量延缓干熄炉温度及锅筒压力的下降，直至恢复装焦为止。如果是红焦装入系统设备有计划的检修，则在停止装焦前应降低排焦量直至将干熄炉内焦炭控制在上上限料位，以延长无法装焦时继续排焦的时间。

如果小幅排焦直至干熄炉焦炭料位降至下限时，还无法恢复装焦而导致被迫停止排焦作业，或者因冷焦排出系统发生故障而不能排焦时，应采取一些特殊的操作方法，尽量延缓干熄炉温度及锅筒压力下降的速度。

当干熄焦系统停止排焦时，由于干熄炉冷却段内与循环气体进行热交换的焦炭的热量逐渐减少，则锅炉入口温度下降较快，主蒸汽流量及压力下降也较快。如果在短时间内不能恢复排焦，应通知干熄焦发电机停止发电或通知蒸汽用户进行倒汽作业。待发电机停止运行或蒸汽用户采取相应措施后关闭主蒸汽切断阀，开始进行锅炉的保温保压特殊操作。

在干熄焦系统的保温保压过程中，当锅炉主蒸汽温度低于420℃时，应关闭减温水流量调节阀及手动阀。并将一次过热器及二次过热器疏水阀微开，防止过热器内进水。

当锅炉入口温度低于600℃时，根据实际情况可停止循环风机的运行，并往气体循环系统内冲入 N_2，以控制循环气体中 H_2、CO 等可燃成分的浓度。尤其要将干熄炉底部的 N_2 充入阀打开，以防止冷却段的焦炭慢慢燃烧。一旦发生干熄炉冷却段温度有上升的趋势，应立即启动循环风机对冷却段焦炭降温冷却。此时，干熄炉斜道观察孔的中栓要全部关闭，预存段压力调节阀要关闭，通过炉顶放散阀的开度来控制干熄炉预存段的压力在 50～100Pa。循环风机停止运行后，吹扫风机还应继续运行，以防止振动给料器线圈因温度过高而受损。

根据蒸汽发生量的情况，当蒸汽发生量较小或当循环风机停止运行后，可将锅筒液位控制在 150～200mm。停止对锅炉给水，关闭锅炉连排及定排的电动阀和手支阀。根据情况关小或全关主蒸汽放散阀，尽量延缓锅筒压力下降的速度。如果锅筒液位下降到下限值，应对锅炉进行间歇性补水。

具体操作可按如下步骤进行：

（1）如果确认在较短的时间内即可恢复装焦

1）如果是红焦装入系统设备有计划的检修，则在停止装焦前应保持干熄炉内焦炭控制在高料位，延长干熄炉保温、保压时间；

2）应在保证锅筒压力和主蒸汽温度的情况下减小排焦量或采用间断排焦；

3）应减少循环风量，在停止排焦时循环风量应逐渐减到最小；

4）关闭锅筒连续排污阀，关小主蒸汽压力调节阀（若此时蒸汽采用放散，则应关小主蒸汽放散调节阀）。关闭干熄炉旁通流量调节阀；

5）当 T_6 下降到650℃时，应停止空气导入，采用风机后充入少量氮气来维持系统压力；

6）如果当少量排焦直至干熄炉焦炭料位降至下限时，还无法恢复装焦，应减小减温减压的喷水量；

7）减温减压的喷水量直至到零还无法恢复装焦，温度压力无法满足并网要求时应该申请解列，关闭主蒸汽切断阀，调节主蒸汽放散调节阀进行放散，开始进行锅炉的保温保压特殊操作，打开蒸汽管道疏水阀：

①将锅炉系统调节改为手动操作；

②关闭取样阀，停止加药；

③停止除氧器压力调节阀；

④注意锅筒压力和液位不能波动太大；

⑤当锅炉入口温度低于600℃时，根据实际情况（保温时间超过6h）可停止循环风机的运行，并往气体循环系统内冲入 N_2，以控制循环气体中 H_2、CO 等可燃成分浓度和调节系统压力；

⑥风机停止后打开预存室放散水封盖，预存段压力调节阀关闭，调节预存室放散高温蝶阀；

⑦将风机出口的 N_2 充入阀打开，以防止冷却段的焦炭慢慢燃烧；一旦发生干熄炉冷却段温度有上升的趋势，应立即启动循环风机对冷却段焦炭降温冷却；

⑧在干熄焦系统的保温保压过程中，当锅炉主蒸汽温度低于420℃时，应关闭减温水流量调节阀及前后手动阀。并将一次过热器及二次过热器疏水阀微开，防止过热器内进水；

⑨根据蒸汽发生量的情况，当蒸汽发生量较小或循环风机停止运行后，可将锅筒液位控制在 150～200mm。停止对锅炉给水，如果锅筒液位下降到下限值，应对锅炉进行间歇性补水。

（2）如果确认冷焦排出系统发生故障而不能排焦时，尽量延缓干熄炉温度及锅筒压力下降的速度，应按上述③~⑦步骤操作。

10.3.2 干熄焦降温降压操作

干熄焦降温降压是指降低干熄炉内的温度和降低锅筒的压力。当干熄焦锅炉系统的主要阀门、主要供水及排汽管道泄漏或检修时，应对干熄焦装置进行降温降压操作。干熄焦降温降压与干熄焦年修时的停炉有所不同，因不需要进入干熄炉或锅炉内部。因此干熄炉的温度虽然降低，但红焦不需要完全熄灭。只是要减少并逐步停止对锅炉供热，最终将锅筒的压力降为零。当锅炉炉管破损部分发生在锅炉各段集箱处，而且在锅炉外部能够进行焊补时，也可以对干熄焦进行降温降压操作，然后处理炉管的破损。

根据干熄焦锅炉系统准备检修的项目，安排好检修时间，并在检修前 $4 \sim 6h$ 开始进行干熄焦的降温降压操作。先停止干熄焦的装焦，通知焦炉转为湿法熄焦生产。并逐步减少排焦量和循环风量，减少带给锅炉的热量，通知干熄焦发电站停止发电。关闭锅炉主蒸汽切断阀，打开主蒸汽放散阀，干熄炉的温度以及锅筒的压力将会逐步降低。

（1）在干熄焦系统降温降压的过程中，当锅炉入口温度低于 $600℃$，应往气体循环系统内充入 N_2，以降低循环气体中 H_2、CO 等可燃成分的浓度。干熄炉焦炭料位必须控制在预存段下限料位以上。当循环风机停止运行后，干熄炉斜道观察孔的中栓要全部关闭，预存压力调节阀也要关闭，通过炉顶放散阀的开度来控制干熄炉预存段的压力为 $50 \sim 100Pa$。此时一定要确认干熄炉底部 N_2 充入阀要打开往干熄炉内充入 N_2，以防止冷却段焦炭慢慢燃烧。一旦发现干熄炉冷却段温度有上升的趋势，应联系确认好后重新启动循环风机，对冷却段焦炭降温冷却。注意循环风机停止运行后，吹扫风机还应继续运行，以防止振动给料器线圈因温度过高而受损。

（2）在降温降压的过程中，当主蒸汽温度低于 $420℃$ 时，应关闭减温水流量调节阀及手动阀，并将一次过热器及二次过热器疏水阀微开，防止过热器内进水。锅筒降压速度应严格按锅炉降温降压曲线进行。当锅炉主蒸汽压力低于 $1MPa$ 时，可停止排焦，停止循环风机的运行。锅筒压力低于除氧器给水泵出口压力时，可以对锅炉进行套水作业。即停止锅炉给水泵，直接由除氧器给水泵给锅炉进行补水。并通过锅炉排污阀调节锅筒的液位，一直将锅筒的压力降为零，即可开始进行所要检修的工作。

（3）当干熄焦锅炉系统检修工作完成后，应及时进行干熄炉的升温及锅筒的升压操作。升温升压操作应严格按照升温升压曲线进行，并逐渐恢复干熄焦的正常生产。在锅炉升温升压期间产生的蒸汽应放散掉，待锅筒压力恢复正常后，将蒸汽并网使用。

10.3.3 干熄焦现场全部停电事故处理

（1）干熄焦现场全部停电事故处理

1）立即向厂调进行汇报，同时与发电联系停止外供蒸汽；停止干熄作业，通知炼焦改为湿熄操作；

2）现场手动关闭主蒸汽切断阀及旁通阀，关闭锅筒平台紧急放水阀。主控室手动打开（调节）主蒸汽放散电动阀和气动放散阀调整主蒸汽放散，在保持锅筒压力不超压的情况下，尽可能减少放散；打开主蒸汽切断阀后管道疏水阀（因此时停电主控室和现场气动阀有 UPS 电源供应还能继续调节，短时间内可考虑不用关闭切断阀，用主蒸汽压力调节阀进行调节锅筒压力）；

3）关闭锅炉所有排污阀和取样阀（尽量降低蒸发量，保持住锅筒液位），关闭除氧器压力调节阀；

4）关闭空气导入调节阀；

5）打开排焦、风机前、后、空气导入四点充氮阀，观察氮气压力是否正常（不低于0.3MPa）。调整炉顶压力为正压；

6）打开炉顶放散阀，观察炉顶水封槽水位，若水位不能封住炉盖，采用人工送水；

7）联系电工到干熄焦现场，查明原因，尽快送电；

8）关小除盐水箱入口阀，手动关上循环风机及除尘风机入口挡板；

9）若不能及时恢复，打开一次除尘器紧急放散阀和锅炉出口防爆阀，使锅炉快速降温；

10）若不能及时恢复，且提升机提升红焦或焦罐车上有红焦，请示领导找消防车熄焦后再做处理；

11）必要时接临时电缆，进行锅炉套水作业。

（2）送电后的操作

1）班长及巡检工立即赶赴现场检查停电设备并做好随时送电恢复的准备；

2）主控室操作人员停电后检查各调节阀的开关状态，确认各运转设备冷却水运行情况，随时同现场人员保持联系，以确认现场各设备的运行情况，及各电动阀的开关状态，做好送电后恢复的准备；

3）通知厂调给干熄焦正常供水，启动除氧给水泵，调整除氧器压力调节阀，待除氧器水位正常后，启动加药泵和锅炉给水泵，向锅炉供水；

4）启动加压泵，向水封槽正常供水（如水封槽缺水则缓慢打开供水阀门）；

5）待锅炉系统压力及液位保持稳定后，最小转速启动循环风机，如果锅筒压力升高，立即打开主蒸汽放散电动阀和气动阀，维持压力正常；

6）启动除尘风机，待除尘系统运行正常后，根据干熄炉料位及焦炉的出炉计划与炼焦电机车司机联系，通知进行干熄操作；

7）确定旋转密封阀及循环风机氮封是否正常，同时启动自动给脂泵，自动启动排焦系统；

8）现场操作人员首先将红焦手动装入干熄炉，之后检查焦罐变形情况，确认无问题后投入自动运行状态；

9）缓慢增加循环风量，并使排焦量随循环风量的增加而缓慢增加；

10）增加负荷过程中，随时注意系统参数变化及各设备的运转状况，如发现任何问题，严禁增加风量及排焦量，待问题解决确认后方可升负荷；

11）根据炉水水质投入连续排污；

12）依据实际压力、水位、温度，将除氧器水位、压力、锅筒水位投入自动运行；

13）系统稳定后，联系调度，暖管后缓慢开启主蒸汽切断阀，恢复外供蒸汽。

（3）注意事项

1）恢复过程中，密切注意各点压力、温度变化，以及系统内气体组成的变化，如有异常，应及时消除，在消除之前严禁增加风量及排焦量；

2）系统恢复前要进行全面检查，做到分工明确，恢复后要进行确认；

3）由于干熄焦现场设备复杂，现场同主控室要保持密切联系，经双方确认后，方可对设备进行操作；

4）如果压缩空气压力大于0.4MPa，主控室可以对现场气动阀进行调节；低于0.4MPa时，需到现场检查气动阀是否在正常状态下，如果自动失灵可改为现场手动；

5）防止过热器过热的处置，在现场保持一、二次过热器后疏水阀约5%～10%开度。

10.3.4 仪表风压力突然下降故障处理

当某种原因造成仪表风压力迅速下降低于下限值时，如事先没有准备，会造成干熄炉、锅炉、除氧器的气动调节阀等动作异常，引起整个系统调节紊乱。一旦出现上述情况，可按以下原则操作：

（1）应急处理

1）立即汇报厂调，通知电站岗位，停发电，并通知炼焦准备湿熄；

2）开紧急放散阀，开系统充氮，控制循环气体 CO、H_2 含量；

3）如主汽压力停风机后突然升高，可打开安全阀卸压，应检查三个安全阀是否回座；

4）如气源短时间不能恢复，手动开锅炉给水防过热阀，且主汽温度低时，手动调整喷水减温手阀直至全关，且微开一过、二过疏水；

5）当锅筒液位低于 −100mm 时，改用给水角阀上水，如水位高于 150mm，可开紧急放水阀控制水位；

6）当除盐水箱水位高时，关其手阀。当副省煤气入口温度高时，可打开副省煤气出口至除盐水回流管阀门，并手动开副省煤气入口温度气动调解阀的手阀，除氧器压力可由连排阀开度控制，除氧器液位由除氧器液位调节气动阀的旁通阀控制。

（2）恢复操作

1）当气源压力恢复至 0.4MPa 以上时，开除盐水箱气动阀及手阀。除氧器液位调节和副省煤器入口水温调节改手动阀为气动阀，将除氧器压力调解阀投为自动；

2）锅炉上水改角阀为气动阀，且将锅炉给水泵的防过热阀投为自动，将锅炉水位控制在 −100 ~ −50mm，关 1DC 紧急放散阀，开启循环风机。迅速将预存段压力调解阀手阀调整预存段压力为 0 ~ 50Pa，将循环风量增加至 50000m³/h；

3）进行升温升压操作。

11 干熄焦生产安全技术

由于干熄焦工艺的特殊性，无论是电气设备还是机械设备，设计自动化水平都较高，现场操作人员比较少，相应要求干熄焦装置在安全上具有高度的可靠性；同时要求干熄焦的操作、检修严格按规定进行，只有这样才能保证干熄焦系统的正常运行及人身安全。干熄焦循环系统具有其独特的危险性：循环气体中含有 H_2、CO_2、CO、N_2 等成分，这类混合气体有毒，且在一定条件下易发生爆炸；提升机作为大型的起重设备频繁运行，而且所提升的焦罐内装有 1000℃ 左右的红焦，易发生火灾、烫伤、坠落事故；锅炉锅筒蒸汽温度、压力都较高，而且连续不断地往外输送蒸汽，易发生烫伤事故；核料位计射线释放出放射源，易对人体造成损伤；干熄焦系统产生粉尘多，易发生尘爆及对人体造成损伤等等。因此，熟悉干熄焦的特点，掌握干熄焦生产的安全知识，对于每个干熄焦现场生产人员是非常重要的。

11.1 干熄焦的安全特点

11.1.1 工艺本身安全特点

干熄焦系统本身具有高温、高压、高空、有毒、有害、噪声和粉尘、易燃易爆等特点，在正常的生产过程中，如果控制不当，有可能对人身或设备造成伤害。以某焦化厂 100t/h、150t/h 干熄焦进行介绍。

11.1.1.1 高温、高压

高温：主要是指锅炉产生的高温蒸汽。蒸汽的温度：510～540℃；
高压：主要是指锅炉产生的高压蒸汽。蒸汽的压力：8.5～9.8MPa。

11.1.1.2 高空

凡在坠落高度基准面 2m(含 2m)的高度称为高空。由于干熄焦设备系统的特殊性，干熄焦本体最高处达 50m，易发生高空坠落及砸伤事故。

注意事项如下：
(1) 高空作业时系好安全带；
(2) 高空作业中所用的物料应该堆放平稳，以免掉下伤人；
(3) 严禁无人监护高空抛物；
(4) 高空作业时扶好、抓好护栏；
(5) 患有心脏病、高血压、精神病等人员严禁在高空作业；
(6) 高处作业人员的衣着要灵便，绝不可赤膊上阵；
(7) 高空作业中，根据天气情况和具体条件，采取可靠的防滑、防寒和防冻等安全措施；
(8) 高空作业时，注意身边的电缆线，以防发生触电伤害。

11.1.1.3 易燃易爆

A 易燃

（1）干熄焦生产过程中产生的焦粉粉尘具有可燃、可爆性；

（2）干熄焦在生产过程中，如果风料比控制不合理或干熄炉熄焦效果达不到设计要求，会发生排红焦现象，极易发生皮带着火事故；在检修皮带过程中或检修油类设备设施时安全措施控制不当，也易发生火灾事故；

（3）循环气体成分如果控制不当，超出设计范围，在循环风机突然停止运行时，易发生装焦炉口着火事故，烧损装焦装置；

（4）循环气体中含有 H_2、CO_2、CO、N_2 等成分，这类混合气体有毒，且在一定条件下易发生爆炸；CO 的爆炸极限为 12.5% ~74%，H_2 的爆炸极限为 4% ~75.6%。

B　易爆

（1）工艺除尘粉尘的直径大约在 5 ~50μm 之间；环境除尘粉尘直径为 0.5μm。粉尘爆炸下限浓度为 37 ~50g/m³（煤尘的爆炸下限为 45g/m³，上限为 1500 ~2000g/m³。煤尘爆炸后产生的 CO 为 2% ~4%，甚至达到 8%；煤尘爆炸后产生 1600 ~1900℃的高温，高温表面堆积粉尘（5mm）的引燃温度为 430℃，云状粉尘的引燃温度大于 750℃），当某个通风不畅或除尘效果差的区域如排焦地下室、皮带通廊等或除尘装置、循环气体正压段膨胀节泄漏发生焦粉泄漏时焦粉浓度达到爆炸极限，空气漏入集尘室或烟道中，遇到明火、非防爆电气产生的火花等会发生粉尘爆炸。二次除尘器和布袋除尘器未安装防爆阀或功能失效，粉尘爆炸时未起到泄爆作用，也会导致爆炸的发生。

（2）锅炉系统如果在生产过程中发生缺水事故，易发生锅炉爆炸事故。

11.1.1.4　易中毒

（1）干熄焦的常用放散、装焦炉口、排焦装置、1DC 紧急放散口如果工艺控制不当，循环气体外逸容易造成 CO 中毒；

（2）环境除尘器更换过滤袋时，除尘器内的气体转换不合格易发生人员中毒；

（3）在除尘风机停车时，无防护措施进入焦炭运输的皮带通廊时，易发生中毒；

（4）干熄焦系统进行年修作业时，进入干熄炉或锅炉内作业前，系统未对循环气体置换合格，易发生 CO 或 N_2 中毒；

11.1.1.5　粉尘

干熄焦生产过程中的尘源主要有干熄槽顶部装焦处、炉顶放散阀管道出口、干熄槽底部排焦部位、预存段压力调节阀放散管出口、贮焦仓以及各皮带转运点等处。当地面除尘站过滤布袋破损时，粉尘会穿过布袋直接排入大气，造成严重粉尘污染。操作人员长期处于粉尘环境下会造成硅肺病。干熄焦工艺除尘及环境除尘产生的粉尘量大约占全焦量的 2%。

注意事项如下：

（1）装焦与排焦、排焦量与风量之间的比例调整，严禁红焦排出，避免因空气中的粉尘浓度达到爆炸极限，造成火灾或尘爆事故；

（2）电气制定清灰制度，避免电气设施上有带灰尘现象。操作工加强对电气设施的管理，发现问题及时反映；

（3）生产现场严禁烟火，避免因空气中的粉尘浓度达到爆炸极限，造成火灾或尘爆事故；

（4）干熄焦系统年修之际，对整个除尘系统进行一次全面检查与清灰，确保除尘效率。

11.1.1.6　核辐射

干熄炉正常料位采用 γ 射线检测，用 Co60 或（Cs137）放射源发出 γ 射线，透过预存室，当有物料时，使射源对面的检测装置发出的脉冲发生变化，在控制室内显示或报警。γ 射线来源于放射性金属 Co，尽管金属 Co 被放置在铅盒内，但仍有一部分射线会散发出去，对操作及检修人员造成伤害。

11.1.2　流程系统的安全特点

11.1.2.1　锅炉系统

锅炉系统本身具有高温高压的特点，干熄焦锅炉在干熄焦工艺中起着回收能源、产生蒸汽同时冷却循环气体的作用。作为干熄焦系统最重要的组成部分之一，锅炉安全性能的高低直接关系到干熄焦能否正常运行，还关系到干熄焦操作及检修人员的人身安全。

干熄焦锅炉锅筒的压力很大，对锅炉设施的安全可靠性能有很高的要求，主要体现在两个方面：一是锅炉蒸汽的排出系统要安全可靠，包括锅炉主蒸汽放散阀、主蒸汽压力调节阀和主蒸汽切断阀等的调节一定要灵敏可靠，紧急情况下能快速对锅筒压力进行调节。而且部分直接将锅炉产生的蒸汽外送的调节阀还应设计旁通阀，以备主阀门一旦出现故障时急用；二是锅炉所设计的三个安全阀（锅炉锅筒上设有两个，即控制安全阀和工作安全阀；过热器后主蒸汽管道上设有一个安全阀）必须能真正起到作用，一旦因某种原因导致锅筒压力失控，安全阀能根据设计的起跳压力自动弹开。防止锅筒压力继续升高而发生爆炸，造成设备损坏或人员伤亡。

锅炉安全阀的调试校验除在制造厂家进行外，在锅炉现场还要由当地锅炉主管部门模拟实际操作进行校验并铅封。以确保锅炉安全阀的安全可靠。锅炉锅筒及其他部位的压力表应按规定的周期校检，不合格的压力表应立即进行更换。锅炉锅筒、二次过热器出口安全阀应按规定周期进行校验，确保其工作正常并做好记录。对锅炉所有蒸汽泄漏点应及时进行处理，防止事态扩大。

干熄焦锅炉作为一种特殊的锅炉，有其自身的特点。主要是其炉管除与热气流接触换热外，还要经受焦粉颗粒的冲刷磨损，因此对其炉管的材质有更高的要求。锅炉供水设备及水循环设备的可靠性也必须得到保证，以防造成炉管破损。对锅炉系统与循环风机的联锁条件要全部投入运行并保证连锁的可靠性。因此操作人员对锅炉炉管破损的迹象要密切注意，一旦锅炉炉管破损漏水，应按锅炉炉管破损后的特殊操作方法及时组织进行处理，处理完后才能恢复干熄焦的正常生产。锅炉系统防爆口要安全可靠，万一锅炉内循环气体发生爆炸，应首先冲开防爆口，减小对锅炉炉管造成的损坏。

锅炉属于高温高压危险设备，现场操作或检修时应采取正确的方法，防止烫伤。锅炉防爆口附近严禁逗留。锅炉排污或冲洗锅炉锅筒液位计时，要与中控室取得联系。开关阀门时要带好手套，身体侧向一方，防止蒸汽烫伤。进入锅炉内检查或检修，必须完全停止干熄焦的作业，将干熄炉内红焦完全熄灭。检测确认锅炉内 CO 浓度低于 $50 \times 10^{-4}\%$，O_2 含量高于 18% 后方可进行。所有锅炉操作人员应持有安全部门颁发的操作允许证。

锅炉上的三大安全部件，安全阀、压力表、水位计要严格按规定进行校验。

11.1.2.2　除尘系统

干熄焦环境除尘系统除尘的范围很广，包括装焦部位、排焦部位、炉顶放散、预存段压力调节放散部位和运焦皮带部位等。除尘系统最主要的危害因素就是可能出现由毒气体泄漏和粉尘浓度偏高造成的伤害。

除尘风机在装焦、排焦装置、预存段压力放散口抽吸粉尘的同时，不可避免地会吸入有毒的循环气体。该气体主要是 N_2，还带有少量的 CO_2、CO 和 H_2 等成分。正常情况下，由于吸尘管道内处于负压，管道内的有毒气体是不会泄漏的。如果除尘系统进行检修、突然停车或更换除尘器过滤袋时，都有可能接触到有毒气体，因此必须采取可靠的安全措施。

在除尘风机停转的情况下，装焦、排焦和焦炭运输等部位的粉尘无法抽走。该区域粉尘浓度很高，O_2 含量较低，对人体危害较大，不宜进行现场操作和检修。因此，当除尘风机出现故障而停机时，原则上应停止干熄焦的生产，即使对锅炉进行保温保压操作，也应低负荷运行。此时现场环境较差，进入炉顶装焦部位、炉底排焦部位以及运焦皮带系统进行操作或巡检时，应携带 CO 监测仪，并采取可靠的安全措施。如要在该区域停留较长时间，必须停止干熄焦的装排焦操作。

除尘系统所有设备在运转过程中严禁进行清扫、加油或检修。当刮板机、格式排灰阀、加湿搅拌机发生堵塞时，必须停机断电后进行处理。如进入布袋室内检修或清扫，必须停止除尘风机的运转，制定好安全措施设专人监护，确认 CO 和 O_2 浓度符合安全规定后再进行；CO 和 O_2 如浓度超标，应佩戴氧气呼吸器或空气呼吸器进行作业，并且由专人在安全位置监护，作业完毕必须清点人数，确认无误后，封闭布袋室检修人孔门。

11.1.2.3 发电系统

干熄焦发电系统的主体设备汽轮机，在发电系统中起着将蒸汽的热能转变为转子旋转的机械能的作用。汽轮机是高速旋转的设备，因此在汽轮机正常运行时，应密切注意汽轮机的油系统、主蒸汽温度、径向位移、轴向位移、机体振动和轴承温度等是否正常，以确保发电系统的安全运行。

油系统主要包括管道、阀门、冷油器和油箱等部件。由于安装及检修不良、机组振动及误操作等原因会引起油系统漏油。其主要表现为油箱油位降低、油压下降或者油箱油位和油压同时降低。

当油箱油位和油压同时降低时，其原因可能是外部压力油管破裂、法兰结合面不严密或冷油器铜管泄漏。此时应立即进行以下操作：检查主油泵出口外部的调速和润滑压力油管及法兰，消除漏点，并向油箱补至正常油位；检查冷油器出口冷却水，若有油花，说明冷油器铜管漏油，应迅速启动备用冷油器，停用漏油的冷油器。

当油位不变而油压下降时，其原因可能是主油泵压力管短路、主油泵吸入侧滤网堵塞、轴承箱或油箱内部压力油管漏油造成主油泵工作不正常。经检查如果主油泵正常、油泵进油滤网也未堵塞时，则可能是辅助油泵的逆止阀或安全阀泄漏，使压力油经上述阀门漏回油箱；也可能是前轴承箱内压力油管漏油直接流回油箱。此时应立即启动辅助油箱保持油压的正常，查明漏油原因后及时予以处理。

当油压不变而油箱油位降低时，首先查看油箱油位指示器是否失灵。若油位指示器正常，则表明故障原因可能是由油箱及其连接油管以及轴承回油管等处漏油，或误开油箱上的放油门造成的。查明原因后迅速处理并补油至正常油位。

汽轮机正常运行时，必须控制主蒸汽温度在允许范围内。因为主蒸汽温度高于设计上限值时，虽然从经济上看是有利的。但在安全上考虑，主蒸汽温度过高，会造成金属机械性能恶化加快，导致汽轮机各部件寿命缩短，并形成安全隐患，这是不允许的。而主蒸汽温度低于设计下限值时，会导致汽轮机最后几级的蒸汽温度降低，对叶片的侵蚀作用加剧。严重时会发生水冲击，威胁汽轮机的安全。

汽轮机的轴向位移是指汽轮机的动、静部分相对位置发生了变化。造成轴向位移的原因主要是严重的水冲击。当轴向位移数值接近或超过汽轮机的动、静部分允许最大轴向间隙时，将会发生摩擦，致使汽轮机严重损坏。此时应立即停机，否则将使汽轮机的通流部分碰撞，导致事故扩大。

由于发电系统设备的高精密性和高危性，汽轮发电机组附近不得放置与操作无关的物品，特别严禁放置易燃易爆品。工作场所的积水、积油应及时清理，随时保证工作场所的干燥与清洁。操作或检修时应避免长时间停留在可能受到伤害的地方，开关阀门及进行其他有可能触及高温物体的操作时，必须戴手套进行。禁止在设备运行中清扫、擦抹、加油和跨越机器的旋转部位。对运行设备故障的处理必须在停机、停电、停气和停水的状态下经认真确认后进行。不允许低于主蒸汽压力或温度设计低限值运行，如发现主蒸汽压力或温度有低于设计低限值的趋势，应立即通知中控室采取相应的措施。如不能及时解决，应停止发电机运行，将锅炉蒸汽并网或作放散处理。

在操作和检修发电系统的所有设备时，都要严格遵守和执行保证设备和人员安全的组织措施和技术措施。在汽轮发电机停运和重新启动的过程中，应严格按操作步骤进行，切忌盲目行事。

11.1.2.4　循环气体系统

循环气体的主要成分是 N_2，其中还包含少量的 H_2、CO_2、CO 等成分。当循环气体中的 H_2、CO 等可燃成分达到一定的浓度，与 O_2 混合会形成爆炸性气体，遇明火或高温就有可能爆炸。因此，在干熄焦的生产过程中，高度重视循环气体的这种爆炸特性。

　　A　循环气体系统可燃成分产生的原因

干熄焦的生产过程中，气体循环系统负压段不可避免地会吸入一定量的空气，空气中的 O_2 在通过干熄炉红焦层时会与焦炭发生反应生成 CO 和 CO_2；其次，空气中的水分与红焦发生反应生成 H_2 与 CH_4。

循环气体中可燃成分的含量是由很多因素决定的。如果干熄焦的焦炭处理量增加，循环气体量将增大，气体循环系统负压段负压也将增大。漏入负压段的空气及空气中的水分与焦炭反应生成更多的 H_2 和 CO，那么循环气体中的 H_2 和 CO 的含量也增加。当成熟不够的焦炭装入干熄炉时，由于焦炭进一步热解，循环气体中 H_2 的含量也会快速增加。有两种情况会造成循环气体中可燃成分的急剧增加：一是当循环风机因故障停机时，由于空气漏入干熄炉与焦炭产生化学反应，会造成循环气体中 CO 浓度急剧增加；空气中的水分与焦炭反应也会造成循环气体中 H_2 含量增加。二是当干熄焦锅炉爆管漏水或炉顶水封、紧急放散阀水封漏水，水分与红焦反应会造成循环气体中 H_2 含量急剧增加。

根据以上分析，即使没有循环风机因故停机和锅炉漏水等事故发生，在干熄焦正常生产过程中，循环气体中 H_2、CO 等可燃成分的浓度也会逐渐增加。由于不可能保证干熄焦装置的绝对严密，空气随时可能漏入干熄焦气体循环系统，可燃成分局部自燃甚至爆炸的可能性会增大。既然不能控制循环气体中可燃成分的产生，也无法绝对避免空气漏入气体循环系统，就只能采取措施使循环气体中可燃成分的含量稳定在规定的危险性最小的范围内。

B 气体循环系统泄漏的危险性

干熄焦气体循环系统泄漏的危险体现在两个方面：一是气体循环系统正压段气体泄漏带来的危险；二是循环气体可燃成分浓度超标在负压段发生爆炸的危险。

干熄焦气体循环系统正压段和负压段泄漏所带来的危害是不一样的。正压段的泄漏使得大量焦粉、循环气体喷出，污染环境，也减少了干熄炉的实际冷却风量，造成排焦温度上升，严重时对干熄焦操作、检修人员造成伤害。负压段泄漏造成大量空气不受控地进入循环系统，发生燃烧后产生大量热量，使各点温度上升，同时烧损焦炭，使锅炉气化率过大。严重时甚至会发生爆炸，对干熄焦设备及操作、检修人员造成伤害。

循环风机出口到干熄炉冷却段的循环气体为正压段，如果这一段循环气体管道破裂，大量的有毒惰性循环气体就会泄漏到大气中，对在该区域操作或检修的人员造成伤害。排焦部位是循环气体最有可能泄漏的地方。有两个原因：一是设备本身密封性不好，如焊缝开焊、连接部位螺丝松动等；二是少量循环气体在排焦时随焦炭带出，特别是当旋转密封阀磨损严重时随焦炭带出的循环气体量会增加。因此在排焦部位必须悬挂醒目的安全警告牌，严禁闲杂人员进入；另外，在排焦部位，要安装在线的 CO 和 O_2 监测仪，随时监测该部位 CO 和 O_2 浓度，进入该区域操作或检修前，必须采取可靠的安全措施。

还有一个部位，就是预存段压力调节阀的放散点。正常情况下，放散的循环气体是由地面除尘站的除尘风机抽走的。但当除尘风机出现故障时，该放散口放散的循环气体不能正常抽走，会散发在炉顶装入装置周围，对在该区域操作或检修的人员构成威胁。因此，一旦除尘风机发生故障，进入装入装置区域时应携带 CO 和 O_2 监测仪，并采取可靠的安全措施。

循环气体在冷却焦炭的过程中，CO 和 H_2 等可燃成分的浓度会升高，当达到一定浓度时会形成爆炸性气体。这种爆炸性气体在气体循环系统负压段，与漏入的空气混合容易产生爆炸。为防止这种可能的爆炸现象对锅炉造成严重的损坏，在气体循环系统负压段设计有多个防爆口（主要在锅炉出口及二次除尘处）。一旦爆炸发生，首先冲开防爆口，可以降低对锅炉的危害。最关键的还是要避免爆炸性气体的形成，这就要严格控制循环气体内可燃成分的浓度。要求循环气体在线分析仪灵敏可靠，根据其检测出的循环气体中 CO 和 H_2 的浓度，及时调整干熄炉环形烟道处空气导入量或充氮气量，将干熄焦过程中产生的可燃成分燃烧掉或稀释掉。

11.2 干熄焦生产的危害与防护

整个干熄焦系统可以分为很多流程，如焦炭流程、循环气体流程、给水流程、除尘流程等，下面以干熄焦生产过程中主要的流程介绍一下安全特点及防护措施。

11.2.1 循环气体系统

11.2.1.1 气体循环系统的安全特点：

干熄焦循环气体因含有 H_2、CO_2、CO 和 N_2 等成分，这类混合气体有毒并且在一定条件下会发生爆炸，为了保证干熄焦装置的安全运行和干熄焦操作检修人员的人身安全，应经常检查气体循环系统的严密性，同时也要经常检查干熄焦运行区域的空气组成，当空气中 CO 含量超过 50×10^{-6} 时，应采取紧急措施找到泄漏点并加以消除。

从安全角度考虑，必须对干熄焦循环气体中的可燃成分浓度进行有效的控制。干熄焦实际操作的经验表明，循环气体中 H_2 成分控制在 3%、CO 成分控制在 6% 以下是比较安全的，可以避免爆炸现象的发生。

在目前运行的干熄焦中，有两种方法可以有效地控制循环气体中可燃成分的含量。一是连续向气体循环系统中供入一定量的 N_2，并连续放散掉一部分循环气体，即"导入 N_2 法"；这种方法在 N_2 来源充足并且廉价的干熄焦装置上可以很好地应用。二是根据循环气体中可燃成分的含量，往干熄炉环形烟道中导入一定量的空气，依靠空气中 O_2 将可燃成分燃烧掉，以此来降低循环气体中可燃成分的浓度，即"空气导入法"，在 N_2 来源不充分或者 N_2 价格较高的干熄焦装置中，这种措施可以十分有效地控制循环气体中可燃成分的浓度。应该说，在干熄焦的正常生产过程中，这两种方法都能有效地控制循环气体中可燃成分的浓度，保证干熄焦装置的安全运行。相比较而言，导入空气法更经济便利。

采用导入空气法控制干熄焦循环气体中的可燃成分浓度要注意以下几点：

（1）并不是导入空气越多越好，导入过多的空气会造成循环气体中 O_2 含量偏高，这对干熄焦的生产是不利的。从理论上讲，循环气体中 O_2 为零最好，但实际操作中难以实现。一般将循环气体中 O_2 含量控制在 0.2% 以下比较合适，最大不能超过 1%。

（2）气体循环系统负压段漏入空气，并不能起到往干熄炉环形烟道导入空气相同的作用。由气体循环系统负压段吸入的空气进入干熄炉后使红焦燃烧，不仅影响焦炭质量，也使焦炭灰分增加、成焦率下降，还会导致循环气体中 CO 的浓度上升，不利于生产操作。

（3）当干熄焦锅炉入口温度低于 600℃ 时，由于 CO、H_2 等可燃成分不能燃烧，因此采用导入空气法不能起到降低循环气体中可燃成分浓度的目的。此时应降低干熄焦的焦炭处理量，减少循环风量，并向气体循环系统内供入 N_2，并放散一定量的循环气体。

（4）当干熄焦锅炉入口的温度在 600～960℃ 之间采用导入空气法降低循环气体中可燃成分是允许的，当锅炉入口的温度小于 600℃ 或大于 960℃ 时再采用导入空气法降低循环气体中可燃成分是非常危险的，一是因为当锅炉入口温度小于 600℃ 时 CO、H_2 等可燃成分不能燃烧，循环气体中的 O_2 会增大，易发生爆炸事故；二是当锅炉入口温度大于 960℃ 导入空气会使锅炉入口循环气体的温度上升过高，使锅炉受热部件超温，长期超温会造成锅炉爆管事故。在锅炉入口温度小于 600℃ 或大于 960℃ 时，可采用向循环系统中充 N_2 的方法，降低循环系统中的可燃成分。

11.2.1.2　气体循环系统的安全防护

在干熄焦系统的操作及检修过程中，以下几点是必须严格注意的：

（1）未经严格检查并确认空气中的 CO 和 O_2 的含量在安全范围内，不得进入排焦部位及运焦皮带系统。如果在特殊情况下必须进入，应采取有效的安全措施，如佩戴氧气呼吸器或空气呼吸器。

（2）检查或处理干熄焦锅炉内部管道或结构、检查二次除尘器以及风机后预存段压力放散管、旁通流量管等设备时，确认气体循环系统内 CO 和 O_2 的浓度都在安全范围内并且核料位计关闭。

（3）随时注意循环气体中可燃成分的浓度并采取相应的措施，将循环气体中可燃成分的浓度控制在安全的范围内。

（4）在可能有循环气体泄漏的区域作业，应有安全防护措施。一旦感觉头痛、头昏、耳鸣、恶心或软弱无力时，应立即转移到有新鲜空气的地方，采取安全救护措施并通知有关人员和部门。

（5）未经许可，严禁对气体循环系统的设备进行检修或改变与气体循环系统相关的调节设备的状态。

（6）当发生气体循环系统严重泄漏、循环风机停机和干熄焦锅炉炉管破损等故障时，立即采取相应的安全措施，并立即报告有关人员和部门。

（7）在一些特殊情况下，如锅炉炉管破损、炉顶水封和紧急放散阀水封漏水等，会造成 H_2 含量急剧增加，仅靠导入空气不足以控制其浓度是不够的。此时应立即停止干熄作业，打开炉顶放散阀和紧急放散阀，并往系统内充入大量的 N_2，以控制循环气体中可燃成分的浓度。一旦发生此类事故，应制定可靠的安全措施，组织人员对故障点进行全面检查处理，待故障处理完毕后再恢复干熄焦的正常生产。

（8）在生产过程中，严禁在整个循环气体管道上实施焊接，以防发生爆炸事故。

（9）在排焦区域设置声光 CO 报警仪或在皮带入口安装可显示式 CO 报警仪，时时监测煤气区域中 CO 的含量，避免发生 CO 中毒事故。

11.2.2　装焦、排焦系统

11.2.2.1　装焦系统

提升机吊具、安全防护装置、钢丝绳等出现故障，起重量超载，钢丝绳断裂，吊钩断裂，制动装置失灵，限位限量及连锁装置失灵，行程开关未接线或失灵，无缓冲器，起吊作业时提升机下方违章站人，提升机横移过程中人员上下提升机，钢丝绳老化未及时更换，均有可能造成起重伤害。

提升机起吊温度高达 1000℃ 的焦炭，因此钢丝绳、吊钩等吊具应适应高温环境，钢丝绳绳芯应使用石棉芯钢丝绳，若使用麻绳芯钢丝绳会出现钢丝绳断裂等事故。钢丝绳因承重会出现不同程度的伸长，若焦罐钢丝绳伸长量差值超过一定值时，在吊装过程焦罐会发生倾斜，造成起重事故。

焦罐提升机自动运行，现场无人操作，每一动作都由计算机控制，如果现场的各类传感器、各限位器失灵，提升机与装入装置交接点极限的累加误差超过允许范围，未设置负荷传感器及数据处理仪表，无过载报警装置，有造成事故的可能。当风速达到 20m/s 时提升机继续装焦操作，提升过程焦罐大幅摇摆会导致事故发生。提升过程由于过载导致焦罐底部闸板断裂或控制失误造成焦罐底部闸板打开，红焦落下时会引起起重伤害。

主要的防范措施如下：

（1）定期对起重机械的安全附件的可靠性进行检查；

（2）设风速检测仪表，风速大于 20m/s 时停止装焦作业；

（3）焦罐在提升或下降、横移时，严禁在提升井下方逗留、清理卫生或通过；

（4）风速较大（20m/s）时，严禁乘坐电梯或进入高空作业；

（5）提升机的横移必须设置安全挡，避免发生重大设备事故；

（6）提升机设置偏荷或过荷保护，避免因实际操作过程中由于偏荷或过荷造成的操作或设备事故。

11.2.2.2　排焦系统

干熄焦的排焦系统包括旋转密封阀、振动给器、排焦溜槽、皮带等，属于煤气区域。如果发生旋转密封阀堵料、振动给料器故障、除尘风机故障时，排除故障时必须对 CO 进行监测。

接受排焦装置焦炭的第一条胶带机上设有电子皮带秤，对焦炭进行连续计量。胶带机上还设有温度检测探头及洒水降温装置。干熄槽排出焦炭的设计温度低于 200℃，排出焦炭温度过高时易引起火灾。为防止事故的发生，采用耐热胶带并设置自动监测喷洒装置，当排出的焦炭温度超过设定值，喷洒系统自动启动，喷水降温。

旋转密封阀故障处理的安全步骤如下：

（1）方案一：

1）停止循环风机运行；

2）关闭干熄炉底部的检修闸板阀；

3）关闭振动给料器、旋转密封阀所有的充氮点；

4）用压缩空气对旋转密封阀内部进行气体置换；

5）旋转密封阀停电；

6）停止皮带运行；

7）打开旋转密封阀检修人孔，用 CO 报警器监测 CO 含量，小于 50×10^{-4}% 后，再用 O_2 报警器监测旋转密封阀内 O_2 含量，CO、O_2 含量合格后方可进入旋转密封阀内处理故障。

（2）方案二：

1）关闭干熄炉底部检修闸板阀；

2）关闭振动给料器、旋转密封阀所有的充氮点；

3）旋转密封阀停电；

4）停止皮带运行；

5）用压缩空气对旋转密封阀内进行气体置换，检修人员佩戴空气呼吸器，同时携带 CO 报警器，打开旋转密封阀检修人孔处理故障。

11.2.3　除尘系统

在整个干熄焦系统的工艺除尘及环境除尘中，主要危险因素有 CO 与粉尘，在更换环境除尘器的过滤袋时，如果控制措施不到位易发生煤气中毒；在处理工艺除尘格式分格轮堵塞时，易发生高温粉尘烫伤。

在除尘风机停运生产时，皮带通廊及排焦区域内易发生尘爆及中毒事故。焦炭为可燃物质，丙类火灾危险品，其粉尘具有燃爆性，爆炸下限浓度为 $37 \sim 50 \mathrm{g/m^3}$（粉尘平均内径 $4 \sim 5 \mu m$），高温表面堆积粉尘（5mm）的引燃温度为 430℃。

防护措施如下：

（1）除尘风机停机后，严禁人员在生产过程中进入皮带通廊及排焦区域；

（2）在皮带的机头、机尾处设置喷淋系统，以降低空气中粉尘的浓度；

（3）更换干熄焦环境除尘器的过滤袋时，预防煤气中毒的安全事项：

1）停除尘风机：对除尘器进行气体置换，CO 含量合格后再更换过滤袋；

2）不除尘风机：可采用"不停产更换过滤袋"方法。即停除尘风机、停排焦后，检修人员佩戴空气或氧气呼吸器，利用 0.5h 的时间判断破损的过滤袋，做好标记，然后开启除尘风机生产，此时除尘器净气室内的压力为负压，除尘器内的有毒气体不会外逸，不会对人造成伤害，此时更换过滤袋。

11.2.4　锅炉系统

在整个干熄焦生产运行过程中，主要围绕锅炉入口温度、排焦温度的控制，以及锅筒的水位调整、主蒸汽的温度与压力控制，汽轮机入口蒸汽的压力与温度控制为核心内容，以确保整个干熄的安全运行，如果水位调整不及时，蒸汽温度与压力控制不当，易发生各类爆炸事故。

（1）锅炉系统采用了一系列的安全措施，如锅炉蒸汽系统设有压力调节、报警、联锁；主蒸汽压力放散调节；主蒸汽温度调节、报警、联锁；锅炉给水系统设有除盐水箱和除氧器的水位调节、报警、联锁；除氧器本体和除氧器给水入口还设有温度和压力调节、报警；锅炉给水流量调节；锅炉循环水流量报警；汽包液位、压力报警、联锁。

（2）汽轮机系统主要由自动主气门、轴封、凝汽器、润滑油、蒸汽、调速油、凝结水、冷油器、轴承、瓦块、发电机、定子线圈等组成，并设有温度、压力调节、报警与联锁。发电机设内部故障报警，保护电源消失报警，电负荷保护动作报警。

（3）汽轮机油箱采取地上布置，站内设灭火器。

（4）根据爆炸和火灾危险情况选择电气设备、防雷、防静电设施。

（5）为了保证干熄焦设备的正常运行，采取两路电源供电。

（6）工作场所的高温会使人体过热，使体温调节失去平衡，水盐代谢紊乱，并能影响操作人员心理情绪，导致操作人员操作失误造成事故；并影响人体的消化和神经系统导致患病。所以在高温区域工作必须做好防暑降温工作，以防发生伤害。

11.2.5 干熄焦设备的噪声

按照国家标准规定，离噪声源 1m 处噪声在 85dB 以上者，便属于噪声污染。噪声污染除对人的听力造成伤害之外，对设备本身也有一定的负面影响。干熄焦系统中，噪声主要来源于蒸汽管路、除氧泵房、除盐泵房、汽轮发电站、循环风机和振动给料器、蒸汽放散等设备设施。

锅筒产生的饱和蒸汽通过一级过热器、二级过热器加热后，变成过热蒸汽。对蒸汽管道产生急剧的冲击。特别是蒸汽流量、压力波动较大时，产生的噪声远在 85dB 以上，极为刺耳。除过热蒸汽冲击管路产生噪声外，干熄焦故障状态下，蒸汽的放散也产生较大的噪声。

为降低蒸汽冲击管道产生的噪声，应采用更好的管道材质，必要时操作及检修人员可佩戴耳套，以保护听力。蒸汽放散产生的噪声，可通过设置主蒸汽消音器和管道消音器来解决。虽然其产生的噪声可控制在 85dB 以下，但在靠近循环风机、振动给料器操作或检修时，为保护听力，也应佩戴耳套。

水泵房设备运转和汽轮发电机运转都会产生噪声，必要时操作及检修人员可佩戴耳套，以保护听力。

11.3 干熄焦生产主要的安全设施

干熄焦工艺具有高温、高压、高空、有毒、有害和粉尘多的特点，以及连续性作业的性质。要求干熄焦系统具有可靠的安全设施，以保证干熄焦生产的顺利进行以及干熄焦生产、检修人员的人身安全。

11.3.1 工艺系统的主要联锁

干熄焦本身具有自动化水平高，操作人员少的特点，要求现场的一些设备具有可靠的安全联锁性，以防事故的发生。实现联锁的设备如下：

150t/h 干熄焦主要安全联锁：

锅炉给水泵停运与循环风机停运的联锁；

锅炉给水压力与锅炉给水泵的联锁；

锅炉给水泵稀油站运行与锅炉给水泵的联锁；

循环风机轴承温度与循环风机的联锁；

循环风机转子温度与循环风机的联锁；

循环风机定子温度与循环风机的联锁；

锅炉给水泵轴承温度与锅炉给水泵的联锁；

锅炉给水泵转子温度与锅炉给水泵的联锁；

锅炉给水泵定子温度与锅炉给水泵的联锁；

循环风机稀油站运行与循环风机的联锁；

循环风机与除氧器水位下下限的联锁；

循环风机与汽包水位上上限的联锁；

循环风机与汽包水位下下限的联锁；

循环风机与现场仪表风压力的联锁；

冷却水压力与锅炉给水泵的联锁；

冷却水压力与除尘风机的联锁；

冷却水压力与循环风机的联锁；

排焦温度与皮带自动喷水的联锁；

除尘器入口烟气温度与除尘风机的联锁；

干熄炉极限料位与装焦的联锁；

排焦温度与排焦装置的联锁；

风速与提升机装焦的联锁。

11.3.2 循环气体在线分析仪

干熄焦循环气体中 CO 和 H_2 有毒，且含有 CO 和 H_2 等可燃成分。在冷却焦炭的过程中，循环气体中的 H_2 和 CO 的浓度会升高。当循环气体中 H_2 和 CO 达到一定的浓度时与漏入的空气混合会形成爆炸性气体，这种气体遇火星或在高温的情况下易发生爆炸。为防止这种可能的爆炸现象对锅炉造成严重的损坏，应严格控制循环气体中可燃成分的浓度，尽量避免爆炸性气体的形成。这就要求循环气体在线监测仪灵敏可靠。并根据其检测出的循环气体中 CO 和 H_2 的浓度，及时调整干熄炉环形烟道处导入的空气量，将干熄焦生产过程中产生的可燃成分燃烧掉。

通过循环气体成分在线监测仪，还可以判断干熄焦发生的一些事故。比如锅炉炉管破损、炉顶水封、紧急放散阀水封漏水等事故，会造成循环气体中 H_2 含量急剧增加，而且仅靠导入空气不足以控制其浓度。一旦出现这种情况，操作人员应立即到现场检查确认，如果确认事故已经发生，应立即停止干熄焦生产。打开炉顶放散阀和紧急放散阀，并往系统内供入大量的 N_2，以控制循环气体中可燃成分的浓度。

11.3.3 现场 CO 报警仪

干熄焦循环气体中含有 CO，当循环气体泄漏时 CO 会对人体造成极大的危害。因此，在干熄焦生产现场应装备 CO 在线监测仪，对生产环境中 CO 浓度进行固定式的连续监测。特别是排焦装置周围及干熄炉底部地下室 CO 容易泄漏，现场通风条件较差，必须设置固定式的 CO

在线监测仪，为了切实对 CO 在线监测，可在现场安装可显示式及声光报警式在线监测仪，以时刻提醒进入煤气区域人员的安全。干熄焦现场巡检人员也必须佩戴便携式 CO 报警器，以方便进入现场进行巡检。

CO 在线监测仪检测探头由座体、传感器和必要的电子装置组成。测量头座体由导电性塑料制成，可以防止静电聚集，而且对溶剂有抗蚀性。

CO 在线监测仪的 CO 传感器是一种电化学变送器，可对大气中的 CO 浓度进行测量。受监测的空气通过一个塑料膜片扩散进入传感器的电解液中。在电解液中有一个传感电极、一个对抗电极和一个参考电极，采用一个恒定电势电路，就可使传感电极和参考电极之间的电压保持恒定。

为安全起见，在待检测的区域内至少应安装两个测量头。测量头安装时要按照国家或行业规程选择安装位置；要安装在垂直位置上（测量头的扩散表面向下），该位置不得有振动，温度要尽量稳定，不得有阳光直射；要与外来的影响如溅水、油及可能发生的机械损坏等保持距离；测量头下边要留 300mm 的自由空间，供标定用。某焦化厂 100t/h 干熄焦系统共有 8 个固定式 CO 在线监测仪，分别分布在干熄炉底部与振动给料器平台对称角 2 个；旋转密封阀平台对角 2 个；排出装置对角 2 个；皮带通廊 2 个。某焦化厂 150t/h 干熄焦系统共有 4 个固定式 CO 在线监测仪，在旋转密封阀平台四个角。

11.3.4 电视监控系统

为便于中控室操作人员随时观察设备的运行状况，及时发现生产及设备的异常情况。对干熄焦系统一些关键部位应采用电视摄像仪在线监控。一旦发现异常情况，操作人员应立即到现场确认，并采取相应的措施。

锅炉锅筒双色液位计电视监控。对锅炉锅筒液位的正确控制是保证干熄焦锅炉正常运行的非常重要的一个环节。通过锅筒双色液位计电视监控画面，可随时观察干熄焦锅炉锅筒的真实液位。并与中控室计算机参与"三冲量"调节的锅筒远传液位计（平衡容器）进行对比，一旦发现两者相差较大，应迅速查明原因，并采取相应的措施进行处理。

干熄炉炉顶电视监控。通过该电视监控画面，中控室操作人员可以随时观察装入装置运行情况，并清楚地观察到干熄炉炉顶水封的工作状况。一旦发现异常现象，操作人员应立即到现场检查确认，采取相应的处理措施，保证干熄焦的正常运行。

提升机吊钩动作电视监控。通过该电视监控画面，中控室操作人员可以随时观察到提升机吊钩所处的动作状态。一旦发现异常现象，可及时通知电机车司机停止操作或直接在中控室按下提升机"急停"按钮，避免事故发生，或者降低事故造成的损失。

11.3.5 安全阀

干熄焦锅炉、排污器等压力容器都设计有最高工作允许压力。当其压力超过设计最大允许压力时，为保证设备不受损害以及操作、检修人员的人身安全，应紧急泄压。采用安全阀泄压是最可靠的手段之一。另外有些设备，虽不是压力容器，但其本身对气体压力有较严格的要求。为保证设备不因压力过高而受到影响，也设计有安全阀。当气体压力大于设备正常工作允许最高压力时，安全阀起跳泄压，避免设备受到损坏。

（1）除氧器安全阀　除氧器并非压力容器，工作压力也较小，设计该安全阀主要是为了防止除氧器压力大于除氧器所能承受的最高压力。

（2）除氧器外供蒸汽安全阀　当除氧器外供蒸汽压力大于设定允许最高工作压力时，为了防止除氧器压力急剧升高，该安全阀起跳泄压。

（3）给水预热器安全阀　给水预热器压力过高时，安全阀起跳泄压，避免设备受损。

（4）锅筒安全阀（工作安全阀）　一般设置两个，当锅筒压力大于锅筒所能承受的最高压力时，安全阀起跳泄压，保护锅炉设备。锅筒安全阀是整个干熄焦系统最关键的设备之一，未经当地锅炉主管部门的校正，锅炉不能投入正常运行。

（5）二级过热器后主蒸汽安全阀（控制安全阀）　当主蒸汽压力高于设定压力值时，为保护后道工序设备不受损坏，安全阀起跳泄压，主蒸汽通过安全阀排气口放散。

（6）汽轮机排汽安全阀　汽轮机排出的背压蒸汽将外送并网，当蒸汽压力高于并网压力值时，安全阀起跳泄压，避免压力过高的蒸汽并网后造成整个蒸汽管网压力不稳定。减温减压器后安全阀的作用与汽轮机排汽安全阀相同。

（7）现场气动阀所用的仪表风及压缩空气所用的储气罐的安全阀是保护储气罐的最重要的附件，以防气体压力过高造成储气罐爆炸。

11.3.6　消防设施

为应对突发的火警、火灾事故，减小火灾事故对设备造成的损失以及对人员的伤害。干熄焦系统应配备充足的消防器材，以备发生火灾及其他特殊情况时紧急使用。

干熄焦系统应配备充足的消防水源，合理分配到干熄焦各个区域。需要重点注意的是干熄炉顶应接有固定的消防水源。另外，消防水的水压应得到充分的保障。

根据干熄焦设备及工艺建筑的特点，干熄焦各部位应分别配置干粉灭火器、CO_2灭火器和1211灭火器等消防器材。各类灭火器的特性如下：干粉灭火器，可配置在可燃性气体、液体场所和带电的场所；CO_2灭火器，可配置在精密仪器仪表和带电的电器场所；1211灭火器，可配置在精密仪器仪表和带电的电器场所。

干熄焦系统配套的皮带通廊，一般都设在地下，一旦发生皮带着火事故，人员无法进入通廊实施救援。因此，在皮带的正上方设计应急水管，水管的阀门设置在地面，如有特殊情况，人员在地面打开阀门，即可起到避免事故蔓延的作用。

在有火灾危险的场所设应急照明，并在安全门、安全通道的显著位置设置安全疏散指示灯。

露天布置的干熄焦槽和锅炉及汽轮机设施设有防雷保护装置。

工程中所有电气设备外壳及构架等做可靠接地，电气室耐火等级为二级，高压配电室为二级，配电室设事故通风及轴流风机。

电力电缆、控制电缆采用阻燃型且外设防火涂料，沟、孔、洞用防火堵料进行封堵。

在干熄焦主控楼的各电气室、PLC、控制室、除尘地面站电气室、电站的各电气室、PLC、控制室等设感烟探测器、手动报警按钮、声光报警器，在干熄焦控制室和电站控制室设报警控制器。

11.3.7　防爆口

在干熄焦系统中，锅炉及地面除尘站等处设计有防爆口。当循环气体中的可燃成分的浓度升高到一定浓度形成爆炸气体后，在气体循环系统负压段与漏入的空气混合可能产生爆炸。为防止爆炸现象对锅炉造成严重的损坏，在锅炉与气体循环系统负压段设计有多个防爆口。一旦爆炸发生，首先冲开防爆口，可以降低对锅炉的危害。

干熄炉顶装焦处、炉顶放散阀以及预存段压力调节阀放散口等处产生的高温烟气，由除尘风机运转产生的吸力而导入管式冷却器冷却并分离火星。而干熄炉底部排焦部位、炉前贮焦仓及皮带转运点等处产生的低温粉尘则导入百叶式预除尘器进行粗分离处理。两部分烟气在管式冷却器和百叶式预除尘器出口处混合，然后导入布袋式除尘器净化。当高温烟气中的火星未完全分离时，与高浓度的粉尘混合有可能产生爆炸。为防止爆炸对除尘系统造成严重的损坏，在管式冷却器和百叶式预除尘器出口的接合部位以及布袋除尘器箱体上设计有多个防爆口。一旦爆炸现象发生，首先冲开防爆口，可以降低对除尘设备的危害。

11.4 干熄焦生产安全知识

（1）干熄焦生产作业中煤气中毒的危险源

1）焦炉煤气管道上拆装盲板，更换煤气管道个别部件；

2）循环气体系统管道上拆装盲板；

3）在正压段循环气体管道巡检；

4）检修干熄炉内部、锅炉内部、旋风除尘器、集尘灰斗、预存室和循环风机后的放散管；

5）处理旋转密封阀故障；

6）检修和检查循环风机内部；

7）检修从熄焦室到运焦皮带的溜槽；

8）更换炉盖和水封槽。

（2）CO 中毒机理。CO 具有多种引起缺氧的作用，是一种较强的窒息性毒物。正常时人体中 HbO_2（氧合血红蛋白）和其他正铁血红素的分解产生的 CO 反应生成 HbCO（碳氧血红蛋白），其浓度为 0.5%。只要 HbCO 不严重地干扰血液中 O_2 的运输，即 HbCO 的浓度低于 20%，是相对无害的。

CO 与 Hb（血红蛋白）结合成 HbCO，CO 与 Hb 之间的亲和力要比 O_2 与 Hb 的亲和力大。CO 与 Hb 结合的速度比 O_2 与 Hb 结合的速度快。当吸入 CO 后，血浆中 CO 便迅速把 HbO_2 中的 O_2 排挤出来，形成 HbCO。CO 亦和肌红蛋白（Mb）结合，其化学亲和力比和氧大。一旦结合后也形成 HbCO 和 MbCO，CO 的解离是较缓慢的，排出方式主要是通过肺。在常压下，HbCO 脱离速度仅为 HbO_2 的 1/3600，空气中 CO 由血液释放的半量排除期平均为 320min；如吸入一个大气压的纯氧可缩短排除期至 80.3min，吸入三个大气压的纯氧可缩短到 23.3min。这是高压氧治疗 CO 中毒的理论基础。

（3）煤气事故发生后的抢救

1）发生煤气事故后必须立即逐级汇报（班组、车间、分厂调度）；

2）必须问清事故发生的的原因、地点、性质、时间、人员伤害情况；

3）必须 2 人以上穿戴好劳保防护用品，迅速检查，携带所需的防护、监测仪器迅速赶赴现场抢救；

4）根据事故的性质和波及范围划定危险区域，派出岗哨，防止非抢救人员进入，对煤气事故的抢救过程中，严防冒险抢救，以防止事故的扩大；抢救事故的所有参战人员必须服从领导，听从指挥，有条不紊地进行；

5）进入煤气区域抢救人员必须佩戴空气呼吸器或氧气呼吸器，严禁不戴防护器具冒险进入危险区，而造成事故的扩大；

6）在煤气区域严禁摘下口具、面具讲话；

7）抢救过程中先抢救重病伤员后，再抢救轻病员；

8）事故抢救完毕后，必须进行调查研究，找出事故原因，提出防范措施，吸取事故教训，杜绝重复事故的发生。

（4）煤气中毒的救护与治疗

1）迅速将患者安置在空气新鲜的地方，解开衣扣、腰带（有湿衣服时应脱掉），使患者能自由呼吸新鲜空气，冬季注意保暖，恢复后喝点浓茶，使血液循环加快减轻症状，随后可根据症状轻重对症治疗；

2）及时输氧效果较好，可加速 CO 排出体外，在有条件的情况下可送高压氧舱进一步治疗；

3）注射细胞色素 C 对细胞内氧化过程起重要作用，以改善组织缺氧，如呼吸衰竭时，应立即注射尼可刹米等；

4）当呼吸停止或呼吸微弱时应立即进行人工呼吸法（包括举臂压胸、仰压法、口对口人工呼吸法）12~16 次/min：

①腐蚀性气体中毒患者不能进行人工呼吸，只能给氧吸入；

②对触电患者应及时进行人工呼吸往往是成败的关键之一；

③口对口与体外心脏按摩同时进行操作：单人 15：2、双人：5：1。

5）如心跳停止时在进行人工呼吸的同时进行体外心脏按摩，直至听到心音时方可进行其他治疗。（体外心脏按摩 60~80 次/min）；

6）针灸治疗，可强刺激以下穴位：人中、内关、合谷、足三里、涌泉、十宣等；

7）抢救所用仪器可采用自动苏生器，电动呼吸器等；

8）尽量不送较远的医院抢救，如送途中不得停止抢救；

9）抢救中要快、稳、准；

10）抢救中要看、摸、听。

（5）工作环境 CO 含量及允许工作的时间见表 11-1。

表 11-1　CO 含量及允许工作时间

工作区域中 CO 浓度	允许工作时间	工作区域中 CO 浓度	允许工作时间
含量不超过 30mg /m³（24×10⁻⁴%）	可较长时间工作	含量不超过 100mg /m³（80×10⁻⁴%）	连续工作时间不得超过 30min
含量不超 50mg /m³（40×10⁻⁴%）	连续工作时间不得超过 1h	含量不超过 200mg /m³（160×10⁻⁴%）	连续工作时间不得超过 15~20min

注：每次工作时间间隔至少 2h 以上。

（6）空气中 CO 浓度对人体的危害程度见表 11-2

表 11-2　空气中 CO 浓度对人体的危害程度

空气中 CO 体积浓度/%	呼吸时间与症状	空气中 CO 体积浓度/%	呼吸时间与症状
0.02	1~2h 后轻微头疼	0.32	5~10min 后头疼，30min 后死亡
0.04	1~2h 后轻微头疼，2.5~3.5h 后头昏	0.64	1~2min 后头疼，5~10min 后死亡
0.08	45min 后头疼，随即呕吐，2h 后神志不清	1.28	吸入口即昏迷，1~2min 后死亡
0.16	20min 后头疼，随即呕吐，2h 后死亡		

(7) 干熄焦生产的消防管理。干熄焦具有易燃、易爆、易中毒等工艺特点。因此，在生产运行过程中加强对过程的控制与管理，预防火灾等各类事故的发生尤为关键。为了预防火灾事故的发生，针对干熄焦的生产特性，可以从以下几个方面采取安全防护措施：

1) 增设连续喷水装置。针对干熄焦排出的焦炭温度高的问题，在排出焦炭的第一条接受皮带的后尾轮增设了连续喷水装置，皮带温度平均降低5℃，更好地保护了皮带。

2) 增设应急水管。在一些主要的皮带上方增设了应急水管，水管的阀门由地面控制。

(8) CO、H_2、CH_4 的爆炸极限

CO的爆炸下限为12.5%，爆炸上限为75.0%；H_2 的爆炸下限为4.0%，爆炸上限为75.0%，CH_4 爆炸下限为4.9%，爆炸上限为15.4%。

(9) 干熄焦的安全特征

1) 高温高压（锅炉）；2) 惰性气体（有毒有害）；3) γ射线；4) 移动设备（自动）；5) 室外高空；6) 粉尘；7) 爆炸。

(10) 干熄焦生产需要配备的应急设施

干熄焦车间由于危险区域比较多，在处理各种故障时，如果没有防护设施，极易发生人身伤害事故。易中毒是干熄焦本体具有的危险因素之一，为了避免事故的发生，干熄焦生产的车间需配置如空气呼吸器、CO报警器、氧气报警器、长鼻子呼吸器等特种防护用品。

1) 空气呼吸器（见图11-1）。

图11-1　空气呼吸器

①SP-99正压呼吸器：6.8L/30MPa；外形尺寸620×320×150mm；总重9.5kg；使用时间：60min（中等强度）；工作压力：30MPa；储气量：2040L；最大供气量：400L/min；

②它是一种人体呼吸保护装置，用于消防、化工、冶金、船舶、石油、实验室等部门；供消防队员或抢险、救灾、救护工作；

③面罩为全视野、视野宽阔、不结雾，同时面罩内设双层密封保护，气密性好；佩戴安全可靠；

④供气阀开闭灵活；供气量充足；

⑤余压报警装置；紧凑地与压力报警器连为一体配备在使用者的胸前；便于识别报警声响；减压器输出流量大，可保证输出充足的气体到供给阀。

2) 氧气报警器（见图11-2）。

①型号　　　　SK-100 型；

②监测范围　0 ~ 25%；

③报警值　　18%；

④使用环境　−10 ~ +40℃；

⑤携带 O_2 报警器进入到现场，当氧气含量在 0 ~ 18% 范围时，报警器发出声光报警，并且在显示屏幕上显示氧气含量的具体数字，人员需离开此区域；

图 11-2　氧气报警器

⑥通常空气中氧气的含量是 20.93%。空气中的氧气浓度低于 18% 时称为缺氧状态。人体处于 17% 氧含量的状态下，即会导致夜间视力减弱、心跳加速；人体处于 16% 氧含量的状态下，会出现眩晕；人体处于 15% 氧含量的状态下，注意力、判断力减弱、协调能力减弱，间歇呼吸，迅速疲劳，失去肌肉控制能力。

参 考 文 献

［1］吕佐周，王光辉主编．燃气工程［M］．北京：冶金工业出版社，2004.

［2］姚昭章主编．炼焦学（修订版）［M］．北京：冶金工业出版社，1995.

［3］张殿印，王纯编．除尘器手册［M］．北京：化学工业出版社，2004.

［4］蔡春源主编．新编机械设计手册［M］．沈阳：辽宁科学技术出版社，1993.

［5］濮良贵，纪明刚主编．机械设计手册（第七版）［M］．北京：高等教育出版社，2001.

［6］嵇光国主编．液压系统故障诊断与排除［M］．北京：海洋出版社，1998.

［7］金慧主编．过程控制［M］．北京：清华大学出版社．1993.

［8］文锋，马振兴主编．现代发电概论［M］．北京：中国电力出版社，1999.

［9］潘立慧，魏松波主编．干熄焦技术［M］．北京：冶金工业出版社，2005.

［10］林宗虎，徐通模主编．实用锅炉手册［M］．北京：化学工业出版社，1999.

［11］汤学忠主编．动力工程师手册［M］．北京：机械工业出版社，1999.

冶金工业出版社部分图书推荐

书　名	作　者	定价(元)
工程流体力学(第4版)(国规教材)	谢振华　等编	36.00
物理化学(第4版)(国规教材)	王淑兰　主编	45.00
热工测量仪表(第2版)(国规教材)	张　华　等编	38.00
热工实验原理和技术(本科教材)	邢桂菊　等编	25.00
冶金热工基础(本科教材)	朱光俊　主编	36.00
煤化学(第2版)(本科教材)	何选明　主编	39.00
炼焦学(第3版)(本科教材)	姚昭章　主编	39.00
煤化学产品工艺学(第2版)(国规教材)	肖瑞华　等编	46.00
炭素工艺学(第2版)(本科素材)	何选明　主编	45.00
燃气工程(本科教材)	吕佐周　等编	75.00
热能转换与利用(第2版)(本科教材)	汤学忠　主编	32.00
燃料及燃烧(第2版)(本科教材)	韩昭沧　主编	29.50
物理化学(第2版)(高职高专教材)	邓基芹　主编	36.00
无机化学(高职高专教材)	邓基芹　主编	33.00
炼焦设备检修与维护(职业培训教材)	魏松波　主编	32.00
炼焦化学产品回收技术(职业培训教材)	何建平　主编	59.00
炼焦新技术	潘立慧　等编	56.00
干熄焦技术	潘立慧　等编	58.00
焦炉煤气净化操作技术	高建业　等编	30.00
炼焦煤性质与高炉焦炭质量	周师庸　著	29.00
煤焦油化工学(第2版)	肖瑞华　编著	38.00
焦炉科技进步与展望	严希明　编	50.00
焦化废水无害化处理与回用技术	王绍文　等编	28.00
高浓度有机废水处理技术与工程应用	王绍文　等编	69.00
干熄焦技术问答	罗时政　等编	估40.00
炼焦化学产品生产技术问答	肖瑞华　编	35.00
炼焦技术问答	潘立慧　等编	38.00
炭素材料生产问答	童芳森　等编	25.00
煤的综合利用基本知识问答	向英温　等编	38.00
焦化厂化产生产问答(第2版)	范伯云　等编	16.00
炭材料生产技术600问	许　斌　等编	35.00